清华计算机图书 译丛

Cryptography and Network Security

Fourth Edition

密码学与网络安全

（第4版）

[印] 阿图尔·卡哈特（Atul Kahate） 著

葛秀慧　金名　译

U0228211

清华大学出版社

北京

北京市版权局著作权合同登记号　图字：01-2022-4300 号

Atul Kahate
Cryptography and Network Security,Fourth Edition
0-07-064822-0
Copyright © 2019 by McGraw-Hill Education.

All Rights reserved. No part of this publication may be reproduced or transmitted in any form or by any means, electronic or mechanical, including without limitation photocopying, recording, taping, or any database, information or retrieval system, without the prior written permission of the publisher.

This authorized Chinese translation edition is published by Tsinghua University Press in arrangement with McGraw-Hill Education (Singapore) Pte. Ltd. This edition is authorized for sale in the People's Republic of China only, excluding Hong Kong, Macao SAR and Taiwan.

Translation Copyright © 2023 by McGraw-Hill Education (Singapore) Pte. Ltd and Tsinghua University Press.

版权所有。未经出版人事先书面许可，对本出版物的任何部分不得以任何方式或途径复制传播，包括但不限于复印、录制、录音，或通过任何数据库、信息或可检索的系统。

此中文简体翻译版本经授权仅限在中华人民共和国境内（不包括中国香港、澳门特别行政区和台湾地区）销售。

翻译版权©2023 由麦格劳-希尔教育（新加坡）有限公司与清华大学出版社所有。

本书封面贴有 McGraw-Hill Education 公司防伪标签，无标签者不得销售。
版权所有，侵权必究。举报：010-62782989，beiqinquan@tup.tsinghua.edu.cn。

图书在版编目（CIP）数据

密码学与网络安全 /（印）阿图尔·卡哈特（Atul Kahate）著，葛秀慧，金名译. —4 版. —北京：清华大学出版社，2023.6
（清华计算机图书译丛）
书名原文：Cryptography and Network Security,Fourth Edition
ISBN 978-7-302-63765-3

Ⅰ. ①密… Ⅱ. ①阿… ②葛… ③金… Ⅲ. ①密码学－教材 ②网络安全－教材 Ⅳ. ①TN918.1 ②TN915.08

中国国家版本馆 CIP 数据核字(2023)第 101697 号

责任编辑：龙启铭
封面设计：傅瑞学
责任校对：郝美丽
责任印制：刘海龙

出版发行：清华大学出版社
　　网　　　址：http://www.tup.com.cn, http://www.wqbook.com
　　地　　　址：北京清华大学学研大厦 A 座　　　　　邮　　编：100084
　　社　总　机：010-83470000　　　　　　　　　　　邮　　购：010-62786544
　　投稿与读者服务：010-62776969, c-service@tup.tsinghua.edu.cn
　　质　量　反　馈：010-62772015, zhiliang@tup.tsinghua.edu.cn
　　课　件　下　载：http://www.tup.com.cn,010-83470236
印　装　者：三河市东方印刷有限公司
经　　销：全国新华书店
开　　本：185mm×260mm　　印　张：24.5　　　字　　数：600 千字
版　　次：2016 年 6 月第 1 版　2023 年 7 月第 4 版　印　次：2023 年 7 月第 1 次印刷
定　　价：79.00 元

产品编号：094688-01

译 者 序

密码学历史悠久，最早可以追溯到两千多年前，所有的经典密码都是古代密码学的典范，值得学习与借鉴；现代网络安全的研究也历经了几十年的发展与沉淀。随着 Internet 的发展，各种新技术不断涌现，网络也成了新威胁与攻击的温床。

在万物互联的时代，说网络安全是国之大门、国之基石丝毫也不为过。据说下一场"大战"不再是常规战，而是网络战。许多国家都投以重资，建设自己的国家级网络安全实验室。

本书的作者 Atul Kahate，工作经历丰富，有深厚的密码学与网络安全方面的知识储备，且本书历经几次改版，不断融合新技术、新思想、新理念，使本书常读常新，是值得精读且不可多得的一本经典好书。

本书以清晰的脉络、简洁的语言，介绍各种密码技术、网络安全协议与实现技术等内容，采用启发式教学方式，每介绍完一个主题，就会抛砖引玉，引出下一个主题，各个主题环环相扣，生动有趣。作者独具匠心，使枯燥的密码与网络安全知识前后衔接，紧密融合，呈现给读者一本思路严谨、内容丰富、与时俱进的好书。值得一提的是，其习题与内容互相印证，使学生在练中学，在学中练，使本书成为密码学与网络安全的理论与实践完美结合的优秀教材。

要学好一门课程，就必须有优秀的教材，而这本书不可多得，值得精读。本书可作为计算机安全或密码学课程的本科生和研究生的教材。

本书是第 4 版，翻译人员有葛秀慧、金名、田浩、陈宗斌。在翻译本书时，译者在借鉴第 3 版的优秀翻译成果的同时，尽力忠于原著，使作者的思想在跳跃的文字中原汁原味地体现出来，同时注意使专业术语更准确，论述更严谨。

作 者 简 介

Atul Kahate 在印度和世界 IT 业已经有超过 18 年的工作经验。目前，他是共生国际大学的客座教授，曾在 Pune 大学和共生国际大学担任计算机科学兼职教授。他的最后一份 IT 工作是在 Oracle 金融服务软件有限公司（原（i-flex solutions）有限公司）担任咨询业务总监。他在 IIT、Symbiosis、Pune 以及其他许多大学及机构多次讲授实训编程研修班课程。

Atul Kahate 是一位多产的作家，已经撰写了 60 本书籍，其中 29 本是英文书籍，其余的是马拉地语书籍，涉及计算机、科学、技术、医学、经济学、板球、管理和历史等领域。*Web Technologies*、*Cryptography and Network Security*、*Operating Systems*、*Data Communications and Networks* 及 *An Introduction to Database Management Systems* 等书籍已被印度和其他许多国家的大学当作教材。

Atul Kahate 获得过很多著名奖项，如印度计算机协会的 IT 教育贡献奖、Indradhanu 的 Yuvonmesh Puraskar、Indira Group 的卓越奖、Maharashtra Sahitya Parishad 的 Granthakar Puraskar、两次马哈拉施特拉邦政府的国家文学奖等。

Atul Kahate 多次出现在与 IT、教育和职业相关的电视频道节目中，如 Doordarshan 的 Sahyadri 频道、IBN Lokmat、Star Maaza 和 Saam TV 等。他还曾在多场国际板球比赛中担任官方板球统计员和计分员。

除了上述成就外，Atul Kahate 还在 Loksatta、Sakal、Maharashtra Times、Lokmat、Lokprabha、Saptahik Sakal、Divya Marathi 等热门报纸、杂志上撰写了 4000 多篇关于 IT、板球、科学、技术、历史、医学、经济、管理、职业等方面的各种专栏文章。

第 4 版前言

据说下一场"大战"不再是常规战，而是网络战。当然，我们祈祷不要发生这样的大战，但在现实生活中，我们必须为网络战做好准备。在前不久，网络战已惊鸿一现。例如，为了破坏敌国的原子浓缩计划而在政府层面发动的网络攻击；在专业领域和个人空间每天都在不断发生的网络攻击等。

本书的前 3 个版本已被数千名学生、教师和 IT 专业人员使用并推荐。本版针对的读者对象仍然不变，为了给其提供更好的服务，作者根据当前的技术需求更新了本书。本书可用作计算机安全或密码学课程的本科生和研究生的教材。本书主要阐述密码学知识，任何对计算机科学和网络有基本了解的人都可以学习本书，不需要其他预备知识。毋庸置疑，本书更新了教学大纲中的某些主题，以弥补早期版本中相关主题的不足。

本书的组织如下：

第 1 章介绍安全的基本概念，讨论安全需求、安全原则以及针对计算机系统和网络的各类攻击。讨论所有相关内容所涵盖的理论概念以及实际问题，并一一举例说明，以便加深巩固读者对安全的了解。如果不了解为什么需要安全，不了解存在什么威胁，那就无从了解如何保护计算机系统与网络。与第 3 版相比，本章的变化是新增了对安全服务和机制的介绍。

第 2 章介绍密码学的概念，这是计算机安全的基石。加密是由各种算法实现的。所有这些算法或将明文替换成密文，或用某些变换技术，或是两者的结合。本章介绍加密和解密的重要术语。与第 1 版相比，本章的变化是详细介绍 Playfair 密码和 Hill 密码，扩展 Diffie-Hellman 密钥交换的覆盖范围，详细介绍攻击的类型。与第 3 版相比，本章的变化是增加了对对称密码模型的讨论。

第 3 章讨论基于计算机对称密钥加密所涉及的各种问题，介绍流密码和分组密码以及各种链接模式，并详细讨论主要的对称密钥加密算法，如 DES、IDEA、RC5 和 Blowfish。与第 3 版相比，本章的变化是增加分组密码设计原则，删除过时的 RC4 和 RC5 算法；增加对称密钥加密算法的比较表。

第 4 章探讨了非对称密钥加密的概念、问题和趋势，回顾其历史，讨论其主要的算法，如 RSA、MD5、SHA 和 HMAC。本章介绍消息摘要和数字签名等重要术语，还研究如何将对称密钥加密与非对称密钥加密紧密结合起来。与第 3 版相比，本章的更改是删除有关过时算法的讨论，如关于 MD5 和 SHA-1，其已被 SHA-512 取代。

第 5 章介绍当前流行的公钥基础设施（PKI）技术，讨论数字证书的含义，以及如何创建、分发、维护和使用数字证书，讨论认证机构（CA）和注册机构（RA）的作用，并介绍公钥密码标准（PKCS）。

第 6 章介绍 Internet 的重要安全协议，包括 SSL、SHTTP、TSP、SET 和 3D 安全。本章讨论电子货币的运作方式、所涉及的危险以及如何更好地利用电子货币，更全面、广泛地阐述电子邮件安全，并详细讨论重要的电子邮件安全协议，如 PGP、PEM 和 S/MIME，以及讨论无线安全。与第 3 版相比，本章的变化是内容更加精炼简洁，删除了关于 TCP/IP 和网页的讨论，删除了已过时的协议，如安全 HTTP（SHTTP）、时间戳协议（TSP）和安全电子交易（SET）。本章简要介绍加密货币，删除了过时的隐私增强邮件（PEM）电子邮件安全协议和过时的无线应用协议（WAP）；同样，本章删除了 GSM 安全，删除了 WiFi 安全中的过时协议——有线等效隐私（WEP）。

第 7 章介绍如何认证用户。认证用户的方法有多种，本章详细介绍每种认证方法及其利弊，讨论基于口令的身份认证、基于口令派生的身份认证、身份认证令牌、基于证书的身份认证和生物识别，并分析研究流行的 Kerberos 协议。与第 3 版相比，本章的变化是删除了过时的主题——基于证书的身份认证。

第 8 章介绍加密所涉及的实际问题。目前，实现加密的三种主要方法是使用 Oracle（Java 编程语言）提供的加密机制、Microsoft 提供的加密机制和第三方工具箱的加密机制，本章将介绍这些方法。

第 9 章介绍网络层安全，先介绍防火墙及其类型与配置，然后讨论 IP 安全，最后讨论虚拟专用网络（VPN）。

在本书中，每一章都有案例研究和学习目标，以及该章的概述，涵盖了该章的主要内容，最后还有该章的小结。每章后面有多项选择题和练习题来验证学生对所学内容的理解。在恰当的地方也给一些案例研究，让读者感知所讲主题的实用性，对每个不易理解的概念都用图表来解释，且尽可能避免使用不必要的数学知识。

感谢所有家人、同事和朋友对我的帮助。数百名学生和教授都对本书的前几版给予了赞许与肯定，这使我能更愉快地开始这版新书的写作。还要特别感谢来自 McGraw Hill Education（印度）的制作团队，有 Mohammad Salman Khurshid-Associate Portfolio Manager、Ranjana Chaubey-Content Developer、Piyaray Pandita-Senior Production Manager 和 Nandita Menon-Copy Editor。

Atul Kahate

第 1 版前言

"只有其中两个人都死了时，三个人才能守得住一个秘密！"

——本杰明·富兰克林

这类名言非常常见，保守秘密并非易事，人的本性是，当被告知某事是秘密并要求其保密时，其会更加渴望与他人分享这个秘密！人们常说，要公开某件事，就应说其是秘密，并以非常隐秘的方式告知尽可能多的人，通过口耳相传，这件事会自动传播！

在严谨计算的早期（1950—1960 年），并没有过多地强调安全，因为那时的系统是专用或封闭的。简单来说，虽然计算机互相交换数据和信息，但组织能完全控制这些计算机所构成的网络。那时，计算机间的通信协议也不为大众所知，因此，能获得正在交换信息的概率极低，这也是那时的信息安全并不是主要问题的原因。

从 20 世纪 70 年代到 80 年代，随着小型机和微型计算机的发展，信息安全问题开始变得越来越重要，但其仍然不是管理和技术人员议程的首要事项。那时，信息安全是由硬件/软件系统实现的，这种状态一直持续到 20 世纪 90 年代初。直到 Internet 的出现，才改变了整个计算范式，使计算机间的通信方式发生了翻天覆地的变化。计算机的世界突然变得非常开放，专用协议（例如 IBM 的 SNA）不再流行，开放标准 TCP/IP 成为分散在世界各地计算机之间的黏合剂。

Internet 的蓬勃发展为计算提供了无限可能，但与此同时，也引发了许多新问题和担忧，其中最主要的是信息交换的安全性，可能引发的问题为：

- 通过网络（Internet）将信用卡详细信息发送到另一台计算机将不再安全。
- 访问发件人和收件人之间连接的用户能阅读正在发送的电子邮件。
- 用户可以用他人的凭证登录，从而使用该人的权限。

现在，对于信息而言，存在许多新的威胁和可能的攻击。技术人员不断找到能阻止这些攻击的新方法，而攻击者又能找到击败技术人员的新的攻击方法。所谓魔高一尺，道高一丈，此消彼长，连绵不断。因此，掌握如何确保信息交换的安全变得非常重要。

Atul Kahate

目　　录

第1章　安全概念导论

启蒙案例

下面是一封来自笔者邮箱的电子邮件。

Mrs Esther Christopher <mimimisanon0308@yahoo.co.jp>

to

Be careful with this message. Similar messages have been used to steal people's personal information. Unless you trust the sender, don't click on links or reply with personal information. **Learn more**

Greeting in the name of Almighty God The Supreme and Most Merciful. Please don't be surprise by receiving my message, i am currently sending you this mail from my sick bed in the hospital despite my critical condition But don't worry, All i hope is that you will not betray this trust and confident that I am about to repose on you. I have to thank God this moment for his direction as regards this mission, I am Mrs. Esther Christopher from Switzerland I am married to Late Mr. Paul Christopher who is a wealthy businessman here in Ivory Coast we were married for many years without a child before he died after a brief illness. Before his sudden death we were devoted Christians. When my late husband was alive he deposited the sum of Three Million USD ($3.000.000.00) in one of the bank here in Ivory Coast. Presently, this money is still with the Bank, and i am suffering from Ischemic Heart Disease. I may not live long according to medical experts and I am currently undergoing a great humiliation from my husband's relatives because i don't have a child, so i decided to donate this money to a honest individual who will help me distribute the Fund which I inherited from my Late husband to different orphanage homes, widow, and the less privileged people to fulfill the vow i and my late husband made to God. I want you to take 15 per cent of the total $3,000,000.00 for your efforts and use the remaining one as i stated, and i have chosen you after praying,

Please I want this money to be used as I stated above since I do not have any child to inherit it and our relatives are all unbelievers and I don't want our hard-earn money to be use in ungodly way, I will give you more details as soon as i read from you. Writing from sick bed. Looking forward for your response.

Your Sister in the Lord

我们总是不断地收到这类电子邮件或消息，这是一种极其常见但异常危险的攻击。令人惊讶的是，这种攻击使多人沦陷，纠其原因，要么是恐惧，要么是贪婪。我们如何才能保持安全？有哪些可用的机制？攻击者是如何发动攻击的？

下面开始学习之旅，畅游密码学与网络安全的海洋。

学习目标

- 理解安全需求。
- 理解安全方法。
- 理解信息安全的重要原则：数据保密性、消息完整性、认证、不可抵赖性、访问控制和可用性。
- 列出 ITU（X.800）的安全服务及实现这些服务的机制。
- 讨论针对数据和网络的攻击类型与分类。
- 理解攻击的计算机程序，如病毒、蠕虫和特洛伊木马。

1.1 引　　言

首先，我们讨论一个基本问题：为什么安全需求是首要的？有时，人们常说安全就像做统计，看似微不足道，实则至关重要！换句话说，优秀的安全基础设施就像足够牢固的安全门，能保护其他的一切。生活中的一些真实事件，也能毫无疑问地充分说明安全是不能打折扣的。当前，Internet 盛行，许多重要业务与交易都要在 Internet 上进行，安全机制不足或不当，会搞垮所有业务或者破坏人们的生活！

然后，我们讨论安全的重要原则，这有助于洞察各个领域。在确定安全威胁与制定解除威胁的可能解决方案时，安全原则至关重要。目前，电子文档和消息的法律有效性与约束力等同于纸质文档，因此要分析其产生的各种影响。

最后，我们讨论攻击类型，既学习与攻击相关的理论概念，也了解实际的攻击。

1.2 安 全 需 求

1.2.1　基本概念

最初，许多计算机应用程序没有安全性，或充其量只有极低的安全性。这种状况持续了多年，在人们真正意识到数据的重要性之前，只知道计算机数据是有用的，但没有加以保护的想法。当被开发的计算机应用程序用来处理财务和个人数据时，人们对安全性的需求才变得如此强烈，达到了前所未有的程度。人们意识到，在现代生活中计算机数据是极其重要的。因此，安全在各个领域开始崭露头角，受到重视。下面是两个典型的安全机制示例。

- 为每个用户提供用户 ID 与密码，并用这些信息对用户进行认证。
- 以某种方式对数据库存储的信息进行编码，使没有正确权限的用户看不可见这些信息。

组织机构部署自己的机制来提供这些基本安全机制。随着技术的进步，通信基础设施已极为成熟，为了满足用户各种不同的需求，新的和更新的应用程序也不断被开发，人们更加意识到仅有基本的安全措施是不够的。

此外，Internet 席卷整个世界，如果为 Internet 开发的应用程序内在安全性不足，会发生什么事情呢？现实中有太多示例。图 1.1 给出用户使用信用卡网络购物的过程。用户的详细信息（如用户 ID）、订单详细信息（如订单 ID 和物品 ID），以及信用卡信息等付款详细信息从用户的计算机通过 Internet 传输到服务器（即商家计算机）。商家的服务器将这些详细信息存储在其数据库中。

这里有各种安全漏洞。首先，入侵者可以捕获从客户端传输到服务器的信用卡详细信息。即使以某种方式保护了信息传输免受入侵者的攻击，但仍不能解决问题。因为商家在收到信用卡详细信息并验证后，要处理订单，稍后收到付款，再将信用卡详细信息存入数据库。现在，攻击者只要成功访问该数据库，就能获得存储在数据库中所有的信用卡卡号！

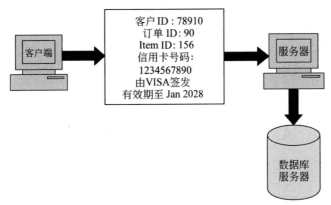

图 1.1 信息通过 Internet 从客户端传输到服务器的示例

一名俄罗斯攻击者 Maxim 成功入侵了某商家网站,并从其数据库获取了 30 万个信用卡号。然后对该商家实施敲诈勒索,索要 10 万美元保护费,商家拒绝后,攻击者在 Internet 上公布了大约 25000 张信用卡卡号!一些银行不得不重新签发所有信用卡,每张新信用卡的成本是 20 美元。还有一些银行提前警告客户,注意银行对账单的异常支出项。

很显然,这种攻击会导致财务和商誉的巨大损失。一般来说,更换一张信用卡的成本是 20 美元,如果银行必须更换 30 万张信用卡,则总成本约为 600 万美元,也就是说,该攻击给银行造成了 600 万美元的损失!如果上述示例中的商家采用了适当的安全措施该有多好啊!

当然,这只是一个示例。在过去的几个月里,又报告了几起此类的案例,每次攻击都让人们意识到需要采用适当的安全措施。再举一个例子,1999 年,一名瑞典黑客闯入微软公司的 Hotmail 网站,并创建了镜像站点,该站点允许任何人输入任何 Hotmail 用户的电子邮件 ID,并阅读其电子邮件!

在 1999 年,进行了两次独立调查,统计了成功实施安全攻击所造成的损失。一次调查显示,每次事件的平均损失为 256296 美元;另一次调查显示,每次事件的平均损失为 759380 美元。在 2000 年,这一数字升至 972857 美元!

1.2.2 攻击的现代性

如果我们揭开技术的神秘面纱,就会意识到,基于计算机系统的事件与现实世界的事件大同小异。与传统世界的事件相比,基于计算机系统的事件只是发生速度和准确性不同而已。

攻击的现代性主要体现在如下几方面。

1. 自动化攻击(automating attacks)

计算机的速度使一些攻击极具吸引力。举个例子,在现实世界,假设有人制造了用于生产假硬币的机器,会干扰当局的货币流通吗?当然会,但大规模生产这么多硬币的投资并不能得到相应的回报!在短时间内,制假者又能把多少假硬币投放市场呢?人的速度永远不能与计算机的速度相提并论,计算机高效且擅长例行公事,完成单调且重复的任务。例如,计算机能在几分钟内从成百万的银行账户窃取金钱,但在每个账户窃取的金钱数额又非常少，如只有 0.5 美元，但攻击者的收获颇丰，会有高达五十多万美元的收入，且可能没有接到任何投诉！如图 1.2 所示。

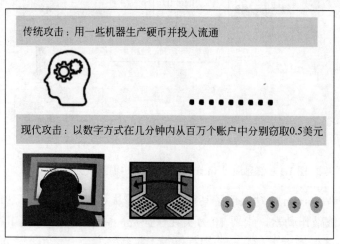

传统攻击：用一些机器生产硬币并投入流通

现代攻击：以数字方式在几分钟内从百万个账户中分别窃取0.5美元

图 1.2　自动化改变了攻击的特性

故事的精髓是：

> 人类不喜欢例行公事和单调且重复的任务，自动化解放了人类，但自动化可能会造成破坏或惹麻烦。

2. 隐私问题（privacy concerns）

目前，收集人员信息并留用存在严重的问题，有时还会存在误用现象。数据挖掘应用程序收集、处理个人的详细信息并制成表格，然后非法出售。例如，美国的 Experian（以前称为 TRW）、TransUnion 和 Equifax 等公司维护着本国公民的信用记录。世界其他国家的现状也是如此，一些公司掌握了该国大多数公民的详细信息。这些公司收集、整理、润色和格式化个人的所有信息，任何人只要付费就能得到这些数据。这类信息可以是此人经常在哪家商店购物、在哪家餐厅就餐、经常去哪里度假等。令人难以置信的是，每个公司（如店主、银行、航空公司、保险公司）都在收集和处理个人的信息，但我们不知道其如何使用这些信息。

3. 距离无所谓（Distance does not matter）

以前，小偷会抢劫银行，因为银行有现金，但现在银行没有现金，钱是数字化的，存储在计算机中，通过计算机网络进行流通。因此，现在小偷不再蒙面抢劫银行了，他们坐在家里就能轻松攻击银行系统。攻击者在家或办公地点入侵银行服务器或窃取信用卡或 ATM 信息都是非常谨慎的，如图 1.3 所示。

在 1995 年，一名俄罗斯黑客远程闯入花旗银行的计算机，窃取了 1200 万美元。虽然追踪到了该攻击者，但很难将其引渡，进行法庭审判。

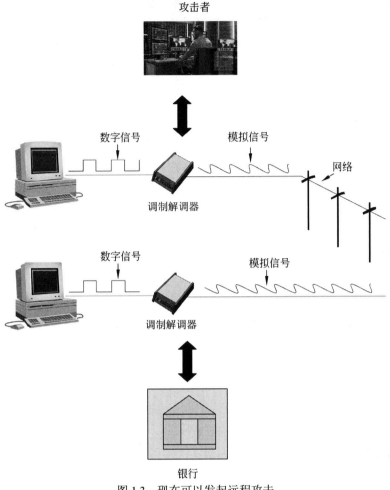

图 1.3 现在可以发起远程攻击

1.3 安 全 方 法

1.3.1 可信系统

可信系统（trusted system）是这样的计算机系统：可以在指定范围内信任，并执行指定的安全策略。

最初，可信系统只用于军界。现在，可信系统已经跨界民用，最重要的应用领域是银行和金融界，但可信系统的概念从未流行过。可信系统经常使用术语**引用监视器**（reference monitor），它是一个计算机系统逻辑核心的实体，主要负责与访问控制相关的所有决策。当然，理想的引用监视器应具有如下特性。

（1）它应该是防篡改的。

（2）它应该总是能被调用的。

（3）它应该足够小，并可以进行单独测试。

在 1983 年的桔皮书（也称为可信计算机系统评估标准，TCSEC）中，美国国家安全局（NSA）定义了一套评估级别，描述了用户可以从可信系统获得的功能和保证。

保证的最高级别是由最小规模的可信计算基（TCB）提供的，TCB 包括硬件、软件、固件和负责执行系统安全策略的组合体，要确保 TCB 最小化，保证最高级别，这会引发一个拷问灵魂的问题（与设计操作系统的决策类似），如果使 TCB 尽可能小，则周边硬件、软件和固件可能会相当庞大！

两项研究是可信系统的数学基础，它们相对独立但又相互关联。1974 年，MITRE 的 David Bell 和 Leonard LaPadula 设计了 **Bell-LaPadula 模型**（Bell-LaPadula mode）。在这个模型中，高度可信的计算机系统是对象和主体的集合。对象是数据的被动存储库或目的地，如文件、磁盘、打印机等。主体是活动实体，如用户、进程或正在运行的代表用户的线程。主体使信息在对象之间传递。

大约在同一时间，普渡大学的 Dorothy Denning 正在攻读她的博士学位，研究内容是处理计算机系统中基于格的信息流。在数学中，格是偏序集，其任意两个上界之间的关系要么是包含，要么是被包含，或是平行。她定义了标签的广义概念，标签类似于机密军事文件上的完整安全标记，如**绝密**（TOP SECRET）安全标记。

后来，Bell 和 LaPadula 将 Denning 的理论整合到 MITRE 的技术报告中，报告标题是 *Secure Computer System*: *Unified Exposition and Multics Interpretation*。贴在对象上的标签表示对象中包含数据的敏感性。但非常有趣的是，Bell-LaPadula 模型只讨论了信息的保密性，没有讨论信息完整性的问题。

1.3.2 安全模型

组织机构可以采用几种方法来实现自己的安全模型，下面总结了这些方法。

（1）**无安全**（no security）：无安全模型是最简单的，根本没有安全。

（2）**隐藏安全**（security through obscurity）：在隐藏安全模型中，系统之所以安全，只因没人知道它的存在和内容。这种方法不能长久使用，因为攻击者有很多方式发现这种系统。

（3）**主机安全**（host security）：在主机安全模型中，单独实现每台主机的安全，是非常安全的，但问题是其扩展性不好。现代站点和组织的复杂性与多样性使实现主机安全变得更加困难。

（4）**网络安全**（network security）：随着组织的增长与差异化，要实现主机安全异常困难。在网络安全模型中，重点是控制对各种主机及其服务的网络访问，而不是实现单独主机的安全。网络安全模型是一个非常有效且可扩展的模型。

1.3.3 安全管理实践

好的安全**管理实践**（security management practices）总是谈及制定**安全策略**（security policy）。制定安全政策其实非常棘手。安全策略及其正确部署对安全管理实践大有助益。好的安全策略通常要考虑如下 4 个主要方面。

（1）**可承受性**（affordability）：这种安全实现需要投入多少经费用？需要付出多少

努力？

（2）**功能性**（functionality）：用什么机制提供安全？

（3）**文化问题**（cultural issues）：策略是否符合人们的预期、工作风格和信仰？

（4）**合法性**（legality）：策略是否符合法律要求？

一旦制定了安全策略，应确保如下几点。

（1）向所有相关人员解释策略。

（2）概述每个人的责任。

（3）在所有交流中使用简单语言。

（4）应建立问责制。

（5）规定例外情况和定期审查。

1.4　安　全　原　则

在讨论现实生活中发生的一些攻击之后，下面对安全原则进行分类，这样既有助于更好地理解攻击，也有助于找到解决方案。下面举例阐明安全原则的概念。

假设 A 需要给 B 寄一张 100 美元的支票。通常 A 和 B 会考虑哪些因素？A 要先开一张 100 美元的支票，再装进信封，最后寄给 B。

（1）A 希望确保除了 B 之外没有人能拿到信封，即使有其他人拿到，也不知道支票的详细内容，这就是**保密性**（confidentiality）原则。

（2）A 和 B 还希望确保没有人可以篡改支票的内容（如金额、日期、签名、收款人姓名等），这是**完整性**（integrity）原则。

（3）B 希望确认支票确实来自 A，而不是来自冒充 A 的其他人（这种情况下可能是假支票），这就是**认证**（authentication）原则。

（4）第二天，如果 B 将支票存入自己的账户，钱从 A 的账户转到了 B 的账户，然后 A 不承认已开出或已寄出的支票，会发生什么呢？法院将用 A 的签名驳回 A 的抵赖，解决争议，这是**不可抵赖性**（non-repudiation）原则。

上述是安全的四大原则。还有两个安全性原则：**访问控制**（access control）和**可用性**（availability），这两个原则与具体消息无关，但与整个系统相关。

本节将详细介绍这些安全原则。

1.4.1　保密性

保密性原则规定只有发送方和预期的接收方才能访问消息内容。如果未授权人员能访问消息，则违背了保密性原则，示例如图 1.4 所示。在图 1.4 中，计算机 A 的用户向计算机 B 的用户发送消息（本书从这里开始，用 A 表示用户 A，B 表示用户 B，以此类推，但只显示用户 A、B 的计算机）。另一个用户 C 可以访问该消息，这是不应该的，因此破坏了保密性。例如，A 将机密电子邮件发送给 B，C 未经 A 和 B 的同意或在 A 和 B 不知情的情况访问了该邮件，这种攻击称为**截获**（interception）。

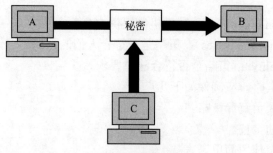

图 1.4　保密性丧失

截获会导致消息的保密性丧失。

1.4.2　认证

认证机制用于证明身份。认证过程能确保正确识别电子信息或文件的来源。例如，假设用户 C 通过 Internet 给用户 B 发送电子文档。如果用户 C 冒充用户 A 将这个文档发送给用户 B，用户 B 如何知道该消息是来自冒充用户 A 的用户 C 呢？举个现实生活的例子：用户 C 冒充用户 A，向银行 B 发送资金转账请求（从 A 账户转到 C 账户）。银行收到指令，就会以为用户 A 在请求转账，于是将资金从 A 账户转到 C 账户，这种攻击称为**伪造**（fabrication），如图 1.5 所示。

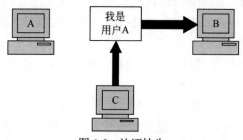

图 1.5　认证缺失

没有好的认证机制可能会使伪造盛行。

1.4.3　完整性

消息内容在发送方发送后但在预期接收方接收前发生改变时，就称为消息完整性丧失。例如，假设你开了一张 100 美元支票，用于支付美国购物的账单。但你看到下次对账单时，惊讶地发现支票付款为 1000 美元！这就是消息完整性丧失的例子，如图 1.6 所示。在图 1.6 中，用户 C 篡改了最初由用户 A 发送给用户 B 的消息。用户 C 设法访问该消息，改变其内容，并将更改后的消息发送给用户 B。用户 B 不知道用户 A 发送的消息已被更改，用户 A 同样也不知道，这种攻击称为**篡改**（modification）。

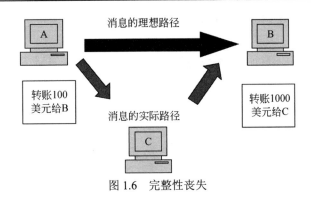

图 1.6　完整性丧失

篡改引发消息完整性的丧失。

1.4.4　不可抵赖性

有时用户发送了消息后，又想否认自己发送了该消息。例如，用户 A 通过 Internet 向银行 B 发送资金转账请求。银行按照 A 的指令进行资金转账后，A 声称自己从未给银行发送过资金转账的指令，即 A 否认（或抵赖）了资金转账指令。**不可抵赖**（non-repudiation）原则可以防止这种对已做过某事但却否认做过该事的抵赖行为，如图 1.7 所示。

图 1.7　建立不可抵赖性

不可抵赖性不允许消息发送方拒绝承认发送过消息。

1.4.5　访问控制

访问控制原则决定了谁能访问什么。例如，我们能决定，只允许用户 A 查看数据库记录，但不能更新记录，而允许用户 B 更新记录。访问控制机制能确保这样的设置。访问控制与两个领域相关：角色管理和规则管理。角色管理集中在用户端（哪个用户能做什么），而规则管理侧重于资源方（即在什么条件下，可以访问哪些资源）。基于决策可以建立访问控制矩阵，列出用户的可访问项，例如，允许用户 A 对文件 X 进行写入操作，但只能更新文件 Y 和文件 Z。**访问控制列表**（Access Control List，ACL）是访问控制矩阵的子集。

访问控制决定和控制谁能访问什么。

1.4.6　可用性

可用性原则规定授权方可随时享用资源（即信息）。例如，由于另一个未授权用户 C 的故意行为，授权用户 A 可能无法联系服务器计算机 B，如图 1.8 所示。这破坏了可用性原则，这种攻击称为**中断**（interruption）。

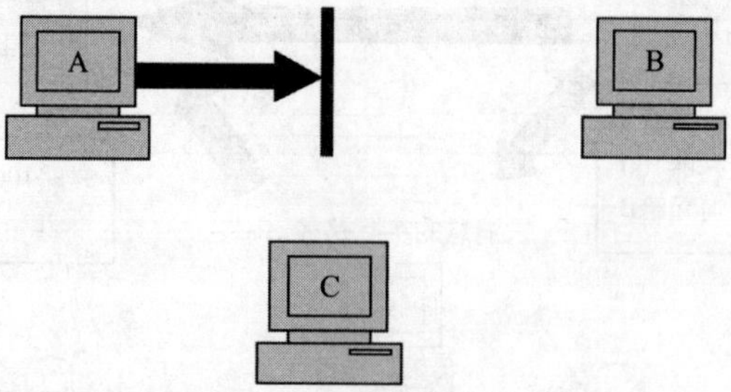

图 1.8　针对可用性的攻击

中断可能危害资源的可用性。

人们对网络模型的传统 OSI 标准，即 OSI 网络模型 7498-1 耳熟能详，OSI 将网络体系结构分为七层：应用层、表示层、会话层、传输层、网络层、数据链路层和物理层。与 OSI 类似的还有一个鲜为人知的标准——OSI 安全模型标准，即 OSI 安全模型 7498-2，它也定义了七层安全。

- 认证。
- 访问控制。
- 不可抵赖性。
- 数据完整性。
- 保密性。
- 可用性或保证。
- 公证或签名。

本书涵盖了这些主题。

1.5　安全服务与机制

国际电信联盟电信标准分局（International Telecommunication Union-Telecommunication Standardization Sector，ITU-T）是一个标准组织，制定数据和语音的电信标准，其制定的标准名为 X.800。在 X.800 下，有**安全服务**（security services）（与安全目标和攻击相关）和实现这些服务的**安全机制**（security mechanisms）。一种安全服务可能由一个或多个安全机制提供；类似地，一种机制可能由一种或多种安全服务实现。

1.5.1　安全服务

ITU-T（X.800）制定了 5 类安全服务，14 种安全服务，如图 1.9 所示。

下面总结了 X.800 的安全服务。

（1）**认证**（authentication）：保证通信方的确是其所声明的人。认证分为如下 2 种。

- **对等实体认证**（peer entity authentication）：对逻辑连接中的连接实体进行身份认证。
- **数据源认证**（data origin authentication）：对无连接传输的数据源进行认证。

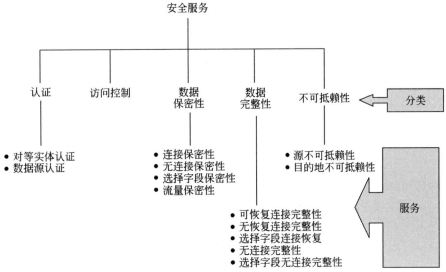

图 1.9　安全服务

（2）**访问控制**（access control）：防止对资源的未授权访问。

（3）**数据保密性**（data confidentiality）：防止未授权的信息泄露，分为如下 4 种服务。

● **连接保密性**（connection confidentiality）：保护连接的所有用户。

● **无连接保密性**（connectionless confidentiality）：保护单个数据块中的全部数据。

● **选择字段保密性**（selective field confidentiality）：保护连接中用户的某些数据块。

● **流量保密性**（traffic flow confidentiality）：观测流量以保护用户数据。

（4）**数据完整性**（data integrity）：确保接收方所收到的数据与发送方发送的数据完全一致，没有任何更改，有如下 5 种数据完整性服务。

● **可恢复连接完整性**（connection integrity with recovery）：确保单连接上所有用户数据的完整性。如果完整性丧失，则尝试恢复。

● **无恢复连接完整性**（connection integrity without recovery）：确保单连接上的所有用户数据的完整性。如果完整性丧失，则不尝试恢复。

● **选择字段连接恢复**（selective field connection recover）：确保用户数据块中所有数据的完整性。如果完整性丧失，则尝试恢复。

● **无连接完整性**（connectionless integrity）：用于单个无连接数据块中数据的完整性。

● **选择字段无连接完整性**（selective field connectionless integrity）：不确保连接上所有用户数据块的完整性，只检测某些数据块的完整性。

（5）**不可抵赖性**（non repudiation）：防止通信的某个参与者否认自己参与了通信，可分为如下 2 种服务。

● **源不可抵赖性**（non repudiation, Origin）：证明特定的消息确实不是由其他人而是由特定发送方发送的。

● **目的地不可抵赖性**（non repudiation, Destination）：证明特定接收方的确收到了特定的消息。

1.5.2　安全机制

ITU-T（X.800）制定的安全机制如图 1.10 所示。

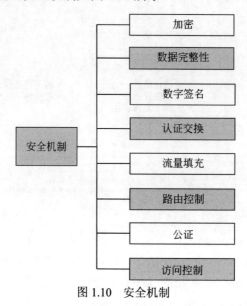

图 1.10　安全机制

下面简要介绍这些安全机制。

（1）**加密**（encipherment）：加密意味着隐藏数据，用于保密。密码学和隐写技术都可实现加密。

（2）**数据完整性**（data integrity）：为了实现数据完整性，使用某种机制进行计算，从原始数据提取部分数据并附加到原始数据中，原始数据或所提取的部分数据的任何变化，都表明数据的完整性丧失。

（3）**数字签名**（digital signature）：在数字签名机制中，消息发送方对消息进行电子签名，该签名无人能复制，但能验证。

（4）**认证交换**（authentication exchanges）：当双方需要互相证明身份时，需要执行认证交换。在认证交换中，通过交换双方共知的秘密来证明身份。

（5）**流量填充**（traffic padding）：攻击者执行**流量分析**（traffic analysis）来猜测双方之间交换的秘密数据。为了击败这种攻击，发送方故意在原始数据中加入一些称为流量填充的垃圾数据。

（6）**路由控制**（routing control）：有时，攻击者攻击消息的连接、线路和路由交换。为了防止这类攻击，通信双方可以选择不断改变路由，这种机制称为路由控制。

（7）**公证**（notarization）：**可信第三方**（trusted third party）确保通信双方是可信的，可以安全通信，这个过程称为公证。

（8）**访问控制**（access control）：访问控制机制允许授权用户进行交易或访问指定的资源，不允许未经授权用户这样做。

1.5.3　与安全机制相关的安全服务

表 1.1 列出了安全机制与安全服务的关系，如前所述，是多对多的关系。

表 1.1　安全机制与服务的关系

安全服务	安全机制
数据保密性	加密、路由控制
数据完整性	加密、数据完整性、数字签名
认证	认证交换、数字签名、加密
不可抵赖性	数据完整性、数字签名、公证
访问控制	访问控制机制

在讨论完各种原则、服务和安全机制之后，在 1.6 节，我们从技术角度讨论可能发生的各类攻击。

1.5.4　道德与法律问题

计算机安全系统中的许多道德（或法律）问题都属于个人隐私权的范畴，与公司、社会等大型实体的利益无关。侵犯个人隐私权的例子有跟踪员工如何使用计算机、人群监控、管理客户个人资料、用护照跟踪个人的旅行、位置跟踪以便用短信向手机发送垃圾邮件消息广告等。解决个人隐私权问题的重点是找出个人对隐私的期待。

安全系统中的道德问题分为如下 4 类。

（1）**隐私**（privacy）：个体控制个人信息的权利。

（2）**准确性**（accuracy）：信息的保真性、真实性和准确性。

（3）**所有权**（property）：找出信息的所有者，还讨论谁控制了访问。

（4）**可访问性**（accessibility）：要处理的问题是组织有权收集哪些信息，在已有条件下还希望实施哪些措施，以防范任何不可预见事件。

隐私是对个人或敏感信息的保护。个人隐私渴望不被打扰，是个人空间的延伸，当地的法律法规可能支持，也可能不支持。隐私是主观的，不同人的隐私观也各不相同。

在处理法律问题时，需要牢记各级监管机构治理信息安全的合法性，监管机构分级如下。

- **国际**（international）：如国际网络犯罪条约。
- **联邦**（federal）：如 FERPA、GLB、HIPAA、DMCA、教学法案、爱国者法案、Sarbanes-Oxley 法等。
- **州**（state）：如 UCITA、SB 1386 等。
- **组织**（organization）：如计算机使用政策。

1.6　攻　击　类　型

我们将从两种角度对攻击进行分类：普通人角度和技术专家角度。

1.6.1　攻击概述

从普通人角度来看，可将攻击分为 3 类，如图 1.11 所示。

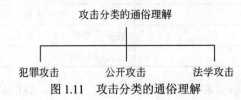

图 1.11　攻击分类的通俗理解

下面详细讨论上述攻击。

1.6.1.1　犯罪攻击

犯罪攻击最好理解，攻击者的唯一目标是通过攻击计算机系统获得经济利益最大化。表 1.2 列出了常见的犯罪攻击类型。

表 1.2　犯罪攻击的类型

攻击类型	描　　述
欺诈	现代欺诈攻击集中在操纵电子货币、信用卡、电子股票证书、支票、信用证、采购订单、ATM 方面等
诈骗	诈骗有多种形式，最常见的是售卖服务、拍卖、多层次营销方案、百货、商机等。引诱人们寄钱以换取丰厚的回报，但最终却赔钱。最著名的例子是 Nigeria 骗局，来自 Nigeria 或其他非洲国家的邮件，诱骗人们将钱存入某银行账户，并承诺其将获得巨额收益，无论是谁，只要陷入这个骗局，就会损失惨重
破坏	某种怨恨是这种攻击背后的动机。例如，失意员工攻击自己的组织。恐怖分子的攻击范围更广，如在 2000 年，针对雅虎、CNN、eBay、Buy.com、Amazon.com 和 e*Trade 这些网站的攻击，使授权用户无法登录或访问这些网站
身份盗用	Bruce Schneier 的名言 "为什么要偷某人的东西呢？你只需成为那个人就行啦！" 这句名言是身份盗用最好的诠释。换句话说，攻击者不会偷合法用户的任何东西，他只需变成那个合法用户。例如，盗用别人的身份后，攻击者可以知道该人的其他银行账户密码，盗刷该人的信用卡，在被发现之前，会一直滥用该人的特权
知识产权盗用	知识产权盗用包括窃取公司的商业机密、数据库、数字音乐和视频、电子文档和书籍、软件等
商标盗用	建立看起来像真实网站的虚假网站是非常容易的。普通用户如何知道自己访问的是 HDFC 银行网站还是攻击者的网站呢？最终，攻击者利用虚假网站窃取了无辜用户的秘密和个人详细信息。然后，攻击者使用所得的详细信息访问真实站点，这就是商标盗用

1.6.1.2　公开攻击

之所以会发生公开攻击，是因为攻击者希望看到自己名字出现在电视新闻频道和报纸

第 1 章 安全概念导论 15

上。历史表明，这类攻击者通常不是铁杆罪犯，而是大学生或大型组织的雇员，其采用新方法攻击计算机系统实现自我宣传。

公开攻击的一种形式是通过攻击来破坏（或污损）网站的网页。一个最著名的这类攻击是 1996 年针对美国司法部网站的攻击。两年后，著名的纽约时报主页也遭攻击，网页被黑。

1.6.1.3　法学攻击

法学攻击相当新颖和独特，攻击者试图让法官或陪审团质疑计算机系统的安全性。整个攻击过程为：攻击者攻击计算机系统，被攻击方（如银行或组织）在法庭上起诉攻击者，在案件审理期间，攻击者试图说服法官和陪审团相信计算机系统本身存在脆弱性，自己没有做错任何事，攻击者利用了法官和陪审团不懂计算机技术的这一弱点。

例如，攻击者可能会起诉银行，让自己执行了非自愿的线上交易。在法庭上，攻击者可以无辜地说："银行网站要求我输入密码，我只是输入了密码，没做其他任何操作，我不知道后来发生了什么。"在这种情况下，法官可能会同情攻击者。

1.6.2　技术角度的攻击

为了更好地从技术角度理解攻击，可以将针对计算机和网络系统的攻击分为两类：①攻击背后的理论概念；②攻击者使用的实际方法。下面进行一一介绍。

正如前面所讨论的，安全原则面临着来自各种攻击的威胁，这些攻击一般分为如下4类。

（1）**截获**（interception）：在前面保密性背景下讨论过截获，截获意味着未授权方获得了对资源的访问权限。未授权方可以是个人、程序或计算机系统。拦截的例子有复制数据或程序、监听网络流量。

（2）**伪造**（fabrication）：在前面认证上下文中讨论过伪造，伪造是在计算机系统中创建非法对象。例如，攻击者将假记录添加到数据库中。

（3）**篡改**（modification）：在前面完整性的背景下讨论过篡改。例如，在篡改攻击中，攻击者可能会修改数据库的记录值。

（4）**中断**（interruption）：在前面可用性的背景下讨论过中断。在中断中，资源变得不可用、丢失或被禁用。中断会导致硬件设备出现问题，也可能删除程序、数据或操作系统组件。这些攻击又可以进一步分为两类：**被动攻击**（passive attacks）和**主动攻击**（active attacks），如图 1.12 所示。

图 1.12　攻击类型

下面分别讨论这两种攻击。

1．被动攻击

被动攻击是指攻击者沉迷于窃听或监视数据传输的攻击。换句话说，攻击者的目标是获取正在传输中信息，被动一词意味着攻击者不会对数据进行任何修改，这也是被动攻击很难被发现的原因。处理被动攻击的一般方法是预防而不是检测或纠正。

> 被动攻击不会对原始消息内容进行任何篡改。

图 1.13 进一步将被动攻击分为两个子类，即**消息内容泄露**（release of message contents）和**流量分析**（traffic analysis）。

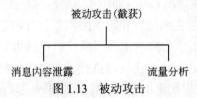

图 1.13　被动攻击

消息内容泄露很容易理解，当你给朋友发送机密电子邮件时，你希望只有该朋友能访问，如果事与愿违，就说明消息内容泄露了。我们利用某些安全机制，可防止消息内容泄露。例如，用编码语言对消息进行编码，只有期望的接收方才能理解消息内容，因为别人对编码语言一无所知。但是，如果多次发送这类消息，被动攻击者可能察觉到它们的相似之处，其呈现的某种模式告诉攻击者，正在发生秘密通信。分析编码消息所呈现的模式就是流量分析攻击的工作。

2．主动攻击

与被动攻击不同，主动攻击是以某种方式对原始消息进行篡改或生成虚假消息。虽然无法轻易阻止主动攻击，但能检测并尝试恢复它。主动攻击可以是中断、篡改和伪造。

> 主动攻击是以某种方式对原始消息内容进行篡改。

- **伪装**攻击就是试图伪装成另一个实体。
- **篡改**攻击可进一步分为**重放攻击**（replay attacks）和**消息篡改**（alteration of messages）。
- **伪造**会导致**拒绝服务**（Denial of Service，DoS）攻击。

主动攻击的分类如图 1.14 所示。

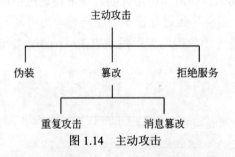

图 1.14　主动攻击

当未授权实体伪装成另一个实体时，就产生了伪装。如前所述，用户 C 冒充用户 A 给用户 B 发送消息。用户 B 可能被洗脑，相信该消息确实来自用户 A。在伪装攻击中，除了一个实体冒充另一个实体外，还会经常嵌入一些其他形式的主动攻击。例如，伪装攻击可能会捕获用户的认证序列（如用户 ID 和口令），之后，通过重放这些信息来实现非法访问计算机系统。

　　在重放攻击中，用户捕获一系列事件或一些数据单元，然后重新发送。例如，假设用户 A 需要给用户 C 的银行账户转账资金。用户 A 和用户 C 在银行 B 都有账户，用户 A 会向银行 B 发送电子消息，请求资金转账。用户 C 捕获此消息，并将该消息的副本再次发送给银行 B。银行 B 不知道这是一条未授权的消息，并将其视为第二条消息，也是来自用户 A 的资金转账请求。这样，用户 C 得到了两笔转账资金：一笔是授权得到的，另一笔是通过重放攻击得到的。

　　消息篡改是对原始消息进行一些更改。例如，假设用户 A 给银行 B 发送电子消息，要将 1000 美元转入用户 D 的账户。用户 C 捕获到该消息，将其篡改为将 10000 美元转入用户 C 的账户。注意，这里的收款人和金额均已更改，如果只更改其一，也属于消息更改攻击。

　　拒绝服务（DoS）攻击是阻止合法用户访问自身合法的服务。例如，未授权用户使用随机用户 ID 快速连续地向服务器发出请求，导致登录信息太多，淹没了网络，从而使其他合法用户无法访问网络设施。

1.6.3　实际攻击

　　在现实生活中，前面讨论的攻击可能以多种形式出现，可以分为两大类：应用层攻击和网络层攻击，如图 1.15 所示。

图 1.15　实际攻击

下面分析这些攻击。

　　（1）**应用层攻击**（application-level attacks）：应用层攻击发生在应用层，即攻击者试图访问修改（或阻止访问）特定应用程序的信息或应用程序本身。例如，试图在 Internet 上获取某人的信用卡信息，或更改消息内容以实现更改交易金额等。

　　（2）**网络层攻击**（network-level attacks）：网络层攻击旨在利用一些手段降低网络性能。网络层攻击要么使计算机网络降速，要么使计算机网络瘫痪。注意，网络层攻击会自动导致应用层攻击，因为一旦有人能访问网络，其至少能访问或篡改一些敏感信息，会造成严重破坏。

　　下面我们将继续讨论，这两类攻击可以使用各种机制实现，因此，不能简单地将某种攻击归为应用层攻击或网络层攻击，因为它有可能既是应用层攻击，也是网络层攻击。

　　安全攻击可能发生在应用层或网络层。

1.6.4　无线网络攻击

可以将无线网络攻击分为如下 4 大类。

（1）被动攻击。

（2）主动攻击。

（3）中间人攻击。

（4）干扰攻击。

下面简要分析这些攻击。

1.6.4.1　被动攻击

根据被动攻击的定义，攻击者只是持续监听流量而不会对受害者发起攻击。被动无线攻击也是如此，攻击者只是监听或窃听无线流量。为了发动被动无线攻击，攻击者需要设备来捕获附近传输的无线数据帧，攻击者笔记本电脑的无线网卡以**混杂模式**（promiscuous mode）运行，这意味着攻击者的无线网卡能捕获所有无线流量，并转交给攻击者计算机的 CPU。Internet 上有多种工具可执行这类操作，如 Snort、Kismet、NetScout Sniffer、Wireshark（旧名为 Ethereal）等。

有时，人们认为使用上述工具捕获公网或专用网络中的无线流量是非法的。然而，很多人声明用这些工具捕获无线流量是为了研究、教育和改进系统安全。虽然这两种说法各自有理，但仍应视具体情况确定是否合法。

检测被动攻击更难，它极其常见，且发动攻击简单。被动攻击的主要目的之一是发现无保护无线网络后，要么免费上网，要么打报告给无线网络所有者，希望其采取正确的保护措施。大多时候，攻击者纯粹只是为了好玩，新术语**堵漏战争**（war plugging）极好地诠释了这些被动攻击者的动机。被动攻击者成功攻击无线网络后，报告自己能无声无息地使用无保护无线网络，而网络所有者不曾察觉。

许多家庭用户创建无线网络，但未使用加密技术保护。常用的无线网络保护加密技术有有线等效保密（WEP）和 IEEE 802.11i-2004（也称为 Wi-Fi 保护访问 2（WPA2））。被动攻击者一直寻找无保护无线网络，攻击者的设备向其发送无线查询帧，并期待收到响应。当无保护无线网络响应后，攻击者的设备尝试连接到无保护无线网络，如果连接成功，攻击者的设备就成为无保护无线网络的一部分，获得特权，像无线网主人一样使用该网络。这种能响应主动询问的无保护无线网络称为开放系统。因此，建议用户或无线网络管理员在配置无线网络时，要将其配置为封闭系统，即除了使用口令和加密提高安全性外，不要响应主动询问请求。

1.6.4.2　主动攻击

一旦攻击者成功发起被动攻击，就能尝试将被动攻击变成主动攻击。针对无线网络的主动攻击本质与针对有线网络的攻击本质类似。换句话说，攻击者对无线网也可以发起欺骗、拒绝服务（DoS）、洪泛、引入恶意软件、窃取信息等。由于无线网络的本质，最常见的攻击是未授权访问和欺骗。

为了防止未授权访问无线网络，管理员可以使用 MAC 过滤技术。管理员指定一组特定的硬件地址或 MAC 地址，只有这些地址才能访问无线网络。由于攻击者的设备或笔记本电脑的硬件地址不在指定的地址列表中，因此攻击者不能发动主动攻击。当然，这难不倒攻击者，其可用利用软件，将设备或笔记本电脑的硬件地址设置成指定地址列表中的某个地址，冒充另一台合法的无线计算机，即声称它是与实际不同的合法计算机。

1.6.4.3　中间人攻击

在中间人攻击中，攻击者扮演的角色与真实身份不同。无线网络都要使用接入点（AP），AP 通常是无线路由器，用于提供网络连接。在中间人无线攻击中，攻击者设置自己的 AP，假装自己拥有底层无线网络，这种 AP 是非法 AP。原无线网络的设置发生了改变，导致正常用户不连接到原网络 AP，却连接到攻击者的非法 AP，而用户毫不知情。

为了发动中间人攻击，攻击者的笔记本电脑一般有两块无线网卡：一块用于设置非法 AP，另一块用于无线连接原网络。当真正的用户通过无线网络发送请求时，该请求不是到达原网络 AP，而是到达攻击者设置的非法 AP。攻击者捕获此请求信息后，对其进行更改，然后转发到原网络 AP，在此过程中，攻击者可以获得很多有价值的机密信息，如口令、密钥、认证请求、正在使用的安全策略等。Netstumbler 和 AiroPeek 等工具可用于检测中间人攻击。

1.6.4.4　干扰攻击

干扰攻击是无线网络环境下的一种特殊 DoS 攻击，其主体思想是通过引入无线数据帧来干扰无线网络的正常工作。攻击者发送这些非法数据帧，除了浪费无线带宽或与真正的数据帧发生冲突导致中断外，别无他用。攻击者发送的非法数据帧的频率与真正无线网络正常操作发送的数据帧频率相匹配，因此，仅根据数据帧的物理特性，无法检测哪些是合法的数据帧，哪些是非法的数据帧。

1.6.5　攻击程序

下面讨论一些攻击计算机系统、造成破坏或混乱的程序。

1.6.5.1　病毒

利用**病毒**（virus）能发起应用层攻击或网络层攻击。简单来说，病毒是附加在合法程序代码中的一段程序代码，在合法程序运行时运行，感染计算机的其他程序或与同一网络的其他计算机，如图 1.16 所示。在这个示例中，删除当前用户计算机的所有文件后，病毒通过将其代码发送给当前用户通讯录有电子邮件地址的所有用户，完成自动传播。

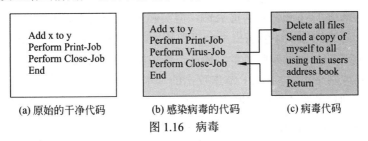

(a) 原始的干净代码　　(b) 感染病毒的代码　　(c) 病毒代码

图 1.16　病毒

病毒也能由特定事件触发，如病毒可以在每天午后 12 点自动执行。通常，病毒对计算机或网络系统会造成一定程度的破坏，但只要组织部署了良好的备份和恢复程序，就能恢复。

> 病毒是一种将自身附加到另一个合法程序的计算机程序，能破坏计算机系统或网络。

在病毒的生命周期中，会经历如下 4 个阶段。

（1）**休眠阶段**（dormant phase）：在这个阶段，病毒处于空闲状态，等待被特定的动作或事件激活，如用户输入某个键、特定日期或某个时间等，并非所有病毒都有这一阶段。

（2）**传播阶段**（propagation phase）：在这个阶段，病毒不断进行自我复制，每个副本又不断进行自我复制，从而造成病毒传播。

（3）**触发阶段**（triggering phase）：当触发某个动作或事件时，病毒被激活，就进入触发阶段。

（4）**执行阶段**（execution phase）：这是病毒的实际工作阶段，病毒可能是无害的，如只是在屏幕上显示一些信息；病毒也可能具有破坏性，如删除磁盘上的文件。

病毒可以分为如下几类。

（1）**寄生型病毒**（parasitic virus）：这是最常见的一种病毒，其附着于可执行文件并不断复制。每当感染病毒的文件执行时，病毒查找其他可执行文件并自行附加，进行传播。

（2）**内存驻留病毒**（memory-resident virus）：这类病毒先将自身附加到主内存的某个区，再感染每个执行的可执行程序。

（3）**引导扇区病毒**（boot sector virus）：这类病毒感染磁盘的主引导记录，在操作系统开始引导计算机时，完成在磁盘上的传播。

（4）**隐形病毒**（stealth virus）：该病毒具有内置智能，可阻止杀毒软件程序对其的检测。

（5）**多态病毒**（polymorphic virus）：病毒在每次执行时都改变特征码（即标识），使自己很难被发现。

（6）**变形病毒**（metamorphic virus）：除了像多态病毒那样改变自己的特征码之外，变形病毒每次都重写自己，使自己更难被发现。

还有另一种流行的病毒：**宏病毒**（macro virus）。宏病毒感染特定的应用软件（如 Microsoft Word 或 Microsoft Excel），感染用户所创建的应用软件程序的文档，由于人们经常要用电子邮件交换这些文档，所以宏病毒扩散极快。这些应用软件程序都有宏功能，允许用户在文档中编写小的实用程序。病毒感染这些宏，因而得名宏病毒。

1.6.5.2　蠕虫

在概念上，**蠕虫**（worm）与病毒类似，但实际中，它们的实现有所不同。病毒篡改程序，即依附于受感染的程序，但蠕虫不会篡改程序，而是一次又一次地进行自我复制，如图 1.17 所示。蠕虫的复制量如此之多，最终，蠕虫所在的计算机或网络会变得极慢，最终会使计算机停机或网络停用。因此，蠕虫攻击的基本目的与病毒不同，蠕虫攻击会"吃光"所有资源，使受到攻击的计算机或网络无法使用。

> 蠕虫不会执行任何破坏性操作，只会耗尽系统资源使之停用。

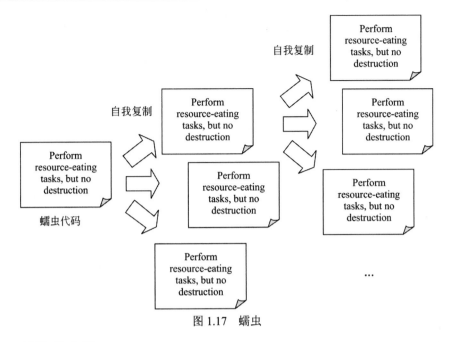

图 1.17　蠕虫

1.6.5.3　特洛伊木马

特洛伊木马与病毒一样,是一段隐藏代码。特洛伊木马的目的与病毒不同,病毒的主要目的是对目标计算机或网络进行某种篡改,而特洛伊木马会把机密信息泄露给攻击者。特洛伊木马一词源于希腊与特洛伊的一场战争,希腊士兵藏于空心的大木马中,特洛伊的市民将木马搬进特洛伊城,不知道木马中藏了希腊士兵,希腊士兵进城后,打开城门,放其他希腊士兵进城。

同样,特洛伊木马会悄悄将自身植入登录代码,当用户输入用户 ID 和口令时,木马能捕获这些详细信息,并在该用户毫不知情的情况下,将这些个人信息发送给攻击者。然后,攻击者利用这些用户 ID 和口令访问系统,如图 1.18 所示。

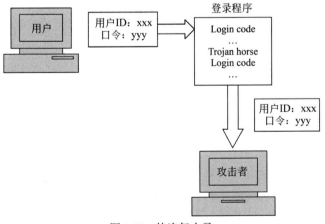

图 1.18　特洛伊木马

特洛伊木马使攻击者获取计算机或网络的某些机密信息。

1.6.6 杀毒

预防病毒是最好的选择，但在万物互联的互联网时代，预防几乎是不可能的，我们必须接受病毒感染，并想办法对付病毒，要检测、识别和清除病毒，如图 1.19 所示。

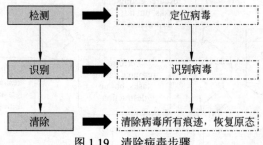

图 1.19 清除病毒步骤

病毒检测包括一旦确定感染病毒，要先定位病毒，再识别感染了什么病毒，最后清除病毒，即清除所有病毒痕迹，并将受感染的程序或文件恢复到原态，这都由杀毒软件完成。

杀毒软件分为 4 代，如图 1.20 所示。

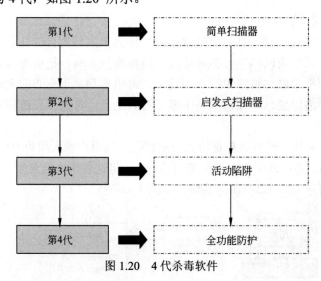

图 1.20   4 代杀毒软件

下面总结了 4 代杀毒软件的主要特点。

- **第 1 代**（1st generation）：这一代杀毒软件程序被称为简单扫描器，其需要用病毒特征码识别病毒，其变种密切关注程序长度，查找更改，以识别病毒的攻击。
- **第 2 代**（2nd generation）：这一代杀毒软件程序不再依赖病毒特征码，而使用启发式规则来寻找潜在的病毒感染，其思想是搜寻常见的与病毒相关的代码块。例如，杀毒软件程序查找病毒所用的加密密钥，找到它，进行解密，清除病毒，并清理代码。其变种存储文件的某些标识（如消息摘要）来检测文件内容的变化。
- **第 3 代**（3rd generation）：这些杀毒软件程序是内存驻留的，监视病毒的动作而非结构。因此，无须维护大型病毒特征数据库，只需重点监视少数可疑的动作。
- **第 4 代**（4th generation）：这些杀毒软件程序将多种杀毒技术（如扫描器、活动监控）

组合在一起，还包含访问控制功能，从而阻止病毒感染文件。

有一类软件称为**行为阻止软件**（behavior-blocking software），它集成于计算机的操作系统，实时监视类似病毒的行为。每当检测到这样的动作，这个软件会阻止它，防止造成破坏。受到监视的动作有：

- 打开、查看、修改、删除文件。
- 网络通信。
- 修改设置启动脚本等。
- 试图格式化磁盘。
- 修改可执行文件。
- 将含有可执行内容的电子邮件和即时消息脚本发送给他人。

行为阻止软件程序的主要优点是更注重病毒预防而不是病毒检测。换句话说，它们防患于未然，在病毒造成任何破坏之前就阻止了病毒攻击，而不是检测到攻击后再杀毒。

1.6.7　特定攻击

1.6.7.1　嗅探与欺骗

在 Internet 上，计算机以小数据分组（即数据包）的形式相互交换信息。数据包像邮政信封一样，有要发送的实际数据和地址信息。在 Internet 上，攻击者将从源计算机到目的地的数据包作为攻击目标，攻击主要有两种形式：①**数据包嗅探**（Packet sniffing），也称为**窥探**（snooping）；②**数据包欺骗**（Packet spoofing）。由于通信中使用的协议名为 Internet 协议（IP），所以这两种攻击也分别称为 **IP 嗅探**（IP sniffing）和 **IP 欺骗**（IP spoofing）。两者只是名字不同，但本质一样。

下面讨论这两种攻击。

1. 数据包嗅探

数据包嗅探是针对正在进行对话的被动攻击。攻击者不需要劫持会话，只是观察（即嗅探）经过的数据包。显然，为了防止攻击者进行数据包嗅探，就要以某种方式保护传递的信息。保护可以在两个层面完成。

（1）以某种方式对正要传输的数据进行编码。

（2）对传输链路进行编码。

要读取数据包，攻击者就要以某种方式访问它。访问数据包的最简单方法是控制流量经过的计算机，通常，此计算机是路由器，但路由器是被高度保护的资源，因此，攻击者可能无法攻击路由器，而是攻击同一路径上保护措施较弱的计算机。

2. 数据包欺骗

在数据包欺骗中，攻击者发送的数据包具有错误的源地址，这时，接收方（即接收具有错误源地址的数据包）会将应答发回这个欺骗地址（也称**伪装地址**（spoofed address）），而不是发送给攻击者。这会导致如下三种情况。

（1）**攻击者截获应答**（the attacker can intercept the reply）：如果攻击者在目的地和伪装地址之间，则可以看到应答，并用该信息进行劫持攻击。

（2）**攻击者不用看到应答**（the attacker need not see the reply）：如果攻击者的意图是拒

绝服务（DoS）攻击，则无不用到应答。

（3）**攻击者不需要应答**（the attacker does not want the reply）：攻击者可能只是对主机不爽，因此将主机的地址作为伪造地址，将数据包发送到目的地。攻击者不需要来自目的地的应答，因为其只想使用伪造地址的主机接收应答，并感到困惑。

1.6.7.2　网络钓鱼

最近，**网络钓鱼**（Phishing）已成为一个大问题。2004 年，根据 Tower Group 的数据，网络钓鱼造成的损失估计高达 1.37 亿美元。攻击者建立虚假网站，看起来像真网站一样。因为创建网页的技术（如 HTML、JavaScript、级联样式表（CSS））等相对简单，学习和使用这些技术建立网站也不难，攻击者的犯罪手法如下。

（1）攻击者创建自己的网站，该网站看起来与真网站一样。例如，攻击者可以克隆花旗银行的网站，克隆是如此逼真，以至于人眼无法区分哪个是花旗银行的真网站，哪个是攻击者的假网站。

（2）攻击者可以使用多种技术攻击银行客户。下面以最常见的攻击为例。

攻击者给合法的银行客户发送电子邮件。电子邮件本身似乎来自银行。为此，攻击者利用电子邮件系统，设置电子邮件发件人是银行员工，如 accountmanager@citibank.com。这封假电子邮件警告用户，花旗银行的计算机系统受到了某种攻击，银行需要所有客户设置新口令，或验证现有的 PIN 码等，因此，要求客户访问同一电子邮件中的 URL，内容如图 1.21 所示。

攻击者　　　　　　　　　　　　受害者

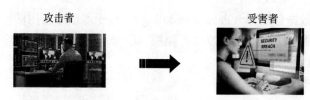

```
Subject: Verify your E-mail with Citibank

This email was sent by the Citibank server to verify your E-mail
address. You must complete this process by clicking on the link
below and entering in the small window your Citibank ATM/Debit
Card number and PIN that you use on ATM.
This is done for your protection - because some of our members
no longer have access to their email addresses and we must
verify it.
To verify your E-mail address and access your bank account,
click on the link below:
  https://web.da-us.citibank.com/signin/citifi/scripts/email_verify.jsp
```

图 1.21　攻击者向无辜的受害者（客户）发送伪造的电子邮件

（3）当客户（即受害者）无意中单击邮件中指定的 URL 时，会跳转到攻击者的站点，而不是银行的原站点。网站提示客户输入机密信息，如密码或 PIN。由于攻击者的假网站看起来与原银行网站完全相同，客户提供密码信息。攻击者欣喜地接收此信息，并向毫无戒心的受害者表示感谢。与此同时，攻击者使用受害者密码或 PIN 访问银行的真实站点，像受害者一样，执行任何交易！

下面再现了这种可能的攻击的真实示例。

图 1.22 给出了攻击者向用户发送的虚假电子邮件。

```
Dear Tax Payer,
Your Tax payment was successful. 50,000 rs has been deducted from
Net banking Account. Your Payment Challan is attached in the link below.

https://www.incometaxindia.gov.in/PaymentChallan

Please download and save a copy of your Payment Challan below.

Sincerely,
Income Tax Department
```

图 1.22　来自攻击者的假邮件

当用户单击链接时,安装在用户计算机上的杀毒软件会警告用户,链接可能是假链接,要防止任何损失,如图 1.23 所示。

```
Website you are visiting may be harmful.

Website:: www.iitdsonipat.com/wp-content/themes/ice_theme/fonts/Tax%20Payment%20Challan.zip

Access to website is blocked for your protection.

If you think this is mistake, to report click here.
```

图 1.23　关于虚假网站的警告

如果没有安装这样的杀毒软件,那么轻信的用户就会成为受害者!

1.6.7.3　域欺骗（DNS 欺骗）

另一种攻击,以前称为 **DNS 欺骗**（DNS spoof）或 **DNS 中毒**（DNS poisoning）,现在称为**域欺骗**（pharming）。据我们所知,使用**域名系统**（Domain Name System,DNS）,可以将人类可读的网站名（如 www.yahoo.com）解析为计算机能用的 IP 地址（如 120.10.81.67）。为此,要用一种特殊的服务器计算机（DNS 服务器）维护域名与对应 IP 地址之间的映射。DNS 服务器的位置任意,通常由用户 Internet 服务提供商（ISP）决定。下面分析 DNS 欺骗攻击的工作原理。

（1）假设商家（Bob）的站点域名是 www.bob.com,IP 地址是 100.10.10.20。因此,所有 DNS 服务器中维护的 Bob DNS 条目如下。

www.bob.com100.10.10.20

（2）攻击者（比如 Trudy）设法破解,并用自己的 IP 地址替换由用户 ISP 维护的 DSN 服务器（比如 Alice）中 Bob 的 IP 地址（比如 100.20.20.20）。因此,现在由 ISP Alice 维护的 DNS 服务器的条目变为:

www.bob.com100.20.20.20

因此,由 ISP 维护的假定 DNS 表内容发生了更改,攻击前后的对比如图 1.24 所示。

（3）当 Alice 要与 Bob 的站点通信时,Alice 的 Web 浏览器在自己 ISP 维护的 DNS 服务中查询 Bob 的 IP 地址,Alice 查询时提供的是域名,即 www.bob.com,经 DNS 服务器解析后,Alice 获得了 IP 地址 100.20.20.20,这是 Trudy 的地址,用它替换了 Bob 的原地址。

DNS名称	IP地址	DNS名称	IP地址
www.amazon.com	161.20.10.16	www.amazon.com	161.20.10.16
www.yahoo.com	121.41.67.89	www.yahoo.com	121.41.67.89
www.bob.com	100.10.10.20	www.bob.com	100.20.20.20
…	…	…	…
攻击前		攻击后	

图 1.24　DNS 攻击效果

（4）现在，Alice 开始与 Trudy 通信，而她却以为自己正在与 Bob 通信！这种 DNS 欺骗攻击非常普遍，也造成了网络大破坏。更糟糕的是，攻击者（Trudy）无须监听线上的会话！她只需破解 ISP 维护的 DNS 服务器，用自己的 IP 地址替换某个 IP 地址即可！

DNSSec（Secure DNS）协议可以阻止 DNS 欺骗攻击，但不幸的是，它并未得到广泛使用。

本 章 小 结

- 在过去几年中，网络和 Internet 安全受到了前所未有的重视，因为使用这些技术开展业务已刻不容缓。
- 攻击自动化、隐私问题和距离变得无关紧要是现代攻击的一些重要特点。
- 任何安全机制的原则都是保密性、认证、完整性、不可抵赖性、访问控制和可用性。
- 保密性原则规定只有发送方和预期的接收方才能访问消息内容。
- 认证识别计算机系统的用户，与消息的接收者建立信任。
- 消息内容在发送方发送后但在预期接收方接收前发生改变时，就称为消息完整性丧。
- 不可抵赖性为确保在发生争议时，消息发送方不能抵赖已发送过消息的事实。
- 访问控制指定用户可以对网络或 Internet 系统执行哪些操作。
- 可用性确保合法用户一直可以使用计算机和网络资源。
- ITU-T （X.800）定义了安全服务和安全机制。
- 系统攻击可以分为截获、伪造、篡改和中断。
- 常将攻击分为犯罪攻击、公开攻击和法学攻击。
- 攻击也可以分为被动攻击和主动攻击。
- 在被动攻击中，攻击者不会修改消息的内容。
- 主动攻击涉及对消息内容的修改。
- 消息内容泄露和流量分析属于被动攻击。
- 伪装、重放攻击、更改消息和拒绝服务（DoS）是主动攻击。
- 攻击还可分为应用层攻击和网络层攻击。
- 病毒、蠕虫、特洛伊木马和 Java 小程序、ActiveX 控件上可以引发对计算机系统的实际攻击。
- 嗅探与欺骗引发数据包级攻击。
- 网络钓鱼是一种新型攻击，它试图欺骗合法用户向虚假网站提供机密信息。

- DNS 欺骗（或域欺骗）攻击涉及更改 DNS 条目，以便把用户重定向到伪造站点，而用户确认为自己连接到了正确站点。

重要术语与概念

- 访问控制列表（ACL）
- 主动攻击
- ActiveX 控件
- 消息更改
- 应用层攻击
- 攻击者
- 认证
- 可用性
- 行为阻止软件
- 保密性
- 拒绝服务（DoS）攻击
- 伪造
- 身份盗用
- 完整性
- 截获
- 中断
- 小程序

- 伪装
- 篡改
- 网络层攻击
- 不可抵赖性
- 被动攻击
- 网络钓鱼
- 域欺骗
- 引用监视器
- 消息内容泄露
- 安全服务
- 重放攻击
- 安全机制
- 流量分析
- 特洛伊木马
- 可信系统
- 病毒
- 蠕虫

概 念 检 测

1. 安全的重要原则是什么？
2. 为什么保密性是安全的重要原则？
3. 讨论认证之所以重要的背后原因。
4. 在基于计算机的通信环境中，什么是抵赖？
5. 什么是访问控制？它与可用性有何不同？
6. 列出 ITU-T 的安全服务。
7. 将 X.800 的安全机制映射到安全服务。
8. 为什么有些攻击被称为被动攻击？为什么其他攻击被称为主动攻击？
9. 讨论一个被动攻击的例子。
10. 什么是伪装？伪装违反了哪个安全原则？
11. 什么是重放攻击？举一个重放攻击的例子。
12. 什么是拒绝服务攻击？
13. 什么是蠕虫？蠕虫和病毒之间的重要区别是什么？

14. 什么是网络钓鱼？什么是域欺骗？

15. 什么是特洛伊木马？其背后的原理是什么？

问　答　题

1. 当你为某人开支票时，使用了如下哪些原则？为什么？

（a）认证。

（b）完整性。

（c）保密性。

（d）不可抵赖性。

2. 确定如下的每种攻击是被动攻击还是主动攻击。

（a）间谍监视两个敌国之间的机密通信。

（b）间谍篡改某条信息的内容以误导敌国。

（c）网络窃贼下载了受版权保护书籍的 PDF 文件，但没有阅读。

（d）网络小偷非法下载电影并观看。

3. 识别下列情况所用的安全机制。

（a）为了迷惑可能的攻击者，银行在真实交易文件中添加了假的交易明细。

（b）比特币的交易使用区块链机制。

（c）大学允许学生查看项目创意列表，但不允许下载或打印。

（d）组织要求财务经理亲自授权支付超过 10 万美元的资金。

4. 在 ATM 中心，用户必须输入 PIN 才能进行交易。在 ITU-T 安全服务中，哪一项最重要？

5. 你收到了一封电子邮件，提到你的朋友遇到了一些严重问题，需要紧急将资金转入其银行账户，在这封电子邮件中有如何进行转账的详细信息。你相信这封电子邮件的真实性吗？还是认为其可能是网络钓鱼攻击？

第2章 密码技术

启蒙案例

[Source: Codes, Ciphers, Secrets and Cryptic Communication by Fred B Wrixon, Black Dog and Leventhal Publishers, New York]

在 19 世纪五六十年代，俄罗斯的革命者开展了一场盛况空前的革命运动，这群革命者是虚无主义者，目的是推翻沙皇政权。革命者为了彼此交流，发明了一种基于笔和纸的密码方案，先数字化要加密的明文和关键字，再将两部分数值相加形成最后的密文。在整个交流过程中，关键字会重复出现，重复周期是关键字的长度。

下面，用上述方案加密消息"strike czar now"，假设加密所选择的关键字是"unite"。加密矩阵如下。

	1	2	3	4	5
1	a	b	c	d	e
2	f	g	h	i	j
3	k	l	m	n	o
4	p	q	r	s	t
5	uv	w	x	y	z

为了加密关键字和消息，要定位它们中每个字母的位置，即先定位字母的行号，再定位其列号，最后记下它的位置，例如，u 记作 51，n 记作 34。

在示例中，关键字"unite"加密为 51 34 24 45 15。

类似地，原始消息"strike czar now"也变成了 44 45 43 24 31 15 13 55 11 43 34 35 52。

在最后一步中，消息的加密值加上重复的关键字加密值，得到密文，如下所示。

明文	s	t	r	i	k	e	c	z	a	r	n	o	w
数值	44	45	43	24	31	15	13	55	11	43	34	35	52
重复的密钥	51	34	24	45	15	51	34	24	45	15	51	34	24
密文	95	79	67	69	46	66	47	79	56	58	85	69	76

因此，发送方将消息 95 79 67 69 46 66 47 79 56 58 85 69 76 发送给接收方。接收方会反推加密过程，恢复原始消息"strike czar now"。

这是不是非常吸引人？下面，就让我们遨游于密码技术的海洋吧！

学习目标

- 理解密码学、加密、解密、密码分析等重要术语。

- 理解明本和密文。
- 探索各类密码和加密技术。
- 理解加密技术，如替换和变换。
- 能区分对称和非对称密钥加密技术。
- 深入理解密钥交换问题以及可能的解决方案。
- 列出攻击者采用的各类攻击。

2.1　基　本　术　语

本章介绍**密码学**（cryptography）的基本概念。"密码学"一词听起来非常深奥，实际上很好理解。在计算机安全中，许多术语听起来觉得复杂，实则意义明确，并不复杂。本章的目标是揭开与密码学相关的所有术语的神秘面纱。学习完本章之后，就能更好地理解后面介绍的基于计算机的安全解决方案和问题。

> **密码学**是通过对消息进行编码使其不可读而实现安全性的艺术。

图 2.1 给出了密码学的概念视图。

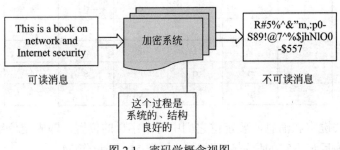

图 2.1　密码学概念视图

在这种背景下，需要介绍更多术语。

> **密码分析**（cryptanalysis）是将消息从不可读格式解码为可读格式的技术，无须知道消息最初是如何从可读格式转换为不可读格式的。

换句话说，密码分析就像破解密码，其概念如图 2.2 所示。

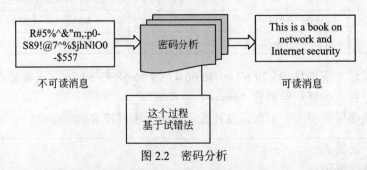

图 2.2　密码分析

> **密码学**（cryptology）是密码技术与密码分析的结合。

其概念如图 2.3 所示。

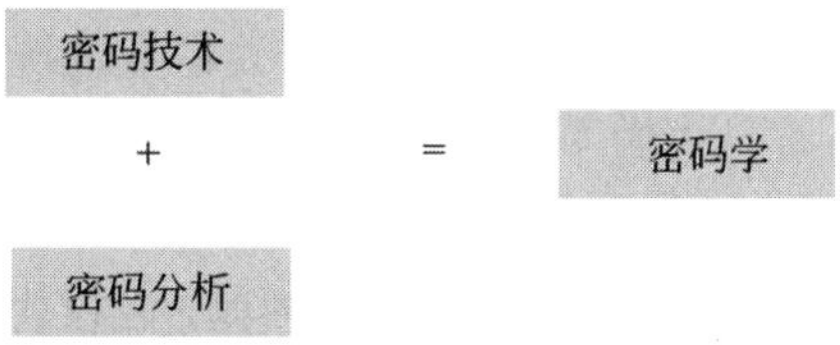

图 2.3　密码技术 + 密码分析 = 密码学

在早期，加密通常是手工完成的。在实际中，实现加密的基本框架变化不大，但实现的改进颇多。最重要的是，计算机可以实现这些加密功能或加密算法，使加密过程更快、更安全，但本章只讨论不用计算机的基本加密方法。

本章首先介绍密码学的基本概念，然后讨论如何使消息变得难读，从而确保安全，最后一一介绍各种密码技术。实际上，古典密码学是基于计算机的现代密码学的基石，后者在前者的基础上发展演进。本章尽量涵盖这些古典的密码算法，并讨论各种算法的优缺点及适用性。

在诸多密码算法中，一些极易理解和复制，因此破解难度"低"；一些极其复杂，因此破解难度"高"，其余的一些则介于两者之间，不是很难，也不太复杂，破解难度"中"。详细介绍概念性的基础知识至关重要，稍后章节，在讨论基于计算机的密码学的实际解决方案时，还会引用这些概念。

2.2　明文和密文

人与人之间的任何语言交流，都要用到人类语言。人类语言大都采用**明文**（plain text 或 clear text）形式。也就是说，只要明文消息没有被编码，懂得该种语言的任何人都能理解明文消息。例如，当与家人、朋友或同事交谈时，我们使用明文，因为无须隐瞒任何事情。假设我说"Hi Anita"，这是明文，因为 Anita 和我都知道这句话的含义和意图。更重要的是，同一个房间里的任何人都能听到这句话，也知道我在和 Anita 打招呼。

值得注意的是，在电子对话中我们也使用明文。例如，当给某人发送电子邮件时，我们可以用英语撰写电子邮件，其内容如图 2.4 所示。

图 2.4　明文消息示例

现在，不仅是 Amit，任何其他能读取该电子邮件的人都知道我写了什么，这仅仅是因为没有使用任何编码语言，而只是用了简单的书面语言——英语。这是另一个使用明文的示例。

> 明文是发送方、接收方以及任何有权访问该消息的人都能理解的消息。

在正常生活中，我们不会太在意别人的偷听。大多数情况下，偷听对我们没有什么影响，因为偷听人用偷听到的信息也做不了什么。毕竟，在日常生活中，我们不会透露太多秘密。

但在某些情况下，我们会担心谈话的保密性。例如，假设想知道自己银行账户的余额，需要在办公室给电话银行打电话查询。电话银行通常会问一些机密的问题，例如，你母亲的姓氏是什么？只有我知道答案，防止其他人冒充我。当回答机密的问题时，如回答"Leela"，我会压低声音，甚至到没人的房间小声回答，以确保不相干的人听不到，只有电话银行能听到。

同样，假设要给朋友 Amit 发送保密的电子邮件，即使有人能在电子邮件到达 Amit 之前，访问该电子邮件，也看不懂该邮件内容。如何才能让别人看不懂呢？这是小孩子们经常遇到的问题。很多时候，小孩子交流时，喜欢带点长辈看不懂的小秘密，如何才能做到呢？最简单最常用的技巧是编码语言，如将对话中的每个字母替换为另一个字符。例如，每个字母换成在字母表上向后移动 3 个位置处的字母。因此，A 换成 D，B 换成 E，C 换成 F，以此类推，直到字母表末尾折回，W 换成 Z，X 换成 A，Y 换成 B，Z 换成 C。图 2.5 是对这个消息编码方案的总结，第一行是原字母，第二行是原字母换成的字母。

A	B	C	D	E	F	G	H	I	J	K	L	M	N	O	P	Q	R	S	T	U	V	W	X	Y	Z
D	E	F	G	H	I	J	K	L	M	N	O	P	Q	R	S	T	U	V	W	X	Y	Z	A	B	C

图 2.5　每个字母用向后 3 个位置处的字母替换的消息编码方案

因此，用上述的字母替换编码方案，消息"I LOVE YOU"将变为"L ORYH BRX"，如图 2.6 所示。

I		L	O	V	E		Y	O	U
L		O	R	Y	H		B	R	X

图 2.6　使用字母替换的编码方案

当然，字母替换的编码方案有许多变种，每个字母在字母表上向后移动的位置个数不一定是 3，可以是 4，也可以是 5，以此类推。重点是原始消息中的每个字母都替换成另一个字母，从而隐藏了消息的原始内容，编码后生成的消息称为**密文**（cipher text），密码是指编码或秘密信息。

> 当使用适当的方案对明文消息进行编码时，所生成的消息就是密文。

为了更加直观地理解上述概念，将它们用图表示出来，如图 2.7 所示。

从技术上讲，这就是**对称密码模型**（symmetric cipher model），该模型如图 2.8 所示。

如图 2.8 所示，对称密码模型由如下 5 部分组成。

（1）**明文**（plain text）：原始文本，可读且应受保护，使其免遭攻击者的攻击。

（2）**加密过程**（encryption process）：也称为**加密算法**（encryption algorithm），加密过程对明文进行各种操作，使其成为难以辨认的文本。

（3）**密钥**（secret key）：发送方和接收方共享的某个秘密值，独立于明文和加密/解密

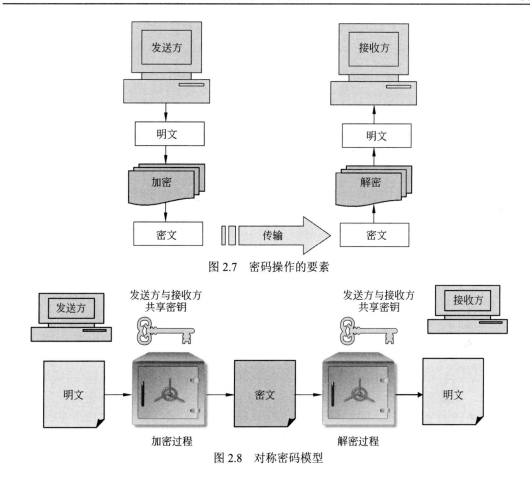

图 2.7　密码操作的要素

图 2.8　对称密码模型

过程。事先，必须保证发送方和接收方都拥有密钥，且别人对密钥一无所知。

（4）**密文**（cipher text）：借助密钥，对明文进行加密处理，生成不可读的密文。

（5）**解密过程**（decryption process）：与加密过程相反。作为接收方，收到密文后，要使用与发送者相同的共享密钥，将密文解码为原始明文。

下面将撰写的一封电子邮件消息，用字母替换方案进行编码，生成密文，如图 2.9 所示。这能加深读者对字母替换编码方案思想的领悟。

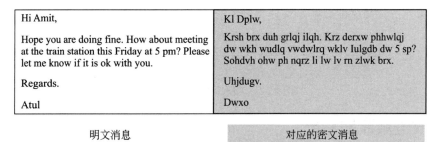

明文消息	对应的密文消息
Hi Amit, Hope you are doing fine. How about meeting at the train station this Friday at 5 pm? Please let me know if it is ok with you. Regards. Atul	Kl Dplw, Krsh brx duh grlqj ilqh. Krz derxw phhwlqj dw wkh wudlq vwdwlrq wklv Iulgdb dw 5 sp? Sohdvh ohw ph nqrz li lw lv rn zlwk brx. Uhjdugv. Dwxo

图 2.9　明文转换为密文的示例

要对明文消息进行编码，生成对应的密文，目前主要有两种技术：**替换**（Substitution）和**变换**（Transposition），如图 2.10 所示。

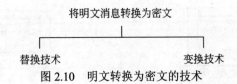

图 2.10　明文转换为密文的技术

下面将讨论这两种方法。注意，当这两种方法一起使用时，称为**乘积密码**（product cipher）。

2.3　替 换 技 术

2.3.1　凯撒密码

前面介绍的字母替换方案，最初是由 Julius Caesar 提出的，称为**凯撒密码**（Caesar Cipher），是第一个替换密码的例子。在替换密码技术中，明文消息的字符换成其他字符、数字或符号。凯撒密码是替换技术的一个特例，明文消息中的每个字母都换成在字母表上向后移动 3 个位置处的字母。例如，使用凯撒密码，明文"ATUL"变为密文"DWXO"。

> 在替换密码技术中，将明文消息的字符换成其他字符、数字或符号。

显然，凯撒密码是一种非常脆弱的隐藏明文消息的方案。要破解凯撒密码，只需逆向执行凯撒密码的加密过程，即将密文中的每个字母替换成在字母表上向前移动 3 个位置处的字母。A 替换成 X，B 替换成 Y，C 替换成 Z，D 替换成 A，E 替换成 B，以此类推。图 2.11 总结了破解凯撒密码所需的简单算法。

> （1）读取密文中的每个字母，在替换表的第二行（即表的第二行）中查找。
> （2）找到匹配项后，将密文消息中的字母替换成该表中第一行同一列处的对应字母，例如，如果密文中的字母为 J，则将其替换成 G。
> （3）对密文消息中的所有字母重复上述过程。

图 2.11　破解凯撒密码的算法

执行上面的破解算法可得到原始的明文。因此，对于给定的密文消息"L ORYH BRX"，执行逆向操作，轻易就能破解密文，得到明文"I LOVE YOU"，如图 2.12 所示。

密文	L	O	R	Y	H	B	R	X
明文	I	L	O	V	E	Y	O	U

图 2.12　破解凯撒密码的示例

2.3.2　改进版凯撒密码

理论上，凯撒密码非常完美；但实践中，太过简单，需要复杂化来增加破解难度。如何改进凯撒密码，增强其实用性呢？假设原始明文字母对应的密文字母不一定是在字母表上向后移动 3 个位置处的字母，而是向后移动任意位置处的字母，凯撒密码的复杂度就此增加。

此时,明文中的字母 A 不一定换成 D,而可以换成任何有效的字母,或 E、或 F、或 G 等。一旦确定了替换方案,它会恒定不变,并将用于明文消息中所有字母。众所周知,英语有 26 个字母,因此,字母 A 可以替换成英文字母表中任何一个 B 到 Z 的字母。当然,字母换成自身毫无意义,即 A 换成 A 等于没换,因此,每个字母有 25 种替换可能性。这样,要破解改进版凯撒密码,早期的破解算法就不灵了,需要编写新算法,如图 2.13 所示。

(1)设 k 值为 1。
(2)读取完整的密文信息。
(3)将密文消息中的每个字母替换成字母表上向后移动 k 个位置处的字母。
(4)k 值加 1。
(5)如果 k 小于 26,则转向第(2)步;否则,停止程序。
(6)上述步骤可以产生 25 种可能性,其中一种是密文消息对应的原始明语言消息。

图 2.13　破解改进版凯撒密码算法

让我们以改进版凯撒密码生成的密文消息为例,通过应用上述算法尝试破解,以获得明文消息。由于明文中的每个字母都要换成其他 25 个字母之一,因此,可供选择的明文消息有 25 种,用上述算法破解密文消息 KWUM PMZN,输出如图 2.14 所示。

密文	K	W	U	M	P	M	Z	M
尝试次数(k值)								
1	L	X	V	N	Q	N	A	N
2	M	Y	W	O	R	O	B	O
3	N	Z	X	P	S	P	C	P
4	O	A	Y	Q	T	Q	D	Q
5	P	B	Z	R	U	R	E	R
6	Q	C	A	S	V	S	F	S
7	R	D	B	T	W	T	G	T
8	S	E	C	U	X	U	H	U
9	T	F	D	V	Y	V	I	V
10	U	G	E	W	Z	W	J	W
11	V	H	F	X	A	X	K	X
12	W	I	G	Y	B	Y	L	Y
13	X	J	H	Z	C	Z	M	Z
14	Y	K	I	A	D	A	N	A
15	Z	L	J	B	E	B	O	B
16	A	M	K	C	F	C	P	C
17	B	N	L	D	G	D	Q	D
18	C	O	M	E	H	E	R	E
19	D	P	N	F	I	F	S	F
20	E	Q	O	G	J	G	T	G
21	F	R	P	H	K	H	U	H
22	G	S	Q	I	L	I	V	I
23	H	T	R	J	M	J	W	J
24	I	U	S	K	N	K	X	K
25	J	V	T	L	O	L	Y	L

图 2.14　尝试所有可能性,破解改进版凯撒密码

据前面的破解算法描述可知，要破解图中第 1 行所示的密文，需要 25 次不同的尝试。在本例中，第 18 次尝试找到了密文对应的正确明文，正常的破解也止于此步。但为了完整起见，这里还是给出了所有的 25 个步骤，当然，尝试所有可能性是攻击中的最坏情况。

对消息进行编码，以便安全发送的机制称为密码学。借此上下文，再介绍几个密码学术语。攻击者尝试所有可能的排列和组合来攻击密文消息，称为**蛮力攻击**（Brute-force attack）。试图破解任何密文消息以获得原始明文消息的过程称为**密码分析**（cryptanalysis），尝试密码分析的人称为**密码分析员**（cryptanalyst）。

> 密码分析员是试图破解密文消息以获得原始明文消息的人。破解过程本身称为密码分析。

我们注意到，凯撒密码的改进版也不是很安全。毕竟，密码分析者只需要知道该方案中如下几点就可以使用蛮力攻击，破解密文消息。

（1）原始明文用替换技术生成的密文。

（2）只需要 25 种可能性测试。

（3）明文语言为英文。

> 尝试蛮力攻击的密码分析者会尝试所有可能性，从给定的密文消息中推导出原始的明文消息。

只要知道这三点，任何人都可以轻松破解改进版凯撒密码生成的密文，如何才能进一步改进版凯撒密码，使其更难破解呢？

2.3.3　单字母密码

凯撒密码的主要弱点是它的可预测性。一旦决定将明文消息中的字母换成向后或向前移动 k 个位置处的字母，所有其他字母也照此替换。因此，密码分析员最多发动 25 次可能性攻击测试，就能成功破解。

想象一下，对于给定明文消息中的所有字母，不再使用统一替换方案，而是使用随机替换。也就是说，在给定的明文消息中，每个 A 可以换成 B 至 Z 的任意字母，每个 B 可以换成 A 或 C 至 Z 的任意字母，以此类推。单字母密码与凯撒密码的重要的区别是：B 的替换和 A 的替换没有关系。也就是说，如果决定将每个 A 换成 D，未必表示要将每个 B 换成 E，B 可以换成任意其他字母！

从数学上讲，可以使用 26 个字母的任何排列或组合，也就是说，有 $26 \times 25 \times 24 \times \cdots \times 2$ 或 4×10^{26} 种可能性！这是极难破解的。实际上，即使用最先进的计算机，也需要数年时间才能完成测试。

> 单字母密码对密码分析者来说是个难题，由于可能性的排列和组合数量级巨大，很难破解。

单字母密码只有一个缺陷。如果其生成的密文很短，密码分析员可以基于自己拥有的英语知识尝试不同的攻击。众所周知，有些字母在英语中出现的频率高于其他字母。语言分析家发现，对于给定密文中的单个字母，P 出现的概率最高，为 13.33%，之后是 Z，出现的概率为 11.67%，而字母 C、K、L、N 或 R 的出现概率最低，几乎为 0。

密码分析员在密文中寻找字母模式，用各种可用的字母代替密文字母，进行破译。

除了单字母替换外，密码分析员还寻找单词的重复模式来尝试破译。例如，密码分析员可能寻找双字母密文模式，因为 to 这个单词在英语中出现频率很高。如果密码分析员发现在密文消息中经常出现双字母组合，就会尝试将它们全部换成 to，再尝试推断剩余的字母或单词。密码分析员也会寻找三字母重复模式，尝试将它们换成单词 the 等。

2.3.4　同音替换密码

同音替换密码（Homophonic Substitution Cipher）与单字母密码非常相似。与普通替换密码技术一样，此方案也会将一个字母换成另一个字母。但是，这两种技术又有所不同，简单替换技术的替换字母表是固定的，例如，用 D 替换 A，用 E 替换 B 等；而在同音替换密码中，一个明文字母可以映射到多个密文字母。例如，A 可以换成 D、H、P、R；B 可以换成 E、I、Q、S 等。

> 同音替换密码也是一次将一个明文字符换成一个密文字符，而密文是所选密文集中的任何一个字符。

2.3.5　多字母替换密码

在**多字母替换密码**（Polygram Substitution Cipher）技术中，不是一次用一个密文字母替换一个明文字母，而是一个字母块换成另一个字母块。例如，HELLO 换成 YUQQW，HELL 换成完全不同的密文块 TEUI，如图 2.15 所示。尽管这两个明文块的前 4 个字符（HELL）相同，但对应的密文的却不一样。在多字母替换密码中，明文的替换是逐块进行的，而不是逐个字符进行的。

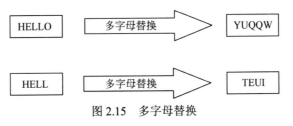

图 2.15　多字母替换

> 多字母替换密码技术将一个明文块替换成一个密文块，这种替换不是基于逐个字符进行的。

2.3.6　多表替换密码

1568 年，Leon Battista 发明了**多表替换密码**（Polyalphabetic Substitution Cipher），该密码已被多次破解，但仍在广泛使用。多表替换密码的著名代表有维吉尼亚密码和 Beaufort 密码。

多表替换密码使用多个单字符密钥，每个密钥加密一个明文字符。第一个密钥加密第一个明文字符；第二个密钥加密第二个明文字符，以此类推，当用尽所有密钥后，再重复使用。因此，如果有 30 个单字母密钥，则以 30 个字符为一组将明文分组，每一组重复使用这组密钥，这个数字（本例是 30）就是密码**周期**（period）。

多表替换密码的主要特点如下。

（1）使用单字母替换规则集。

（2）用密钥来确定哪组替换使用哪种规则。

下面讨论维吉尼亚密码，它是多表替换密码的典型代表。在维吉尼亚密码算法中，26 种凯撒密码组成单字母替换规则，这是一种偏移机制，从 0 到 25。对每个明文字母，都对应一个替换字母，称为**密钥字母**（key letter）。例如，偏移量为 3 的字母，其密钥值是 e。

为了理解这项技术，需要分析一个表格——维吉尼亚表，如图 2.16 所示。

	a	b	c	d	e	f	g	h	i	j	k	l	m	n	o	p	q	r	s	t	u	v	w	x	y	z
a	A	B	C	D	E	F	G	H	I	J	K	L	M	N	O	P	Q	R	S	T	U	V	W	X	Y	Z
b	B	C	D	E	F	G	H	I	J	K	L	M	N	O	P	Q	R	S	T	U	V	W	X	Y	Z	A
c	C	D	E	F	G	H	I	J	K	L	M	N	O	P	Q	R	S	T	U	V	W	X	Y	Z	A	B
d	D	E	F	G	H	I	J	K	L	M	N	O	P	Q	R	S	T	U	V	W	X	Y	Z	A	B	C
e	E	F	G	H	I	J	K	L	M	N	O	P	Q	R	S	T	U	V	W	X	Y	Z	A	B	C	D
f	F	G	H	I	J	K	L	M	N	O	P	Q	R	S	T	U	V	W	X	Y	Z	A	B	C	D	E
g	G	H	I	J	K	L	M	N	O	P	Q	R	S	T	U	V	W	X	Y	Z	A	B	C	D	E	F
h	H	I	J	K	L	M	N	O	P	Q	R	S	T	U	V	W	X	Y	Z	A	B	C	D	E	F	G
i	I	J	K	L	M	N	O	P	Q	R	S	T	U	V	W	X	Y	Z	A	B	C	D	E	F	G	H
j	J	K	L	M	N	O	P	Q	R	S	T	U	V	W	X	Y	Z	A	B	C	D	E	F	G	H	I
k	K	L	M	N	O	P	Q	R	S	T	U	V	W	X	Y	Z	A	B	C	D	E	F	G	H	I	J
l	L	M	N	O	P	Q	R	S	T	U	V	W	X	Y	Z	A	B	C	D	E	F	G	H	I	J	K
m	M	N	O	P	Q	R	S	T	U	V	W	X	Y	Z	A	B	C	D	E	F	G	H	I	J	K	L
n	N	O	P	Q	R	S	T	U	V	W	X	Y	Z	A	B	C	D	E	F	G	H	I	J	K	L	M
o	O	P	Q	R	S	T	U	V	W	X	Y	Z	A	B	C	D	E	F	G	H	I	J	K	L	M	N
p	P	Q	R	S	T	U	V	W	X	Y	Z	A	B	C	D	E	F	G	H	I	J	K	L	M	N	O
q	Q	R	S	T	U	V	W	X	Y	Z	A	B	C	D	E	F	G	H	I	J	K	L	M	N	O	P
r	R	S	T	U	V	W	X	Y	Z	A	B	C	D	E	F	G	H	I	J	K	L	M	N	O	P	Q
s	S	T	U	V	W	X	Y	Z	A	B	C	D	E	F	G	H	I	J	K	L	M	N	O	P	Q	R
t	T	U	V	W	X	Y	Z	A	B	C	D	E	F	G	H	I	J	K	L	M	N	O	P	Q	R	S
u	U	V	W	X	Y	Z	A	B	C	D	E	F	G	H	I	J	K	L	M	N	O	P	Q	R	S	T
v	V	W	X	Y	Z	A	B	C	D	E	F	G	H	I	J	K	L	M	N	O	P	Q	R	S	T	U
w	W	X	Y	Z	A	B	C	D	E	F	G	H	I	J	K	L	M	N	O	P	Q	R	S	T	U	V
x	X	Y	Z	A	B	C	D	E	F	G	H	I	J	K	L	M	N	O	P	Q	R	S	T	U	V	W
y	Y	Z	A	B	C	D	E	F	G	H	I	J	K	L	M	N	O	P	Q	R	S	T	U	V	W	X
z	Z	A	B	C	D	E	F	G	H	I	J	K	L	M	N	O	P	Q	R	S	T	U	V	W	X	Y

图 2.16　维吉尼亚表

维吉尼亚密码的加密逻辑非常简单。对于密钥字母 p 和明文字母 q，对应的密文字母在 p 行和 q 列的交点处，根据图 2.16 的表可知，密文是 F。

至此，读者应该明白，为了加密明文消息，需要一个长度等于明文消息长度的密钥，通常，使用重复自身的密钥。

2.3.7 Playfair 密码

Playfair **密码**（Playfair Cipher），也称为 Playfair **方块**（Playfair Square），是一种手工加密数据的密码技术。1854 年，英国人 Charles Wheatstone 发明了这个密码方案，但并未被众人所知，他的朋友 Playfair 勋爵在英国军地和政府推广了这个方案，因此，命名为 Playfair 密码。

在第一次世界大战中，英国军队使用 Playfair 密码。在第二次世界大战中，澳大利亚人也使用 Playfair 密码。之所以流行，原因在于 Playfair 方便，不需要任何特殊设备，它用来保护重要但非关键的信息，所以到密码分析者能破解它时，时效已过，信息已毫无价值！当然，在当今世界，Playfair 已成为了一种过时的加密算法，除了报纸上的一些填字游戏使用外，只用于学术研究。

Playfair 加密方案有两个主要步骤，如图 2.17 所示。

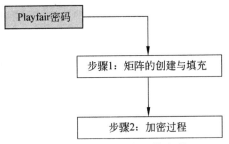

图 2.17 Playfair 密码的步骤

2.3.7.1 步骤 1：矩阵的创建与填充

Playfair 密码使用 5×5 的矩阵（表），用于存储关键字或短语，用作加密或解密的密钥。关键字输入到 5×5 矩阵，要基于一些简单的规则，如图 2.18 所示。

（1）在矩阵中，按行输入关键字：先从左到右，再从上到下。

（2）删除重复的字母。

（3）用英文字母表中（A～Z）其他不属于关键字的英文字母填充矩阵中的剩余单元格。填充单元格时，将 I 和 J 合起来看作一个字母填充到一个单元格。换句话说，如果 I 或 J 是关键字的一部分，则在填充剩余的单元格时忽略 I 和 J。

图 2.18 矩阵的创建与填充

例如，假设关键字是 PLAYFAIREXAMPLE，那么包含关键字的 5×5 矩阵如图 2.19 所示。

下面逐行进行解释。

第 1 行：矩阵的第 1 行，如图 2.20 所示。

P	L	A	Y	F
I	R	E	X	M
B	C	D	G	H
K	N	O	Q	S
T	U	V	W	Z

图 2.19　例子的关键字矩阵

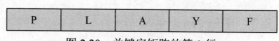

图 2.20　关键字矩阵的第 1 行

正如我们所见，关键字矩阵的第 1 行是关键字的前 5 个字母 PLAYF。到目前为止，没有一个字母是重复的。因此，按照之前定义的规则 1，将它们逐个填入同一行，即第 1 行。

第 2 行：矩阵的第 2 行如图 2.21 所示。

根据之前定义的规则 1，第 2 行的前 4 个单元格依次填入关键字剩余的字母 IREX，这时，要填充第 5 个单元格时，重复字母 A 出现，如图 2.22 所示。

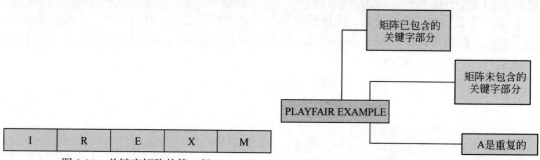

I	R	E	X	M

图 2.21　关键字矩阵的第 2 行

图 2.22　发现重复字母（A）时矩阵情况

因此，根据之前定义的规则 2，忽略这个重复的 A，选择下一个字母 M，将其填入该行的第 5 个单元格中。

第 3 行：矩阵的第 3 行如图 2.23 所示。

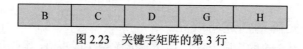

图 2.23　关键字矩阵的第 3 行

让我们回顾一下前两行包含了哪些关键字。

关键字是 PLAYFAIR EXAMPLE。

矩阵的前两行是 PLAYF 和 IREXM。

下面修改关键字中字母的字体，把前两行已包含的字母用斜体表示，重复的字母加下画线表示，修改后的关键字为

*PLAYF*A*IR EXA*M*PLE*

这表明，矩阵已包含了整个关键字，因为所有字母，要么斜体（表示已是矩阵的一部分），要么加了下画线（表示是重复的字母）。

因此，从第 3 行开始，没有关键字字母要填入矩阵。这样，考虑之前定义的规则 3，该规则要用 A~Z 中其他不属于关键字的英文字母填充矩阵中的剩余单元格。基于这个标准，依次将 B、C、D、G 和 H 填入矩阵的第 3 行。

第 4 行：矩阵的第 4 行如图 2.24 所示。

这里，是直接应用规则 3，得到填入该行的字母 K、N、O、Q、S。

第 5 行：矩阵的第 5 行如图 2.25 所示。

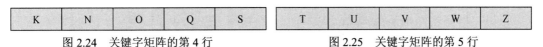

| K | N | O | Q | S |

图 2.24　关键字矩阵的第 4 行

| T | U | V | W | Z |

图 2.25　关键字矩阵的第 5 行

这里，也是应用规则 3，直接得到填入该行的字母 T 、U、 V 、W、 Z。

2.3.7.2　步骤 2：加密过程

加密过程由 5 个步骤组成，如图 2.26 所示。

（1）在执行这些步骤之前，把要加密的明文消息分组，两个字母为一组。例如，消息是 MY NAME IS ATUL，分组后，就变成了 MY NA ME IS AT UL，再分别对各分组进行加密。

（2）如果两个字母相同或只剩下一个字母，则在第一个字母后添加 X，再加密分组，并继续。

（3）如果在矩阵中，分组的两个字母同行，则分别用右相邻字母替换。如果字母在行的最右侧，则将第 1 列视为最后一列的右侧，即用该行最左侧字母替换。

（4）如果在矩阵中，分组的两个字母同列，则分别用下相邻字母替换。如果字母在最后一行，则将第 1 行视为它的下一行，即用第 1 行中与其同列的字母替换。

（5）如果在矩阵中，分组的两个字母既不同行，也不同列，则由两个字母确定矩阵，由矩阵另外对角上的字母替换，替换顺序也要注意，分组中第一个明文字母与对应的第一个加密字母在同一行。

图 2.26　Playfair 密码的加密过程

解密过程就是反其道而行之。注意，要删除第 1 步所添加的额外字母 X。

下面分析一个具体的示例，说明使用关键字加密明文的过程，这里关键字是 PLAYFAIR EXAMPLE，原始明文是 MY NAME IS ATUL。关键字 PLAYFAIR EXAMPLE 的矩阵如图 2.27 所示，矩阵的创建与填充在前面已详细讨论，此处无须赘述。

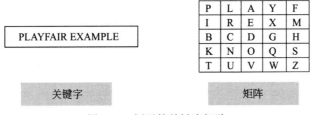

PLAYFAIR EXAMPLE

P	L	A	Y	F
I	R	E	X	M
B	C	D	G	H
K	N	O	Q	S
T	U	V	W	Z

关键字　　　　　矩阵

图 2.27　例子的关键字矩阵

下面解释 Playfair 密码的加密过程。

（1）将原始明文分组，两个字母为一组，原始明文如下。

MY　NA　ME　IS　AT　UL

（2）对明文应用 Playfair 密码算法。第 1 对字母是 MY。查看矩阵可知，字母 M 和 Y 既不同行也不同列。因此，应用 Playfair 密码加密过程的第（5）步，由字母 M 和 Y 形成矩阵，并替换成另两个对角上的字母。在本示例中，对角字母是 XF，这就是第 1 个密文块，如图 2.28 所示。

（3）下一个要加密的明文块是 NA。同样，应用步骤（5），得到第 2 个密文块 OL，如图 2.29 所示。

P	L	A	Y	F
I	R	E	X	M
B	C	D	G	H
K	N	O	Q	S
T	U	V	W	Z

图 2.28　字母对 1

P	L	A	Y	F
I	R	E	X	M
B	C	D	G	H
K	N	O	Q	S
T	U	V	W	Z

图 2.29　字母对 2

（4）分析第 3 个明文块，即 ME，字母 E 和 M 在同一行（第 2 行）。因此，根据步骤（3）的逻辑，得到密文块 IX，如图 2.30 所示。

（5）分析第 4 个明文块，即 IS，字母 I 和 S 既不同行，也不同列，要应用第 5 步的逻辑得到对角字母，得到密文块 MK，如图 2.31 所示。

P	L	A	Y	F
I	R	E	X	M
B	C	D	G	H
K	N	O	Q	S
T	U	V	W	Z

图 2.30　字母对 3

P	L	A	Y	F
I	R	E	X	M
B	C	D	G	H
K	N	O	Q	S
T	U	V	W	Z

图 2.31　字母对 4

（6）分析第 5 个明文块，即 AT。字母 A 和 T 既不同行，也不同列，要应用第 5 步的逻辑来得到对角字母，得到密文块 PV，如图 2.32 所示。

（7）分析第 6 个也是最后一个明文块，即 UL，字母 U 和 L 同列，要应用步骤 4 的逻辑，得到密文块 LR，如图 2.33 所示。

P	L	A	Y	F
I	R	E	X	M
B	C	D	G	H
K	N	O	Q	S
T	U	V	W	Z

图 2.32　字母对 5

P	L	A	Y	F
I	R	E	X	M
B	C	D	G	H
K	N	O	Q	S
T	U	V	W	Z

图 2.33　字母对 6

因此，明文块 MY NA ME IS AT UL 加密为 XF OL IX MK PV LR。

我们不再赘述解密过程，它很简单，就是反推加密步骤，留给读者自行验证。

为了进一步熟悉加密过程，下面给出另一个例子，简洁起见，这里删除了各个步骤的描述。

关键字是 Harsh，要加密的明文是 My name is Jui Kahate I am Harshu's sister。

基于关键字信息，生成的关键字矩阵如下。

H	A	R	S	B
C	D	E	F	G
I	K	L	M	N
O	P	Q	T	U
V	W	X	Y	Z

将明文消息分解成字母对。

MY NA ME IS IU IK AH AT EI AM HA RS HU 'S XS IS TE RX

使用基于上述矩阵的 Playfair 密码，得到的密文是：

TS KB LF MH NO KL RA SP CL SK AR SB BO AB YR MH QF ER

这里鼓励读者自行逐步推导出密文。

2.3.8　希尔密码

希尔密码（Hill cipher）同时处理多个字母，是一种多字母替换密码。Lester Hill 于 1929 年发明了这个密码。希尔密码源于数学的矩阵理论，更具体地说，需要知道如何计算矩阵的逆矩阵。附录 A 中有相关的数学理论知识，有兴趣的读者可自行参考。

希尔密码的工作过程如图 2.34 所示。

（1）将明文消息中的每个字母都作为一个数字，使得 A = 0, B = 1,…, Z = 25。

（2）基于上述转换，明文消息形成数字矩阵。例如，如果明文是 CAT。根据上述步骤，有 C= 2，A= 0，T= 19。因此，明文形成的矩阵为

$$\begin{pmatrix} 2 \\ 0 \\ 19 \end{pmatrix}$$

（3）接着，明文矩阵乘以随机选择的密钥矩阵。密钥矩阵大小为 n× n，其中 n 是明文矩阵的行数。例如，采用如下的密钥矩阵。

$$\begin{pmatrix} 6 & 24 & 1 \\ 13 & 16 & 10 \\ 20 & 17 & 15 \end{pmatrix}$$

（4）两个矩阵相乘，如下所示。

$$\begin{pmatrix} 2 \\ 0 \\ 19 \end{pmatrix} \times \begin{pmatrix} 6 & 24 & 1 \\ 13 & 16 & 10 \\ 20 & 17 & 15 \end{pmatrix} = \begin{pmatrix} 31 \\ 216 \\ 325 \end{pmatrix}$$

（5）现在计算所得矩阵 a mod 26 的值。即取上述矩阵除以 26 的余数值，即

$$\begin{pmatrix} 31 \\ 216 \\ 325 \end{pmatrix} \bmod 26 = \begin{pmatrix} 5 \\ 8 \\ 13 \end{pmatrix}$$

（6）这是因为 31/26 = 1，余数为 5。在上述矩阵中，以此类推。

（7）将数字转换为字母，5 = F，8 = I，13 = N。因此，密文是 FIN。

（8）解密时，取密文矩阵乘以原始密钥矩阵的逆矩阵（稍后解释），原始密钥矩阵的逆矩阵为

$$\begin{pmatrix} 8 & 5 & 10 \\ 21 & 8 & 21 \\ 21 & 12 & 8 \end{pmatrix}$$

图 2.34　希尔密码示例（1/2 部分）

（1）对于解密，取密文矩阵并将其乘以原始密钥矩阵的逆矩阵。原始密钥矩阵为

$$\begin{pmatrix} 8 & 5 & 10 \\ 21 & 8 & 21 \\ 21 & 12 & 8 \end{pmatrix} \times \begin{pmatrix} 5 \\ 8 \\ 13 \end{pmatrix} = \begin{pmatrix} 210 \\ 442 \\ 305 \end{pmatrix}$$

（2）现在需要对所得矩阵取模 26，如下所示。

$$\begin{pmatrix} 210 \\ 442 \\ 305 \end{pmatrix} \bmod 26 = \begin{pmatrix} 2 \\ 0 \\ 19 \end{pmatrix}$$

（3）因此，明文矩阵包含 2、0、19；对应于 2 = C、0 = A 和 19 = T。这说明解密成功，还原了原始明文。

图 2.34　希尔密码示例（2/2 部分）

希尔密码易受到已知明文攻击，后面会讨论已知明文攻击。希尔密码是线性的，即可以计算矩阵的较小因子，单独处理，在最后进行组合。

2.4　变　换　技　术

据前面所学可知，替换技术侧重于用密文字母替换明文字母，但变换技术与替换技术不同，它不是简单地将一个字母替换成另一个字母，而是对明文进行某种置换。

2.4.1　栅栏加密技术

栅栏加密技术（Rail Fence Technique）是变换技术的一个例子。它使用简单的算法，如图 2.35 所示。

（1）先将明文消息写成对角线序列。
（2）再按行读取步骤 1 写入的明文，作为行序列。

图 2.35　栅栏加密技术

下面用一个简单的例子说明栅栏加密技术。假设明文消息为 Come home tomorrow。如何使用栅栏技术将其变成密文消息呢？过程如图 2.36 所示。

原始明文消息：Come home tomorrow
（1）先将明文消息排列为对角线序列，如下所示，第一个字符 C 写在第 1 行，第 2 个字符 o 写在第二行，第 3 个字符 m 写在第一行，第 4 个字符 e 写在第 2 行，以此类推，生成之字形序列，如下所示。

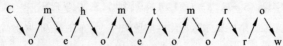

（2）再逐行读取明文，并按顺序写入，得到密文。

Cmhmtmrooeoeoorw

图 2.36　栅栏加密技术示例

栅栏加密技术将明文写成对角线序列，然后逐行读取明文，得到密文。

显而易见，对于密码分析者来说，栅栏加密技术太过简单，几乎不存在什么复杂性。

2.4.2　简单分栏式变换加密技术

2.4.2.1　基本技术

基本变换加密技术（如栅栏加密技术）有多个变种，其一称为**简单分栏式变换加密技术**（Simple Columnar Transposition Technique），如图 2.37 所示。

（1）将明文消息逐行写入预定义长度的矩形中。

（2）一列一列地读消息，但不一定按 1、2、3 列的顺序，也可以按随机顺序，如 2、3、1 等。

（3）得到的消息就是密文消息。

图 2.37　简单分栏式变换加密技术

下面用一个例子分析简单分栏式变换加密技术。明文消息不变，还是 Come home tomorrow。如何使用简单分栏式变换加密技术才能将明文变成密文消息呢？具体过程如图 2.38 所示。

原始明文消息：Come home tomorrow

（1）有一个 6 列的矩阵，在矩阵中逐行写入消息，如下所示。

第1列	第2列	第3列	第4列	第5列	第6列
C	o	m	e	h	o
m	e	t	o	m	o
r	r	o	w		

（2）指定某个序列作为随机序列，例如 4、6、1、2、5、3。然后按这个序列顺序，一列一列地读取消息。

（3）得到的密文为 eowoocmroerhmmto。

图 2.38　简单分栏式变换加密技术示例

简单分栏式变换加密技术只是将明文排列为行序列，再一列一列地随机读取消息。

与栅栏加密技术一样，简单分栏式变换加密技术也很简单，容易破解，密码分析员只要尝试列的一些排列和组合就能得到原始明文。为了增加破解难度，要修改简单分栏式变换加密技术，用相同的技术执行多轮变换。

2.4.2.2　多轮简单分栏式变换加密技术

改进的基本多轮简单分栏式变换加密技术的思想：为了增加算法的复杂度，要多次使用简单分栏式变换加密技术。

这种加密技术使用的基本算法如图 2.39 所示。

（1）将明文消息逐行写入预定义长度的矩形中。

（2）一列一列读消息，但不一定按1、2、3列的顺序，也可以按随机顺序，如 2、3、1 等。

（3）得到的消息就是第 1 轮的密文消息。

（4）根据需要多次重复第（1）～（3）步。

图 2.39　多轮简单分栏式变换加密技术

从图 2.38 可知，改进算法只是在基本简单分栏式变换加密技术中增加了第 4 步，使基本算法不止一次执行。尽管改动微小，但得到的密文复杂度大幅提升。下面，扩展前面的例子，使用多轮变换加密，如图 2.40 所示。

原始明文消息：Come home tomorrow

（1）有一个 6 列的矩阵，在矩阵中逐行写入消息，如下所示。

第1列	第2列	第3列	第4列	第5列	第6列
C	o	m	e	h	o
m	e	t	o	m	o
r	r	o	w		

（2）指定某个序列作为随机序列，例如 4、6、1、2、5、3。然后按这个序列顺序，一列一列地读取消息。

（3）得到的密文 eowoocmroerhmmto 就是第 1 轮的密文消息。

（4）下面再次执行步骤（1）到步骤（3）。因此，第 1 轮后密文的表格表示如下。

第1列	第2列	第3列	第4列	第5列	第6列
e	o	w	o	o	c
m	r	o	e	r	h
m	m	t	o		

（5）下面使用与之前相同的随机序列，即 4、6、1、2、5、3，然后按照这个列顺序读取明文。

（6）得到的密文 oeochemmormorwot 就是第 2 轮密文。

（7）如果需要更多的迭代次数，就这样继续重复，否则停止。

图 2.40　多轮简单分栏式变换加密技术示例

如图 2.40 所示，与基本简单分栏式变换加密技术所得密文相比，多轮或迭代增加了密文的复杂度，迭代次数越多，生成的密文复杂度越高。

与简单分栏式变换加密技术所生成的密文相比，由多轮简单分栏式变换加密技术生成的密文复杂度更高。

2.4.3　Vernam 密码（一次一密）

Vernam 密码（Vernam Cipher）的特定子集称为**一次一密**（One-Time Pad），它的实现是使用随机的非重复字符集作为输入密文。这里最重要的一点是，一旦输入密文用于一次变换后，就不再用于任何其他消息（因此名为一次一密）。输入密文的长度等于原始明文的长度。Vernam 密码算法如图 2.41 所示。

（1）将每个明文字母作为递增序列中的数字，即 A = 0，B = 1，…，Z = 25。

（2）将输入密文的每个字符也作为序列的数字。

（3）将明文字母对应的每个数字与相应的输入密文字母所对应的数字相加。

（4）如果得到的和大于 26，则减去 26。

（5）将和的每个数字转换为相应的字母，得到输出密文。

图 2.41　Vernam 密码算法

下面，将 Vernam 密码算法加密明文消息 HOW ARE YOU，使用一次性密钥 NCBTZQARX，得到密文消息 UQXTRUYFR，如图 2.42 所示。

		H	O	W	A	R	E	Y	O	U
1. 明文		7	14	22	0	17	4	24	14	20
	+									
2. 一次一密		13	2	1	19	25	16	0	17	23
		N	C	B	T	Z	Q	A	R	X
3. 初始总和		20	16	23	19	42	20	24	31	43
4. 如果大于25，减去26		20	16	23	19	17	20	24	5	17
5. 密文		U	Q	X	T	R	U	Y	F	R

图 2.42　Vernam 密码示例

很清楚的是，由于一次性密钥只用一次就丢弃，所以安全性很高，适用于短的明文消息，但不适用于大型消息。Vernam 密码最初是 AT&T 公司借助 Vernam 机器实现的。

Vernam 密码使用一次性密钥，用完就丢弃，因此仅适用于短消息。

2.4.4　书本密码/运行密钥密码

书本密码（Book Cipher），也称为**运行密钥密码**（Running Key Cipher），其思想非常简单，原理上与 Vernam 密码类似，只是书本密码是使用书中的部分文本作为密码，也是明文与密码相加。

2.5　加密与解密

前面介绍了明文的概念以及如何将明文转换为密文，以便只有发送方和接收方才能理解。下面学习一些与加密、解密相关的技术术语。在技术上，将明文消息编码为密文消息的过程称为**加密**（encryption），加密的思想如图 2.43 所示。

图 2.43　加密

将密文消息转换为明文消息的逆过程称为**解密**（decryption）。解密的思想如图2.44所示。

密文　　　　　　　　　　解密　　　　　　　　　　明文

图 2.44　解密

> 解密与加密正好相反，加密将明文消息转换为密文，而解密将密文消息转换为明文。

在计算机与计算机的通信中，发送方的计算机通过执行加密将明文消息转换为密文。然后通过网络（如 Internet 或任何其他网络）将加密的密文消息发送给接收方。之后接收方的计算机获得加密的消息，并执行加密的逆过程（即执行解密过程）以获得原始明文消息，如图 2.45 所示。

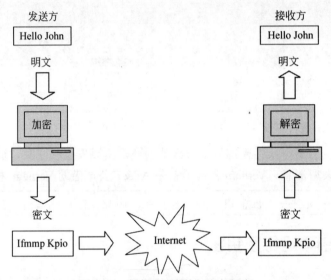

图 2.45　真实世界中的加密与解密

为了加密明文消息，发送方（以后将术语发送方视为发送方的计算机）执行加密，即应用加密算法。为了解密收到的加密消息，接收方要执行解密，即应用**解密算法**（decryption algorithm）。该算法在概念上与我们之前讨论的加密过程相似。

一方面，解密算法必须与加密算法相同，否则，解密将无法还原原始消息。例如，如果发送方使用栅栏加密技术加密，而接收方使用简单分栏式变换加密技术进行解密，将得到错误的明文。因此，发送方和接收方必须商定共用算法，才能进行有意义的通信。解密算法基本上以某一文本作为输入，并生成另一个文本作为输出。

另一方面，执行消息加密与解密的是**密钥**（key）。什么是密钥呢？密钥类似于 Vernam 密码中的一次性密码。任何人都可以使用 Vernam 密码，但只有发送方和接收方知道一次性密码，其他人对密文消息束手无策。

> 加密与解密的过程都由两部分组成：加密与解密的算法及密钥。

加密与解密的两部分如图 2.46 所示。

为了更好地理解加密与解密，下面来分析现实生活中使用的密码锁。在用密码锁时，我们要记住开锁的密码，即一个数字，如 871。密码锁和如何开锁（算法）是公开的，但要打开某把锁，其实际的密钥（这里是 871）是保密的，其思想如图 2.47 所示。

图 2.46　加密与解密的组成　　　　　　　图 2.47　密码锁

例如，发送方和接收方商定用 Vernam 密码作为算法，用 XYZ 作为密钥，并确保没有其他人能访问两者之间对话，别人可能知道双方正在使用 Vernam 密码，但并不知道加密或解密的密钥是 XYZ。

> 一般来说，加密和解密过程使用的算法是公开的，而加密和解密的密钥用于保证加密过程的安全性。

从广义上讲，根据所用的密钥，有两种加密机制。如果加密和解密使用相同的密钥，则将这种加密机制称为**对称密钥加密**（Symmetric Key Cryptography）。如果在密码机制中使用两个不同的密钥，其中一个密钥用于加密，另一个密钥用于解密，则将这种加密机制称为**非对称密钥加密**（Asymmetric Key Cryptography），如图 2.48 所示。

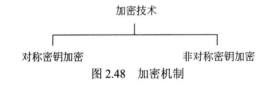

图 2.48　加密机制

下面，学习这两种机制背后的基本概念，后面几章将详细介绍这两种加密机制中基于计算机的密码算法。

> 对称密钥加密是加密和解密使用相同的密钥。非对称密钥加密是加密和解密使用不同的密钥，一个密钥用于加密，另一个密钥用于解密。

2.6　对称与非对称密钥加密

2.6.1　对称密钥加密与密钥分配问题

在讨论基于计算机的对称与非对称密钥加密算法（在后面几章中）之前，首先自问自答一个问题，为什么需要两种不同类型的加密算法呢？通过理解下面这个简单的问题说明，答案不言自喻。

> A 需要给 B 发送一封高度机密的信件。A 和 B 住在同一个城市，相隔几英里，但由于某种原因不能见面。

下面，分析如何解决这个问题。最简单的解决方案是 A 将机密信件放入信封，密封，然后邮寄。A 希望在信件到达 B 之前，没有别人打开，如图 2.49 所示。

图 2.49　发送机密信件的最简单方案

显然，这种解决方案是不可行的，因为无法保证信件在到达 B 之前，不会被不道德的人拆开。通过挂号信或特快专递能更好地保证信件的安全，但也不能完全保证信件在到达 B 之前不被拆开，毕竟，别人可以拆开信封，读完保密信件后，再重新密封信封。

另一种可选方法是让人专门递送信件。A 将信件交给另一个人 P，P 再亲自将信件交给 B。这是一个不错的解决方案，但这仍然不是万无一失的。

因此，A 想到了另一个办法。A 将信件放入盒子，用安全锁锁住它，再通过邮寄、快递或专人把盒子给 B。由于是安全锁，在运输途中没有人能打开盒子和信封，因此，没有人能阅读这封机密信件。问题解决了！真的吗？仔细想一想，防止信件被拆问题似乎确实得到了解决，但这一解决方案却产生了新问题，现在 B 也无法打开盒子，怎么办？这一解决方案不仅使未授权用户无法访问信件，就连授权的合法用户也不能访问信件。也就是说，B 也无法开锁看信，这违背了发送信件的初衷。

如果 A 将盒子和锁的钥匙一起发送，那么 B 就可以打开锁，拿到盒子里的信，从而看到信。这么做似乎更荒谬。如果锁钥匙随盒子一起，在运输途中，任何接触盒子的人（例如 P）都可以开锁看信。

因此，A 想出了一个改进办法。A 决定通过邮寄、快递或专人将上锁的箱子给 B，但不会同时配送锁钥匙，而是确定地点和时间亲自与 B 见面，届时亲自将钥匙交给 B。这样可以确保钥匙不经他人之手，只有 B 能看保密信件。现在这是一个万无一失的解决方案！但是真的吗？

如果 A 可以见到 B，亲自将钥匙交给 B，那么也可以亲自将密信交给 B 了，为什么还要费这么大劲，做这么多无用功呢？记住问题的说明，A 和 B 由于某种原因不能见面！

因此，上述的解决方案均不可行，要么不是万无一失的，要么实际上是行不通的。实际上，这就是**密钥分配**（key distribution）或**密钥交换**（key exchange）问题。由于发送方和接收方用相同的密钥加锁和解锁，所以称为**对称密钥操作**（symmetric key operation）。在密码学的上下文中，此操作称为**对称密钥加密**（symmetric key cryptography）。因此，密钥分配问题与对称密钥操作有着内在的联系。

想象一下，不仅 A 和 B 之间要发送机密信件，而且有成千上万的人需要这种服务。当需求服务的人数巨大时，用对称密钥操作会发生什么情况呢？下面将进行详细分析，从而揭示对称密钥操作的缺点。

先从少数参与者开始,再分析参与者人数增加的情况。例如,假设 A 现在需要与 B 和 C 两个人进行安全通信。A 是否可以用同一把锁(即具有相同特性的锁,可以用同一把钥匙打开)和钥匙来密封发送给 B 和 C 的盒子呢?当然,这是完全不可取的。如果 A 使用同一种锁和钥匙来密封寄给 B 和 C 的盒子,那么谁能保证 B 不会打开寄给 C 的盒子,C 又不会打开寄给 B 的盒子呢?因为 B 和 C 都有与 A 一样的钥匙。即使 B 和 C 住在城市的两头,A 也不能轻易冒这个险。因此,无论锁和钥匙多安全,A 对 B 和 C 都必须使用不同的锁钥对。也就是说,A 要有两套锁钥对(即一把锁配一把钥匙),如图 2.50 所示。A 还要把钥匙分发给 B 和 C。

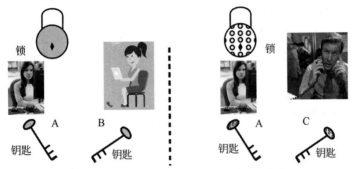

图 2.50 每个通信对都要用单独的锁和钥匙

因此,会出现如下的情况。

- 当 A 只需要与 B 通信时,只需要一个锁钥对(A-B)。
- 当 A 需要与 B 和 C 通信时,需要两个锁钥对(A-B 和 A-C)。因此,A 与每个人通信都要有单独的锁钥对。如果 B 也要与 C 通信,则需要锁钥对(B-C),这也是第 3 个锁钥对。因此,三方通信需要 3 个锁钥。
- 当第 4 个人 D 加入通信时,假设 4 个人(即 A、B、C 和 D)希望能安全地相互通信,则有 6 个通信对,即 A-B、A-C、A-D、B-C、B-D 和 C-D,因此,需要 6 个锁钥对,每个通信对一对,以满足 4 个通信对的需求。
- E 是第 5 个加入通信的人,则有 10 个通信对,分别是 A-B、A-C、A-D、A-E、B-C、B-D、B-E、C-D、C-E 和 D-E。因此,要满足 10 个通信对的安全通信,就需要 10 对锁钥对。

下面将结果用表格列出,如图 2.51 所示,分析一下,可否能总结出某种模式呢?

参与方	所需的锁匙对数
2 (A, B)	1 (A-B)
3 (A, B, C)	3 (A-B, A-C, B-C)
4 (A, B, C, D)	6 (A-B, A-C, A-D, B-C, B-D, C-D)
5 (A, B, C, D, E)	10 (A-B, A-C, A-D, A-E, B-C, B-D, B-E, C-D, C-E, D-E)

图 2.51 参与人数与所需的锁钥对数

我们分析可知如下。

- 如果参与方的人数为 2，则需要 2×（2 - 1）/ 2 = 2×（1）/ 2 = 1 个锁钥对。
- 如果参与方的人数是 3，则需要 3×（3 - 1）/ 2 = 3×（2）/ 2 = 3 个锁钥对。
- 如果参与方的人数为 4，则需要 4×（4 - 1）/ 2 = 4×（3）/ 2 = 6 个锁钥对。
- 如果参与方的人数是 5，则需要 5×（5 - 1）/ 2 = 5×（4）/ 2 = 10 个锁钥对。

因此，推而广之，参与方人数是 n 时，需要的锁钥匙对的数量是 n×（n - 1）/2。如果有 1000 人参与通信，则会有 1000×（1000 - 1）/ 2 = 1000×999/ 2 = 999000/ 2 = 499500 个锁钥对！

此外，还必须有专人记录，哪个通信对使用哪个锁钥对，必须有专门维护通信的人（T），因为有些人会丢锁，有些人会丢钥匙，有些人会把锁和钥匙都丢了。在这时，T 必须工作，要么发送正确的复制密钥，要么发送同款锁，要么出于安全原因发送不同的锁钥对，T 要根据具体情况具体分析，区分对待。这是一项多么艰巨的任务！T 到底是谁？T 必须是这么一个人：众人高度信赖 T，同时大家还能方便地找到 T。因为每个通信对都要从 T 处获得锁钥对，这是一个相当麻烦和耗时的过程。

2.6.2　Diffie-Hellman 密钥交换/协议算法

2.6.2.1　简介

1976 年，Whitefield Diffie 和 Martin Hellman 为密钥协议或密钥交换问题设计了一个奇妙的解决方案，即 Diffie-Hellman 密钥交换 / 协议算法（Diffie-Hellman Key Exchange/Agreement Algorithm）。这个方案的奇妙之处在于，安全通信的双方需要使用它来商定对称密钥，随后加密或解密使用此对称密钥。但要注意，Diffie-Hellman 密钥交换算法只能用于密钥协商，而不能用于消息的加密或解密。一旦双方商定要用的密钥，消息的实际加密或解密就要用其他的对称密钥加密算法。

虽然 Diffie-Hellman 密钥交换算法是运用数学原理，但理解起来相当简单。下面先介绍算法的步骤，再举一个简单的例子，最后讨论其数学基础。

2.6.2.2　算法描述

假设 Alice 和 Bob 需要商定加密或解密消息的密钥，所用的 Diffie-Hellman 密钥交换算法如图 2.52 所示。

（1）首先，Alice 和 Bob 确定两个大素数 n 和 g，这两个整数不需要保密。Alice 和 Bob 可以使用不安全的信道来商定这两个数。

（2）Alice 选择另一个大的随机数 x，并计算 A 使得

$$A = g^x \bmod n$$

（3）Alice 将数 A 发送给 Bob。

（4）Bob 独立选择另一个大的随机整数 y，并计算 B 使得

$$B = g^y \bmod n$$

（5）Bob 将数 B 发送给 Alice。

（6）A 计算密钥 K1，如下：

$$K1 = B^x \bmod n$$

（7）B 计算密钥 K2 ，如下：

$$K2 = A^y \bmod n$$

图 2.52　Diffie-Hellman 密钥交换算法

图 2.53 以图解方式给出 Diffie-Hellman 密钥交换算法。

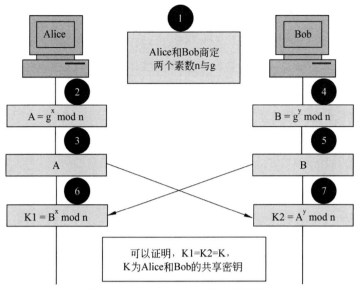

图 2.53　Diffie-Hellman 密钥交换图示

这让人感到惊讶，但 K1 实际上等于 K2！也就是说 K1= K2 = K，是对称密钥，Alice 和 Bob 必须将密钥保密，用于加密或解密消息。该算法背后的数学知识非常有趣，我们先证明，后验证。

2.6.2.3　算法示例

下面以一个简单例子证明，在实际中，Diffie-Hellman 是有效的。当然，为了便于理解，所用值极小，但在实际加密中，所用值是极大的，密钥协商过程如图 2.54 所示。

（1）Alice 和 Bob 商定两个大素数 n 和 g，这两个整数不需要保密。Alice 和 Bob 可以使用不安全信道来商定这两个数。

设 n = 11，g = 7。

（2）Alice 选择另一个大的随机数 x，并计算 A 使得

$$A=g^x \bmod n$$

这里令 x = 3，则有 $A=7^3 \bmod 11=343 \bmod 11=2$。

（3）Alice 将数 A 发送给 Bob。

这里 Alice 将 2 发送给 Bob。

（4）Bob 独立选择另一个大的随机整数 y，并计算 B 使得

$$B=g^y \bmod n$$

这里令 y = 6，则有 $B=7^6 \bmod 11=117649 \bmod 11=4$。

（5）Bob 将数 B 发送给 Alice。

这里 Bob 将 4 发送给 Alice。

（6）A 计算密钥 K1，如下：

$$K1=B^x \bmod n$$

这里有 $K1=4^3 \bmod 11=64 \bmod 11=9$。

（7）B 计算密钥 K2，如下：

$$K2=A^y \bmod n$$

这里有 $K2=2^6 \bmod 11=64 \bmod 11=9$。

图 2.54　Diffie-Hellman 密钥交换示例

在实际证明 Diffie-Hellman 密钥交换算法之后，下面思考一下其背后的数学理论。

2.6.2.4　算法背后的数学理论

首先从技术角度介绍算法复杂度的描述。

> Diffie-Hellman 密钥交换算法从在有限域中计算离散对数的困难性以获得安全性，而在同一域中计算幂则非常容易。

下面用简单术语阐述算法的实际含义。

（a）分析 Alice 在第（6）步中做了什么。在这一步，Alice 计算

$K1 = B^x \bmod n$

B 是什么？从第 4 步开始，我们有

$B = g^y \bmod n$

因此，如果把这个 B 代入第（6）步，则有如下等式：

$K1 = (g^y)^x \bmod n = g^{yx} \bmod n$

（b）分析 Bob 在第（7）步中做了什么。在这一步，Bob 计算

$K2 = A^y \bmod n$

A 是什么？从第（2）步开始，有

$A = g^x \bmod n$

因此，如果将这个 A 代入第（7）步，得到如下等式：

$K2 = (g^x)^y \bmod n = g^{xy} \bmod n$

从基础数学来说，有

$K^{yx} = K^{xy}$

因此，有 K1 = K2 = K。证毕。

现在，有一个问题，如果 Alice 和 Bob 都可以独立计算 K，那么攻击者也可以。是什么阻止了攻击者攻击的脚步？事实上，Alice 和 Bob 交换了 n、g、A 与 B。基于这些值，计算出 x（只有 Alice 知道的值）和 y（只有 Bob 知道的值）是极难的。从数学上讲，如果 n、g、A 和 B 极大，求 x 和 y 是极其复杂的。因此，攻击者无法计算出 x 和 y，也就无法推导出 K。

2.6.2.5　Diffie-Hellman 工作原理

Diffie-Hellman 背后的思想虽然非常简单，但很奇妙。想想 Alice 和 Bob 之间的最终共享对称密钥由 g、x 和 y 三部分组成，如图 2.55 所示。

密钥（g）的第一部分是一个公开数，密钥的其他两部分（即 x 和 y）必须由 Alice 和 Bob 提供，Alice 添加第二部分（x），而 Bob 添加第三部分（y）。当 Alice 收到来自 Bob 的三分之二的密钥时，会添加剩下的三分之一（即 x），这样就完成了 Alice 的密钥。同样，当 Bob 收到来自 Alice 的三分之二密钥时，会添加剩下的三分之一（即 y）。这样就完成了 Bob 的密钥。

注意，虽然 Alice 的密钥是由 g-y-x 序列组成的，而 Bob 的密钥是由 g-x-y 序列组成的，但这两个密钥是相同的，因为 $g^{xy} = g^{yx}$。

重要的是，尽管最终的两个密钥相同，但 Alice 无法找到 Bob 的部分（即 y），因为

要计算 mod n。类似地，Bob 也无法推导出 Alice 的部分（即 x）。

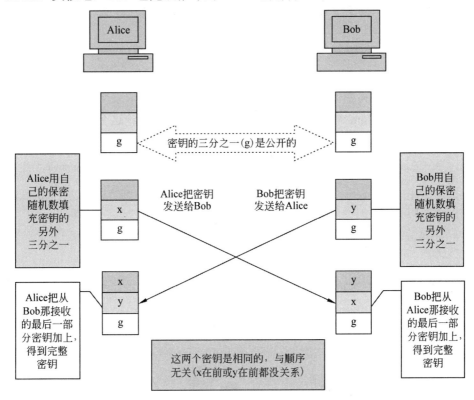

图 2.55 Diffie-Hellman 工作原理

2.6.2.6 算法的问题

Diffie-Hellman 密钥交换算法解决了与密钥交换相关的所有问题吗？并没有！

Diffie-Hellman 密钥交换算法可能会成为**中间人攻击**（man-in-the-middle attack）的牺牲品。**中间人攻击**也称为**桶队列攻击**（bucket brigade attack）。桶队列攻击源于过去消防员在火源和水源之间排成传递水桶的队列，将盛满水的桶依次传递到火源处，灭火，再将空桶返回。下面分析中间人攻击。

（1）Alice 需要与 Bob 安全通信，因此，首先要进行 Diffie-Hellman 密钥交换。为此，Alice 像往常一样将 n 和 g 的值发送给 Bob，设 n = 11，g = 7。像以前一样，这些值是 Alice 的 A 和 Bob 的 B 的基础，最后还要用于计算对称密钥 K1= K2 = K。

（2）Alice 没有意识到攻击者 Tom 正在安静地监听她与 Bob 之间会话。Tom 只需获取 n 和 g 的值，再将它们转发给 Bob，与最初 Alice 发送的一样，即 n = 11，g = 7，如图 2.56 所示。

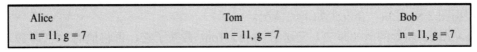

Alice	Tom	Bob
n = 11, g = 7	n = 11, g = 7	n = 11, g = 7

图 2.56 中间人攻击：第一部分

（3）现在，假设 Alice、Tom 和 Bob 选择随机数 x 和 y，如图 2.57 所示。

Alice	Tom	Bob
x = 3	x = 8, y = 6	y = 9

图 2.57　中间人攻击：第二部分

（4）在第（3）步，有个问题：为什么 Tom 同时选择 x 和 y？稍后回答这个问题。下面根据这些值，三个人都计算出 A 和 B 的值，如图 2.58 所示。注意，Alice 和 Bob 只分别计算 A 和 B。而 Tom 同时计算了 A 和 B。稍后会重新讨论这个问题。

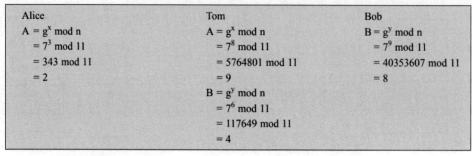

Alice	Tom	Bob
A = g^x mod n	A = g^x mod n	B = g^y mod n
= 7^3 mod 11	= 7^8 mod 11	= 7^9 mod 11
= 343 mod 11	= 5764801 mod 11	= 40353607 mod 11
= 2	= 9	= 8
	B = g^y mod n	
	= 7^6 mod 11	
	= 117649 mod 11	
	= 4	

图 2.58　中间人攻击：第三部分

（5）现在，真正的好戏开始了，如图 2.59 所示。

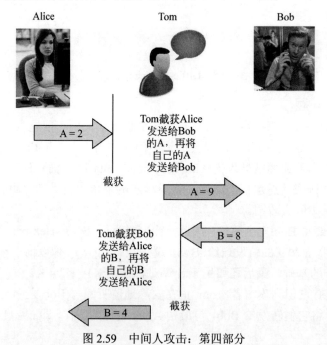

图 2.59　中间人攻击：第四部分

根据图 2.59 可知，会发生如下的情况。

（a）Alice 将她的 A（即 2）发送给 Bob。Tom 截获了它，再将他的 A（即 9）发送给 Bob。Bob 不知道 Tom 截获了 Alice 的 A，并将他的 A 给了 Bob。

（b）作为回应，Bob 将他的 B（即 8）发送给 Alice。和以前一样，Tom 截获了它，并将他的 B（即 4）发送给 Alice。Alice 认为这个 B 来自 Bob。她不知道 Tom 截获了 Bob

的传输，并改变了 B。

（c）此时，Alice、Tom 和 Bob 的 A 和 B 的值如图 2.60 所示。

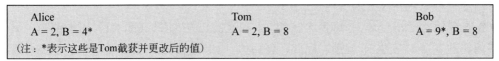

Alice	Tom	Bob
A = 2, B = 4*	A = 2, B = 8	A = 9*, B = 8
(注：*表示这些是Tom截获并更改后的值)		

图 2.60　中间人攻击：第五部分

（6）基于这些值，三个人计算自己的密钥，如图 2.61 所示。注意 Alice 只计算 K1，Bob 只计算 K2，而 Tom 计算 K1 和 K2。为什么 Tom 要这样做？稍后会讨论这个问题。

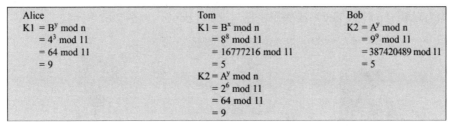

Alice	Tom	Bob
$K1 = B^y \bmod n$	$K1 = B^x \bmod n$	$K2 = A^y \bmod n$
$= 4^3 \bmod 11$	$= 8^8 \bmod 11$	$= 9^9 \bmod 11$
$= 64 \bmod 11$	$= 16777216 \bmod 11$	$= 387420489 \bmod 11$
$= 9$	$= 5$	$= 5$
	$K2 = A^y \bmod n$	
	$= 2^6 \bmod 11$	
	$= 64 \bmod 11$	
	$= 9$	

图 2.61　中间人攻击：第六部分

下面重新审视为什么 Tom 需要两个密钥的问题。原因在于，一方面 Tom 要用共享对称密钥（9）与 Alice 安全通信；另一方面，他要用另一个共享对称密钥（5）与 Bob 安全通信。只有这样 Tom 才能收到来自 Alice 的消息，查看处理后，再转发给 Bob；同样，Tom 接收来自 Bob 的消息，查看处理后，再转发给 Alice。Alice 和 Bob 都误以为双方正在直接通信。也就是说，Alice 觉得密钥 9 是她与 Bob 共享的，而 Bob 觉得密钥 5 是他和 Alice 共享的。实际情况是 Tom 与 Alice 共享密钥 9，与 Bob 共享密钥 5。

这就是 Tom 需要两组秘密变量 x 和 y，以及两组非秘密变量 A 和 B 的原因。

从上述分析可知，中间人攻击可以对抗 Diffie-Hellman 密钥交换算法，破解它。中间人攻击使实际通信双方以为正在相互通信，但实际上是与中间人会话，即中间人分别与双方会话。

如果 Alice 和 Bob 在开始交换信息之前相互认证，则可以防止中间人攻击。相互认证能证明，Alice 要确认 Bob 是 Bob，而不是其他人（如 Tom）假冒的 Bob。同样，Bob 也要确认 Alice 是真正的 Alice。

上述方案不是一无是处，稍作修改，即采用**非对称密钥操作**（asymmetric key operation），就会是一个有效方案。

2.6.3　非对称密钥操作

在这个方案中，A 和 B 不需要同时向 T 求取锁钥对。取而代之的是，B 独自向 T 求取锁和封锁的钥匙（K1），并将锁和钥匙 K1 发送给 A。B 告诉 A，A 用这把锁和钥匙锁住箱子，再把箱子寄给自己。那么，之后 B 如何开锁呢？

这个方案的有趣性在于：B 有一把不同但相关的密钥（K2），是 T 给的，T 也把锁和封锁钥匙 K1 给了 B，只有 K2 能打开这把锁。T 保证其他钥匙（当然包括 A 使用 K1）都不能开这把锁。由于一把钥匙（K1）用于锁箱，另一把不同的钥匙（K2）用于解锁，所以是非对称密钥操作。此外，T 被明确定义为**受信任的第三方**（trusted third party），是政府认证的、高度值得信赖和高效的机构。

B 有**密钥对**（key pair），即两个密钥 K1 和 K2。一把钥匙（即 K1）用于锁箱，另一把对应的钥匙（即 K2）用于解锁。因此，任何人，如 A 要与 B 安全通信，B 都要将锁和密钥 K1 发送给 A。B 请求发送方 A 使用该锁和密钥 K1 来密封内容。然后 B 用钥匙 K2 打开密封。由于密钥 K1 用于锁密，是公开的，因此，将 K1 称为**公钥**（public key）。注意，K1 不必保密，事实上，它也不应该是秘密的！因此，与对称密钥操作情况不同，非对称密钥操作不需要保护锁密钥。另一个密钥 K2 用于解锁，是 A 私有的，要严格保密，因此，将 K2 称为**私钥**（private key）或**保密密钥**（secret key），如图 2.62 所示。

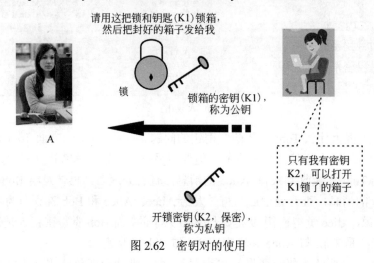

图 2.62　密钥对的使用

注意，如果 B 要接收来自 C 的安全消息，则不再需要新的锁钥对，向 C 发送的锁钥对（K1）与发送给 A 的锁钥（K1）对一样，A 和 C 可以同时向 B 安全地发送消息。因此，C 也用同样的锁和 B 的公钥 K1 来密封内容，然后再发送给 B。

如前所述，B 用自己的私钥 K2 开锁。下面推而广之，如果 B 要安全地接收来自 10000 个人的消息，B 可以给每个人发送一个相同的锁钥对（K1）！而不必像对称密钥那样，要发送 10000 个锁钥对！总而言之，发送方用 B 的公钥 K1 加锁，接收方用 B 的私钥 K2 解锁。

显然，与对称密钥操作相比，非对称密钥操作更加方便！

如果三个人 A、B 和 C 想要相互通信，也就是说，A、B 和 C 都要安全地相互发送和接收消息。为此，三个人都要从受信任的第三方（T）处获得锁和公钥 K1。当一方要安全地接收来自另一方的消息时，都要将自己的锁和公钥发送给另一方。也就是说，A 要安全地接收来自 B 的消息时，A 要将自己的锁和公钥发送给 B。B 用公钥来密封消息，并将密封后的消息发送给 A，之后 A 用自己的私钥开锁。同样，B 要安全地接收来自 A 的消息时，B 将自己的锁和公钥发送给 A，B 用该公钥密封消息，由于只有 B 有私钥，因此只有她能开锁和看消息。

扩展这一基本思想，如果 1000 个人要安全地相互通信，则只需要 1000 把锁、1000 个公钥和对应的 1000 个私钥。这与对称密钥操作形成鲜明对比,对于 1000 名参与者,对称密钥操作需要 499500 个锁钥对。

因此,一般来说,当使用非对称密钥操作时,接收方必须将锁和自己的公钥发送给发送方。发送方用其锁封消息,再发送给接收方。接收方用自己的私钥开锁。由于只有接收方才有私钥,所有通信双方都很放心,只有预期的接收方才能开锁。

2.7 隐 写 术

隐写术(Steganography)是一种技术,它将要保密的消息隐藏在其他消息之中,让秘密信息本身就是隐藏的!从历史上看,发送方使用的方法包括隐形墨水、特定字符上的微小针刺、手写字符之间的微小变化、手写字符上的铅笔标记等。

后来人们将秘密信息隐藏在图形图像中。例如,假设要发送秘密消息,可以选定某个图像文件,用秘密消息替换图像中每个字节的后两位,得到的图像肉眼看起来没啥变化,但实际上图像中有秘密信息!接收方会执行逆操作:读取图像文件中每字节的后两位,重构秘密消息。

隐写术的示例如图 2.63 所示。

```
1100101
0010100
1111111
0001111
```

秘密消息   原图像及其   结果图像及其
                位表示   位表示

图 2.63　隐写术的示例

2.8 密钥范围与密钥大小

前面介绍了对信息本身或信息源(如计算机或网络)的攻击分类,但加密的消息也会受到攻击。发动攻击时,密码分析员可能掌握了如下信息:

- 加解密算法。
- 加密的消息。
- 相关密钥大小的知识,如密钥值是 0～100 亿的数。

加密算法和解密算法通常不保密,是公开的。此外,加密的消息也可以各凭手段得到,如监听网络的信息流。因此,对于攻击者而言,破解密钥仍然是一个挑战。如果找到密钥,攻击者就能回溯还原出明文消息,如图 2.64 所示。这里,分析的攻击是蛮力攻击,其工作原理是尝试**密钥范围**(key range)内的所有可能密钥,直至找到正确密钥。

尝试密钥通常需要的时间很短。攻击者编写计算机程序,每秒尝试大量这样的密钥。在最好情况下,攻击者第一次尝试就找到正确密钥;在最坏情况下,要在第 100 亿次尝试时,才找到正确密钥。一般而言,正确密钥位于密钥范围之内的某个位置。根据数学知识可知,平均而言,在尝试完约一半密钥范围的可能值后,就可以找到正确密钥。当然,这只是一个指导方针，在实际实践中，要具体情况具体分析。

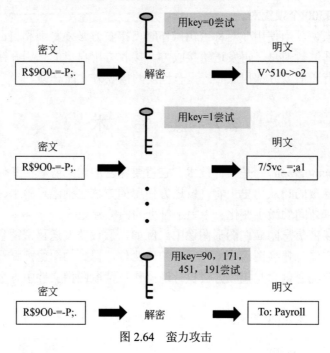

图 2.64　蛮力攻击

如图 2.63 所示，攻击者可以访问密文块、加密算法和解密算法，也知道密钥范围是 0～100 亿的数。攻击者从 0 开始，尝试每个可能的密钥。每次解密后，会查看本次生成的明文（实际上，它不是真正的明文，而是解密后的文本，但在此忽略这个技术细节）。如果解密产生的结果不可读，则会按顺序继续尝试下一个可能的密钥。最后，找到正确的密钥是90、171、451、191，明文为 To: Payroll。

攻击者如何确定明文和密钥的正确性呢？攻击者是根据明文内容来确定的。如果明文看起来合理（即非常接近有意义的实际的英语单词、句子或数字），则很可能是与密文对应的明文。

也就是说，破解了密文和密钥！如何防止攻击者成功地进行蛮力攻击呢？目前密钥的范围是 0～100 亿，攻击者可能只用 5 分钟就能成功破解密钥。如果需要将信息至少保密 5年，也就是说，为了获得原始的明文，攻击者至少要花费 5 年时间才能试完所有可能的密钥，因此，要解决这个问题，就要扩大密钥范围，如果扩大为 0～1000 亿，或许就使攻击者得花费 5 年时间才能破解密钥。

在计算机术语中，密钥范围对应**密钥大小**（key size）。就像用给定的指数来衡量股票价值一样，黄金以盎司为单位，货币以美元、英镑等为单位，我们用密钥大小衡量加密密钥的强度，以位为密钥大小的单位，表示为二进制数系统。因此，密钥大小可能是 40 位、56 位、128 位等。

为了防止蛮力攻击，密钥大小应该足够大，从而使攻击者无法在指定时间内实现破解。应该是多长时间呢？请看下面的分析。

最简单的情况，密钥大小只有 1 位，即密钥值是 0 或 1。如果密钥大小为 2，则可能的密钥值为 00、01、10、11。当然，这些示例只是用于理解理论，没有任何实际意义。

从实用角度来看，破解 40 位的密钥大约需要 3 个小时，但破解 41 位的密钥需要 6 个小时；破解 42 位密钥需要 12 个小时，以此类推。可知，每增加一位，破解所需的时间就加倍。为什么会这样呢？据基于二进制数的简单理论可知，每增加一位，就会使数的可能状态数翻倍，如图 2.65 所示。

```
一个2位二进制数有4种可能的状态
00
01
10
11

如果加一位，使其变成3位二进制数，则可能的状态数会翻倍，达到 8 个，如下所示
000
001
010
011
100
101
110
111

一般来说，如果一个 n 位二进制数有 k 个可能的状态，一个 n+1 位二进制数将有 2k 个可能的状态
```

图 2.65　理解密钥的范围

因此，与之前的密钥大小相比，密钥每增加一位，攻击者所需的攻击时间就会翻倍。对于 56 位的密钥，搜索密钥范围的 1% 需要 1 秒，推而广之，搜索一半密钥范围大约需要 1 分钟，平均而言，这是破解密钥所需的时间。以此为基础，分析一下密钥大小不同时，搜索密钥空间的 1% 和 50% 所需的时间，如图 2.66 所示。

密钥大小	搜索1%密钥空间所需时间	搜索5%密钥空间所需时间
56	1秒	1秒
57	2秒	2秒
58	4秒	4秒
64	4.2分钟	4.2分钟
72	17.9小时	17.9小时
80	190.9天	31.4年
90	535年	321百年
128	146亿万年	8万亿年

图 2.66　破解钥匙所需的时间

密钥范围值可以表示为十六进制表示法，以此直观地看到密钥大小的增加是如何增加密钥范围的，从而增加攻击的复杂度，如图 2.67 所示。

考虑到计算机的处理能力，我们有理由相信，128 位密钥是相当安全的，因为 2^{128} 意味着大约 340000000000000000000000000000000000000 个可能的密钥！但随着计算机处理

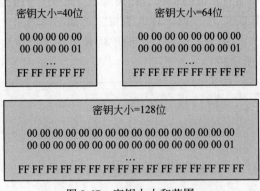

图 2.67　密钥大小和范围

能力和技术的不断提高，安全密钥的位数也会随之改变，可能在几年后，128 位的密钥会被破解，这时就要使用 256 位或 512 位密钥了。

技术的进步如此之快，使密钥大小也不断增长，密钥大小要一直增长吗？如今，56 位密钥不安全了；明天，128 位密钥可能不够用了；以后，256 位密钥可以被破解了！密钥大小要多大呢？有人认为在未来任何时候，密钥大小都不会超过 512 位，也就是说，512 位密钥始终是安全的，那如何证实这个论点呢？

假设宇宙中的每个原子实际上是一台计算机，那么全世界拥有 2^{300} 台这样的计算机。如果每台计算机每秒尝试 2^{300} 个密钥，则搜索 512 位密钥范围的 1% 需要 2^{162} 千年！大爆炸理论表明，宇宙存在的时间小于 2^{24} 千年，比搜索密钥的时间要短得多。因此，512 位密钥始终是安全的。

2.9　攻　击　类　型

根据目前的讨论，当消息的发送方将明文消息加密成相应的密文时，针对消息的攻击有五种，如图 2.68 所示。

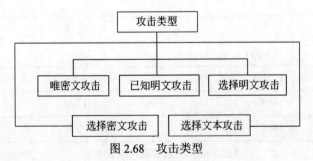

图 2.68　攻击类型

下面讨论这些攻击。

1. 唯密文攻击

在唯密文攻击（cipher text only attack）中，攻击者没有明文的任何线索，只有部分或全部的密文。（有趣的是，应该指出，如果攻击者甚至连密文都无法访问，那么我们也就不必费劲地将明文加密成密文啦！）攻击者可随意分析密文，试图找出原始的明文，也能基于字母的频率，如字母 e、i、a 在英语中很常见等，尝试猜测明文。很显然，攻击者拥有的密文越多，攻击成功的概率就越大。例如，对于一个非常短的密文块 RTQ，很难猜出其原始明文，因为 RTQ 对应的可能明文太多，许多明文加密后都能产生密文 RTQ。而如果密文较长，攻击者就能缩小排列组合的范围，尝试找到原始明文，其概念如图 2.69 所示。

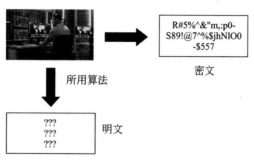

图 2.69 唯密文攻击

我们知道，唯密文攻击要想成功，攻击者就要有足够多的密文，背后的原因很简单。举个例子，如果攻击者有可用的密文 ABC，且知道加密算法是单字母密码，其试图推断出正确的明文几乎是不可能的。因为在英语中，与 ABC 这个密文对应的三字母单词太多了。密文 ABC 可以映射为 CAT、RAT、MAT、SHE、ARE…?，这个令攻击者困惑的问题如图 2.70 所示。

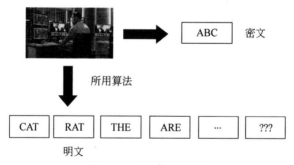

图 2.70 攻击者的困惑

2. 已知明文攻击

在已知明文攻击（known plain text attack）中，攻击者掌握了部分明文和相应的密文，也就是知道一些明文密文对。利用这些信息，攻击者试图找到其他明文密文对，从而知道越来越多的明文。已知的明文可能是公司名、文件标题等，在某个公司的所有文档中常常出现。攻击者是如何获得明文的？原因可能是：某些密文随着时间的推移，到期了，不再保密，因此成了公开信息；或者是无意中泄露的，如图 2.71 所示。

3. 选择明文攻击

在选择明文攻击（chosen plain text attack）中，攻击者可以事先选择明文块，用被攻击的加密算法加密，再尝试在密文中找到相同的加密密文。因此，攻击者有意识地选择某种加密算法加密，从而获得有关密钥的更多信息。

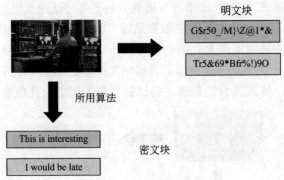

图 2.71　已知明文攻击

选择明文攻击可能实现吗？答案是肯定的。举个例子，电报公司提供一种付费服务，先加密客户的信息并将其发送给目标电报公司，目标电报公司再解密消息并将原始消息给接收方。因此，对攻击者而言，可以在加密消息中选择部分常用的明文。于是，攻击者选择了一些这样的明文，并付费用给电报公司，对其加密，这样，攻击者就有了其所选明文及其对应的密文，其概念描述如图 2.72 所示。

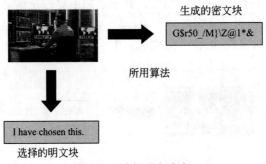

图 2.72　选择明文攻击

4. 选择密文攻击

在选择密文攻击（chosen cipher text attack）中，攻击者知道要解密的密文、生成密文的加密算法以及对应的明文块。攻击者要找到用于加密的密钥。但这种类型的攻击并不常用。

5. 选择文本攻击

选择文本攻击（chosen text attack）本质上是选择明文攻击和选择密文攻击的组合，如图 2.73 所示。

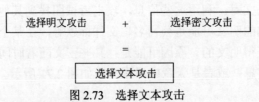

图 2.73　选择文本攻击

图 2.74 总结了这些攻击的特征。

攻击	攻击者已知的内容	攻击者想知道的内容
唯密文攻击	多条消息的密文，其加密所用的密钥相同所用的算法	与这些密文信息对应的明文消息加密所用的密钥
已知明文攻击	多条消息的密文，其加密所用的密钥相同与拥有密文消息对应的明文消息所用的算法	加密所用的密钥用相同密钥解密密文的算法
选择明文攻击	密文及相关的明文消息选择要加密的明文	加密所用密钥用相同密钥解密密文的算法
选择密文攻击	多条要解密消息的密文	加密所用的密钥
选择文本攻击	上述内容中的几条	上述内容中的几条

图 2.74　攻击类型的总结

本 章 小 结

- 密码学是通过对明文消息进行编码而将明文转换为密文的技术。
- 密码分析是将消息从不可读格式解码为可读格式的技术，无须知道消息最初是如何从可读格式转换为不可读格式的。
- 执行密码分析的人是密码分析员。
- 正常的交流语言使用明文。
- 对消息进行编码产生密文。
- 不理解生成密文编码方案的人都无法理解密文。
- 可以使用替换或变换技术将明文转换为密文。
- 在替换密码中，明文的字符被其他字符或符号替换。
- 凯撒密码是世界上第一个众所周知的替换密码，它将明文消息中的每个字符替换为字母表上向后 3 个位置处的字符。
- 可以使用凯撒密码的改进版。
- 攻击者尝试所有可能性的密文攻击称为蛮力攻击。
- 单字母密码是凯撒密码的改进版，破解该凯撒密码更难。
- 同音替换密码与单字母密码非常相似，但增加了复杂度。
- 在多字母替换密码中，一个文本块替换成另一块文本。
- 在维吉尼亚密码和 Beaufort 密码是多字母替换密码的著名例子。
- Playfair 密码，也称为 Playfair 块，是一种手工加密数据的加密技术。
- 希尔密码一次加密多个字母，因此，它是一种多表替换密码。
- 变换技术是对明文进行排列和组合，从而产生密文。
- 栅栏加密技术将明文内容写成对角线序列，然后一行一行读取明文，得到密文。
- 在简单分栏式变换加密技术中，明文按行写入，按列读取，但两者顺序不一定相同，还可以使用多轮简单分栏式加密技术。
- Vernam 密码（也称为一次一密）每次使用随机密文。

- 书本密码或运行密钥密码用书中的部分文本来生成密文。
- 将明文消息编码为密文的过程称为加密。
- 将密文消息解码成明文的过程称为解密。
- 加密可以用单个密钥（对称）或两个密钥（非对称）。
- 攻击者可以使用如下一种技术发起攻击：唯密文攻击，已知明文攻击、选择明文攻击、选择密文攻击和选择文本攻击。
- 在唯密文攻击中，攻击者对明文没有任何线索，只拥有部分或全部密文。攻击者分析密文，试图找出原始的明文。
- 在已知明文攻击中，攻击者掌握了部分明文和相应的密文。利用这些信息，攻击者试图找到其他明文密文对，从而掌握更多的明文。
- 在选择明文攻击中，攻击者可以事先选择明文块，用被攻击的加密算法加密，再尝试在密文中找到相同的加密密文。因此，攻击者有意识地选择某种加密算法加密，从而获得有关密钥的更多信息。
- 在选择密文攻击中，攻击者知道要解密的密文、生成密文的加密算法以及相应的明文块。
- 选择文本攻击本质上是选择明文攻击和选择密文攻击的结合。

重要术语与概念

- 非对称密钥密码学
- 书本密码
- 蛮力攻击
- 桶队列攻击
- 凯撒密码
- 选择密文攻击
- 选择明文攻击
- 选择文本攻击
- 密文
- 唯密文攻击
- 明文
- 密码分析
- 密码分析员
- 密码技术
- 密码学
- 解密
- 解密算法
- 加密
- 加密算法

- 希尔密码
- 同音替换密码
- 密钥
- 已知明文攻击
- 中间人攻击
- 单字母密码
- 一次一密
- Playfair 密码
- 明文
- 多字母替换密码
- 栅栏加密技术
- 运行密钥密码
- 简单分栏式变换加密技术
- 多轮简单分栏式变换加密技术
- 替换密码
- 对称密钥加密
- 变换密码
- Vernam 密码
- 维吉尼亚密码

概　念　检　测

1. 什么是明文？什么是密文？举个将明文转换为密文的例子。

2. 有哪两种基本方式能将明文转换成密文？

3. 替换密码和变换密码有什么区别？

4. 讨论凯撒密码。

5. 与单字母密码对照，讨论同音替换密码。

6. 多字母替换密码的主要特点是什么？

7. 讨论栅栏加密技术的算法。

8. 对称密钥加密和非对称密钥加密有何不同？

9. 解释各种攻击方式，如唯密文攻击等。

10. 讨论 Playfair 密码。

问　答　题

1. 假设明文消息是 Security is important，请使用栅栏加密技术生成相应的密文。

2. Alice 遇到 Bob，说 Rjjy rj ts ymj xfggfym. bj bnqq inxhzxx ymj uqfs，如果 Alice 用的是凯撒密码，她想传达的消息是什么呢？

3. Diffie-Hellman 的练习。

（a）Alice 和 Bob 要用 Diffie-Hellman 密钥交换协议创建密钥。假设值为 n = 11，g = 5，x = 2 和 y = 3，请推导出 A、B、密钥 K1 或 K2 的值。

（b）如果选择 n = 10，g = 3，x = 5 和 y = 11，请推导出 A、B、K1 和 K2 的值。

4. 有一明文消息是 I AM A HACKER，请用下面的算法对其加密。

（a）用等效的 7 位 ASCII 代码替换明文消息中的每个字母。

（b）添加一个 0 位作为最左边的位，使（a）中的每个位模式的长度变为 8 位。

（c）将每个字母的前 4 位与后 4 位交换。

（d）用十六进制表示每个 4 位。

5. 使用单字母替换密码，密钥为 4，要加密消息是 This is a book on Security。

第3章 基于计算机的对称密钥加密算法

启蒙案例

    大多数人都担心自己密码的安全，因为人们要用的应用程序和网站越来越多，随之而来的就是要记住的密码增多，记密码常常让人感到麻烦，有时甚至感到焦虑。因此，有些人会倾向于选择简单的密码，这是一种极糟糕的选择，简单密码极易受攻击。但如果密码太复杂，又非常难记。因此，无论哪种方式，密码安全都是一个很难解决的问题。

    此外，如果用户选择了一个攻击者也无法轻易猜到复杂密码，也不要将该密码应用于多个应用程序或网站，因为如果黑客破解了该密码，就能入侵该用户的所有应用程序和网站。

    为了记住密码，有些人会在某页纸上写下密码，这是最简单的选择，但不是最有效的选择。因为记密码的纸可能丢失，修改密码和添加新密码也比较麻烦。现代版的记密码方式是将密码放入 Excel 文件，并用密码保护，这是一种更好的选择。

    此外，一个更简单的解决方案是使用密码管理器，例如 Bruce Schneier 发明的 PasswordSafe，这款密码管理器是免费工具，用户可以放心下载和使用。密码管理器可以将所有用户 ID、密码和任何其他机密信息保存在内部文件中，再用主密码加密这个内部文件。用户要选择尽可能复杂的主密码。一旦用密码管理器，用户就只需记住主密码，而无须记住任何其他密码。在需要其他密码时，只需用主密码打开内部文件，找到所需的密码即可。如果不知道主密码，也没有内部文件，任何人都无法知道用户的密码，即使攻击者设法得到内部文件，如果没有主密码，也无法打开。

    我们使用 AES-256 的对称密钥算法加密内部文件，所用的加密密钥是主密码。当然，密码越复杂，加密密钥就越强！

学习目标

- 学习对称密钥密加密的基础知识。
- 深入理解流密码、块密码和算法模式。
- 理解数据加密标准（DES）：这个最古老最著名的对称密钥加密算法。
- 理解 DES 的变种：双密钥的 DES-2 和三密钥的 DES-3。
- 剖析 IDEA 和 Blowfish 的内部工作原理。
- 详细讨论分析 AES（Rijndael）的内部工作原理。

3.1 算法类型与模式

    在介绍实际基于计算机的加密算法之前，要介绍这些算法的两个重要方面：**算法类型**（algorithm types）与**算法模式**（algorithm modes）。算法类型定义算法每一步要加密的明文长度，算法模式定义具体类型中的加密算法细节。

算法类型

我们已经介绍明文消息变成密文消息，也介绍了进行这些变换的不同方法。不管用哪种方法，广义上讲，从明文生成密文的方法有两种：**流密码**（stream ciphers）与**块密码**（block ciphers），如图 3.1 所示。

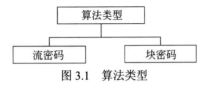

图 3.1　算法类型

1. 流密码

在**流密码**（stream cipher）中，一次加密明文中的一位。假设原始消息（明文）是 ASCII 格式（即文本格式）的：Pay 100。当将其 ASCII 字符转换成对应的二进制值时，假设转换成 01011100，之所以假设，是为了简单。因为实际上，二进制文本会很长，因为每个字符都有 7 位。我们假设要应用的密钥是二进制的 10010101，要应用 XOR 逻辑作为加密算法。XOR 很容易理解，如图 3.2 所示。简单来说，只有一个输入为 0，而另一个输入为 1 时，XOR 才输出 1。如果两个输入都为 0，或两个输入都为 1，则输出为 0，因此命名为异或（XOR）。

输入1	输入2	输出
0	0	0
0	1	1
1	0	1
1	1	0

图 3.2　XOR 逻辑函数

下面看 XOR 的结果，如图 3.3 所示。

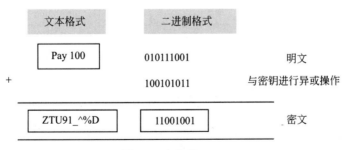

图 3.3　流密码

从图 3.3 可知，对原始消息中每一位应用一位密钥后，密文的二进制值为 11001001，文本值为 ZTU91^%。注意，是对明文的每一位进行逐位加密的，传输的是密文的二进制值 11001001，ASCII 值是 ZTU91^%。对攻击者而言，此密文没有任何用处，因此保护了原始消息。

> 流密码技术一次加密明文中的一位，解密时也是一次一位地进行。

XOR 还有另一个有趣的性质，当再次使用时，可以恢复原始数据。例如，假设有两个二进制数：A=101，B=110。现在，对 A 与 B 进行 XOR 操作，得到第 3 个数 C，即：

C=A XOR B

因此，有

C=101 XOR 110

　=011

现在，如果执行 C XOR A，则得到 B，即

B=011 XOR 101

　=110

同样，如果执行 C XOR B，则得到 A，即

A=011 XOR 110

　=101

在加密算法中，XOR 操作的可逆性意义重大，稍后介绍。

XOR 是可逆的，当使用两次时，会生成原始值，这在加密中是非常有用的。

2. 块密码

在**块密码**（block ciphers）中，不是一次加密明文中的一位，而是一次加密明文中的一个位块。假设要加密的明文为 FOUR_AND_FOUR，利用块密码，可以先加密 FOUR，再加密_AND_，最后加密 FOUR，即一次加密明文中的一个字符块。

解密时，将每个块转换成原始格式。在实际实践中，通信仅以比特进行，因此，FOUR 实际上是代表 ASCII 字符 FOUR 的二进制值。在使用加密算法加密后，生成结果要转换为对应的 ASCII 字符，因此会得到像 Vfa%之类的怪字符。在实际实践中，接收的是二进制值，解密时，还原成的 ASCII 的二进制值，如图 3.4 所示。

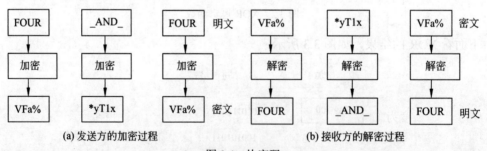

(a) 发送方的加密过程　　　　　　　　　(b) 接收方的解密过程

图 3.4　块密码

块密码存在一个缺陷：重复文本。如果有重复文本模式，则生成的密文是相同的，因此，这为密码分析员猜测原始明文提供了线索，以查找重复字符串并试图破解。如果破解成功，则可能破解明文中的相关内容，从而破译整个明文消息。即使密码分析员猜不出其余单词，但只要其能把转账消息中的借款换成存款，就会造成混乱。为了解决这类问题，在**链接模式**（chaining mode）中使用块密码（稍后介绍）。在使用链接方法时，前面的密文

块与当前的块混合,从而掩护密文,避免重复内容出现重复块的模式。

> 块密码技术是一次加密明文中的一个块,解密时也是一次解密密文的一个块。

实际上,块密码的每个块通常都是 64 位以上,而流密码一次只加密一位,相当费时且不必要。因此,在计算机密码算法中,块密码比流密码应用更广泛。我们主要介绍块密码及其算法模式,但要知道,下面介绍的块密码的两种算法模式也可以由流密码模式来实现。

3. 组结构

在讨论算法时,经常会遇到是否是**组**(group)的问题。组元素是每个可能密钥构成的密文块。因此,组表示明文生成密文时的变化次数。

4. 混淆和扩散的概念

从基于计算机加密算法的角度来看,克劳德·香农提出的**混淆**(confusion)与**扩散**(diffusion)的概念具有非常重要的意义。

混淆是一种技术,确保密文不会提供有关原始明文的任何线索,以防止密码分析员尝试从密文中找到模式,从而推断出相应的明文,前面学习的替换技术能实现混淆。

扩散通过将明文分布在行和列中来增加明文的冗余度,前面学习的变换技术能实现扩散。

流密码只使用混淆,块密码同时使用混淆和扩散。

Feistel 密码

Feistel 密码(Feistel cipher)提出了一种关于块密码的有趣思想。如果能智能地一个接一个地依次执行两个或多个简单密码,那么与任何经典密码相比,这种加密过程将更加强大。为了实现这一点,Feistel 建议,要交替使用替换和变换,这与香农提出混淆和扩散原理概念相同。

Feistel 密码的思想提出的对称结构如下。

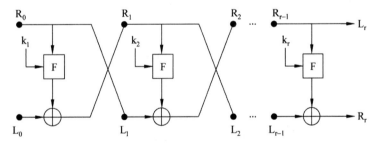

其输入是长度为 $2w$ 位的明文,所用的密钥为 K。将输入明文分为两个大小相等的块 L_0 和 R_0,这两个明文块经过 n 轮交换,最后将所得的两个输出块组合在一起生成密文。在每轮之后,交换块。也就是说,在第 1 轮之后,初始块 L_0 的输出变为 R_1,R_0 的输出成为第 2 轮的 L_1。在所有轮中,这种交换一直继续。假设有 i 轮,每轮都从主密钥 K 导出子密钥 K_i,所有子密钥互不相同,也与主密钥 K 不同。

所有轮的结构和操作相似。在数据的左半部分,进行替换操作。为此,对数据的右半部分执行函数 F,再将结果与左半部分 XOR。在所有轮中,函数 F 是相似的,但由于该函数的一个输入是当前轮的子密钥 K_i,因此,子密钥值不同,结果也不同。在执行此次替换后,两部分互换,正如 Feistel 所建议的,不断进行替换或变换。

输入块一般是 64 位，密钥也是 64 位，轮数通常是 16 轮。

一般来说，块大小越大，安全性就越高，但处理速度也会越慢。为了平衡安全性和处理速度，块的最佳大小是 64 位的，密钥大小也是如此。目前，128 位密钥正在取代 64 位密钥。

3.2　算 法 模 式

算法模式（algorithm mode）是块密码中一系列基本算法步骤的组合以及从上一步得到和某种反馈，是基于计算机加密安全算法的基础。算法模式有 4 种：**电子密码本**（Electronic Code Book，ECB）、**密码块链接**（Cipher Block Chaining，CBC）、**密码反馈**（Cipher Feedback，CFB）和**输出反馈**（Output Feedback，OFB），如图 3.5 所示，前两种算法模式使用块密码，而后两种模式将块密码当作流密码使用。

除此之外，我们还讨论了一种 OFB 模式的变种：**计数器**（Counter，CTR）。

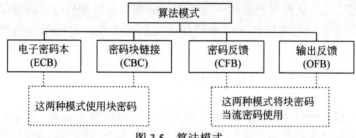

图 3.5　算法模式

下面简要讨论这些算法模式。

3.2.1　电子密码本模式

电子密码本是最简单的操作模式。它将输入的明文消息分块，每块 64 位，然后单独加密每个块，所有块的加密密钥相同，这个加密过程如图 3.6 所示。

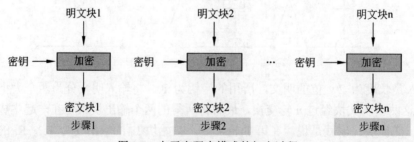

图 3.6　电子密码本模式的加密过程

在接收方，将接收的数据分成 64 位块，并使用与加密相同的密钥，对每个块进行解密，生成相应的明文块，解密过程如图 3.7 所示。

在电子密码本中，由于用单密钥加密消息的所有块，如果原始消息中有重复的明文块，则加密消息中对应的密文块也会重复。因此，电子密码本仅适用于加密短消息，因为短消息范围小，出现重复明文块的几率也小。

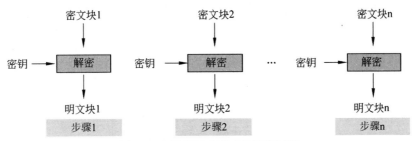

图 3.7　电子密码本模式的解密过程

3.2.2　密码块链接模式

如前所述，在给定密钥后，使用电子密码本加密给定的消息，相同的明文块会产生相同的密文块。因此，如果明文块在输入中反复出现，则对应的密文块也会在输出中多次出现，从而给密码分析者提供破解密文的线索。为了解决这个问题，**密码块链接**模式出现了，它能保证即使输入中明文块重复出现，在输出中其对应的密文块也会完全不同，为此要使用反馈机制。

块密码中增加反馈机制**链接**（chaining）就是密码块链接模式。在密码块链接模式中，上一个块的加密结果会反馈到当前块的加密中，即用每个块来修改下一个块的加密。这样，每个密文块不但与当前输入的明文块相关，也与之前的所有明文块相关。

密码块链接的加密过程如图 3.8 所示。

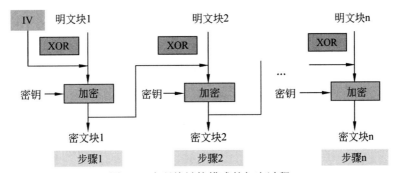

图 3.8　密码块链接模式的加密过程

下面介绍其加密过程。

（1）如图 3.8 所示，第 1 步有两个输入：第 1 个明文块和一个随机文本块。随机文本块是**初始化向量**（Initialization Vector，IV）。

① 初始化向量（IV）没有特殊含义：只是使每个消息独特。因为初始化向量值是随机生成的，所以两个不同消息中重复出现初始化向量的概率极低。因此，初始化向量能使密文更独特，至少与不同消息的其他密文完全不同。更有趣的是，初始化向量并不强制保密，它是可以公开的，这多少有点令人担忧和困惑。如果重新审视加密块链接操作，会发现初始化向量只是第一个加密步骤的两个输入之一。步骤 1 的输出是密文块 1，它也是第 2 个

加密步骤的两个输入之一。换句话说，密文块 1 也是步骤 2 的初始化向量。同样，密文块 2 也是步骤 3 的初始化向量，以此类推。因为所有密文块都要发送给接收方，所以从步骤 2 开始，就要发送所有初始化向量。因此，没有什么特殊原因，步骤 1 的初始化向量也不一定保密，只有用作加密密钥才需要保密，但在实践中，为了获得最高的安全性，密钥和初始化向量都要保密。

　　② 第 1 个密文块和初始化向量进行 XOR 运算，再用密钥加密，生成第 1 个密文块。之后第 1 个密文块作为下一个明文块的反馈，如下所述。

　　（2）第 2 个明文块与步骤 1 的输出（即第 1 个密文块）进行异或运算，再用与步骤 1 相同的密钥加密，产生密密块 2。

　　（3）将第 3 个明文块与步骤 2 的输出（即第 2 个密文块）进行异或运算，再用与步骤 1 相同密钥加密。

　　（4）这个过程一直继续，直到处理完原始消息的所有剩余明文块。

　　要记住，初始化向量仅在第一个明文块中使用，但使用相同密钥加密所有明文块。

　　解密过程如下。

　　（1）密文块 1 和加密所用的密钥作为解密算法的输入，这一步的输出再与初始向量进行异或运行，产生明文块 1。

　　（2）解密密文块 2，其输出与密文块 1 进行异或运算，生成明文块 2。

　　（3）这个过程一直继续，直到解密完加密消息的所有密文块。

　　解密过程如图 3.9 所示。

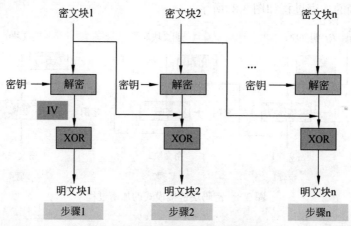

图 3.9　密码块链接模式的解密过程

　　附录 A 有关于密码块链接模式的更多数学知识。

3.2.3　密码反馈模式

　　并非所有应用程序都要使用数据块，面向字符的应用程序也要求安全性。例如，操作员可以在终端输入数据，这些数据要立即以安全方式（即加密）通过通信链路传输。这时，必须使用流密码，**密码反馈**模式优势尽显。在密码反馈模式中，数据的加密单元更小，（如为 8 位，即操作员输入一个字符的大小）远远小于通常定义的 64 位块。

下面分析密码反馈模式的工作原理。假设一次处理 j 位（通常但不总是 j= 8）。由于密码反馈模式比前两种密码模式更复杂，需要分步仔细分析。

第 1 步：与密码块链接一样，密码反馈模式也使用 64 位初始化向量（IV）。初始化向量保存在移位寄存器中。在这步中，用密钥加密初始化向量，生成相应的 64 位初始化向量的密文，如图 3.10 所示。

图 3.10　密码反馈模式的第 1 步

第 2 步：将加密的初始化向量最左边（即最高有效）的 j 位与明文的前 j 进行异或运算，产生密文的第 1 部分 C，如图 3.11 所示，之后将密文 C 反馈给 IV 移位寄存器。

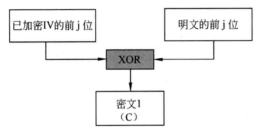

图 3.11　密码反馈模式的第 2 步

第 3 步：IV 移位寄存器左移 j 位，即 IV 所在的移位寄存器内容左移 j 位。因此，IV 移位寄存器最右 j 位为不可预测数据，用密文 C 填充最右边 j 位，如图 3.12 所示。

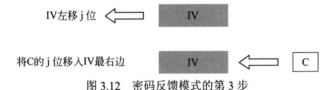

图 3.12　密码反馈模式的第 3 步

第 4 步：一直继续第 1～3 步，直到加密完所有明文单元为止，也就是说，重复如下步骤。
- 用密钥加密初始化向量 IV。
- 取加密 IV 的最左边 j 位与明文的下面的 j 位进行异或运算，得到部分密文。
- 将得到的密文部分（即密文的下面 j 位）反馈给 IV 移位寄存器（接收方）。
- IV 移位寄存器左移 j 位。
- 将 j 位密文移入 IV 移位寄存器最右边。

图 3.13 给出了密码反馈模式的整体概念示意图。

接收方的解密过程与加密过程非常相似，只有细微的不同，这里不再赘述。

3.2.4　输出反馈模式

输出反馈模式与加密反馈模式极为相似，唯一的区别是，加密反馈模式将密文反馈到

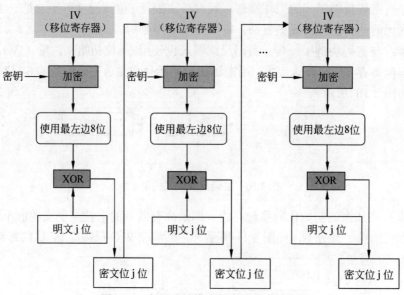

图 3.13　密码反馈模式的完整加密过程

加密过程的下一阶段，而输出反馈将 IV 加密过程的输出反馈到加密过程的下一阶段。因此，这里不再讨论输出反馈的细节，只是简单地给出输出反馈的过程框图，如图 3.14 所示，输出反馈与加密反馈只有一点不同，其他过程相同。

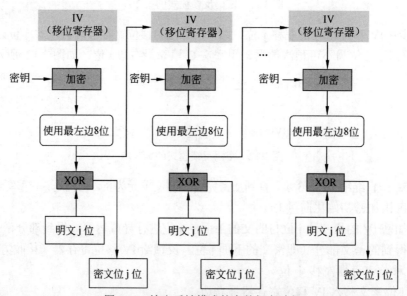

图 3.14　输出反馈模式的完整加密过程

下面总结一下输出反馈模式的主要优势。简单来说，在这种模式下，如果个别位中有错误，它们仍然是个别位中的错误，不会破坏整个消息。也就是说，位错误不会传播。如果密文位（C_i）出错，则只有该位对应的解密值（P_i）是错误的，其他位不受影响。而密码反馈与此相反，在密码反馈模式下，密文位（C_i）作为输入反馈到移位寄存器，并会破坏消息中的其他位。

输出反馈模式的缺点是，攻击者可以以受控方式对密文和消息的校验和进行必要的更改。这会导致更改密文而不会被检测到。换句话说，攻击者同时改变了密文和校验和；因此无法检测到这种变化。

输出反馈模式的缺点是，攻击者能以可控方式篡改密文和消息的校验和，且不能检测到这种篡改。换句话说，攻击者可以同时篡改密文和校验和，但我们没有办法检测到这种篡改。

3.2.5　计数器模式

计数器模式与输出反馈模式非常相似，是输出反馈模式的变种。它用序列号（即计数器）作为算法的输入，在加密每个块后，再使用下一个计数器值填充寄存器。通常使用一个常数作为计数器的初始值，并且每次迭代后递增（通常是增加 1）。计数器块的大小等于明文块的大小。

加密时，计数器加密后与明文块进行 XOR 运算，得到密文，不需要使用链接过程。解密时，使用相同的计数器序列。其中，每个已加密的计数器与对应的密文块进行 XOR 运算，得到原始明文块。

计数器模式的整个操作如图 3.15 和图 3.16 所示。

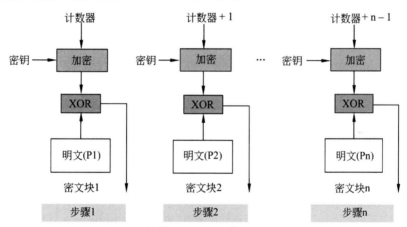

图 3.15　计数器（CRT）模式：加密过程

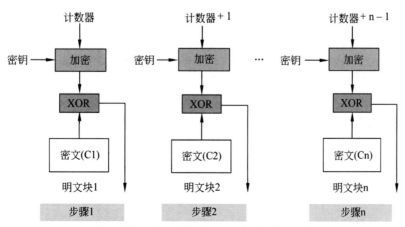

图 3.16　计数器（CRT）模式：解密过程

在计数器模式中，加密或解密过程是多个文本块并行执行，不使用链接，因此计数器模式的运行速度更快。多处理系统可以利用这个特性减少整个处理时间，可以进行预处理，将加密盒的输出作为异或操作的输入。计数器模式只负责实现加密过程，不负责实现解密过程。

表 3.1 总结了各种算法模式的主要用途。

表 3.1　算法模式的详细内容与用法

算 法 模 式	详 细 内 容	用 途
电子密码本模式	相同密钥独立加密明文块，一次 64 位	以安全方式（即用密码或密钥加密）传输单个值
密码块链接模式	上一步的 64 位密文与下一步的 64 位明文进行异或运算	文本块加密 认证
密码反馈模式	来自上一步的随机化密文的 K 位与下一步的明文的 K 位进行异或运算	传输数据的加密流 认证
输出反馈模式	与 CFB 类似，除了加密步骤的输入是前面 DES 的输出	传输数据的加密流
计数器模式	计数器与明文块一起加密，之后计数器递增	面向块的传输 应用需要的速度极快

表 3.2 总结了各种模式的主要优缺点。

表 3.2　算法模式：优点与问题

特　点	电子密码本模式	密码块链接模式	密码反馈模式	输出反馈模式/ 计数器模式
安全性相关问题	不能隐藏明文模式。块密码的输入与明文，而不是随机的。操作明文简单，可以删除、重复或交换文本块	从消息的始末均可删除明文块，可以改变第一个块的位	从消息的始末均可删除明文块，可以改变第一个块的位	操作明文简单。改变密文直接改变明文
安全性相关优点	加密多消息用相同的密钥	明文与上一个密文块进行异或操作隐藏明文。 加密多消息使用相同密钥	隐藏明文模式。 通过使用不同 IV，加密多消息使用相同密钥。块密码的输入是随机的	隐藏明文模式。通过使用不同的 IV，加密多消息使用相同密钥。块密码的输入是随机的
有效性相关问题	使用一个填充块，使密文大小大于明文大小，不能进行预处理	密文大小比明文大小多一个块。不能进行预处理。加密不能并行执行	密文大小与明文大小相同。加密不能并行执行	密文大小与明文大小相同。仅 OFB 不能并行执行，CTR 可以并行执行

3.3　对称密钥加密概述

下面简要回顾一下对称密钥密加密。对称密钥加密也曾称为**秘密密钥加密**（Secret Key Cryptography）或**私钥加密**（Private Key Cryptography），只使用一个密钥，消息的加密和解密使用相同密钥。显然，双方要先协商好密钥之后才能开始传输，别人不应该知道这个密钥。图 3.17 的示例说明了对称密钥加密的工作原理。简单地说，发送方 A 用密钥将明文消息转换成密文，接收方 B 用相同密钥将密文消息转换成明文，从而得到原始消息。

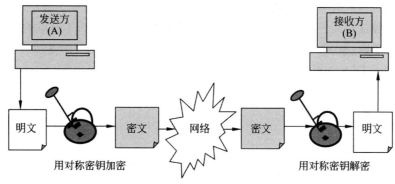

图 3.17　对称密钥加密

正如前面曾介绍的，对称密钥加密法在实际应用中存在几个问题，下面简单回顾一下这些问题。

第一个问题是密钥协商或密钥发布问题。问题是：双方如何就密钥达成一致？第一个办法是发送方派人将密钥直接送给接收方；第二个办法是由信使传递写有密钥的纸张。这两个办法都很不方便；第三个办法是通过网络向 B 发密钥并请求确认，但如果入侵者得到这个消息，就能破译后续的所有消息。

第二个问题更加严重。由于加密和解密使用相同密钥，每个通信对需要一个密钥。假设 A 要与 B 和 C 安全通信，则 A 与 B 通信要用一个密钥，A 与 C 通信要用另一个不同的密钥，即 A 与 B 通信密钥不能与 A 与 C 的通信密钥相同，否则 C 能破译 A 与 B 之间的消息，B 能破译 A 与 C 之间的消息。由于 Internet 上有成千上万的商家向数十万的买家销售产品，如果使用这种模式，根本不切实际，因为每对商家-买家都要需要单独的密钥。

如前所述，巧妙的解决方案可以克服这些缺点，再加上对称密钥加密无可比拟的优点，因此得以广泛应用。下面先介绍最常用的基于计算机的对称密钥加密算法，然后，在介绍非对称密钥加密时，考虑如何解决对称密钥加密存在的问题。

3.4　数据加密标准（DES）

3.4.1　背景与历史

数据加密标准（Data Encryption Standard，DES），也称为**数据加密算法**（Data Encryption Algorithm，DEA）（ANSI）和 DEA-1 ISO，是一种用了二十多年的加密算法，但 DES 在强大的攻击前面不堪一击，因此，DES 的流行度略有下降。在学习安全书籍中，DES 是不可或缺的，因为它是密码算法的一个里程碑，详细分析 DES 还有两个目的：第一，理解 DES；第二，也是更重要，剖析与理解现实生活中的加密算法。基于这一理念，本章还讨论了其他一些密码算法，但仅限于概念层面；因为通过对 DES 的深入讨论，已深入理解了基于计算机加密算法的工作原理。DES 经常使用 ECB、CBC 或 CFB 模式。

DES 的起源可以追溯到 1972 年，当时美国国家标准局（NBS）（现称为美国国家标准与技术研究院（NIST）），着手开展一项保护计算机和计算机通信数据的项目，想要开发一种单一的密码算法。两年后，NBS 意识到 IBM 的 Lucifer 是最佳候选算法，没必要从头开始开发一个新算法。经过多次讨论，于 1975 年，国家统计局公布了算法的细节。1976 年底，美国联邦政府决定采用这种算法，并重命名为数据加密标准（DES）。不久，其他机构也认可并采用了 DES 加密算法。

3.4.2 DES 的工作原理

3.4.2.1 基本原则

DES 是一种块密码，加密的每个数据块是 64 位。也就是说，DES 的输入是 64 位明文，生成的密文也是 64 位。加密和解密用相同的算法和密钥，只有微小差别，密钥长度为 56 位。DES 的基本思想如图 3.18 所示。

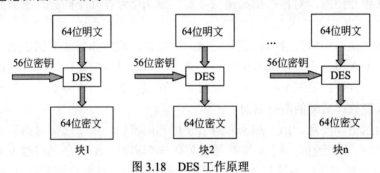

图 3.18　DES 工作原理

如上所述，DES 使用 56 位密钥。但实际上，初始密钥也是 64 位，只是在 DES 过程开始之前，丢弃了密钥的每个第 8 位，得到 56 位密钥。即，丢弃第 8、16、24、32、40、48、56 和 64 位。在图 3.19 中，阴影部分表示被丢弃的位。在丢弃这些位之前，可用它们进行奇偶校验，以确保密钥不包含任何错误。

1	2	3	4	5	6	7	8	9	10	11	12	13	14	15	16
17	18	19	20	21	22	23	24	25	26	27	28	29	30	31	32
33	34	35	36	37	38	39	40	41	42	43	44	45	46	47	48
49	50	51	52	53	54	55	56	57	58	59	60	61	62	63	64

图 3.19　丢弃原始密钥的每个第 8 位（阴影部分表示被丢弃位）

因此，最初的 64 位密钥丢弃每个第 8 位后得到 56 位密钥，如图 3.20 所示。

简单地说，DES 利用加密的两个基本属性：替换（也称混淆）和变换（也称扩散）。DES 共 16 步，每一步称为**一轮**（round），每轮执行替换和变换步骤，下面讨论 DES 的主要步骤。

（1）将 64 位明文块移交给**初始置换**（Initial Permutation，IP）函数。

（2）对明文执行初始置换（IP）。

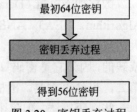

图 3.20　密钥丢弃过程

（3）将初始置换（IP）生成的置换块分成两半；即左明文（LPT）和右明文（RPT）。

（4）LPT 和 RPT 都经过 16 轮加密过程，每轮都使用各自的密钥。

（5）LPT 和 RPT 重新结合在一起，再对该组合块进行**最终置换**（Final Permutation，FP）。

（6）最终产生 64 位密文。

上述过程的图解如图 3.21 所示。

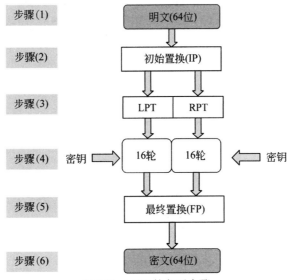

图 3.21 DES 的主要步骤

下面详细分析上述过程的每一步。

3.4.2.2 初始置换（IP）

正如前面所述，初始置换（IP）只发生一次，且发生在第一轮之前。用于指定初始置换的变换应如何进行，如图 3.22 所示。例如，初始置换指定要将原始明文块的第 1 位替换成原始明文块的第 58 位，第 2 位替换成第 50 位等，以此类推，置换不过是原始明文块的位位置移动。

明文块中各位的位置	覆盖各个位置后的内容
1	58
2	50
3	42
⋮	⋮
64	7

图 3.22 初始置换的思想

初始置换所用的完整变换表如图 3.23 所示。本表以及本章所有其他表都应从左到右、从上到下读取。例如，表中第 1 个位置的 58 表示在初始置换期间，原始明文块中第 58 位的内容将覆盖第 1 位的内容。同样，表中第 40 个位置的 1 表示第 1 位内容覆盖了原始明文块的第 40 位的内容，相同的规则适用于其他所有位置。

58	50	42	34	26	18	10	2	60	52	44	36	28	20	12	4
62	54	46	38	30	22	14	6	64	56	48	40	32	24	16	8
57	49	41	33	25	17	9	1	59	51	43	35	27	19	11	3
61	53	45	37	29	21	13	5	63	55	47	39	31	23	15	7

图 3.23 初始置换（IP）表

如上所述，完成初始置换后，生成的 64 位置换明文块被分成两半，各 32 位，左半块是左明文（LPT），右半块是右明文（RPT），然后对这两块执行 16 轮操作。

3.4.2.3 DES 的一轮

DES 的 16 轮中的每一轮的主要步骤如图 3.24 所示。

图 3.24 DES 的一轮

下面逐步讨论 DES 一轮中的步骤。

第 1 步：密钥变换。

通过丢弃初始密钥的每个第 8 位，将初始 64 位密钥变换成 56 位密钥。因此，对于每一轮，都有一个 56 位密钥可用。每一轮使用**密钥变换**（key transformation），从 56 位密钥生成不同的 48 位**子密钥**（sub-key）。为此，56 位密钥被分为两半，每半 28 位，根据轮数，循环左移一位或两位。例如，如果轮数是 1、2、9 或 16，则仅移动一位；如果是其他轮数，则循环移动两位，每轮移动的密钥位数如图 3.25 所示。

轮数	1	2	3	4	5	6	7	8	9	10	11	12	13	14	15	16
移动的密钥位数	1	1	2	2	2	2	2	2	1	2	2	2	2	2	2	1

图 3.25 每一轮移动的密钥位数

在适当的移位之后，选择 56 位中的 48 位，使用图 3.26 所示的表。例如，移位后，第 14 位移动到第 1 个位置，第 17 位移动到第 2 个位置，以此类推。仔细分析这个表，会发现它只包含 48 位。第 18 位被丢弃，在表中找不到它，其他 7 个位也被丢弃，从而将 56 位密钥减少为 48 位密钥。由于密钥变换过程涉及置换和选择原始 56 位密钥的 48 位子集，因此称为压缩置换。

由于使用压缩置换技术，每一轮都使用不同的密钥位子集，从而使 DES 更难破解。

14	17	11	24	1	5	3	28	15	6	21	10
23	19	12	4	26	8	16	7	27	20	13	2
41	52	31	37	47	55	30	40	51	45	33	48
44	49	39	56	34	53	46	42	50	36	29	32

图 3.26　压缩置换

第 2 步：扩展置换。

在初始置换之后，有两个 32 位明文区，称为左明文（LPT）和右明文（RPT）。在扩展置换期间，RPT 从 32 位扩展为 48 位，除此之外，这些位也进行置换，因此称为**扩展置换**（expansion permutation），过程如下。

（1）将 32 位右明文（RPT）分为 8 块，每块由 4 位组成，如图 3.27 所示。

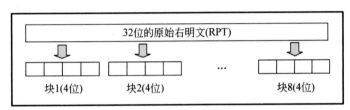

图 3.27　将 32 位右明文分成 8 个 4 位块

（2）将上一步的每个 4 位块扩展为 6 位块，也就是说，每个 4 位块加两位，这两位是什么呢？实际上，它们是重复 4 位块的第 1 位和第 4 位。第 2 位和第 3 位按输入原样写入输出，如图 3.28 所示。注意，输入的第 1 位出现在输出的第 2 位、第 48 位。类似地，输入的第 32 位出现在输出的第 47 位、第 1 位。

显然，这个过程在生成输出时，扩展并置换了输入位。

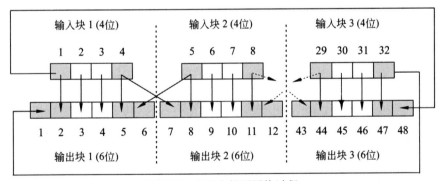

图 3.28　右明文扩展置换过程

从图 3.28 可知，输入的第 1 位出现在输入的第 2 位和第 48 位。输入的第 2 位出现在输出的第 3 位，以此类推。因此，实际上，扩展置换使用了图 3.29 所示的表。

如上所述，首先，密钥变换过程将 56 位密钥压缩为 48 位。然后，扩展置换过程将 32 位的右明文（RPT）扩展为 48 位。再将 48 位密钥与 48 位右明文（RPT）进行异或操作，将输出结果交给下一步，即 S-盒替换，如图 3.30 所示。

32	1	2	3	4	5	4	5	6	7	8	9
8	9	10	11	12	13	12	13	14	15	16	17
16	17	18	19	20	21	20	21	22	23	24	25
24	25	26	27	28	29	28	29	30	31	32	1

图 3.29　右明文扩展置换表

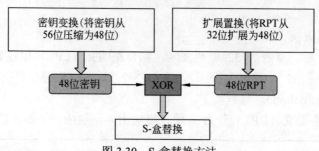

图 3.30　S-盒替换方法

第 3 步：S-盒替换。

S-盒替换是一个过程，它以压缩密钥和扩展右明文的异或结果为输入，使用替换技术生成 32 位输出。替换由 8 个替换盒（substitution boxes，也称为 S-盒）执行，每个 S-盒有一个 6 位输入和一个 4 位输出。48 位输入块被分成 8 个子块（每块 6 位），且每个子块对应一个指定的 S-盒。S-盒将 6 位输入转换成 4 位输出，如图 3.31 所示。

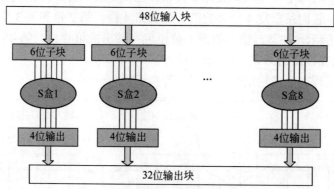

图 3.31　S-盒替换

S-盒替换用什么逻辑选择 6 位中的 4 位呢？在概念上，可以将每个 S-盒想象成一个 4 行（编号为 0~3）和 16 列（编号为 0~15）的表，共有 8 个表。行和列的交叉处的数（十进制表示）就是 S-盒的 4 位输出（二进制表示），如图 3.32 所示。

6 位输入用于指定行和列（即找到交叉点），确定 4 位输出。这是如何进行的呢？假设 S-盒的 6 位表示为 b1、b2、b3、b4、b5 和 b6。b1 和 b6 的二位组合（b1，b2）用于指定行，其余 4 位 b2、b3、b4、b5 组合（b1，b2，b3，b3）用于指定列。这里，行是用二进制数（00~11）表示，列也是用（0000 至 1111）二进制表示，行和列分别对应的十进制数为 0~3 以及 0~15。6 位输入自动选择行和列生成输出 4 位输出，如图 3.33 所示。

下面，举个例子。假设 48 位输入（即第 2 个 S-盒的输入）的第 7~12 位的二进制值为 101101。因此，根据图 3.33 可知，（b1，b6）= 11（二进制），十进制为 3；（b2，b3，b4，

14	4	13	1	2	15	11	8	3	10	6	12	5	9	0	7
0	15	7	4	14	2	13	1	10	6	12	11	9	5	3	8
4	1	14	8	13	6	2	11	15	12	9	7	3	10	5	0
15	12	8	2	4	9	1	7	5	11	3	14	10	0	6	13

(a) S-盒 1

15	1	8	14	6	11	3	4	9	7	2	13	12	0	5	10
3	13	4	7	15	2	8	14	12	0	1	10	6	9	11	5
0	14	7	11	10	4	13	1	5	8	12	6	9	3	2	15
13	8	10	1	3	15	4	2	11	6	7	12	0	5	14	9

(b) S-盒 2

10	0	9	14	6	3	15	5	1	13	12	7	11	4	2	8
13	7	0	9	3	4	6	10	2	8	5	14	12	11	15	1
13	6	4	9	8	15	3	0	11	1	2	12	5	10	14	7
1	10	13	0	6	9	8	7	4	15	14	3	11	5	2	12

(c) S-盒 3

7	13	14	3	0	6	9	10	1	2	8	5	11	12	4	15
13	8	11	5	6	15	0	3	4	7	2	12	1	10	14	9
10	6	9	0	12	11	7	13	15	1	3	14	5	2	8	4
3	15	0	6	10	1	13	8	9	4	5	11	12	7	2	14

(d) S-盒 4

2	12	4	1	7	10	11	6	8	5	3	15	13	0	14	9
14	11	2	12	4	7	13	1	5	0	15	10	3	9	8	6
4	2	1	11	10	13	7	8	15	9	12	5	6	3	0	14
11	8	12	7	1	14	2	13	6	15	0	9	10	4	5	3

(e) S-盒 5

12	1	10	15	9	2	6	8	0	13	3	4	14	7	5	11
10	15	4	2	7	12	9	5	6	1	13	14	0	11	3	8
9	14	15	5	2	8	12	3	7	0	4	10	1	13	11	6
4	3	2	12	9	5	15	10	11	14	1	7	6	0	8	13

(f) S-盒 6

4	11	2	14	15	0	8	13	3	12	9	7	5	10	6	1
13	0	11	7	4	9	1	10	14	3	5	12	2	15	8	6
1	4	11	13	12	3	7	14	10	15	6	8	0	5	9	2
6	11	13	8	1	4	10	7	9	5	0	15	14	2	3	12

(g) S-盒 7

13	2	8	4	6	15	11	1	10	9	3	14	5	0	12	7
1	15	13	8	10	3	7	4	12	5	6	11	0	14	9	2
7	11	4	1	9	12	14	2	0	6	10	13	15	3	5	8
2	1	14	7	4	10	8	13	15	12	9	0	3	5	6	11

(h) S-盒 8

图 3.32

b5）= 0110（二进制），十进制为 6。第 3 行和第 6 列交叉处就是 S-盒选择的输出 4（十进制），如图 3.34 所示。注意，行和列从 0 开始，而不是从 1 开始。

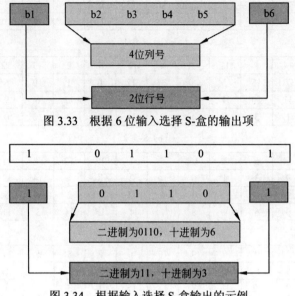

图 3.33　根据 6 位输入选择 S-盒的输出项

图 3.34　根据输入选择 S-盒输出的示例

　　然后，将每个 S-盒的输出组合成一个 32 位块，并将其传递到一轮的最后阶段：P-盒置换。

　　第 4 步：P-盒置换。

　　S-盒的输出由 32 位组成，这 32 位用 P-盒（P-box）进行置换。P-盒是一种简单的置换，即用 P-盒表中的一位换成另一位，没有任何扩展或压缩，称为 P-盒置换（P-box Permutation），如图 3.35 所示。例如，第一个块中的 16 表示原始输入的第 16 位移到输出的第 1 位；在第 16 块中的 10 表示原始输入的第 10 位移到输出的第 16 位。

16	7	20	21	29	12	28	17	1	15	23	26	5	18	31	10
2	8	24	14	32	27	3	9	19	13	30	6	22	11	4	25

图 3.35　P-盒置换

　　第 5 步：异或交换。

　　注意，只有 64 位原始明文的 32 位右明文执行了上述所有操作。到目前为止，左明文没有受到影响。在此时，初始 64 位明文块的左明文与 P-盒置换产生的输出进行异或操作，这个异或运算结果成为新的右明文。在交换过程中，旧的右明文成为新的左明文，如图 3.36 所示。

3.4.2.4　最终置换

　　在 16 轮结束时，执行最终置换（仅一次）。**最终置换**（Final Permutation）是一种简单变换，如图 3.37 所示。例如，输入的第 40 位替换输出的第 1 位，以此类推。

　　最终置换的输出是 64 位加密块。

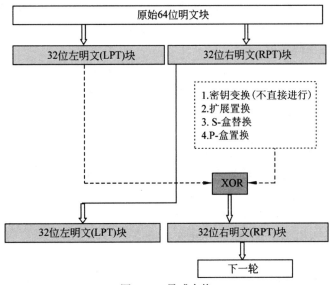

图 3.36　异或交换

40	8	48	16	56	24	64	32	39	7	47	15	55	23	63	31
38	6	46	14	54	22	62	30	37	5	45	13	53	21	61	29
36	4	44	12	52	20	60	28	35	3	43	11	51	19	59	27
34	2	42	10	50	18	58	26	33	1	41	9	49	17	57	25

图 3.37　最终置换

3.4.2.5　DES 解密

根据上面对 DES 的介绍，我们知道 DES 加密方案极其复杂。但 DES 解密采用的方法令许多人惊讶：DES 加密算法也适用于解密！原因在于，各种表的值、操作以及顺序都经过精心选择，以至于该算法是可逆的。加密和解密过程之间的唯一区别是密钥的反转。如果将原始密钥 K 分解为 K1，K2，K3，…，K16 用于 16 轮加密，则解密的密钥应为 K16，K15，K14，…，K1。

3.4.2.6　解析 DES

1. S 盒的使用

DES 中用的替换表（即 S 盒）是由 IBM 公司保密的。IBM 公司坚称，自己花费了超过 17 人年的时间才提出了 S-盒的内部设计。多年以来，人们越来越怀疑 DES 在这方面存在一些漏洞，无论是有意的（以便政府机构可以秘密打开加密的消息）还是其他原因。一些研究认为，在一定范围内通过 S-盒能攻击 DES，但迄今为止还没有出现具体的攻击示例。

2. 密钥长度

如前所述，任何密码系统都有两个重要方面：密码算法和密钥。DES 算法的内部工作原理是完全公开的。因此，DES 的强度只取决于密钥。密钥必须保密。

众所周知，DES 使用 56 位密钥（有趣的是，最初的提议是 DES 使用 112 位密钥）。因此，有 2^{56} 个可能的密钥，即大约等于 7.2×10^{16} 个密钥。对 DES 进行蛮力攻击是行不通的。

假设用一台计算机每微秒执行一次 DES 加密，攻击者为了得到正确的密钥，即使只需尝试一半可能的密钥（即一半密钥空间（key space）），也要 1000 多年才能破解 DES。

3．差分和线性密码分析

1990 年，Eli Biham 和 Adi Shamir 提出**差分密码分析**（differential cryptanalysis）的概念，这种方法查找其明文具有特定差分的密文对，分析随着明文通过多轮 DES 时这些差异的进展。其思想是选择具有固定差分的明文对，这两个明文可以随机选择，只要它们满足特定的差分条件（可以是简单的异或运算（XOR））。然后，使用结果密文的差异，将不同的可能性分配给不同的密钥，通过分析越来越多的密文对，就能得到正确的密钥。

由 Mitsuru Matsui 发明的**线性密码分析**（linear cryptanalysis）攻击基于线性近似。如果对一些明文位进行异或运算，对一些密文位进行异或运算，然后对结果进行异或运算，则得到一个位，它是一些密钥位的异或运算结果。

这些攻击的描述相当复杂，这里不再深入讨论。

4．计时攻击

计时攻击（Timing attacks）更多地针对非对称密钥加密，但也可以应用于对称密钥加密。定时攻击的思想很简单：观察密码算法在解密不同密文块所需时间，通过计时，尝试获取明文或密钥。一般来说，解密不同大小的密文块所需的时间是不同的。

3.4.2.7　DES 属性

下面讨论块密码的两个特征：雪崩效应和完整性效应。

（1）**雪崩效应**（avalanche effect）：如果对明文或密钥进行微小更改，对应的结果密文是发生微小变化，还是发生很大变化呢？如果密文变化很大，我们就将这种影响称为雪崩效应。DES 有强雪崩效应，也就是说，对明文或密钥进行微小的更改，生成的密文会发生很大的变化。下面这两个密文块，所用密钥相同，明文只有一位不同。

> 密文 1：54 35 2B 20 65 3F 76 A6 7E 29 2B 3F A6 4F 72 3F 2F 3F 59 F9 FB 2B 83
> 密文 2：2B 3F 3B 41 29 BA 3D A6 2B A6 4A 33 2B 7B 38 5A 2A 2D 2B 3D 63 A7 73

这就是雪崩效应，两者的明文只有一位不同，但这两个密文块看似完全不同，且彼此无关。

（2）**完整性效应**（completeness effect）：完整性效应是指密文的每一位都会依赖于一个以上的明文位。因为 S-盒和 D-盒引起的混淆和扩散，DES 也存在完整性效应。

3.4.2.8　DES 攻击

下面讨论针对 DES 发起的三类主要攻击。

（1）**蛮力攻击**（brute-force attack）：基本 DES 算法的密钥大小为 56 位，因此，用蛮力攻击破解需要大约 2^{55} 次尝试。虽然攻击次数相当高，但由于计算机技术日新月异，实现蛮力攻击也未尝不可。为了免受蛮力攻击，用户根据自己的需求，转而使用 DES-2 或 DES-3。

（2）**差分密码分析**（differential cryptanalysis）：DES 的发明者知晓蛮力攻击的威力，因而准备使用 16 个 S-盒，但已知 2^{47} 或 2^{55} 个选定明文的攻击者仍能成功地发起蛮力攻击。在理论上，蛮力攻击能成功，但在实践中，是非常困难的，因此，可以说 DES 不会遭受蛮力攻击。

（3）**线性密码分析**（linear cryptanalysis）：在 DES 开发时，线性密码分析还未出现。因此，DES 极易受到这种攻击，S-盒的强度不足。但要发起这种攻击，攻击者需要 2^{43} 对已知明文，所以实际难度极大。

3.4.3　DES 的变种

尽管 DES 有其优势，但人们普遍认为，随着计算机硬件的巨大进步，如千兆以上的处理速度、廉价的高内存可用性以及并行处理能力等，破解 DES 指日可待。DES 历经考验，是一种非常不错的算法，因此最好用某种方法进行改进，复用增强的 DES，而不是编写新的密码算法。编写新算法并不容易，更难的地方在于，要经过充分测试才能证明新算法的强大。因此，　DES 出现了两个主要变种：双重 DES 和三重 DES，下面分析讨论。

3.4.3.1　双重 DES

双重 DES（Double DES）很容易理解。本质上，就是执行两次 DES。双重 DES 使用两个密钥 K1 和 K2，先用 K1 对原始明文执行一次 DES，得到密文，然后再用另一个密钥 K2 对已加密密文执行一次 DES，最终输出是已加密密文的再加密，即用两个不同的密钥加密原始明文两次，如图 3.38 所示。

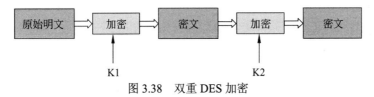

图 3.38　双重 DES 加密

当然，其他密码算法也能使用双重加密，但双重 DES 加密已经非常流行，因此，有必要进行分析总结。至于解密，双重 DES 解密也很简单，就是执行两次 DES 加密的反过程，如图 3.39 所示。

图 3.39　双重 DES 解密

先用密钥 K2 解密双重加密的密文块，生成单重密文块，然后用密钥 K1 对单重密文块进行解密，得到原始明文块。

如果只用 1 位密钥，则有两个可能的密钥值：0 和 1。如果用 2 位密钥，则有 4 个可能的密钥值：00、01、10 和 11。一般来说，如果用 n 位密钥，密码分析者必须执行 2^n 次运算才能尝试所有可能的密钥。如果用两个不同的密钥，每个密钥 n 位，密码分析员需要 2^{2n} 次尝试才有可能破解密钥。因此，基本 DES 的密码分析需要搜索 2^{56} 个密钥，双重 DES 需要搜索 $2^{2\times56}$（即 2^{128}）个密钥。但也并非完全如此，Merkle 和 Hellman 引入了**中间相遇**（meet-in-the-middle）攻击的概念，这种攻击涉及从一端加密，从另一端解密，并在中间匹配结果，因此称为中间相遇攻击，下面分析它的工作原理。

假设密码分析者知道两条基本信息：消息的 P（明文块）和 C（对应的最终密文块）。双重 DES 的 P 和 C 的关系如图 3.40 所示。图中也给出了对应的数学表示，第一次加密的结果为 T，表示为 T= E_{K1}（P）[即用密钥 K1 加密块 P]。再用另一个密钥 K2 加密这个已加密块后，将结果表示为 C = E_{K2}（E_{K1}（P））（即用另一个的密钥 K2 加密已加密块 T，得到最终密文 C）。

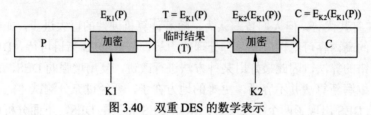

图 3.40　双重 DES 的数学表示

掌握 P 和 C 知识的密码分析者的目标是得到 K1 和 K2 的值，如何做呢？

第 1 步：对于密钥 K1 的所有可能值（2^{56}），密码分析员使用计算机内存中的一个大表，执行如下两个步骤。

（1）密码分析者执行第一次加密运算来加密明文块 P，即 E_{K1}（P），也就是说，计算 T。

（2）密码分析者在内存表的下一个可用行存储运算 E_{K1}（P）的输出，即临时密文（T）。

为了便于理解，我们用两位密钥图解上述过程（但实际上，密码分析员要用 64 位密钥执行此运算，任务更加艰巨），如图 3.41 所示。

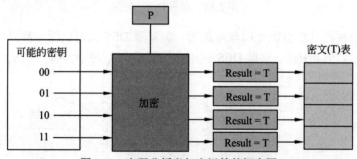

图 3.41　密码分析者加密运算的概念图

第 2 步：在上述过程结束时，密码分析者将获得如图 3.41 所示的密文表。然后，密码分析员执行逆运算，也就是说，用 K2 的所有可能值解密已知密文 C（即对 K2 的所有可能值，执行 D_{K2}（C））。每次，密码分析员都会将结果值与密文表中的所有值进行比较，如图 3.42 所示。

总结一下。

- 在第 1 步中，密码分析员从左边计算 T 的值（即用 K1 加密 P 以找到 T）。因此，这里 T = E_{K1}（P）。
- 在第 2 步中，密码分析员从右边计算 T 的值（即用 K2 解密 C 以找到 T）。因此，这里 T = D_{K2}（C）。

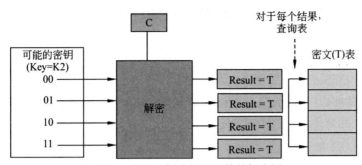

图 3.42　密码分析者解密运算的概念图

从以上两步可知，得到临时结果（T）有两种方法，要么用 K1 加密 P，要么用 K2 解密 C。这是因为有如下方程。

$$T = E_{K1}(P) = D_{K2}(C)$$

如果密码分析员为 K1 的所有可能值，建立 E_{K1}（P）表（即 T），再对 K2 的所有可能值执行 D_{K2}（C）（即计算 T），则两个运算可能得到相同的 T。如果密码分析员能在用 K1 加密和用 K2 解密运算时找到相同的 T，则密码分析员不仅知道 P 和 C，还能找出 K1 和 K2 的可能值！

密码分析员可以在另一对已知 P 和 C 上尝试这对 K1 和 K2，如果通过执行 E_{K1}（P）和 D_{K2}（C）运算得到相同的 T，则可以在其余块上尝试用相同的 K1 和 K2。

显然，这种攻击是可行的，但需要大量内存。对于使用 64 位明文块和 56 位密钥的算法而言，需要 2^{56} 个 64 位块来将 T 表存储在内存中（将 T 表存储在磁盘上是没有意义的，因为太慢了，达不到攻击的要求）。这相当于 10^{17} 字节，对于未来几代计算机而言，也没有这么大内存！

3.4.3.2　三重 DES

虽然对双重 DES 而言，中间相遇攻击还不太实用，但在加密中，却要防患于未然。因此，双重 DES 似乎不够用，需要**三重 DES**（triple DES）。正如其名所示，三重 DES 是执行三次 DES。三重 DES 有两种：一种是使用三个密钥，另一种使用两个密钥。下面分别进行分析学习。

1. 三密钥的三重 DES

三密钥的三重 DES（triple DES with three keys）的思想如图 3.43 所示。先用密钥 K1 加密明文块 P，再用第二个密钥 K2 加密，最后用第三个密钥 K3 加密，其中 K1、K2 和 K3 互不相同。三密钥的三重 DES 广泛应用于许多产品之中，如 PGP 和 S/MIME。为了

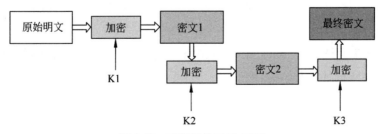

图 3.43　三密钥的三重 DES

解密密文 C，得到明文 P，需要执行 P = DK1（DK2（DK3（C）））。

2. 两密钥的三重 DES

三密钥的三重 DES 是高度安全的，表示为方程的形式为 C = EK3（EK2（EK1（P））），但三密钥的三重 DES 也有一个缺点：需要 $56 \times 3 = 168$ 位密钥，在实践中，这点难以实现。Tuchman 提出的解决方法是仅对三重 DES 使用两个密钥，即两密钥的三重 DES（triple DES with two keys），其算法的工作原理如下。

（1）用密钥 K1 加密明文，因此，有 E_{K1}（P）。

（2）用密钥 K2 解密上述步骤（1）的输出，因此，有 D_{K2}（E_{K1}（P））。

（3）最后，用密钥 K1 再次加密步骤（2）的输出，因此，有 E_{K1}（D_{K2}（E_{K1}（P）））。算法如图 3.44 所示。

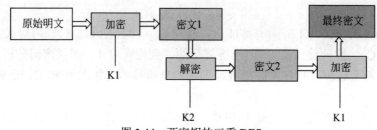

图 3.44   两密钥的三重 DES

为了解密密文 C 得到原始明文 P，需要执行 P = D_{K1}（E_{K2}（D_{K1}（C）））。

第二步解密没有特殊含义，唯一的意义在于它允许三重 DES 使用两个而不是三个密钥，这也称为**加密-解密加密**（Encrypt-DecryptEncrypt，EDE）模式。与双重 DES 不同，两密钥的三重 DES 不易受到中间相遇攻击，其 K1 和 K2 交替出现。

3.5   块密码设计原则

在设计像 DES 这样的块密码算法时，要注重如下三个原则。

（1）**轮数**（number of rounds）：一般来说，块密码算法的轮数越多越好，因为算法的强度与轮数成正比。在攻击者不知道解密密钥，试图使用蛮力攻击尝试每个可能的解密密钥得到明文的情况下，设计的轮数要以击败蛮力攻击为目标。

（2）**函数 F 的设计**（design of function F）：在 Feistel 密码中，函数 F 实现了混淆。简单来说，在块密码中执行替换会增加破解难度。此外，明文中一位的更改可能会导致所得密文的多位更改。

（3）**密钥调度算法**（key schedule algorithm）：每轮 DES 都使用不同的子密钥，子密钥的生成应该足够随机且强大。

3.6　国际数据加密算法（IDEA）

3.6.1　背景与历史

国际数据加密算法（International Data Encryption Algorithm，IDEA）是最强大的加密算法之一，于 1990 年推出，其名称和功能历经多次改变，如表 3.3 所示。

表 3.3　IDEA 的发展

年份	名　称	描　述
1990	推荐加密标准（Proposed Encryption Standard，PES）	由瑞士联邦技术学院的 Xuejia Lai 和 James Massey 开发
1991	改进推荐加密标准（Improved Proposed Encryption Standard，IPES）	密码分析员发现一些弱点后，改进后的算法
1992	国际数据加密算法（International Data Encryption Algorithm，IDEA）	改变不大，只是改名

尽管 IDEA 相当强大，但不如 DES 受欢迎，究其原因，主要有二：一是，与 DES 不同，它申请了专利，因此必须先获得许可，才能用于商业应用；二是，与 IDEA 相比，DES 具有更悠久的历史和成长记录。但著名的电子邮件隐私技术——**完美隐私**（Pretty Good Privacy，PGP），是基于 IDEA 的。

3.6.2　IDEA 的工作原理

3.6.2.1　基本原理

从技术上讲，IDEA 是一种块密码。与 DES 一样，也适用于 64 位明文块，但其密钥更长，是 128 位。IDEA 和 DES 一样可逆，加密和解密使用相同的算法。此外，IDEA 也使用扩散和混淆进行加密。

广义上，可视化的 IDEA 工作原理如图 3.45 所示。64 位输入明文块分成 4 块明文块，即 P1～P4，每块的大小为 16 位。因此，P1～P4 是算法的第 1 轮输入，共有 8 轮。如上所述，密钥为 128 位。在每一轮，从原始密钥生成 6 个子密钥，各 16 位。这 6 个子密钥应用于 4 个输入块 P1～P4。因此，在第 1 轮，有 6 个密钥 K1～K6；在第 2 轮，有 6 个密钥 K7～K12；以此类推，在第 8 轮，有 6 个密钥 K43～K48。最后一步是**输出变换**（Output Transformation），只使用 4 个子密钥 K49～K52。最终产生的输出是输出变换的输出，即 4 个密文块 C1～C4，每块 16 位，这 4 个密文块组合起来形成最终的 64 位密文块。

3.6.2.2　轮数

IDEA 有 8 轮。每一轮为用 6 个密钥对 4 个数据块进行一系列的操作。在广义上，IDEA 的主要步骤如图 3.46 所示，这些步骤执行了许多数学运算，有乘法、加法和异或运算。

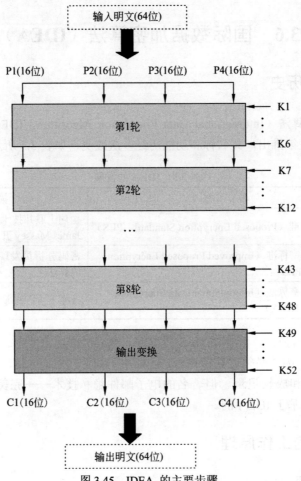

图 3.45　IDEA 的主要步骤

注意，我们在 Add 和 Multiply 后面加上星号，使其变成 Add*和 Multiply*，因为这不仅仅是加和乘，而是加后用 2^{16}（模加法 65536）求模，乘后用 $2^{16}+1$（模乘法 65537）求模（对于不熟悉模运算的读者，举个例子加以解释。如果 A 和 B 是两个整数，那么 A mod B 是 a/b 的余数。因此，5 mod 2 是 1（因为 5/2 的余数是 1），而 5 mod 3 是 2（因为 5/3 的余数是 2））。

在 IDEA 中，为什么要这样做呢？下面以正常的二进制加法为例，说明原因。假设在 IDEA 的第 2 轮中，P2=1111111100000000 和 K2=1111111111000001。首先，简单地进行相加（未加*!），看看会发生什么，操作如图 3.47 所示。

由上可知，正常加法得到的结果是 17 位，即 11111111011000001。但第 2 轮的输出只能是 16 位。因此，要将这个数（十进制表示为 130753）变成 16 位。为此，用 65536 求模。130753 mod 65536=65217，即二进制的 1111111011000001，是 16 位，符合方案要求。

这就是 IDEA 需要模运算的原因，就是为了确保即使两个 16 位相加或相乘的结果超过 17 位，也能让它回到 16 位。

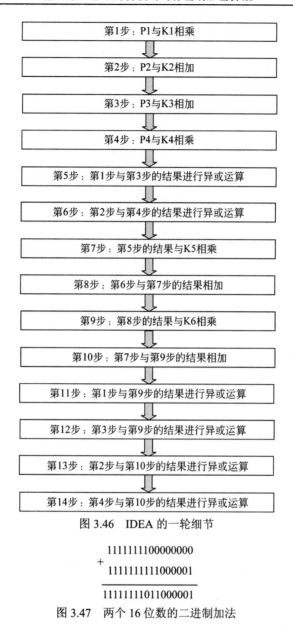

第1步：P1与K1相乘

第2步：P2与K2相加

第3步：P3与K3相加

第4步：P4与K4相乘

第5步：第1步与第3步的结果进行异或运算

第6步：第2步与第4步的结果进行异或运算

第7步：第5步的结果与K5相乘

第8步：第6步与第7步的结果相加

第9步：第8步的结果与K6相乘

第10步：第7步与第9步的结果相加

第11步：第1步与第9步的结果进行异或运算

第12步：第3步与第9步的结果进行异或运算

第13步：第2步与第10步的结果进行异或运算

第14步：第4步与第10步的结果进行异或运算

图 3.46　IDEA 的一轮细节

$$
\begin{array}{r}
1111111100000000 \\
+\ 1111111111000001 \\
\hline
1111111011000001
\end{array}
$$

图 3.47　两个 16 位数的二进制加法

下面将图 3.46 符号化，重新分析 IDEA 中一轮的细节，如图 3.48 所示，这两个图含义相同，描述的步骤也相同。输入块为 P1～P4，子密钥表示为 K1～K6，该步骤的输出表示为 R1～R4（而不是 C1～C4，因为这不是最终的密文，只是中间输出，将在后面各轮或输出变换步骤中进行处理）。

3.6.2.3　一轮的子密钥生成

如上所述，8 轮中的每一轮都使用 6 个子密钥，因此，每轮需要 8×6=48 个子密钥，最终的输出转换使用 4 个子密钥，总共有 48 + 4=52 个子密钥。从 128 位输入密钥中，如何生成这 52 个子密钥？下面分析前两轮，以形成对子密钥生成的理解，稍后将列出各轮的子密钥表。

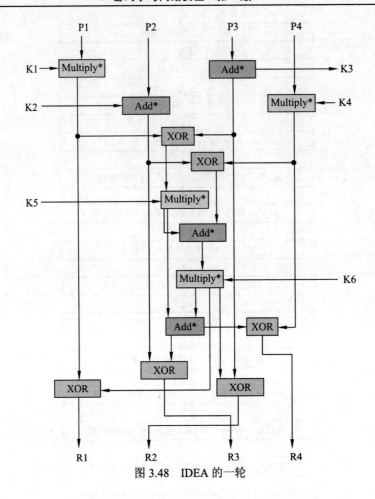

图 3.48   IDEA 的一轮

第 1 轮

原始密钥为 128 位，在第 1 轮，要从初始密钥中产生 6 个子密钥 K1～K6。由于 K1～K6 各为 16 位，因此，在第 1 轮，取 128 位的前 96 位，生成 6 个子密钥，各 16 位。因此，在第 1 轮结束时，原始密钥的第 97～128 位未使用，如图 3.49 所示。

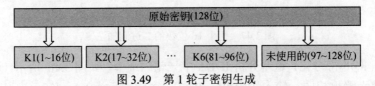

图 3.49   第 1 轮子密钥生成

第 2 轮

如上所述，第 1～96 位足以为第 1 轮生成子密钥 K1～K6。对于第 2 轮，首先要用第 97～128 位这 32 个未使用的密钥位，生成两个子密钥，各 16 位。那如何获得第 2 轮其余的 64 位密钥呢？为此，IDEA 采用了**密钥移位**（key shifting）技术。在这个阶段，原始密钥循环左移 25 位，即原始密钥的第 26 位移动到第 1 位，成为移位后的第 1 位，原始密钥的第 25 位移动到最后一个位置，成为移位后的第 128 位，整个过程如图 3.50 所示。

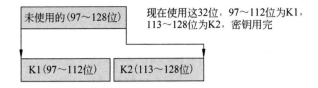

第2轮的K1和K2准备好了，原始密钥用完，循环左移25位

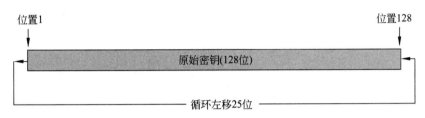

开始更新子密钥K3~K6，前64字节分给K3~K6，每个密钥为16位

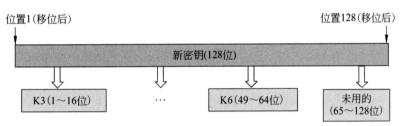

图 3.50　第 2 轮使用循环左移生成子密钥

　　现在，想象一下，在第 3 轮中，先用第 2 轮未使用位（即 65~128 位），然后再次执行 25 位的循环左移，最后从产生的移位密钥中取前 32 位，弥补第 3 轮的密钥位，这个过程一直在其余各轮继续，将所有 8 轮子密钥生成过程制成表格，如表 3.4 所示。

表 3.4　各轮的子密钥生成过程

轮数	子密钥生成与使用细节
1	使用原始 128 位密钥的 1~96 位，生成第 1 轮的 6 个子密钥 K1~K6，97~128 位留给下一轮使用
2	上一轮未用的 97~128 位构成本轮的子密钥 K1 和 K2。原始密钥左移 25 位，取前 64 位用作本轮的子密钥 K3~K6，剩下的 65~128 位留给下一轮使用
3	上轮未用的 65~128 位用作本轮的子密钥 K1~K4，在密钥用完时，再次左移 25 位，移位后密钥的 1~32 位作子密钥 K5 和 K6。剩下的 33~128 未用，留给下一轮使用
4	上一轮未用的 33~128 位，正好用作本轮的 6 个子密钥，在这一阶段，没有未使用位。此后，当前密钥再次移动
5	本轮与第 1 轮类似。使用当前 128 位密钥 1~96 位，用作 6 个子密钥 K1~K6，密钥的 97~128 位留给下一轮使用
6	上一轮的 97~128 位构成本轮的子密钥 K1 和 K2。原始密钥左移 25 位，取移位后密钥的前 64 位作为本轮的子密钥 K3~K6，剩下的 65~128 位未用，留给下一轮使用
7	上一轮未使用的 65~128 位用作本轮的子密钥 K1~K4。在密钥用完时，再左移 25 位，移位后密钥的 1~32 位用作子密钥 K5 和 K6，剩下的 33~128 位未用，留给下一轮使用
8	上一轮未用的 33~128 足够这轮使用。在这个阶段没有未使用位。在此之后，当前密钥再次移位，用作输出转换

3.6.2.4 输出变换

输出转换是一次性操作，发生在第 8 轮结束时。当然，输出变换的输入是第 8 轮的输出。与往常一样，64 位的值分成 4 个子块，即 R1～R4，各 16 位。此外，这里使用 4 个子密钥而不是 6 个。稍后将描述输出转换的密钥生成过程。假设输出变换可用的 4 个 16 位子密钥是 K1～K4，输出变换的过程如图 3.51 所示。

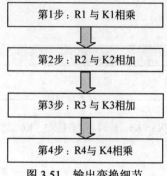

图 3.51　输出变换细节

以图解的方式给出上述过程，如图 3.52 所示。这个过程的输出是最终的 64 位密文，是 4 个密文子块 C1～C4 的组合。

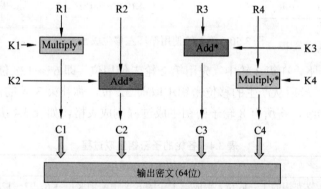

图 3.52　输出变换过程

3.6.2.5 输出变换的子密钥生成

输出转换的子密钥生成过程与 8 轮子密钥的生成过程完全相同。回想一下，在第 8 轮结束时，密钥用完并移位。因此，在最后这一轮中，前 64 位构成子密钥 K1～K4，用作本轮的 4 个子密钥。

3.6.2.6 IDEA 解密

IDEA 的解密过程与加密过程完全相同，只是子密钥的生成和模式略有改动。解密子密钥实际上是加密子密钥的逆，这里不再深入讨论，因为基本概念相同。

3.6.2.7 IDEA 的强度

IDEA 使用 128 位密钥，是 DES 密钥大小的两倍。因此，要破解 IDEA，需要 2^{128}（即 10^{38}）次加密操作。与以前一样，假设用一台计算机每微秒执行一次 DES 加密，攻击者为

了得到正确的密钥，即使只需尝试一半可能的密钥（即一半密钥空间），也要
5400000000000000000000000000 多年才能破解 IDEA！

3.7　Blowfish

3.7.1　简介

Blowfish 由 Bruce Schneier 开发，是一种非常强大且声誉极好的对称密钥加密算法。
Schneier 称，在设计 Blowfish 时，考虑了如下目标。

- **快速**（fast）：在 32 位微处理器上，Blowfish 的加密速率为每字节 26 个时钟周期。
- **紧凑**（compact）：Blowfish 可以在不到 5Kb 的内存中执行。
- **简单**（simple）：Blowfish 仅使用基本操作，如加法和异或运算以及表的查询，其设计和实现也非常简单。
- **安全**（secure）：Blowfish 使用变长密钥，最长可达 448 位，既灵活又安全。

Blowfish 适合密钥长时间保持不变的应用，如通信链路加密，但不适合密钥频繁更改的应用，如数据包交换。

3.7.2　操作

Blowfish 使用变长密钥加密 64 位块，它包含如下两个部分。

（1）子密钥生成：这个过程将长达 448 位的密钥转换为总计 4168 位子密钥。

（2）数据加密：这个过程是简单函数的 16 次迭代。每一轮都包含依赖于密钥的置换和依赖于密钥和数据的替换，下面介绍这两个部分。

3.7.2.1　子密钥生成

让我们一步一步理解子密钥的生成过程。

（1）Blowfish 使用了大量的子密钥，必须在加密和解密之前准备好它们，密钥大小范围是 32～448 位。换句话说，密钥大小的范围是 1～14 个字，每个字 32 位。这些密钥存储在数组中，如下所示。

K1，K2，…，Kn，其中 1≤n≤ 14

（2）我们有了 P 数组，它由 18 个 32 位子密钥组成。

P1，P2，…，P18

稍后将介绍 P 数组的创建。

（3）4 个 S-盒，每个包含 256 个 32 位项。

S1, 0，S1, 1，…，S1, 255

S2, 0，S2, 1，…，S2, 255

S3, 0，S3, 1，…，S3, 255

S4, 0，S3, 1，…，S4, 255

稍后介绍 S 盒的创建。

下面分析如何用这些信息生成子密钥。

（1）先初始化 P 数组，再用固定字符串初始化 4 个 S-盒。为此，Schneier 建议使用常数 Pi（π）的小数部分（以十六进制形式表示）。因此，有：

P1 = 243F6A88

P2 = 85A308D3

…

S4254 = 578FDFE3

S4255 = 3AC372E6

（2）对 P1 与 K1、P2 与 K2、…、P1 与 K18 进行按位异或运算，在 P14 与 K14 之前，操作能正常工作。但之后，密钥数组（K）用完。因此，对于 P15～P18，要重复使用 K1～K4。换句话说，执行如下操作。

P1 = P1 XOR K1

P2 = P2 XOR K2

…

P14 = P14 XOR K14

P15 = P15 XOR K1

P16 = P16 XOR K2

P17 = P17 XOR K3

P18 = P18 XOR K4

（3）取一个 64 位块，并将所有 64 位初始化为 0，使用上面的 P 数组和 S-盒（P 数组和 S-盒作为子密钥），在 64 位全零块上运行 Blowfish 加密过程。换句话说，要生成自身的子密钥，需使用 Blowfish 算法。不用说，一旦最终子密钥准备好了，就要用 Blowfish 算法加密实际的明文。

这一步将生成 64 位密文，把它分成两个 32 位块，分别替换 P1 和 P2 的初始值。

（4）使用可修改子密钥的 Blowfish 对第（3）步的输出进行加密，输出结果也是 64 位。与之前一样，再将这个密文块分成两个 32 位块，分别替换 P3 和 P4 的值。

（5）以同样的方式，依次替换所有剩余的 P 数组（即 P5～P18）以及 4 个 S-盒的所有元素。在每一步中，将上一步的输出反馈到 Blowfish 算法，以生成子密钥的下两个 32 位块（即 P5 与 P6，然后是 P7 与 P8 等，以此类推）。

Blowfish 算法总共进行 521 次迭代才能生成所有的 P 数组和 S-盒。

3.7.2.2 数据加解密

对 64 位输入明文块 X 的加密算法描述如图 3.53 所示，加密和解密过程均使用 P 数组和 S 盒。

函数 F 如下。

（1）将 32 位的块 XL 分成 4 个 8 位子块，分别命名为 a、b、c 和 d。

（2）计算 F [a, b, c, d] = （（S1,a + S2,b） XOR S3,c）+ S4,d。例如，如果 a = 10，b = 95，c = 37，且 d = 191，那么 F 的计算将是：

$$F [a, b, c, d] = （（S1,10 + S2,95） \ XOR \ S3,37）+ S4,191$$

（1）将 X 分成大小相等的两块：XL 和 XR。因此，XL 和 XR 都是 32 位
（2）for　i = 1 to 16
　　　XL = XL XOR Pi
　　　XR = F （XL） XOR XR
　　　Swap 交换　XL,XR
　　　　　　　　Next i
（3）Swap XL，XR（即取消上次交换）
（4）XL = XL XOR P18
（5）将 XL 和 XR 合并为 X

图 3.53　Blowfish 算法

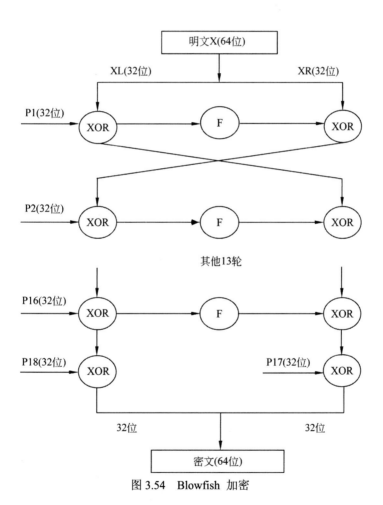

图 3.54　Blowfish 加密

函数 F 的示意图如图 3.55 所示。

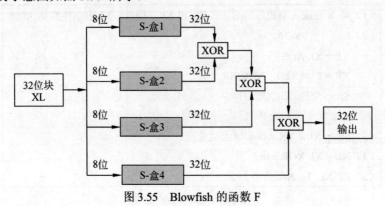

图 3.55　Blowfish 的函数 F

解密过程如图 3.56 所示，与加密过程相似，使用的是 P 数组值的逆。

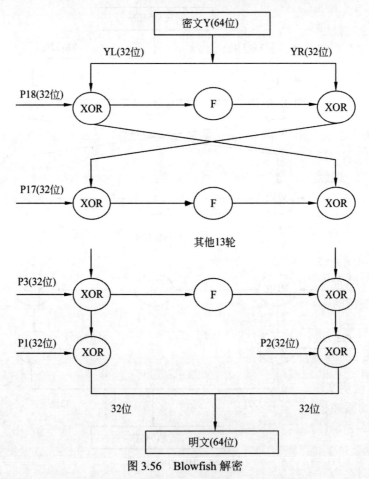

图 3.56　Blowfish 解密

3.8 高级加密标准（AES）

3.8.1 简介

20 世纪 90 年代，美国政府想把已普遍使用的密码算法标准化，称为**高级加密标准**（Advanced Encryption Standard，AES）。许多草案提交后，经过多轮辩论，名为 Rijndael 的算法胜出。Rijndael 是由自比利时的 Joan Daemen 和 Vincent Rijmen 开发的，其名也源自发明者的姓氏 <u>Rij</u>men 和 <u>Daem</u>en 的组合。

人们之所以对新算法有需求，实际上是因为 DES 存在弱点。DES 的 56 位密钥在穷举密钥搜索攻击中不太安全，且 64 位块也不够强大，而 AES 使用 128 位块和 128 位密钥。

1998 年 6 月，作为 AES 的候选算法，Rijndael 算法提交给了 NIST。1999 年 8 月，在最初的报名的 15 算法中，只有 5 种算法入围，它们是：

（1）Rijndael，来自 Joan Daemen 和 Vincent Rijmen，86 票。

（2）Serpent，来自 Ross Anderson、Eli Biham 和 Lars Knudsen，59 票。

（3）Twofish，来自 Bruce Schneier 等，31 票。

（4）RC6，来自 RSA 实验室，23 票。

（5）MARS，来自 IBM 公司，13 票。

2000 年 10 月，NIST 宣布 Rijndael 为 AES 的最终选择。2001 年 11 月，Rijndael 成为美国政府的标准，即联邦信息处理标准 197（FIPS197）。

据设计者介绍，AES 主要有如下特点。

（1）对称和并行结构：这不仅为算法的实现者提供了很大的灵活性，还可以更好地抵御密码分析攻击。

（2）适应现代处理器：该算法适用于现代处理器，如奔腾、RISC 和并行处理器。

（3）适用于智能卡：该算法可以很好地与智能卡配合使用。

Rijndael 支持的密钥长度和明文块大小是 128～256 位（步长为 32 位）。密钥长度和明文块长度要独立选择。AES 规定明文块大小必须为 182 位，密钥大小应为 128、192 或 256 位。常用的 AES 有两个版本：128 位明文块与 128 位密钥块组合；128 位明文块与 256 位密钥块组合。

由于 128 位明文块和 128 位密钥长度是商业的标准配对，所以在此只分析这一版本，另一个版本与其原理相同。由于 128 位可能有的密钥范围是 2^{128}（3×10^{38}）个密钥，Andrew Tanenbaum 以自己独特的风格介绍了这一密钥空间。

即使 NSA 设法制造了一台具有 10 亿个并行处理器的机器，且每个处理器在每微微秒能处理一个密钥，也需要大约 10^{10} 年才能搜索完密钥空间。到那时，太阳已经燃烧殆尽，人类只能秉烛夜读。

3.8.2 操作

Rijndael 的数学基础是伽罗瓦论，在当前讨论中，不深入探究数学概念，而是从概念层面弄清楚 Rijndael 算法的工作原理。

与 DES 的工作原理类似，Rijndael 也使用了替换和变换（即置换）的基本技术。密钥大小和明文块大小决定了需要执行的轮数。最小轮数为 10（即当密钥大小和明文大小均为 128 位），最大轮数为 14。DES 与 Rijndael 的主要区别是 Rijndael 的所有操作都涉及整个字节，而不是字节的单个位，这能优化实现算法的硬件和软件。

图 3.57 描述了 Rijndael 的步骤。

（1）执行如下一次性初始化过程。

    （a）扩展 16 字节密钥以获得要用的实际密钥块。

    （b）一次性初始化 16 字节明文块（也称体（State））。

    （c）将 state 数组与密钥块进行异或运算。

（2）对于每一轮，执行如下操作。

    （a）对每个明文字节应用 S-盒。

    （b）将明文块的 k 行旋转 k 个字节。

    （c）执行混合列操作。

    （d）将明文块与密钥块进行异或运算。

图 3.57　Rijndael 的描述

下面一步一步理解 Rijndael 算法的工作原理。

3.8.3　一次性初始化过程

下面将详细描述算法的每一步。

1. 扩展 16 字节的密钥，得到实际要用的密钥块

与之前一样，算法的输入是密钥和明文，密钥大小为 16 字节。这一步要将这个 16 字节的密钥扩展为 11 个数组，每个数组包含 4 行 4 列。从概念上讲，密钥扩展过程如图 3.58 所示。

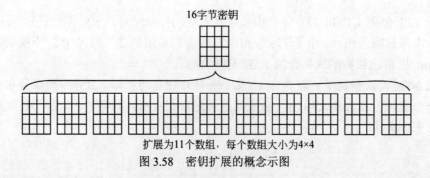

16字节密钥

扩展为11个数组，每个数组大小为4×4

图 3.58　密钥扩展的概念示图

换句话说，将原始 16 字节的密钥数组扩展成包含 $11 \times 4 \times 4 = 176$ 个字节的密钥。这

11 个数组中的一个用于初始化过程，其他 10 个用于 10 轮，每轮一个。

密钥扩展过程相当复杂，可以安全忽略。下面的介绍是为了完整性。这里我们要开始使用 AES 上下文中的一个术语：字（word）。一个字表示 4 字节。因此，在当前上下文中，16 字节初始密钥（即 16/4 = 4 字密钥）将扩展为 176 字节密钥（即 176 / 4 字，即 44 字）。

（1）将原始 16 字节密钥原样复制到扩展密钥的前 4 个字中，即图 3.59 的第 1 个 4×4 数组。

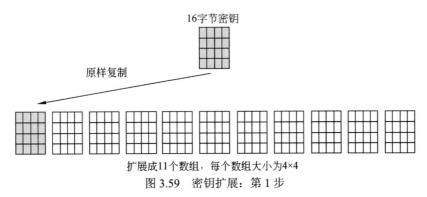

图 3.59　密钥扩展：第 1 步

密钥扩展的另一种表示如图 3.60 所示。

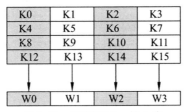

图 3.60　密钥扩展：第 1 步

（2）如上所示，填充扩展密钥块的第 1 个数组（标号为 W1～W3）后，再一一填充其余的 10 个数组（对应标号为 W4～W43）。每次都会填充一个 4×4 数组（即 4 个字）。每个增加的密钥数组块都与相邻的前一个块和该块之前的第 4 个块相关。也就是说，增加的每个字 w [i] 取决于 w [i−1] 和 w [i−4]。前面说过，每次填充 4 个字。为了一次填充这 4 个字，要使用如下逻辑。

● 如果 w 数组中的字是 4 的倍数，则使用复杂逻辑。也就是说，对于字 w [4]、w [8]、w [12]、…、w [40]，要使用复杂逻辑。

● 对于其他的字，只使用简单的异或运算。

算法的逻辑描述如图 3.61 所示。

前面已经讨论了将 16 个输入密钥块（即 16 个字节）复制到输出密钥块的前 4 个字。因此，这里不再讨论这个问题，它是由第 1 个 for 循环完成。

在第 2 个 for 循环中，检查输出密钥块中要填充的当前字是否为 4 的倍数。如果是，则执行 3 个函数 Substitute、Rotate 和 Constant。如果输出密码块中要填充的当前的字不是 4 的倍数，则只需对前 1 个字和其之前的第 4 个字进行异或运算，并将结果存储为输出字。也就是说，对于字 W [5]，要对 W [4] 和 W [1] 进行异或运算，其结果存储为 W[5]。根据

```
ExpandKey (byte K [16], word W [44]) {
    word tmp;
    // First copy all the 16 input key blocks into first four words of output key
    for (i = 0; i < 4; i++) {
        W [i] = K [4*i], K [4*i + 1], K [4*i + 2], K [4*i + 3];
    }
    // Now populate the remaining output key words (i.e. W5 to W43)
    for (i = 4; i < 44; i++) {
        tmp = W [i – 1];
        if (i mod 4 == 0)
            tmp = Substitute (Rotate (temp)) XOR Constant [i/4];
        w [i] = w [i – 4] XOR tmp;
    }
}
```

图 3.61　密钥扩展算法

图 3.61 所示的算法能清楚地知道这一点。注意，tmp 是创建的临时变量，先存储 W [i–1]，然后与 W [i–4] 进行异或运算。

下面介绍三个函数 Substitute、Rotate 和 Constant。

函数 Rotate 将字的内容循环左移一个字节。因此，如果输入字包含标号为 [B1, B2, B3, B4] 的 4 个字节，那么输出字将包含 [B2, B3, B4, B1]。

函数 Substitute 对输入字的每个字节执行字节替换。为此，它使用如图 3.62 所示的 S-盒。

		y														
		0	1	2	3	4	5	6	7	8	9	a	b	c	d	e	f
x	0	63	7c	77	7b	f2	6b	6f	c5	30	01	67	2b	fe	d7	ab	76
	1	ca	82	c9	7d	fa	59	47	f0	ad	d4	a2	af	9c	a4	72	c0
	2	b7	fd	93	26	36	3f	f7	cc	34	a5	e5	f1	71	d8	31	15
	3	04	c7	23	c3	18	96	05	9a	07	12	80	e2	eb	27	b2	75
	4	09	83	2c	1a	1b	6e	5a	a0	52	3b	d6	b3	29	e3	2f	84
	5	53	d1	00	ed	20	fc	bl	5b	6a	cb	be	39	4a	4c	58	cf
	6	d0	ef	aa	fb	43	4d	33	85	45	f9	02	7f	50	3c	9f	a8
	7	51	a3	40	8f	92	9d	38	f5	be	b6	da	21	10	ff	f3	d2
	8	cd	0c	13	ec	5f	97	44	17	c4	a7	7e	3d	64	5d	19	73
	9	60	81	4f	dc	22	2a	90	88	46	ee	b8	14	de	5e	0b	db
	a	e0	32	3a	0a	49	06	24	5c	c2	d3	ac	62	91	95	e4	79
	b	e7	c8	37	6d	8d	d5	4e	a9	6c	56	f4	ea	65	7a	ae	08
	c	ba	78	25	2e	1c	a6	b4	c6	e8	dd	74	If	4b	bd	8b	8a
	d	70	3e	b5	66	48	03	f6	0e	61	35	57	b9	86	cl	1d	9e
	e	e1	f8	98	11	69	d9	8e	94	9b	1e	87	e9	ce	55	28	df
	f	8c	a1	89	0d	bf	e6	42	68	41	99	2d	0f	b0	54	bb	16

图 3.62　AES 的 S-盒

在函数 Constant 中，上一步的输出与一个常量进行异或运算，这个常量是一个字，由 4 字节组成，其值取决于轮数。这个常量字的最后 3 字节一直为 0。因此，任何输入字与这样一个常量进行异或运算都像与输入字的第 1 个字节进行异或运算一样。每轮的常量值如图 3.63 所示。

轮数	1	2	3	4	5	6	7	8	9	10
所用的常量值(十六进制)	01	02	04	08	10	20	40	80	1B	36

图 3.63 Constant 函数所用的每轮常量值

下面通过一个例子来说明密钥扩展的整个工作过程。

（1）假设原始未扩展的 4 字（即 16 字节）密钥如图 3.64 所示。

字节位置(十进制)	0	1	2	3	4	5	6	7	8	9	10	11	12	13	14	15
值(十六进制)	00	01	02	03	04	05	06	07	08	09	0A	0B	0C	0D	0E	0F

图 3.64 密钥扩展示例：第 1 步——原始 4 字密钥

（2）在前 4 轮，将原始 4 字输入密钥复制到输出密钥的前 4 个字，每一步的算法为：

```
// 首先把所有 16 个输入密钥块复制到输出密钥的前 4 个字中
for (i = 0; i < 4; i++) {
    W [i] = K [4*i], K [4*i + 1], K [4*i + 2], K [4*i + 3];
}
```

因此，输出密钥的前 4 个字（即 W [0]～W [3]）包含的值如图 3.65 所示，这是从 4 字输入密钥按如下方式构建而来的。

- 首先，复制输入密钥的前 4 个字节，即一个字，也就是将 00 01 02 03 复制到输出密钥的第 1 个字 W[0]。
- 接着，输入密钥的下 4 个字节，即 04 05 06 07 被复制到输出密钥的第 2 个字 W [1]。不用说，W [2] 和 W [3] 也会填充输入密钥的其他内容，如图 3.65 所示。

W[0]	W[1]	W[2]	W[3]	W[4]	W[5]	...	W[44]
00 01 02 03	04 05 06 07	08 09 0A 0B	0C 0D 0E 0F	?	?	?	?

图 3.65 密钥扩展示例：第 2 步——填充输出密钥的前 4 个字

（3）下面介绍如何填充输出密钥块的下一个字 W [4]。为此，要执行如下的算法：

```
// 现在填充输出密钥的剩余字（即 W5～W43）
for (i = 4; i < 44; i++) {
    tmp = W [i – 1];
    if (i mod 4 == 0)
        tmp = Substitute (Rotate (temp)) XOR Constant [i/4];
    w [i] = w [i – 4] XOR tmp;
}
```

基于此，将有：

tmp = W [i – 1] = W [4 – 1] = W [3] = 0C 0D 0E 0F

由于 i = 4，i mod 4 为 0，因此，要执行这一步。

> tmp = Substitute (Rotate (temp)) XOR Constant [i/4];

- 我们知道 Rotate（temp）就是 Rotate（0C 0D 0E 0F），其结果是 0D 0E 0F0。
- 然后要执行 Substitute （Rotate （temp））。为此，需要一次取 1 字节，然后在 S-盒中查找替换。例如，我们的第 1 个字节是 0D。在 S-盒中查找 x = 0 和 y = D，得到结果是 D7。同样，0E 得到 AB，0F 得到 76，0C 得到 FE。因此，在 Substitute（Rotate（temp））这一步结束时，输入 0D 0E 0F 0C 转换为输出 D7 AB 76 FE。
- 将上步输出值与 Constant [i/4] 进行异或运算。由于 i=4，根据之前的常量表可知，有 Constant [4/4]，即 Constant [1]，也就是 01。这里，我们还需要再填充 3 字节，且全部设置为 00。因此，常量值为 01 00 00 00，有：

      D7 AB 76 FE

XOR

      10 00 00 00

=   D6 AB 76 FE

因此，temp 的新值为 D6 AB 76 FE。

- 最后，要将这个 tmp 值与 W [i - 4]（即与 W [4 - 4]也就是 W [0]）进行异或运算。因此，有：

      D6 AB 76 FE

XOR

      00 01 02 03

=   D6 AA 74 FD

因此，W [4] = D6 AA 74 FD。

我们使用相同的逻辑，可以得到其余扩展密钥块（W [5]～W [44]）。

2. 一次性初始化 16 字节明文块（称为体（State））

这一步相对简单。将 16 字节的明文块复制到二维的 4×4 数组 state。复制顺序是按列顺序，也就是说，前 4 个字节明文块被复制到 state 数组的第 1 列；接下来的 4 字节块被复制到 state 数组的第 2 列，以此类推，每个字节（标号为 B1～B16），如图 3.66 所示。

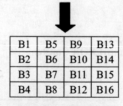

图 3.66 将输入明文块复制到 state 数组

3. 将 state 数组与密钥块进行异或运算

扩展密钥的前 16 个字节（即 4 个字 W[0]、W[1]、W[2] 和 W[3]）进行异或运算后存储到 16 字节的 state 数组（即上面的 B1～B16）。因此，state 数组中的每个字节都被自己与扩展密钥的对应字节进行异或运算后的结果替换。

至此，初始化完成，准备进入每轮过程。

3.8.4　每轮的过程

每一轮都要执行 10 次如下步骤。

1. 对每个明文字节应用 S-盒

这一步非常简单。在 S-盒中查找 state 数组的内容。用 S-盒的对应项逐字节地替换 state 数组的内容。注意，这里只使用一个 S-盒，而 DES 使用多个 S-盒。

2. 将明文块（即 state 数组）的 k 行旋转 k 个字节

state 数组的 4 行中的每一行都向左旋转。第 0 行旋转 0 字节（即完全不旋转），第 1 行旋转 1 字节，第 2 行旋转 2 字节，第 2 行旋转 3 字节，以实现数据混淆。因此，如果 state 数组的原始 16 字节值为：

1,2,3,4, 5, 6, 7, 8, 9, 10, 11, 12, 13, 14, 15, 16

则旋转操作后的值变为：

原始数组	修改后的数组
1 5 9 13	1 5 9 13
2 6 10 14	6 10 14 2
3 7 11 15	11 15 3 7
4 8 12 16	16 4 8 12

3. 执行混合列操作

每一列都要独立地与其他列混合，这需要使用矩阵乘法。这一步的输出是旧值与常量矩阵相乘的结果。

对于理解和解释而言，这一步最为复杂。尽管如此，我们还是尝试一次！下面的内容源于 Adam Berent 的一篇优秀论文。这一步有两个部分：第一部分解释 state 数组的哪些部分乘以矩阵的哪些部分；第二部分解释如何基于**伽罗瓦域**（Galois Field）来实现矩阵乘法。

（3.1）矩阵乘法

我们知道，state 数组是一个 4×4 的矩阵。

矩阵乘法一次执行一列（即一次 4 字节）。列的每个值都要与矩阵的每个值相乘（即总共执行 16 次乘法）。这些相乘的结果进行异或运算，生成 4 字节，作为下一个 state 数组。这里，一共有 4 字节的输入、16 次乘法、12 次异或运算和 4 字节输出。这种乘法是每次用矩阵的一行乘以 state 列的每一个值。

例如，假设有如图 3.67 所示的矩阵。

再假设 16 字节的 state 数组如图 3.68 所示。

第 1 个结果字节是先将 state 列的 4 个值乘以矩阵第 1 行的 4 个值，然后每个相乘的结果进行异或运算，生成 1 字节。为此，进行计算为：

2 3 1 1
1 2 3 1
1 1 2 3
3 1 1 2

图 3.67 矩阵乘法

b1	b5 b9 b13
b2	b6 b10 b14
b3	b7 b11 b15
b4	b8 b12 b16

图 3.68 16 字节的 state 数组

b1 = (b1 * 2) XOR (b2 * 3) XOR (b3 * 1) XOR (b4 * 1)

接下来，第 2 个结果字节是先将 state 列的 4 个值乘以矩阵第 2 行的 4 个值，然后每个相乘的结果进行异或运算，生成 1 字节：

b2 = (b1 * 1) XOR (b2 * 2) XOR (b3 * 3) XOR (b4 * 1)

第 3 个结果字节是先将 state 列的 4 个值乘以矩阵第 3 行的 4 个值，然后每个相乘的结果进行异或运算，生成 1 字节：

b3 = (b1 * 1) XOR (b2 * 1) XOR (b3 * 2) XOR (b4 * 3)

第 4 个结果字节是先将 state 列的 4 个值乘以矩阵第 4 行的 4 个值，然后每个相乘的结果进行异或运算，生成 1 字节：

b4 = (b1 * 3) XOR (b2 * 1) XOR (b3 * 1) XOR (b4 * 2)

对 state 数组的下一列再次重复上述过程，直到没有 state 列为止。

下面总结一下。

第 1 列是 state 数组的第 1～4 个字节，并以如下方式与矩阵相乘。

b1 = (b1 * 2) XOR (b2*3) XOR (b3*1) XOR (b4*1)

b2 = (b1 * 1) XOR (b2*2) XOR (b3*3) XOR (b4*1)

b3 = (b1 * 1) XOR (b2*1) XOR (b3*2) XOR (b4*3)

b4 = (b1 * 3) XOR (b2*1) XOR (b3*1) XOR (b4*2)

（b1=指定 state 数组的第 1 个字节）

第 2 列以如下方式与矩阵的第 2 行相乘。

b5 = (b5 * 2) XOR (b6*3) XOR (b7*1) XOR (b8*1)

b6 = (b5 * 1) XOR (b6*2) XOR (b7*3) XOR (b8*1)

b7 = (b5 * 1) XOR (b6*1) XOR (b7*2) XOR (b8*3)

b8 = (b5 * 3) XOR (b6*1) XOR (b7*1) XOR (b8*2)

以此类推，直到用尽 state 数组的所有列。

（3.2）伽罗瓦域乘法

上面的乘法是在伽罗瓦域上执行的，其背后的数学知识相当复杂，超出了本书的范围。因此，只讨论乘法实现，即由图 3.69 和图 3.70 所示的两个表（以十六进制表示）来实现。

相乘的结果实际上是查找 L 表的输出加上查找 E 表的输出。注意，术语加法是指传统数学中的加法，而不是按位 AND 运算。

对于所有要相乘的数，先用 MixColumn 函数将其转换成十六进制，成为 2 位的十六进制数。然后以这个数的第 1 位作为竖向索引，第 2 位作为横向索引。如果要相乘的数只有一位，那么就以 0 作为竖向索引。例如，如果两个十六进制值相乘：AF * 8。首先查找 L(AF)，返回 B7，然后查找 L（08），返回 4B。完成 L 表的查询后，将两个结果相加。这里唯一的

	0	1	2	3	4	5	6	7	8	9	A	B	C	D	E	F
0	01	03	05	0F	11	33	55	FF	1A	2E	72	96	A1	F8	13	35
1	5F	E1	38	48	D8	73	95	A4	F7	02	06	0A	1E	22	66	AA
2	E5	34	5C	E4	37	59	EB	26	6A	BE	D9	70	90	AB	E6	31
3	53	F5	04	0C	14	3C	44	CC	4F	D1	68	B8	D3	6E	B2	CD
4	4C	D4	67	A9	E0	3B	4D	D7	62	A6	F1	08	18	28	78	88
5	83	9E	B9	D0	6B	BD	DC	7F	81	98	B3	CE	49	DB	76	9A
6	B5	C4	57	F9	10	30	50	F0	0B	1D	27	69	BB	D6	61	A3
7	FE	19	2B	7D	87	92	AD	EC	2F	71	93	AE	E9	20	60	A0
8	FB	16	3A	4E	D2	6D	B7	C2	5D	E7	32	56	FA	15	3F	41
9	C3	5E	E2	3D	47	C9	40	C0	5B	ED	2C	74	9C	BF	DA	75
A	9F	BA	D5	64	AC	EF	2A	7E	82	9D	BC	DF	7A	8E	89	80
B	9B	B6	C1	58	E8	23	65	AF	EA	25	6F	B1	C8	43	C5	54
C	FC	1F	21	63	A5	F4	07	09	1B	2D	77	99	B0	CB	46	CA
D	45	CF	4A	DE	79	8B	86	91	A8	E3	3E	42	C6	51	F3	0E
E	12	36	5A	EE	29	7B	8D	8C	8F	8A	85	94	A7	F2	0D	17
F	39	4B	DD	7C	84	97	A2	FD	1C	24	6C	B4	C7	52	F6	01

图 3.69　E 表

	0	1	2	3	4	5	6	7	8	9	A	B	C	D	E	F
0		00	19	01	32	02	1A	C6	4B	C7	1B	68	33	EE	DF	03
1	64	04	E0	0E	34	8D	81	EF	4C	71	08	C8	F8	69	1C	C1
2	7D	C2	1D	B5	F9	B9	27	6A	4D	E4	A6	72	9A	C9	09	78
3	65	2F	8A	05	21	0F	E1	24	12	F0	82	45	35	93	DA	8E
4	96	8F	DB	BD	36	D0	CE	94	13	5C	D2	F1	40	46	83	38
5	66	DD	FD	30	BF	06	8B	62	B3	25	E2	98	22	88	91	10
6	7E	6E	48	C3	A3	B6	1E	42	3A	6B	28	54	FA	85	3D	BA
7	2B	79	0A	15	9B	9F	5E	CA	4E	D4	AC	E5	F3	73	A7	57
8	AF	58	A8	50	F4	EA	D6	74	4F	AE	E9	D5	E7	E6	AD	E8
9	2C	D7	75	7A	EB	16	0B	F5	59	CB	5F	B0	9C	A9	51	A0
A	7F	0C	F6	6F	17	C4	49	EC	D8	43	1F	2D	A4	76	7B	B7
B	CC	BB	3E	5A	FB	60	B1	86	3B	52	A1	6C	AA	55	29	9D
C	97	B2	87	90	61	BE	DC	FC	BC	95	CF	CD	37	3F	5B	D1
D	53	39	84	3C	41	A2	6D	47	14	2A	9E	5D	56	F2	D3	AB
E	44	11	92	D9	23	20	2E	89	B4	7C	B8	26	77	99	E3	A5
F	67	4A	ED	DE	C5	31	FE	18	0D	63	8C	80	C0	F7	70	07

图 3.70　L 表

技巧是：如果相加的结果大于 FF，要从这个和中减去 FF。例如 B7+4B=102。因为 102 > FF，所以要执行 102−FF，结果为 03。

最后一步是按相加结果查询 E 表。同样，以第 1 位作为竖向索引，第 2 个位作为横向索引。

例如，E（03）=0F。因此，在伽罗瓦域上执行 AF×8 的结果是 0F。

4. 把明文块（state 数组）与密钥块进行异或运算

这一步是把该轮的异或后的密钥再存入 state 数组。

为了解密，要以逆序执行加密过程。不过，还有另一种选择，使用一些不同的表值运行相同的加密过程也可以执行解密。

3.8.5　AES 的安全性

AES 是一种相对较新的算法，因此它已解决了早期算法的许多安全问题。到目前为止，攻击 AES 还没有成功过。下面分析针对 AES 的一些常见攻击及对 AES 的影响。

（1）蛮力攻击：AES 使用长密钥，即 128 位、192 位或 256 位。因此，与 DES 相比更安全。即使 AES 使用 128 位密钥，攻击者查找密钥也需要 2^{128} 次操作，而 DES 只需要 2^{56} 次操作，这已经非常困难了。对于更长密钥的 AES，搜索密钥空间得到正确密钥难上加难。

（2）统计攻击：在 AES 中寻找频率模式是非常困难的。因为 AES 采用多种技术，如 Bytes、ShiftRows 和 MixColumn 来防止统计攻击。

（3）差分和线性攻击：目前已经有一些针对 AES-192 和 AES-256 的攻击，但很显然，这种攻击不适用于 AES-128。

3.9　性 能 对 比

在各种对称密钥加密算法中，Blowfish 被认为是最快的。这里，我们参考 Raj Jain 在美国华盛顿大学就读时进行的测试，下表给出了报告结果，具体报告网址为：

http://www.cs.wustl.edu/~jain/cse567-06/ftp/encryption_perf/index.html

算法	兆字节（2^{20} 字节）	处理时间	MB/s
Blowfish	256	3.976	64.386
Rijndael （128 位密钥）	256	4.196	61.010
Rijndael （192 位密钥）	256	4.817	53.145
Rijndael （256 位密钥）	256	5.308	48.229
Rijndael （128） CTR	256	4.436	57.710
Rijndael （128） OFB	256	4.837	52.925
Rijndael （128） CFB	256	5.378	47.601
Rijndael （128） CBC	256	4.617	55.447
DES	128	5.998	21.340
（3DES）DES-XEX3	128	6.159	20.783
（3DES）DES-EDE3	64	6.499	9.848

这些算法的程序是用 Microsoft Visual C++ .NET 2003 编写的，使用的密码库是免费库，名为 Crypto++。

在 IEEE 2005 的一篇论文中，使用上述算法对不同大小的输入文件进行加密。在 Pentium II 266 MHz PC 上运行的结果（以秒为单位）如下：

输入大小（字节）	DES	3DES	AES	BF
20,527	24	72	39	19
36,002	48	123	74	35

续表

输入大小（字节）	DES	3DES	AES	BF
45,911	57	158	94	46
59,852	74	202	125	58
69,545	83	243	143	67
137,325	160	461	285	136
158,959	190	543	324	158
166,364	198	569	355	162
191,383	227	655	378	176
232,398	276	799	460	219
平均时间	134	383	228	108
字节/秒	835	292	491	1,036

从上表可知，Blowfish 运行速度最快。

网站 javamex（https://www.javamex.com/tutorials/cryptography/ciphers.shtml）提供了一个用 Java 实现的比较算法，比较结果为：

算　　法	密钥大小	速度	速度与密钥大小相关？
Blowfish	128～448	快	否
AES	128，192，256	快	是
DES	56	慢	—
三重 DES	112/168，但安全性相当于 80/112	极慢	否

本 章 小 结

- 在对称密钥加密中，发送方和接收方共享一个密钥，加密和解密使用相同的密钥。
- 重要的对称密钥加密算法有 DES（及其变种）、IDEA、RC4、RC5 和 Blowfish。
- 算法类型定义了在算法的每一步中应该加密的明文大小。
- 有两种主要类型的算法：流密码和分组密码。
- 在流密码中，单独加密/解密文本中的每个位/字节。
- 在块密码中，一次加密/解密一个文本块。
- 一旦确定了类型，算法模式就定义了密码算法的细节。
- 混淆是一种确保密文不提供原始明文线索的技术。
- 扩散通过将明文分散到行和列来增加明文的冗余。
- 有 4 种重要的算法模式：电子密码本（ECB）、密码块链接（CBC）、密码反馈（CFB）和输出反馈（OFB）。
- OFB 模式有一种变体，称为计数器（CTR）。
- 电子密码本（ECB）是最简单的操作模式。它将输入的明文消息分块，每块 64 位，然后单独加密每个块，所有块的加密密钥相同。

- 密码块链接（CBC）模式能保证即使输入中明文块重复出现，在输出中其对应的密文块也会完全不同，为此要使用反馈机制。
- 密码反馈（CFB）模式的数据的加密单元更小（如为 8 位，即操作员输入一个字符的大小），远远小于通常定义的 64 位块。
- 输出反馈（OFB）模式与加密反馈模式极为相似，唯一的区别是，加密反馈模式将密文反馈到加密过程的下一阶段，而输出反馈将 IV 加密过程的输出反馈到加密过程的下一阶段。
- 计数器（CTR）模式与 OFB 模式非常相似，唯一不同之处是：它用序列号（即计数器）作为算法的输入，在加密每个块后，再使用下一个计数器值填充寄存器。
- 对称密钥加密存在两个问题：密钥交换问题和每个通信对都需要一个密钥。
- 数据加密标准（DES），也称为数据加密算法（ANSI）和 DEA-1 ISO，是一种用了二十多年的加密算法，但 DES 在面对强大的攻击下不堪一击，因此，DES 的流行度略有下降。
- DES 是一种块密码，加密的每个数据块是 64 位。也就是说，DES 的输入是 64 位明文，生成的密文也是 64 位。加密和解密用相同的算法和密钥，只有微小差别，密钥长度为 56 位。
- 1990 年，Eli Biham 和 Adi Shamir 提出差分密码分析的概念，这种方法查找其明文具有特定差分的密文对，分析随着明文通过多轮 DES 时这些差异的进展。
- 由 Mitsuru Matsui 发明的线性密码分析攻击基于线性近似。如果对一些明文位进行异或运算，再对一些密文位进行异或运算，然后对结果进行异或运算，则得到一个位，它是一些密钥位的异或运算结果。
- 计时攻击更多地针对非对称密钥加密，但也可以应用于对称密钥加密。定时攻击的思想很简单：观察密码算法在解密不同密文块所需时间，通过计时，尝试获取明文或密钥。
- DES 有两个变种，即双重 DES 和三重 DES。
- 双 DES 很容易理解。本质上，它是执行两次 DES，双重 DES 使用 2 个密钥。
- Merkle 和 Hellman 引入了中间相遇攻击的概念，这种攻击涉及从一端加密，从另一端解密，并在中间匹配结果，因此称为中间相遇攻击。
- 三重 DES 是执行三次 DES。它有两种形式：一种使用 3 个密钥，另一种使用 2 个密钥。
- 国际数据加密算法（IDEA）是最强大的加密算法之一。
- IDEA 是一种块密码。与 DES 一样，也适用于 64 位明文块，但其密钥更长，是 128 位。IDEA 和 DES 一样可逆，加密和解密使用相同的算法。此外，IDEA 也用扩散和混淆进行加密。
- Blowfish 由 Bruce Schneier 开发，是一种非常强大且声誉极好的对称密钥加密算法。
- Blowfish 使用变长度密钥加密 64 位块。
- 20 世纪 90 年代，美国政府想把已普遍使用的密码算法标准化，称为高级加密标准（AES）。许多草案提交后，经过多轮辩论，名为 Rijndael 的算法胜出。
- Rijndael 支持的密钥长度和明文块大小是 128～256 位（步长为 32 位）。密钥长度和明文块长度要独立选择。AES 规定明文块大小必须为 182 位,密钥大小应为 128、192 或 256 位。常用的 AES 有两个版本:128 位明文块与 128 位密钥块组合;128 位明文块与 256 位密钥块组合。

重要术语与概念

- 高级加密标准(AES)
- 算法模式
- 算法类型
- 块密码
- Blowfish
- 链接模式
- 密码块链接(CBC)
- 密码反馈(CFB)
- 混淆
- 计数器模式
- 数据加密标准(DES)
- 差分密码分析
- 扩散
- 双重 DES
- 电子密码本(ECB)

- Feistel 密码
- 伽罗瓦域
- 组
- 初始化向量(IV)
- 国际数据加密算法(IDEA)
- 密钥流
- 线性密码分析
- Lucifer
- 中间相遇攻击
- 输出反馈(OFB)
- Rijndael
- 流密码
- 对称密钥加密
- 计时攻击
- 三重 DES

概　念　检　测

1. 流密码和分组密码有何不同?
2. 讨论算法模式的思想,至少要详细解释两种算法模式。
3. 对称密钥加密存在哪些问题?
4. 中间相遇攻击背后的思想是什么?
5. 解释 DES 的主要概念。
6. 解释 IDEA 算法的原理。
7. 差分密码分析和线性密码分析有何不同?
8. 解释 Blowfish 算法中子密钥的生成。
9. AES 的一次性初始化步骤如何工作?
10. 解释 AES 各轮的步骤。

问 答 题

1. 假设 S-盒 1 的输入是 100011，那么其输出是什么？

2. 数学证明：在 ECB 模式下，在接收方解密后，之前加密的每个明文块都能精确还原。

3. 考虑块大小为 64 位的块密码。如果知道数字 1 在密文中出现 10 次，攻击者需要多少次尝试才得到明文？考虑它是一种替换密码。

4. 将题 3 的密码视为变换密码，并尝试破解。

5. 对字 $(10011011)_2$ 进行 3 位循环左移，结果是什么？

第4章 基于计算机的非对称密钥算法

启蒙案例

最近，加密数字货币的概念越来越热，这要归功于比特币的面世，它是世界上第一种加密数字货币。比特币是一种仅存于计算机上的货币，在计算机网络之外不复存在。当然，人们也可以将比特币换成美元等传统货币。由于许多社会经济因素，比特币成了一种非常受欢迎的货币，它是否要用作交换媒介（如美元）或价值储存（黄金）仍然存在争议。据说黑社会也使用比特币进行各种非法交易，黑钱也通过比特币隐藏，因此，其他数字货币也开始受到重视。

数字货币的后盾是非对称密钥加密。例如，每个比特币的用户都有虚拟钱包，这个钱包使用只有用户知道的私钥来保护。与该私钥对应的是公钥，比特币网的其他用户用该公钥加密与该用户的比特币交易。因此，每个用户的数据都受到保护，且所有用户之间的交易均可完成。

此外，比特币催生了一项非常重要的技术：区块链，也成就了可验证且完全可追溯的比特币的交易地图。区块链基于消息摘要技术，这是非对称密钥加密中的另一个重要概念。

最后，数字签名是非对称密钥加密中另一项极有价值的技术，它使数字货币是可信的。

学习目标

- 学习非对称密钥加密史。
- 掌握非对称密钥加密所用的密钥类型。
- 理解如何创建数字信封。
- 精通消息摘要和 SHA-512 算法。
- 理解消息摘要的变种：消息认证码（MAC）。
- 理解数字签名及其原理。
- 掌握 RSA 和 DSA 数字签名算法。
- 学习如何用 RSA 进行加密与解密。

4.1 非对称密钥加密简史

我们已经详细讨论了密钥交换问题，也就是密钥分配或密钥协商。下面快速回顾一下，在任何对称密钥加密方案中，存在的主要问题是：发送方和接收方如何确定加密与解密消息的密钥？在基于计算机的密码算法中，这个问题极其重要，因为发送方和接收方可能在不同的国家或地区。例如，假设商品的销售方建立了一个在线购物网站，居住在不同国家或地区的客户希望通过 Internet 下订单，并通过加密来保持机密性。客户（即客户的计算机）

要如何加密订单详细信息，将其发送给销售方呢？会用什么密钥？怎么让销售商知道这个密钥，使其能解密消息？记住，必须用相同的密钥进行加密和解密。如上所述，对称密钥加密不能解决密钥交换问题，此外，每个通信方都需要一个唯一的密钥，这也是相当麻烦的。

20 世纪 70 年代中期，斯坦福大学的学生 Whitfield Diffie 和 Martin Hellman 教授开始共同研究密钥交换问题，经过一番研究和复杂的数学分析，提出了非对称密钥加密的思想。许多专家认为，这一发明是密码学史上第一个（也许是唯一一个）真正具有革命性的概念。因此，人们将 Diffie 和 Hellman 尊称为"非对称密钥加密之父"。

然而，对于非对称密钥加密的荣誉归属问题一直存在极大争议。据称，英国**通信电子安全组**（Communications Electronic Security Group，CESG）的 James Ellis 在 20 世纪 60 年代就提出了非对称密钥加密的思想，其证据是"二战"期间在贝尔实验室写的一篇匿名论文，但 Ellis 当时只提出了思想，没设计出实用的算法。当 Ellis 遇见 1973 年就加入 CESG 的 Clifford Cocks 时，与 Cocks 进行简短的讨论后，Cocks 给出了一个可行的实用算法！第二年，CESG 的另一名员工 Malcolm Williamson 开发了一种非对称密钥加密算法。然而，CESG 是一个保密机构，这些内部研究结果从未公开发表过，因此，有些人认为，这些人从未得到过应有的荣誉。

同时，**美国国家安全局**（National Security Agency，NSA）也在研究非对称密钥加密。人们认为，在 20 世纪 70 年代中期，NSA 就在使用基于非对称密钥的加密系统。

在 1977 年，基于 Diffie 和 Hellman 的理论框架，麻省理工学院的 Ron Rivest、Adi Shamir 和 Len Adleman 开发了第一个重要的非对称密钥加密系统，于 1978 年发表该成果，并命名为 **RSA 算法**。RSA 由三位研究人员姓氏的首字母组成。实际上，Rivest 是麻省理工学院的教授，他招募 Shamir 和 Adleman 共同研究非对称密钥加密系统。

直到今天，RSA 也是最广泛使用的公钥解决方案，解决了密钥协商和分配问题，使每个通信方都有一个密钥对，即一个公钥和一个私钥。

为了在任何网络都能安全通信，只需发布自己的公钥即可。然后，将所有公钥存储在任何人都能查询的数据库中，但私钥只能私人保留。

4.2　非对称密钥加密概述

非对称密钥加密（Asymmetric Key Cryptography），也称为**公钥加密**（Public Key Cryptography），它使用密钥对，即两个不同的密钥，一个密钥用于加密，另一个密钥用于解密，其他任何密钥都无法解密消息，即使是加密用的原始密钥也不能！这个方案的美妙之处在于：每个通信方只需要一个密钥对，就能与多方通信。也就是说，一旦某人获得了密钥对，就可以与其他任何人通信。

这个方案的数学基础很简单。如果有一个极大数只有两个素数因子，则可以生成一对密钥。例如，一个数为 10，只有两个素数因子，即 5 和 2。如果用 5 作为加密因子，则只有 2 能作为解密因子，其他数都不能，即使 5 也不行。当然，10 是一个极小的数，攻击者只需稍加努力，就能破解。但当数极大时，即使攻击者耗时多年进行计算，也无法破解公钥加密方案。

这两个密钥,一个称为**公钥**(public key),另一个称为**私钥**(private key)。假设人们要在计算机网络(如 Internet)上进行安全通信,就要得到公钥和私钥。稍后会介绍如何获得这些密钥。私钥是保密的,不能泄露给任何人。而公钥是公开的,所有通信方都可以得到。事实上,在这个方案中,每一方(或每个节点)都要公布自己的公钥,依此可创建目录,用于维护各方(或节点(ID))的相应公钥,通过简单的查询就能得到要通信方的公钥。

假设 A 要向 B 发送消息,但不必担心消息的安全性,那么,A 和 B 应该各有一个私钥和一个公钥。

- A 应该对自己的私钥保密。
- B 应该对自己的私钥保密。
- A 应该将自己的公钥告诉 B。
- B 应该将自己的公钥告诉 A。

因此,有如图 4.1 所示的矩阵。

密钥细节	A 应该知道	B 应该知道
A 的私钥	是	否
A 的公钥	是	是
B 的私钥	否	是
B 的公钥	是	是

图 4.1　私钥与公钥矩阵

掌握了这些知识,就能更好地理解下面的非对称密钥加密的工作原理。

(1)当 A 要向 B 发送消息时,A 使用 B 的公钥加密消息,这是可行的,因为 A 知道 B 的公钥。

(2)A 将加密后的消息发送给 B。

(3)B 使用自己的私钥解密 A 的消息。注意,只有 B 知道自己的私钥。另请注意,该消息只能由 B 的私钥解密,其他密钥都不能用于解密!因此,即使攻击者设法截获了该消息,也无法破解该消息。也就是说,入侵者(理想情况下)不知道 B 的私钥,则只有 B 的私钥能解密该消息。

非对称密钥加密的工作原理如图 4.2 所示。

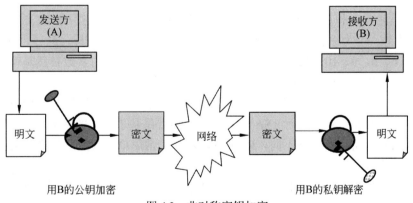

图 4.2　非对称密钥加密

同样，当 B 要向 A 发送消息时，过程刚好相反，B 要用 A 的公钥加密消息。因此，只能用 A 自己的私钥将消息解密成明文。

下面分析一个现实生活中的非对称密钥加密实例。假设一银行通过不安全网络接收其客户的大量交易请求。银行有一个私钥-公钥对，并向所有客户公布了其公钥。客户用银行的公钥加密自己的消息后，再将其发送给银行。银行用其私钥解密所有的加密消息，私钥是银行私自保留的。众所周知，只有银行才能执行解密，因为只有银行有该私钥，这个过程如图 4.3 所示，但图中没有给出加密和解密的详细过程。

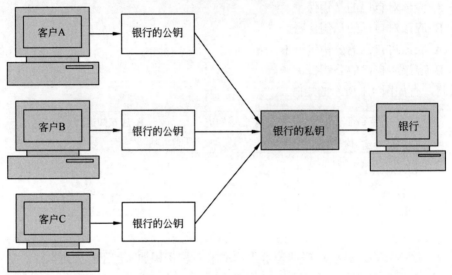

图 4.3　银行使用公钥-私钥对

4.3　RSA 算法

4.3.1　简介

RSA 算法是最流行，也是一种历经考验的优秀的非对称密钥加密算法。在讨论 RSA 之前，先快速回顾一下素数，因为素数是 RSA 算法的数学基础。

素数是只能被 1 和它自身整除的数。例如，3 是素数，因为它只能被 1 或 3 整除。但是，4 不是素数，因为除能被 1 和 4 整除之外，也能被 2 整除。同样，5、7、11、13、17…是素数，而 6、8、9、10、12…不是素数。也就是说，大于 2 的素数必然是奇数，因为所有偶数都能被 2 整除，因此，4 以上的所有偶数都不是素数。

RSA 算法的数学基础是大数分解，即计算两个大素数的乘积很容易，但反过来将该乘积分解成两个素数是很难的，而 RSA 的私钥和公钥就是基于极大的素数，且是 100 位以上的素数。与对称密钥加密算法不同，RSA 算法本身非常简单，其面对的真正挑战是公钥和私钥的选择与生成。

下面分析如何生成公钥和私钥，如何使用它们，以及如何在 RSA 中执行加密和解密，整个过程如图 4.4 所示。

（1）选择两个大素数 P 与 Q。

（2）计算 N = P×Q。

（3）选择一个公钥（即加密密钥）E，使其不是（P-1）与（Q-1）的因子。

（4）选择私钥（即解密密钥）D，使下式成立：

$$(D \times E) \bmod (P-1) \times (Q-1) = 1$$

（5）加密时，根据下式，计算明文 PT 的密文 CT：

$$CT = PT^E \bmod N$$

（6）将密文 CT 发送给接收方。

（7）解密时，根据下式，计算密文 CT 的明文 PT：

$$PT = CT^D \bmod N$$

图 4.4　RSA 算法

4.3.2　RSA 的例子

下面通过示例来理解 RSA 的概念。为了便于阅读，编写了有示例值的算法步骤，如图 4.5 所示。

（1）选择两个大素数 P 与 Q。

设 P = 7，Q = 17。

（2）计算 N = P×Q。

我们有，N = 7 ×17 = 119。

（3）选择公钥（即加密密钥）E，使其不是（P-1）与（Q-1）的因数。

· 求出（7-1）×（17-1）= 6×16 = 96。

· 96 的因子是 2、2、2、2、2 和 3，因为 96 = 2×2×2×2×2×3。

· 因此，所选的 E 不能有因子 2 和 3。举几个例子，E 不能是 4（因为 2 是它的因子）、15（因为 3 是它的因子）、6（因为 2 和 3 同时是它的因子）。

· 假设所选的 E 是 5（当然 E 也可以是任何其他的数，只要 2 和 3 不是它的因子就行）。

（4）选择私钥（即解密密钥）D，使下式成立：

$$(D \times E) \bmod (P-1) \times (Q-1) = 1$$

· 把 E、P 和 Q 值代入上式。

· 我们有（D× 5） mod （7-1）×（17-1）= 1。

· 即（D × 5） mod （6）×（16）= 1。

· 即（D × 5） mod （96） = 1。

· 经过计算，取 D = 77，那么下式是正确的。

· （77 × 5） mod （96） = 385 mod 96 = 1，这正是我们想要的。

（5）加密时，根据下式，从明文 PT 计算密文 CT：

$$CT = PT^E \bmod N$$

假设要加密的明文是 10。则有：

$$CT = 10^5 \bmod 119 = 100000 \bmod 119 = 40$$

（6）将密文 CT 发送给接收方。

将密文 40 发送给接收方。

（7）解密时，根据下式，从密文 CT 计算明文 PT：

$$PT = CT^D \bmod N$$

· 执行如下操作：

$$PT = CT^D \bmod N$$

· 也就是说，$PT = 40^{77} \bmod 119 = 10$，这是第（5）步的原始明文。

图 4.5　RSA 算法示例

下面再举一个略有不同的示例。

（1）取 P = 7，Q = 17。

（2）因此，N=P×Q =119。

（3）可知，（P−1）×（Q−1）= 6 × 16 = 96，96 的因子是 2、2、2、2、2 和 3。因此，公钥 E 不能有因子 2 和 3，选择的 E 值是 5。

（4）选择私钥 D，要使（D×E） mod （P−1）×（Q−1）=1。选择 D 的值是 77，因为（5×77） mod 96 = 385 mod 96 = 1，满足条件。

下面基于这些值，分析加密和解密过程，如图 4.6 所示。这里 A 是发送方，B 是接收方，使用一种字母编码方案，字母编码为 A = 1，B = 2，…，Z = 26。假设用这种编码方案加密单个字母 F，B 的公钥为 77（A 和 B 都知道），B 的私钥为 5（只有 B 知道），具体描述如图 4.6 所示。

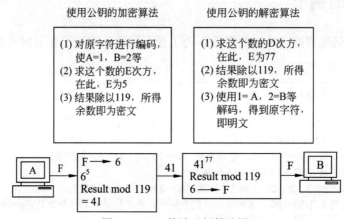

图 4.6 RSA 算法示例描述图

下面介绍这种编码方案的工作过程。假设发送方 A 要将单个字符 F 发送给接收方 B，之所以只选一个字母，是为了便于理解。使用 RSA 算法，字符 F 的编码如下。

（1）使用字母-编号方案，即 1 代表 A，2 代表 B，3 代表 C，等等。按照这个规则，6 代表 F，因此，首先将 F 编码为 6。

（2）求这个数的 E 次方，即 6^5。

（3）计算 6^5 mod 119，得到的 41 是要通过网络发送的加密信息。

在接收方，数 41 被解密，得到原始字母 F，过程如下。

（1）求这个数的 D 次方，即 41^D，也就是 41^{77}。

（2）计算 41^{77} mod 119，得到 6。

（3）根据字母-编号方案，6 解码为 F，即解密得到原始明文。

4.3.3 理解 RSA 的最难点

根据上述示例所做的计算，我们清楚地知道，RSA 算法本身非常简单，选择正确的密钥才是真正的挑战。假设 B 要接收来自 A 的机密消息，B 必须使用密钥生成机制生成私钥（D）和公钥（E）。然后 B 必须将公钥（E）和数 N 提供给 A。A 使用 E 和 N 加密消息，再将加密后的消息发送给 B，B 使用自己的私钥（D）解密消息。

问题是：如果 B 可以计算并生成 D，那么其他任何人也能做到这一点！但这并不简单，而这正是 RSA 真正的最难点。

看起来，任何知道公钥 E（在第 2 个示例中，E 为 5）和数 N（在第 2 个示例中，N 为 119），的攻击者，通过试错实验，都可以找到私钥 D（在第 2 个示例中，D 为 77）。攻击者需要做什么呢？攻击者先要使用 N 找出 P 和 Q 的值，因为 N=P×Q。在上面的示例中，P 和 Q 是极小的数，分别是 7 和 17。因此，对于给定的 N，很容易求出 P 和 Q。但在实际的实践中，P 和 Q 会是极大的数。因此，要分解 N 来求出 P 和 Q 一点也不容易，相当复杂且耗时。由于攻击者求不出 P 和 Q，因而也无法求出 D，因为 D 取决于 P、Q 和 E。因此，即使攻击者知道 N 和 E，也求不出 D，也无法解密密文。

数学研究表明，如果 N 是 100 位的数，则需要 70 多年才能求出 P 和 Q！

据估计，如果用硬件实现对称算法（如 DES）和非对称算法（如 RSA），DES 比 RSA 快大约 1000 倍。如果用软件实现，则 DES 比 RSA 快大约 100 倍。

4.3.4　RSA 的安全性

尽管到目前为止还没有成功破解 RSA 的报道，但不排除未来有发生的可能性。下面分析一些针对 RSA 的可能攻击。

1. 明文攻击

明文攻击又可进一步分为如下的 3 种。

（1）**短消息攻击**（short message attack）：这里，假设攻击者知道一些可能的明文块。如果这个假设成立，攻击者可以尝试加密每个明文块，看是否会得到已知的密文。为了防止这种短消息攻击，建议在加密之前填充明文。

（2）**循环攻击**（cycling attack）：这里，假设密文是对明文进行某种置换得到的。如果这个假设为真，则攻击者可进行逆操作，就是不断地对已知密文进行置换尝试得到原始明文。但是，麻烦在于，攻击者可能不知道什么才是正确的明文。因此，攻击者继续对密文进行置换，直到得到密文。换句话说，攻击者完成了一个完整的置换周期。如果攻击者确实通过这种方法再次得到了原始密文，则攻击者就会知道，在得到原始密文的前一步得到的必定是原始明文。因此，这种攻击称为循环攻击。但到目前为止，还没有报告成功的循环攻击。

（3）**公开消息攻击**（unconcealed message attack）：理论上，有一些非常罕见的情况，加密所得密文与原始明文相同！如果发生这种情况，原始明文消息将无法隐藏。因此，这种攻击称为公开消息攻击。因此，谨慎的做法是，使用 RSA 加密消息后，在把密文发送给接收方之前，要确保密文与原始明文不同，以防止这种攻击。

2. 选择密文攻击

选择密文攻击（chosen-ciphertext attack）是一种非常复杂的方案，攻击者要使用**扩展欧几里得算法**（extended Euclidean algorithm），根据已有密文得到明文。

3. 因式分解攻击

RSA 的所有安全性是基于这样的假设：攻击者无法将数 N 分解成两个因子 P 和 Q。如果攻击者能从方程 N = P×Q 中求出 P 或 Q，则攻击者可以得到私钥，正如之前讨论过的。假设数 N（十进制）至少有 300 位，则攻击者无法轻易求出 P 和 Q。因此，因式分解攻击（factorisation attack）失败。

4. 对加密密钥的攻击

有时，精通 RSA 所用数学知识的人会觉得它很慢，因为其公钥（即加密密钥）E 使用了极大数，为的就是确保 RSA 更安全。因此，如果决定尝试使用较小的 E 值来加速 RSA，则会导致潜在的攻击：对加密密钥的攻击（attacks on the encryption key），因此建议使用的 E 值应为 $2^{16} + 1 = 65537$ 或比较接近这个数的值。

5. 对解密密钥的攻击

对解密密钥的攻击（attacks on the decryption key）可进一步分为如下的两类。

（1）**暴露解密指数攻击**（revealed decryption exponent attack）：如果攻击者能够猜出解密密钥 D，那么不仅用密钥 E 加密的密文处于危险，而且未来要加密的消息也会很危险。为了防止这种暴露解密指数攻击，建议发送方使用新的 P、Q、N 和 E。

（2）**低解密指数攻击**（low decryption exponent attack）：与加密密钥攻击中的解释类似，如果解密密钥 D 使用小值来加速 RSA，则可能引发攻击者发起这种低解密指数攻击，猜出解密密钥 D。

4.4　ElGamal 加密

Taher ElGamal 发明了 ElGamal 加密，通常称为 ElGamal **加密系统**（ElGamal cryptosystem）。这里将复杂的数学知识抛之脑后，以简单的方式解释其算法，主要包括三个方面：ElGamal 密钥生成、ElGamal 密钥加密和 ElGamal 密钥解密。

4.4.1　ElGamal 密钥生成

ElGamal 密钥生成包括如下步骤。

（1）选择一个大素数 P，它是加密密钥或公钥的第 1 部分。

（2）选择解密密钥或私钥 D。在此要遵循一些数学规则，为了简单起见，在此省略。

（3）选择加密密钥或公钥第 2 部分 E1。

（4）计算 $E2 = E1^D \bmod P$，得到加密密钥或公钥的第 3 部分 E2。

（5）公钥是（E1，E2，P），私钥是 D。

例如，P = 11，E1 = 2，D = 3，则 $E2 = E1^D \bmod P = 2^3 \bmod 11 = 8$。

因此，公钥为（2, 8, 11），私钥为 3。

4.4.2　ElGamal 密钥加密

ElGamal 密钥加密包括如下步骤。

（1）选择一个随机整数 R，该数需要满足一些数学性质，这里忽略。

（2）计算密文的第 1 部分 $C1 = E1^R \bmod P$。

（3）计算密文的第 2 部分 C2 =（PT×E2^R）mod P，其中 PT 是明文。

（4）最终密文为（C1，C2）。

例如，令 R = 4，明文 PT = 7，则有：

C1 = E1^{R}mod P = 2^{4}mod 11 = 16 mod 11 = 5

C2 =（PT×E2^R）mod P =（7×8^4）　mod 11 =（7×4096）　mod 11 = 6

因此，密文是（5，6）。

4.4.3　ElGamal 密钥解密

ElGamal 密钥解密包括如下步骤。

计算明文 PT 所用公式为 PT = [C2×（C1^D）$^{-1}$] mod P。

例如：

PT = [C2×（C1^D）$^{-1}$] mod P

PT = [6×（5^3）$^{-1}$] mod 11 = 7 mod 11*，是原始明文。

* 注意，通过使用费马小定理技术，如下为真。

[C2 ×（C1^D）$^{-1}$] mod P = [C2 × C1^{P-1-D}] mod P

代入 RHS，计算：

PT = [6 × 5^{11-1-3}] mod 11 = 7 mod 11

4.5　对称密钥加密与非对称密钥加密

4.5.1　对称密钥加密与非对称密钥加密的比较

非对称密钥加密（或使用接收方公钥进行加密）解决了密钥协商和密钥交换的问题，但并不能解决实际安全基础设施中的所有问题。更具体地说，对称密钥加密和非对称密钥加密有所不同，两者相比各有优势。下面对它们进行总结，以了解在现实生活中它们的实际使用情况，如图 4.7 所示，最后的"用途"一行还未介绍，这里出现，只为了完整起见，稍后会详细介绍。

特点	对称密钥加密	非对称密钥加密
密钥用于加密/解密	加密与解密使用相同的密钥	一个密钥用于加密，另一个不同的密钥用于解密
加密/解密速度	极快	较慢
得到密文的大小	通常小于或等于原始明文大小	大于原始明文大小
密钥协商/交换	大问题	根本不是问题
所需密钥数与消息交换参与人数的比较	约等于参与人数的平方，可扩展性是个问题	等于参与者人数，可扩展性良好
用途	主要用于加密与解密（保密性），不能用于数字签名（完整性与不可抵赖性检查）	能用于加密与解密（保密性），也能用于数字签名（完整性和不可抵赖性检查）

图 4.7　对称密钥加密与非对称密钥加密比较

从图 4.7 可知，对称密钥加密和非对称密钥加密各有所长，也各有所短。非对称密钥加密解决了对称密钥加密的密钥协商/密钥交换、可扩展性等主要问题。但非对称密钥速度慢，生成密文量大（本质上是因为其使用大密钥和更加复杂的加密算法）。

4.5.2　两全其美

如果能将这两种加密机制结合起来，取各自优势，又不失本色，那该多好啊？更具体地说，要实现如下目标。

- 解决方案要完全安全。
- 加解密过程要快。
- 生成的密文大小要紧凑。
- 解决方案应能扩展到大量用户，但不引入任何额外的复杂性。
- 解决方案必须解决密钥分配问题。

在实践中，对称密钥加密与非对称密钥加密结合起来，能提供非常有效的安全解决方案，它的工作方式如下，假设 A 是消息的发送方，B 是消息的接收方。

（1）A 的计算机使用标准的对称密钥加密算法，如 DES、IDEA 或 RC5 等对原始明文消息（PT）进行加密，从而生成密文（CT），如图 4.8 所示。这一操作中使用的密钥（K1）称为一次性对称密钥，因为它只使用一次就会被丢弃。

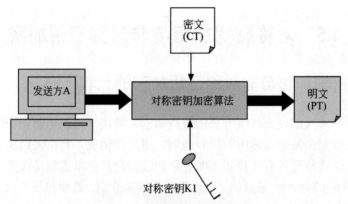

图 4.8　用对称密钥算法加密明文

（2）看到第（1）步，你会想，为啥又回到了原点？要用对称密钥操作加密明文（PT）。加密之后，必须将这个一次性对称密钥（K1）传输到服务器，以便服务器能解密密文（CT），恢复原始明文消息（PT）。这不又再次回到密钥交换问题了吗？这里有所不同，要用一新颖的概念。A 获取第（1）步的一次性对称密钥（即 K1），并用 B 的公钥（K2）加密 K1，这个过程称为对称密钥的**密钥封装**（key wrapping），如图 4.9 所示，对称密钥 K1 密钥封入了一个逻辑盒子，该盒子由 B 的公钥（即 K2）密封。

（3）接着 A 将密文 CT1 和加密的对称密钥一起放入**数字信封**（digital envelope），如图 4.10 所示。

（4）发送方（A）通过底层传输机制（网络）将数字信封（其中包含密文（CT）和用 B 的公钥（K2）加密的一次性对称密钥（K1））发送给 B，如图 4.11 所示，没有显示信封内容，但假设信封装有 CT 和 K1。

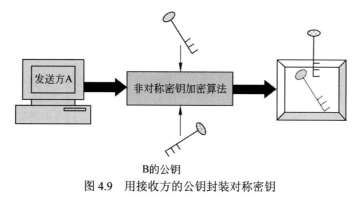

B的公钥

图 4.9　用接收方的公钥封装对称密钥

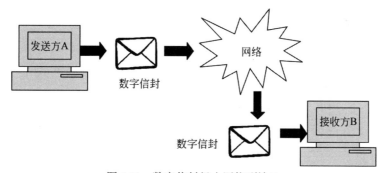

用B的公钥(K2)加密
对称密钥(K1)

图 4.10　数字信封

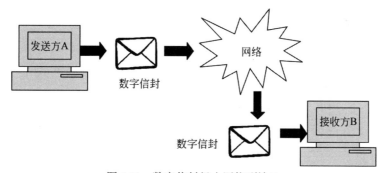

图 4.11　数字信封经由网络到达 B

（5）B 收到并打开数字信封。B 打开信封后，收到密文（CT）和用 B 的公钥（K2）加密的一次性会话密钥（K1），如图 4.12 所示。

（6）B 用与 A 相同的非对称密钥算法和自己的私钥（K3）来打开逻辑盒，逻辑盒中有加密的对称密钥（K1），而 K1 是用 B 的公钥（K2）加密的，如图 4.13 所示，因此，这一过程得到的是一次性对称密钥 K1。

（7）最后，B 用与 A 相同的对称密钥算法和对称密钥 K1 解密密文（CT），这一过程得到原始明文（PT），如图 4.14 所示。

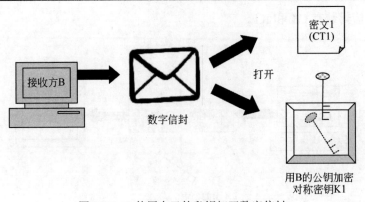

图 4.12 B 使用自己的私钥打开数字信封

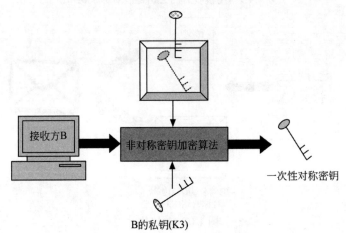

图 4.13 取回一次性对称密钥

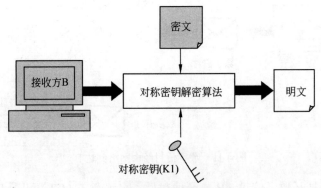

图 4.14 用对称密钥取回原始明文

上述过程看起来很复杂。实际上，它为什么是有效的呢？这个基于数字信封的过程之所以有效，原因如下。

首先，这里用对称密钥加密算法和一次性会话密钥（K1）加密明文（PT）。众所周知，对称密钥加密速度很快，生成的密文（CT）与原始明文（PT）大小相同。而如果这里使用非对称密钥加密，则操作会很慢，尤其是明文很大时会更慢，生成的输出密文（CT）也大于原始明文（PT）。

其次，用 B 的公钥（K2）加密一次性会话密钥（K1）。由于 K1 很小，通常为 56 或 64 位，这个非对称密钥加密过程不会耗时太长，生成的加密密钥也不会占用大量空间。

最后，这种方案不但解决了密钥交换问题，还保持了对称密钥加密和非对称密钥加密的优点！

可是还有几个问题需要解答。B 如何知道 A 用了哪种对称或非对称密钥加密算法呢？B 必须知道，因为 B 要用相同的算法进行解密。答案是：实际上，A 发给 B 的数字信封携带了相关信息。因此，B 知道使用哪种算法和自己的私钥（K3）解密一次性会话密钥（K1），再用一次性会话密钥（K1）和哪种算法一起解密密文（CT）。

在现实世界中，对称和非对称密钥加密技术就是这样组合使用的。数字信封是一种非常有效的信息传输技术，能实现发送方与接收方发之间的安全通信。

4.6　数 字 签 名

4.6.1　简介

一直以来，都是在非对称密钥加密的上下文中讨论下面的通用方案。

> 如果 A 是消息的发送方，B 是接收方，则 A 用 B 的公钥加密消息并将其发送给 B。

这里故意隐藏了这一方案的内部结构，实际上，这一方案是基于前面讨论的数字信封，信封中没有所有的消息，只有用于加密消息的一次性会话密钥，且该密钥是用接收方的公钥加密的。为了简单起见，忽略了这一技术细节，而假设用接收方的公钥加密所有消息。下面分析另一种方案。

> 如果 A 是消息的发送方，B 是接收方，则 A 用 A 的私钥对消息进行签名，并将签名后的消息发送给 B。

这一方案如图 4.15 所示。

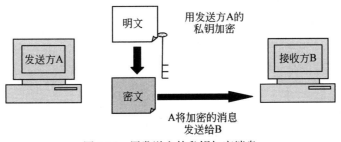

图 4.15　用发送方的私钥加密消息

学习到这，我们的第一反应是，这样做有什么目的？毕竟 A 的公钥是公开的，即任何人都能访问。也就是说，A 发送给 B 的消息内容可以用 A 的公钥解密，这也意味着任何人都能知道消息内容，也就是说，这种加密方案失败！

对，的确如此。但在这里，当 A 用自己的私钥加密消息时，其意图不是隐藏消息的内容，即不是为了保密性，而是为了其他。到底为了什么呢？如果接收方（B）收到这样一条用 A 的私钥加密的消息，B 可以用 A 的公钥对其解密，从而访问明文。这不是敲响警钟吗？如果解密成功，B 可以确信这条消息确实是由 A 发送的，因为如果 B 可以用 A 的公钥解密消息，则意味着该消息必然是用 A 的私钥加密的，要知道，A 用公钥加密的消息只能用相应的私钥解密，反之亦然，这也是因为只有 A 知道自己的私钥。

因此，冒充 A 的人（比如 C）不可能向 B 发送用 A 的私钥加密的消息，一定是 A 发送的。因此，这一方案虽然没有实现保密性，但实现了认证，识别并证明 A 为发送方。而且，在未来发生纠纷时，B 可以取出加密消息，用 A 的公钥解密，证明消息确实来自 A，即不可抵赖性。也就是说，A 不能否认自己发送了这条消息，因为这条消息是用其私钥加密的，私钥只有 A 自己知道。

即使有人（如 C）设法在传输过程中截获和访问了加密消息，然后用 A 的公钥解密消息，篡改消息，也无法达到任何目的。因为 C 没有 A 的私钥，所以 C 不能用 A 的私钥再次加密篡改后的消息。因此，即使 C 将这条篡改后的消息转发给 B，B 也不会误以为该消息来自 A，因为它没用 A 的私钥加密。

在这种方案中，发送方用自己的私钥加密消息，形成了数字签名的基础，如图 4.16 所示。

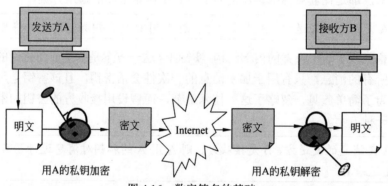

图 4.16　数字签名的基础

在现代 Web 的商务世界中，数字签名具有重要意义。大多数国家规定，数字签名与纸质签名一样，具有法律效力。例如，假设你通过 Internet 向银行发送一条消息，要从自己账户转一些钱给自己朋友的账户，并对该消息进行了数字签名，这笔交易与你到银行亲自填写并签署纸质汇款单是一样的，下面分析数字签名背后的理论。

4.6.2　消息摘要

4.6.2.1　简介

在分析数字签名概念的过程中，会发现它并没有解决非对称密钥加密存在的问题，即操作慢和密文大，因为要用发送方的私钥加密整个原始明文消息，如果原始明文很大，则加密过程真的很慢。

可以与之前一样，使用数字信封方法来解决这个问题。即 A 先用一次性对称密钥（K1）加密原始明文消息（PT），生成密文（CT）。再用自己的私钥（K2）加密一次性对称密钥

（K1）。之后创建一个数字信封，包含 CT 和用 K2 加密的 K1，并将数字信封发送给 B。B 打开数字信封后，用 A 的公钥（K3）解密加密的一次性对称密钥，得到对称密钥 K1。最后，B 用 K1 解密密文（CT），得到原始明文（PT）。由于 B 使用 A 的公钥解密一次性对称密钥（K1），所以 B 坚信，数字信封一定来自于 A，因为只有 A 的私钥可以加密 K1。

这一方案可以完美运行。但在实践中，使用了一种更有效的方案：**消息摘要**（message digest，也称为**散列**（hash）。

消息摘要是消息的**指纹**（fingerprint）或总结，与**纵向冗余校验**（Longitudinal Redundancy Check，LRC）或**循环冗余校验**（Cyclic Redundancy Check，CRC）的概念类似。也就是说，消息摘要用于验证数据的完整性，即确保消息在离开发送方后，但未到达接收方之前，未被篡改。下面借助 LRC 示例来理解消息摘要，其与 CRC 的工作原理类似，但数学基础不同。

发送方的 LRC 计算示例如图 4.17 所示。在 LRC 中，将位的块排成列表行。例如，如果要发送 32 位，则将它们排成 4 行列表。之后计算每列（共 8 列）有多少个 1。如果列中 1 的个数是奇数，则为**奇校验**（odd parity）（在阴影 LRC 行表示为 1）；否则，如果该列中 1 的个数是偶数，则为**偶校验**（even parity）（在阴影 LRC 行表示为 0）。例如，第 1 列有 2 个 1，表示偶校验，因此，阴影 LRC 行的第一列为 0。同样，最后一列有 3 个 1，表示奇校验，阴影 LRC 行的最后一列为 1。因此，计算每列的奇偶校验位，生成新的八位奇偶校验位行，成为整个块的奇偶校验位。因此，LRC 实际上是原始消息的指纹。

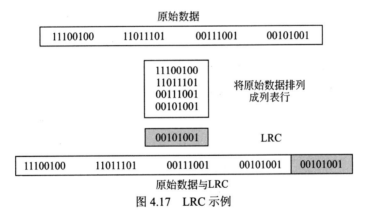

图 4.17　LRC 示例

然后，将数据与 LRC 一起发送给接收方。接收方将数据块与 LRC 分开（显示为阴影）。它仅在数据块上执行自己的 LRC，然后将所得 LRC 值与来自发送方的 LRC 值进行比较，如果两个 LRC 值匹配，则接收方就相信发送方发送的消息在传输过程中没有被篡改。

4.6.2.2　消息摘要的思想

消息摘要有相似的原理，但范围略宽。例如，假设数字为 4000，将它除以 4 得到 1000。因此，1000 成为数字 4000 的指纹，将 4000 除以 4 总是得到 1000。要是更改了 4000 或 4，结果将不再是 1000。

另一个重点是，如果只是给出数字 4，但没有给出任何进一步的信息，则将无法追溯到方程式 4×1000 = 4000。因此，要注意，消息指纹（在本例中为数字 4）并不会透露原始消息（在本例中为数字 4000）的任何内容，因为解为 4 的方程，不计其数。

另一个简单的消息摘要示例如图 4.18 所示。假设要计算数 7391753 的消息摘要，要将数中的每一位与下一位（如果为 0，则排除）相乘；如果结果是两位数，则忽略乘积的第一位。

原数为 7391743	
运算	结果
7 乘以 3	21
丢弃第一位	1
1 乘以 9	9
9 乘以 1	9
9 乘以 7	63
丢弃第一位	3
3 乘以 4	12
丢弃第一位	2
2 乘以 3	6
• 消息摘要为 6	

图 4.18　消息摘要的简单示例

因此，数据块要执行散列操作（或消息摘要算法），生成它的散列或消息摘要，其大小小于原始消息，如图 4.19 所示。

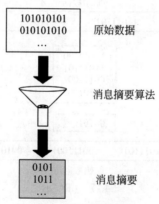

图 4.19　消息摘要概念

到目前为止，分析的都是非常简单的消息摘要案例。实际上，消息摘要并不是那么小，且计算也没这么简单。消息摘要长度通常是 128 位或更多位，这意味着任何两个消息摘要同为 $0 \sim 2^{128}$ 的某个值。消息摘要长度选得如此之长是有目的的，为了确保在某个范围内两个消息摘要相同的概率最小。

4.6.2.3　消息摘要的需求

下面总结一下消息摘要的需求。

（1）对于给定消息，应该能很容易地得到对应的消息摘要，如图 4.20 所示。此外，对于给定的消息，消息摘要必须始终相同。

（2）给定一个消息摘要，得到其原始消息应该很难，如图 4.21 所示。

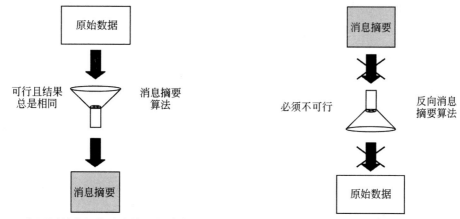

图 4.20　相同原始数据的消息摘要应始终相同　　　　　　图 4.21　消息摘要不能反向工作

（3）给定任意两条消息，如果分别计算它们的消息摘要，则两个消息摘要必然不同，如图 4.22 所示。

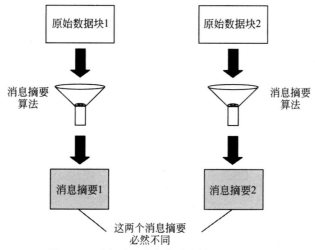

图 4.22　两条不同消息的消息摘要必然不同

　　如果任何两条消息产生相同的消息摘要，则违反了上述原则，我们称为**碰撞**（collision）。也就是说，如果两个消息摘要发生冲突，则两个摘要一定相同！消息摘要算法通常产生的消息摘要长度为 128 位或 160 位，即任何两个消息摘要相同的概率为 2^{128} 或 2^{160} 分之一，显然，碰撞只是理论上存在，但实践中却极为罕见。

　　一种称为**生日攻击**（birthday attack）的安全攻击用于检测消息摘要算法中的碰撞。它基于**生日悖论**（Birthday Paradox）的原理，即如果房间里有 23 个人，其中两个人的生日相同的概率会超过 50%。这个事实十分反直觉，似乎不合逻辑，但用另一种方式来解释，就能理解了。这里只谈论 23 人中至少有两个人的生日相同，而没有说具体某两个人。例如，Alice、Bob 和 Carol 是 23 个人中的 3 个，因此，Alice 与其他人生日相同的可能性是 22（因为她可以与 22 人配对）。如果没有人与 Alice 生日相同，则她会离开。Bob 与其他人生日相同的可能性为 21。如果没有人与 Bob 生日相同，则他离开。下一个人就是 Carol，她与其他人生日相同的可能性是 20，以此类推，22+21+20+…+1 一共是 253 对。每两个人的生日相同的概率是 1/365，显然，253 对的概率大于 50%。

> 生日攻击主要用于发现哈希散列函数（如 MD5 或 SHA1）中的碰撞。

下面进行解释。

如果消息摘要使用 64 位密钥，则在尝试 2^{32} 次之后，攻击者会预期两条不同的消息能得到相同的消息摘要。一般来说，对于给定的消息，如果计算多达 N 个不同的消息摘要，则出现第一个碰撞的可能性超过 N 的平方根。换句话说，当碰撞概率超过 50% 时，会发生碰撞，会引发生日攻击。

令人惊讶的是，即使两条原始消息之间差异微小，其消息摘要也会大不相同，根本看不出这两条消息极其相似，如图 4.23 所示。图中给出了两条消息 "Please pay the newspaper bill today" 和 "Please pay the newspaper bill tomorrow"，以及对应的消息摘要。注意：消息是多么的相似，但消息摘是多么的不同。

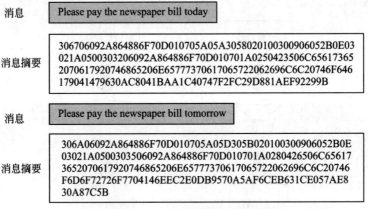

图 4.23　消息摘要示例

换个角度看，对于给定的消息（M1）和它的消息摘要（MD），要找到另一个消息（M2），逐位生成完全相同的 MD 简直是不可能的。消息摘要方案应尽量避免出现相同的消息摘要，如图 4.24 所示。

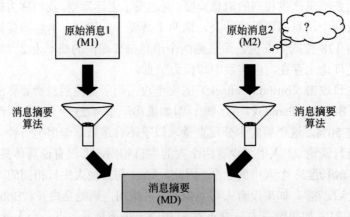

图 4.24　消息摘要不应透露任何原始消息细节

4.6.3　SHA-512

4.6.3.1　简介

第一个实用的消息摘要算法是 MD5，能生成 160 位的消息摘要。当人们发现 MD5 算法存在漏洞时，SHA-1 消息摘要算法受到了重视，它也是生成 160 位的消息摘要。随着时间的推移，160 位被认为是脆弱的。目前推荐用 SHA-256 生成 256 位的消息摘要，SHA-512 是增强的 SHA-256，生成 512 位的消息摘要。

从 MD-5 到 SHA-512，它们的工作原理没有太大变化。唯一的改变是每一步都增加了复杂性。在这里介绍 SHA-512 算法。但在理解上，MD 或 SHA 系列中的所有其他消息摘要算法都非常相似。因此，从理解的角度来看，SHA-512 是向后兼容的！在经过初始化处理后，将输入文本分块，每块大小为 1024 位，还会进一步划分为成 16 个 64 位的子块，因为 $16 \times 64 = 1024$。算法的输出是 8 个 64 位块，也就是 512 位消息摘要，因为 $8 \times 64 = 512$。

4.6.3.2　SHA-512 的工作原理

第 1 步：填充

SHA-512 的第 1 步是在原始消息中增加填充位。这一步的目的是使原始消息的长度等于一个值，该值比 1024 的精确倍数少 128 位。例如，如果原始消息的长度是 2590 位，则增加 354 位的填充，使消息的长度变为 2944 位。这是因为，如果将 128 添加到 2944，则得到 3072，它是 1024 的倍数，即 $3072 = 1024 \times 3$。

因此，一般来说，在填充之后，原始消息的长度为 896 位（比 1024 位少 128 位）、1920 位（比 2048 少 128 位）、2944 位（比 3072 少 128 位）等。

填充由一个 1 后跟任意个 0（根据需要）组成。注意一定要进行填充，即使消息长度比 1024 的倍数少 128 位也要填充。如果原始消息的长度是 896 位，仍会添加 1024 位的填充，使其长度变为 1920 位。因此，填充长度是 1～1024 的任意值。

填充过程如图 4.25 所示。

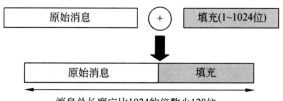

消息总长度应比1024的倍数少128位

例如，它可以是896位(896 = 1024 − 128)、1920位
(1920=(2 × 1024) − 128)或2944位(2944=(3 × 1024) − 128)，
以此类推

注意，一定进行填充，即使原始消息是1024的倍数也要填充

图 4.25　填充过程

第 2 步：追加长度

增加填充位后，接下来就是计算原始消息的长度，并将其追加到填充后的消息末尾。这是如何完成的呢？

计算消息的长度，不包括填充位，即计算在增加填充位之前的消息长度。例如，如果原始消息为 2590 位，增加了 354 位的填充，使消息的长度等于 2944，即比 3072（1024 的倍数）少 128 位。但在这一步，计算得出的消息长度是 2590，而不是 2944。

原始消息长度值表示为 128 位，并将这 128 位追加到原始消息+填充之后，如图 4.26 所示。 SHA-512 的消息长度不能超过 2^{128} 位。

此时，消息的长度正好是 1024 的精确倍数，下面计算消息摘要。

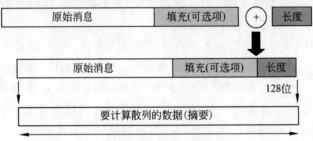

计算原始消息的长度(不包括填充)，并追加到消息块+填充之后
消息长度表示为128位。在追加消息的这128位长度之后，就形成
了最终消息，即要计算散列的消息

图 4.26　追加长度

第 3 步：将输入分块，每块 1024 位

将输入消息分块，每块长度为 1024 位，如图 4.27 所示。

图 4.27　将数据分块，每块 1024 位

第 4 步：初始化链接变量

在这一步，初始化 8 个变量 A~H，每个变量都是 64 位，这些变量的初始十六进制值如图 4.28 所示。

A	Hex	6A	09	E6	67	F3	BC	C9	08
B	Hex	BB	67	AE	85	84	CA	A7	3B
C	Hex	3C	6E	F3	72	FE	94	F8	2B
D	Hex	A5	4F	F5	3A	5F	1D	36	F1
E	Hex	51	0E	52	7F	AD	E6	82	D1
F	Hex	9B	05	68	8C	2B	3E	6C	1F
G	Hex	1F	83	D9	AB	FB	41	BD	6B
H	Hex	5B	E0	CD	19	13	7E	21	79

图 4.28　链接变量

第 5 步：处理块

在完成所有初始化之后，就要开始真正的算法了。这个算法相当复杂，下面准备一步一步地介绍，尽可能地将其简化。

这是个循环，运行消息中的多个 1024 位块。

步骤 5.1：将上述变量复制到相应的小写变量 a～f 中。因此，有 a = A、b = B、c = C、d = D ，以此类推，如图 4.29 所示。

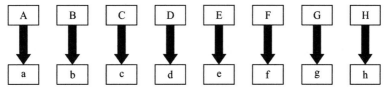

图 4.29　将变量复制到临时变量

实际上，算法将变量 a～h 的组合视为一个 512 位的单个寄存器，我们称为 abcdefgh。这个寄存器（abcdefgh）在实际算法运算中非常有用，用于保存中间结果和最终结果，如图 4.30 所示。

图 4.30　链接变量的抽象视图

步骤 5.2：将当前的 1024 位的块再分成 16 个子块，每个子块是 64 位，如图 4.31 所示。

图 4.31　块内的子块

步骤 5.3：这时有 80 轮。在每一轮中，处理一个块内的所有 16 个子块。每轮的输入是：（a）16 个子块，记作 W；（b）变量 a～h；（c）一些常数，记作 K，如图 4.32 所示。

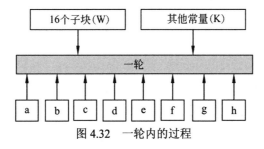

图 4.32　一轮内的过程

这 80 轮做什么呢？在每一轮中，为 64 位变量 a～h 赋 8 个新值。a～h 的这些新值是基于上一轮的这些变量的值。其中 8 个变量中的 6 个是上一轮变量的精确副本，如下所示。

新 b = 上一轮的 a

新 c = 上一轮的 b

新 d = 上一轮的 c

新 f＝上一轮的 e

新 g＝上一轮的 f

新 h＝上一轮的 g

剩下的两个变量，即 a 和 e 呢？它们接收的输入来自一些复杂函数和之前的一些变量、本轮对应的消息块（W）和相应的常数（K），下面进行解释。

步骤 5.4：如前所述，SHA-512 有 80 轮，每轮以当前的 1024 位块、寄存器 abcdefgh 和常量 K[t]（其中 t＝0 到 79）作为其 3 个输入，然后用 SHA-512 算法步骤更新寄存器 abcdefgh 的内容，单轮操作如图 4.33 所示。

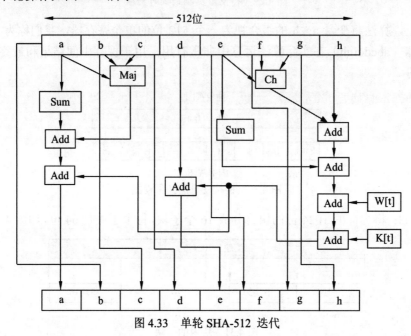

图 4.33　单轮 SHA-512 迭代

每轮由如下操作组成。

Temp1＝h ＋ Ch（e,f,g）＋Sum（e_i for i=1 to 512）＋W_t＋K_t

Temp2＝Sum（a_i for i=0 to 512）＋Maj（a,b,c）

a＝Temp1＋Temp2

b＝a

c＝b

d＝c

e＝d＋Temp1

f＝e

g＝f

h＝g

其中，

t＝轮数

Ch（e,f,g）＝（e AND f）　XOR　（NOT e AND g）

Maj（a,b,c）=（a AND b） XOR （a AND c） XOR （b AND c）

Sum（a_i）=ROTR（a_i,28） XOR ROTR（a_i,34） XOR ROTR（a_i,39）

Sum（e_i）=ROTR（e_i,14） XOR ROTR（e_i,18） XOR ROTR（e_i,41）

ROTR（x）=循环右移，即把 64 位数组 x 移动指定数目的位

W_t=从当前 512 位输入块得到 64 位字

K_t=64 位加常数

+（或 Add）=加 mod 2^{64}

W_t 的 64 字值是用某种映射从 1024 位消息中得到的，这里不做详细介绍，只强调如下两点。

（1）对于前 16 轮（即 0 至 15 轮），W_t 的值等于消息块的相应字。

（2）对于剩下的 64 轮，W_t 的值等于把前 4 个 W_t 的值与要进行移位和旋转操作的其中两个进行 XOR 操作后循环左移 1 位的结果。

这就使得消息摘要更加复杂且难以破解。

4.6.4 SHA-3

MD5 算法已被破解了，但到目前为止，没有人能破解 SHA-1。但 SHA-1 本质上与 MD5 相似，人们怕以后 SHA-1 也会被破解，就开始用 SHA 系列算法的下一个版本 SHA-2。SHA-2 是个统称，包括 SHA-256、SHA-384 和 SHA-512。人们公认，SHA-512 是最难破解的。但考虑到在未来的某个时刻，SHA-2 也会被破解，人们就开始找寻消息摘要算法的下一个飞跃 SHA-3。

NIST 于 2007 年宣布一项有关 SHA-3 的研发竞赛，要求实现的 SHA-3 要满足下面的先决条件。

（1）用 SHA-3 替换 SHA-2，应用程序无须进行扩展修改。换句话说，SHA-3 能简单地替换早期的算法，这意味着 SHA-3 要支持长度为 224、256、384 和 512 位的消息摘要。

（2）SHA-2 的基本特征就是能处理较小的原始文本块，生成消息摘要，人们要求 SHA3 向前兼容。

对 SHA-3 的其他要求是：它在抵御成功破解 SHA-2 的攻击时，应尽可能地安全。换句话说，SHA-3 的操作应该不同于 MD5、SHA-1 和 SHA-2。它还要求在消耗最少资源的同时运行飞快。此外，它还要求非常简单，应该可以添加参数使其更具灵活性。

4.6.5 消息认证码（MAC）

消息认证码（Message Authentication Code，MAC）的概念与消息摘要的概念非常相似，但有一点不同。消息摘要只是消息的指纹，不涉及加密过程。相比之下，MAC 需要发送方和接收方知道共享对称密钥，用于 MAC 的准备。因此，MAC 涉及加密处理，下面分析 MAC 是如何工作的。

假设发送方 A 要将消息 M 发送给接收方 B，MAC 的工作原理如图 4.34 所示。

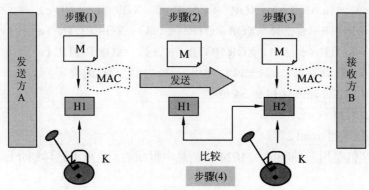

图 4.34　消息认证码（MAC）

（1）A 与 B 共享一个对称密钥 K，其他任何人都不知道，A 以密钥 K 和消息 M 为输入计算 MAC H1。

（2）A 将原始消息 M 和 MAC H1 发送给 B。

（3）B 收到消息后，也以 K 和 M 为输入计算 MAC H2。

（4）B 比较 H1 和 H2。如果两者匹配，则 B 断定消息 M 在传输过程中未发生改变；但是，如果 H1≠H2，则 B 拒绝该消息，因为该消息在传输过程中已被篡改。

MAC 的意义如下。

（1）MAC 向接收方 B 保证，消息没有被篡改。因为攻击者只篡改消息，而不更改 MAC H1，则接收方算出的 MAC H2 与 H1 不同。为什么攻击者不能更改 MAC 呢？因为用于计算 MAC 的密钥 K 只有发送方 A 和接收方 B 知道，所以攻击者不知道密钥 K，就无法篡改 MAC。

（2）接收方 B 相信消息确实来自正确的发送方 A。因为只有发送方 A 和接收方 B 知道密钥 K，没有其他人可以计算出发送方 A 发送的 MAC H1。

有趣的是，虽然 MAC 的计算与加密过程非常相似，但有一个重要的不同点。众所周知，在对称密钥加密中，加密过程必须是可逆的，即加密与解密是互为镜像的。但在 MAC 中，发送方和接收方都只执行加密过程。因此，MAC 算法不必可逆，单向加密函数就够用了。

前面讨论了两种主要的消息摘要算法，即 SHA-512 和 SHA-3，能否复用这些算法计算 MAC 呢？答案是不能，因为消息摘要算法不使用密钥，而使用密钥是 MAC 的根基。因此，我们必须单独为 MAC 实现一种实用的算法，这就是 HMAC。

4.6.6　HMAC

4.6.6.1　简介

HMAC 是指**基于散列的消息认证码**（Hash-based Message Authentication Code）。Internet 协议（IP）要求必须使用 HMAC 实现安全，在 Internet 上广泛使用的安全套接字层（Secure Socket Layer，SSL）协议也使用 HMAC。

HMAC 的基本思想是复用 MD5 或 SHA-1 之类现有的消息摘要算法。显然，没必要从头再来，因此，HMAC 复用消息摘要算法，将消息摘要视为黑匣子，用共享对称密钥加密消息摘要，从而生成输出 MAC，如图 4.35 所示。

第 4 章 基于计算机的非对称密钥算法 141

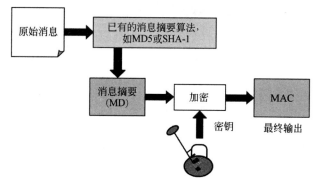

图 4.35 HMAC 的概念

4.6.6.2 HMAC 是如何工作的

下面分析 HMAC 的内部工作原理，先介绍 HMAC 要使用的各种变量。

- MD = 使用的消息摘要/散列函数（如 MD5、SHA-1 等）。
- M = 计算 MAC 的输入消息。
- L = 消息 M 的块数。
- b = 每块的位数。
- K = HMAC 使用的共享对称密钥。
- ipad = 字符串 00110110 重复 b/8 次。
- opad = 字符串 01011010 重复 b/8 次。

根据这些输入，以逐步深入的方法，介绍 HMAC 的操作。

第 1 步：使 K 的长度等于 b

根据密钥 K 的长度，算法分为如下 3 种情况。

（1）K < b：在这种情况下，需要扩展 key（K），使 K 的长度等于原始消息块的位数 b。为此，要根据需要，在 K 的左边添加足够的 0。例如，如果 K 的初始长度为 170 位，而 b=512，则要在 K 的左边添加 342 个 0，将修改后的密钥继续称为 K。

（2）K = b：在这种情况下，不需要任何操作，继续执行步骤（2）。

（3）K > b：在这种情况下，需要对 K 进行修整，使 K 的长度等于原始消息块的位数 b。为此，用为这个特定 HMAC 实例选择的消息摘要算法（H）应用于 K，修剪 K 使其长度等于 b，如图 4.36 所示。

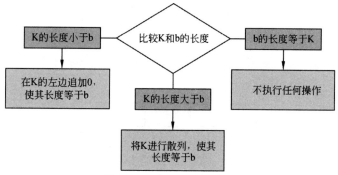

图 4.36 HMAC 的第 1 步

第 2 步：K 与 ipad 异或，生成 S1

第 1 步的输出 K 和 ipad 进行异或运算，生成 S1 变量，如图 4.37 所示。

图 4.37　HMAC 的第 2 步

第 3 步：将 M 追加到 S1

取原始消息（M）并将其简单地追加到 S1 的末尾（在第 2 步计算得到），如图 4.38 所示。

图 4.38　HMAC 的第 3 步

第 4 步：消息摘要算法

将选择的消息摘要算法（如 MD5、SHA-1 等）应用于第 3 步的输出（即 S1 和 M 的组合），这一步操作的输出为 H，如图 4.39 所示。

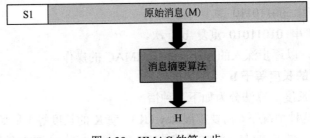

图 4.39　HMAC 的第 4 步

第 5 步：K 与 opad 进行异或运算，生成 S2

第 1 步的输出 K 与 opad 进行异或运算，生成 S2 变量，如图 4.40 所示。

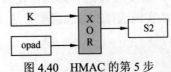

图 4.40　HMAC 的第 5 步

第 6 步：将 H 追加到 S2

在这一步中，将第 4 步计算的消息摘要 H 简单地追加到第 5 步计算得到的 S2 之后，如图 4.41 所示。

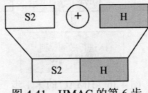

图 4.41　HMAC 的第 6 步

第 7 步：消息摘要算法

将选定的消息摘要算法（如 MD5、SHA-1 等）应用于第 6 步的输出，即 S2 和 H 的组合，得到最终的 MAC，如图 4.42 所示。

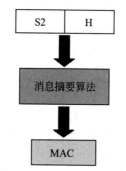

图 4.42　HMAC 的第 7 步

下面总结一下 HMAC 的这 7 个步骤，如图 4.43 所示。

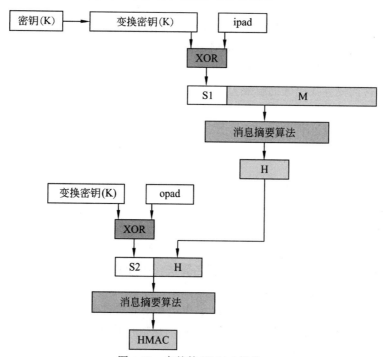

图 4.43　完整的 HMAC 操作

4.6.6.3　HMAC 的缺点

HMAC 算法生成的 MAC 似乎能满足人们对数字签名的要求。从逻辑上讲，首先计算原始消息的指纹（消息摘要），然后用对称密钥加密，只有发送方和接收方知道，从而使接收方确信消息的确来自正确的发送方，在传输过程中没有被篡改。但是，如果仔细分析 HMAC 方案，会发现，它并不能解决所有的问题，什么问题呢？

（1）HMAC 假设只有发送方和接收方知道对称密钥，但是，前面已经详细分析过，对称密钥交换存在严重问题，不易解决，HMAC 也存在着同样的密钥交换问题。

（2）即使假设密钥交换问题得以解决，HMAC 也不适用于多接收方的情形。这是因为，用 HMAC 生成 MAC，要使用对称密钥，而对称密钥仅由两方共享：一个发送方和一个接收方。当然，用多方（一个发送方和所有接收方）共享相同的对称密钥，可解决这个问题，但会引发第（3）个问题。

（3）新问题是接收方如何知道消息是来自发送方，而不是其他的多方接收方？毕竟，多方的接收方都知道对称密钥。因此，可以假冒发送方发送虚假信息，其用 HMAC 生成 MAC，并将消息和 MAC 发送给接收方，就像它来自发送方一样！这是无法阻止的，也不能检测到的！

（4）即使解决了上述问题，还有一个大问题。回到一个发送方和一个接收方的简单案例。现在，只有两方，发送方（如银行客户 A）和接收方（如银行 B）共享对称密钥。假设某天，B 将 A 账户的全部余额转入第三方账户，并关闭了 A 的银行账户。A 异常震怒，向法院提起诉讼。在法庭上，B 辩称 A 已发送电子消息，要执行这笔交易，并以消息为物证。A 声称自己从未发送过该消息，是伪证。好在 B 作为证据的消息中包含 MAC，是根据原始消息生成的。我们知道，只有用 A 和 B 共享的对称密钥和原始消息才能生成消息摘要，这就是症结所在！即使有 MAC，那怎么证明 MAC 是由谁生成的呢？是 A 还是 B？毕竟，双方都知道共享密钥！A 和 B 生成 MAC 的概率相同！

事实证明，即使解决了前 3 个问题，也不能解决第 4 个问题。因此，人们不能将 HMAC 用于数字签名，而要寻找更好的解决方案。

4.6.7　数字签名技术

4.6.7.1　简介

在分析 MAC 相关问题时，我们提到，数字签名需要更好的解决方案。**数字签名标准**（Digital Signature Standard，DSS）就是为执行数字签名而开发的。1991 年，美国国家标准与技术研究院（NIST）发布 DSS 标准，作为联邦信息处理标准（FIPS）PUB 186，并于 1993 年和 1996 年进行了修订。DSS 使用 SHA-1 算法计算原始消息的消息摘要，并对消息摘要执行数字签名。为此，DSS 使用**数字签名算法**（Digital Signature Algorithm，DSA）。注意，DSS 是标准，而 DSA 是实际算法。

这里要强调一下，与 RSA 一样，DSA 也是基于非对称密钥加密，但目标完全不同。众所周知，RSA 主要用于加密消息，但也能对消息执行数字签名，而 DSA 只能对消息执行数字签名，不能用于加密。

4.6.7.2　数字签名算法之争

DSA 被接受并不简单。众所周知，RSA 算法也能用于执行数字签名。DSA 的开发者 NIST 的目标之一是使 DSA 成为一款免费的数字签名软件。而 RSA 数据安全公司（RSADSI）对 RSA 算法投入了大量资金和努力，控制了所有 RSA 产品（不是免费的）许可。因此，它非常热衷于推广 RSA（而不是 DSA）作为数字签名的首选算法。此外，IBM、Novell、Lotus、苹果、微软、DEC、SUN、北方电信等大公司为实现 RSA 算法投入巨大。因此，也反对使用 DSA，针对 DSA 强度，提出许多指控和猜测。要解决所有这些问题，DSA 才能成为可靠的算法，但症结是不能解决所有的问题！

虽然 NIST 拥有 DSA 的专利,但至少其他三方都声称 DSA 侵犯了自己的专利,这个问题至今还未完全解决。

在研究 DSA 的工作原理之前,先理解如何用 RSA 执行数字签名。

4.6.7.3　RSA 与数字签名

据上可知,RSA 能用于执行数字签名。下面以循序渐进的方式分析其工作原理。为此,假设发送方 A 要将消息 M 连同根据消息 M 计算出的数字签名 S 一起发送给接收方 B。

第 1 步:发送方 A 使用 SHA-1 消息摘要算法计算出原始消息 M 的消息摘要 MD1,如图 4.44 所示。

图 4.44　计算出消息摘要

第 2 步:发送方 A 用自己的私钥加密消息摘要,这个过程的输出是 A 的数字签名 DS,如图 4.45 所示。

用发送方的私钥加密

图 4.45　创建数字签名

第 3 步:发送方 A 将原始消息 M 连同数字签名 DS 一起发送给接收方 B,如图 4.46 所示。

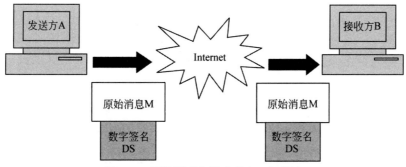

图 4.46　原始消息与数字签名一起传输

第 4 步：接收方 B 收到原始消息 M 和发送方 A 的数字签名后，B 使用与 A 相同的消息摘要算法，计算自己的消息摘要 MD2，如图 4.47 所示。

图 4.47　计算接收方的消息摘要

第 5 步：接收方 B 在使用发送方 A 的公钥解密数字签名。注意，A 使用自己的私钥加密消息摘要 MD1 生成数字签名，因此，只能使用 A 的公钥对其解密，这个过程输出的消息摘要是第 1 步 A 计算的原始消息摘要 MD1，如图 4.48 所示。

图 4.48　接收方得到发送方的消息摘要

第 6 步：B 比较下面两个消息摘要。

- MD2，由第 4 步计算得到。
- MD1，在第 5 步，从 A 的数字签名中得到。

如果 MD1 = MD2，则如下事实成立。

- B 接受原始消息 M 是来自 A 的正确、未篡改的消息。
- B 也确信消息来自 A，而不是来自冒充 A 的人。

如图 4.49 所示。

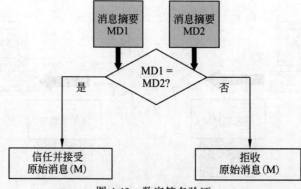

图 4.49　数字签名验证

根据消息摘要比较结果（即第 6 步），接受或拒绝原始消息，这很简单。发件人 A 使用自己的私钥加密消息摘要，生成数字签名。如果解密数字签名产生正确的消息摘要，接收方 B 可以非常确定原始消息和数字签名来自发送方 A，同时也证明消息在传输途中没有被攻击者篡改。因为，如果消息在传输过程中被篡改，则第 4 步 B 计算出的消息摘要 MD2 会与发送的消息摘要 MD1 不同。为什么攻击者不能修改消息，重新计算消息摘要，然后再次签名呢？攻击者能执行前两步，即更改消息，并根据更改的消息重新计算消息摘要，但其不能再次签名，因为签名需要用 A 的私钥，但只有 A 拥有自己的私钥，攻击者没有。

因此，数字签名的原理相当强大且安全可靠。

4.6.7.4　对 RSA 签名的攻击

攻击者试图对 RSA 数字签名进行某些攻击，下面简要介绍一些重要的攻击。

（1）**选择消息攻击**（chosen-message attack）：在选择消息攻击中，攻击者创建两个不同的消息 M1 和 M2，且两者不必非常相似。攻击者诱骗真正的用户对这两条消息 M1 和 M2 使用 RSA 数字签名方案进行签名，在签名成功后，攻击者计算新消息 M=M1×M2，然后声称真实用户已经对消息 M 进行了数字签名。

（2）**唯密钥攻击**（Key-only attack）：在唯密钥攻击中，假设攻击者只能访问真实用户的公钥。之后，攻击者得到了真实消息 M 和它的签名 S，再创建另一个消息 MM，使签名 S 对 MM 同样有效。但发起这种攻击很难，要求攻击者有深厚的数学背景。

（3）**已知消息攻击**（known-message attack）：在已知消息攻击中，攻击者试图利用 RSA 的特性：即具有两个不同签名的两个不同消息可以组合在一起，这样它们的签名也能组合在一起。举个例子，假设有两个不同的消息 M1 和 M2，它们的数字签名分别为 S1 和 S2，那么如果 M=（M1×M2）mod n，则数学上为 S=（S1×S2）mod n。因此，攻击者可以先计算 M=（M1×M2）mod n，再计算 S=（S1×S2）mod n 来伪造签名。

4.6.7.5　DSA 与数字签名

DSA 的描述相当复杂，本质上是数学问题，读者可以放心跳过这部分内容，知识也不会失去连贯性。

DSA 算法使用如下变量。

p = 长度为 L 位的素数。L=64 的倍数，为 512～1024，即 L=512 或 576 或 640 或…或 1024。在最初的标准中，p 的长度总是 512 位，这招致许多技术批评，因此，NIST 对其进行了修订。

q =（p−1）的 160 位素数因子。

g = $h^{(p-1)/q} \bmod p$，其中 h 是小于（p−1）的数，使得 $h^{(p-1)/q} \bmod p$ 大于 1。

x = 小于 q 的数。

y = $g^x \bmod p$。

H = 消息摘要算法（通常是 SHA-1）。

前 3 个变量 p、q 和 g 是公开的，可以通过不安全网络自由发送。私钥是 x，而对应的公钥是 y。

假设发送方要对消息 m 签名并将签名后的消息发送给接收方。之后，会执行如下步骤。

（1）发送方生成一个小于 q 的随机数 k。

（2）发送方计算：

（a）r = （g^k mod p）mod q。

（b）s = （k^{-1}（H（m）+ xr））mod q。

值 r 和 s 是发送方的签名。发送方将这些值发送给接收方。

（3）为了验证签名，接收方计算：

- w =（$s-1$）mod q。
- u1 =（H（m）×w）mod q。
- u2 =（rw）mod q。
- v =（（g^{u1}×y^{u2}）mod p）mod q。

如果 v = r，则签名有效；否则，签名无效，拒收消息。

4.7 背包算法

实际上，是 Ralph Merkle 和 Martin Hellman 开发了第一个公钥加密算法：背包算法（Knapsack algorithm），其基于背包问题（Knapsack problem）。实际上，背包问题是一个简单问题，即给定一堆不同重量的物品，要选一些物品放入背包，使背包达到一定的重量。

即，如果 M1, M2, …, Mn 是给定值，S 是总和，则找到 bi（i=1, 2, …, n），使得：

S = b1M1 + b2M2 + … + bnMn

每个 bi（i=1, 2, …, n）可以是 0 或 1。1 表示物品在背包中，0 表示不在背包中。明文块长度等于堆中物品数，就将其选为放入背包的物品，密文是得到的和。例如，如果背包是 1、7、8、12、14、20，那么明文和得到的密文如图 4.50 所示。

明文	0	1	1	0	1	1	1	1	1	0	0	0	0	1	0	1	1	0
背包	1	7	8	12	14	20	1	7	8	12	14	20	1	7	8	12	14	20
密文	7 + 8 + 14 + 20 = 49						1 + 7 + 8 = 16						7 + 12 + 14 = 33					

图 4.50　背包算法示例

4.8 ElGamal 数字签名

前面已经分析过 ElGamal 密码系统，ElGamal **数字签名**（ElGamal digital signature）方案使用同样的密钥，但算法不同。该算法创建两个数字签名，在验证步骤中，这两个签名应该相吻合。这里的密钥生成过程和前面讨论过的一样，在此不再赘述。公钥还是（E1、E2 和 P），私钥仍然为 D。

4.8.1 签名

签名过程如下。

（1）发送方选择一个随机数 R。

（2）发送方使用 S1 = $E1^R$ mod P 计算第 1 个签名 S1。

（3）发送方使用 S2＝（M－D×S1）×R^{-1} mod（P－1）计算第 2 个签名 S2，其中 M 是需要签名的原始消息。

（4）发送方将 M、S1 和 S2 发送给接收方。

例如，令 E1=10，E2=4，P=19，M=14、D=16 和 R=5。

则有：

$$S1 = E1^R \bmod P = 10^5 \bmod 19 = 3$$
$$S2 = (M - D \times S1) \times R^{-1} \bmod (P - 1) = (14 - 16 \times 3) \times 5^{-1} \bmod 18 = 4$$

因此，签名是（S1，S2），即（3，4）。发送方将该签名发送给接收方。

4.8.2　验证

验证过程如下。

（1）接收方使用 V1＝E1^M mod P 执行第 1 部分 V1 的验证。

（2）接收方使用 V2＝E2^{S1}×S1^{S2} mod P 执行第 2 部分 V2 的验证。

例如：

$$V1 = E1^M \bmod P = 10^{14} \bmod 19 = 16$$
$$V2 = E2^{S1} \times S1^{S2} \bmod P = 4^3 \times 3^4 \bmod 19 = 5184 \bmod 19 = 16$$

由于 V1=V2，则签名是有效的。

4.9　对数字签名的攻击

通常，针对数字签名有下面 3 种攻击。

（1）**选择消息攻击**（chosen-message attack）：在选择消息攻击中，攻击者诱骗真实用户对不打算签名的消息进行数字签名。结果，攻击者获得一对被签名的原始消息和签名。利用这些，攻击者创建新消息，并用真实用户之前的消息签名对新消息进行数字签名。

（2）**已知消息攻击**（known-message attack）：在已知消息攻击中，攻击者从真实用户那里获得一些以前的消息和相应的数字签名。就像加密中的已知明文攻击一样，攻击者创建新消息，并伪造真实用户的数字签名。

（3）**唯密钥攻击**（key-only attack）：在唯密钥攻击中，假设真实用户公开了一些消息。攻击者滥用这些公开信息，这与加密中的唯密文攻击相似，只不过这里，攻击者是试图创建真实用户的签名。

4.10　其他一些算法

下面讨论一些其他的公钥算法。

4.10.1　椭圆曲线密码学（ECC）

4.10.1.1　简介

在用于加密和数字签名的公钥密码技术中，RSA 是一种最突出的算法。多年以来，RSA 的密钥长度一直在增加，这也使 RSA 不堪重负。因此，近年来，另一种公钥加密技术倍受欢迎，它就是**椭圆曲线密码**（Elliptic Curve Cryptography，ECC）。

RSA 与 ECC 之间的主要区别在于：实现同一级别的安全，ECC 密钥长度很短，而 RSA 密钥长度很长。本质上，ECC 是高度数学化的，因此，这里只是简要介绍一下 ECC 技术。

4.10.1.2　椭圆曲线

椭圆曲线（elliptic curve）类似于在 x 轴和 y 轴上绘制的正态曲线，它有多个点，其中每个点由（x, y）坐标确定，就像任何其他图形一样。例如，一个点可以是指定为（4，−9），表示距离中心在 x 轴右侧 4 个单位，在 y 轴下方 9 个单位，如图 4.51 所示。

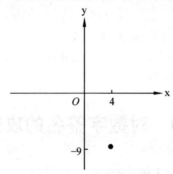

图 4.51　以 x 和 y 轴为基准的点

考虑一个带有点 P 的椭圆曲线 E。现在，生成一个随机数 d，让 Q= d×P，从数学角度讲，E、P 和 Q 是公开值，挑战在于求出 d。本质上，这是椭圆曲线离散对数问题，只要曲线足够大，求出 d 几乎是不可能的。因此，E、P、Q 共同构成公钥，d 是对应的私钥。

4.10.2　ElGamal

ElGamal 技术是一种公钥算法，可用于两种情况：数字签名和加密。它的安全性基于在有限域中计算离散对数的难度。

为了生成一个密钥对，首先选择一个素数 p 以及两个随机数 g 和 x，且要使 g 和 x 都小于 p，然后求 $y = g^x \bmod p$。公钥变为 y、g、p。g 和 p 可以在用户群中共享，私钥是 x。

为了加密明文消息 M，首先选择一个随机数 k，使得 k 与 p−1 互质，然后求出：

$a = g^k \bmod p$

$b = y^k M \bmod p$

这里，M =（ax+kb）mod（p−1）。因此，（a, b）是密文，其大小是明文的 2 倍。解密（a, b）的计算公式为 $M = b/a^x \bmod p$，最后得到明文 M。

4.10.3 公钥交换问题

如果你非常仔细地学习了之前的所有内容，就会知道，我们一直假设，发送方 Alice 知道接收方 Bob 的公钥值，同样，接收方 Bob 也知道发送方 Alice 的公钥值。如何做到这一点的？Alice 可以直接将自己的公钥发送给 Bob，然后请求 Bob 的公钥，这样做有问题吗？有问题，因为攻击者 Tom，可以发起中间人攻击（请参考 Diffie-Hellman Key 交换算法），如图 4.52 所示。

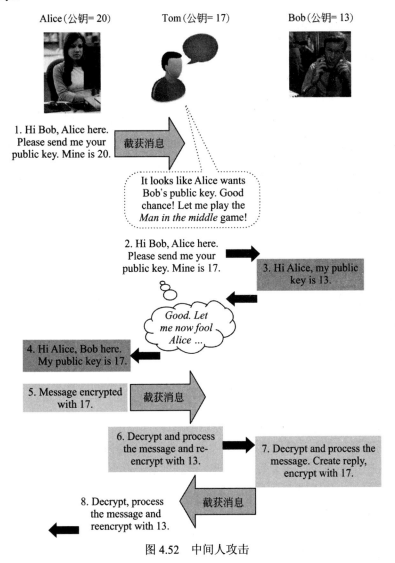

图 4.52 中间人攻击

如图 4.52 所示，发送方 Alice、攻击者 Tom 和接收方 Bob 的公钥值分别是 20、17 和 13。

（1）当 Alice 要安全地给 Bob 发送消息时，会将自己的公钥 20 发送给 Bob，并向 Bob 索要 Bob 的公钥。

（2）攻击者 Tom 截获 Alice 的消息。他篡改 Alice 消息中的公钥值，即将公钥值 20 修改成 17，再将篡改后的消息转发给 Bob。

（3）Bob 发回自己的公钥 13 来响应 Alice 的消息。

（4）Tom 截获 Bob 的消息，将消息中公钥值 13 改为 17，再转发给 Alice。

（5）Alice 认为 Bob 的公钥是 17。因此，用 17 加密要发送给 Bob 的机密消息，并发送给 Bob。

（6）Tom 截获这一消息，用自己的私钥解密消息，处理它（即对信息做任何他想做的事，可能只是读取消息，也可能是篡改消息），再使用 Bob 的公钥 13 重新加密消息，并转发给 Bob。

（7）Bob 用自己的私钥解密来自 Tom 的消息，根据消息，形成一个答复，Bob 用 Alice 的公钥 17 加密回复，然后将回复发送给 Alice。

（8）Tom 截获 Bob 的回复，使用自己的私钥解密消息，执行任何他想要对消息执行的操作，再用 Alice 的公钥值 20 重新加密它，再发送给 Alice。Alice 用自己的私钥解密。

这个过程可以一直持续，Alice 或 Bob 并没有意识到正在遭受攻击者的玩弄！如果 Tom 加密和解密操作很快，受愚弄的 Alice 和 Bob 更不可能察觉到！

虽然非对称密钥加密技术解决了密钥交换问题，从而解决了所有通信中的安全问题，但没有解决使通信者的公钥彼此可用这一基本问题。发送方和接收方如何让自己的公钥彼此可用呢？如何预防中间人攻击呢？

稍后，我们会给出问题的答案。

本 章 小 结

- 非对称密钥加密旨在解决对称密钥加密中的密钥交换问题。
- RSA 是一种非常流行的非对称密钥加密技术。
- 在非对称密钥加密中，每个通信方都需要一对密钥。
- 公钥与所有人共享，私钥必须由个人保密。
- 在非对称密钥加密中，素数是非常重要的。
- 数字信封集对称和非对称密钥加密的优势为一身。
- 消息摘要（也称为散列）能唯一标识消息。
- 消息摘要具有三个重要属性：（a）两个不同的消息必须具有不同的消息摘要；（b）对于给定的消息摘要，只要算法不变，得到的总是相同的消息摘要；（c）根据给定的消息摘要，一定不能得到原始信息。
- SHA-512 是一种消息摘要算法。
- HMAC 是一种涉及加密的消息摘要算法。
- HMAC 是在实用的问题。
- DSA 和 RSA 算法可用于数字签名。
- RSA 比 DSA 更流行。
- RSA 可用于加密和数字签名。

重要术语与概念

- 碰撞
- 数字信封
- 数字签名算法（DSA）
- 数字签名标准（DSS）
- 散列
- HMAC
- 密钥包装

- MD5
- 消息认证码（MAC）
- 消息摘要
- 伪碰撞
- RSA 算法
- SHA

概 念 检 测

1. 如果 A 要安全地将消息发送给 B，要涉及哪些典型步骤？
2. RSA 真正的难点是什么？
3. 描述对称和非对称密钥加密的优缺点。
4. 什么是密钥包装？它有什么用处？
5. 消息摘要的重要需求是什么？
6. MAC 和消息摘要有什么区别？
7. 消息摘要和数字签名一样吗？为什么？
8. 建立对数字签名的信任的重要方面是什么？
9. 在非对称密钥加密中，对于（a）加密及（b）签名，发送方要使用哪些密钥？
10. 交换公钥有什么问题？

设计与编程练习

1. 众所周知，加密运算非常缓慢，尤其对于大数。我们先要执行的运算是求某个数的指数，然后再求结果的模。事实上，这一步代价很大，对于极大数，还可能是行不通的。一种解决方案是在给定步骤中使用上一步的结果，求出最终答案。虽然这不是最优化的解决方案，但也是解决问题的一种方法。

算法是：

```
To find aᵇ mod n, do the following:
Start
      C = 1
      For i = 1 to b
      Calculate C = (C×a) mod n
```

```
        Next i
End
```

例如，分析如下示例。

要计算 7^5 mod 119，则有：

(1×7) mod 119 = 7

(7×7) mod 119 = 49

(49×7) mod 119 = 105

(105×7) mod 119 = 21

(21×7) mod 119 = 28

可见，7^5 mod 119=28。

试用这种技术，求 8^9 mod 117。

2. 假设明文字母为 G，用 RSA 算法，取 E=3，D =11 和 N=15，求 G 加密后的密文，并在解密时验证，密文能恢复成明文 G。

3. 给定两个素数 P=17，Q=29，求出 RSA 加密过程中的 N、E 和 D。

4. 在 RSA 中，给定 N=187，加密密钥 E 为 17，求出对应的私钥 D。

5. 假设消息有 20000 个字符，在使用 SHA-1 计算其消息摘要后，要更改原始消息中的最后 19 个字符，请问消息摘要会有多少位发生改变，为什么？

第 5 章　公钥基础设施

启蒙案例

　　如何判断网站是否可信呢？哪些网站是官方的？哪些是合法的？哪些是安全的？能借助哪些简单技术进行判断呢？举个例子，美国居民需要登录自己的银行账户，在浏览器的地址栏中键入银行的网站地址或 URL，如 ww.usbank.com，将打开如下的网页。

　　虚假钓鱼网站的故事人们耳熟能详，如果下面的是虚假网站该怎么办呢？

　　幸运的是，有一种非常简单的技术可以判断网站是否真实。在网站地址栏中，我们可以看到有一个小挂锁的符号，由于这是一个黑白页面，无法看到网站地址栏的颜色是否为绿色，如果不是绿色，则可能是警告符号；如果是绿色的，则表示该网站是安全的。

　　此外，用户可以单击挂锁符号，获得网站有效性的更多详细信息。单击挂锁符号后，将出现小对话框，可以查看网站的数字证书，如下所示。

　　对话框内容清楚地表明，网站已获得受信证书颁发机构颁发的证书，其有效期至 2019 年 8 月 2 日。单击上面窗口中的 Details 选项卡，会看到证书的更多详细信息。

　　任何用户都可以用这种简单的技术判断网站是否是欺诈性网站，避免被欺骗。

　　本章将学习公钥基础设施这一重要概念背后的关键技术。

学习目标

- 理解公钥基础设施（PKI）技术。
- 学习数字证书的概念及其用途。
- 了解证书签发机构（CA）的角色。
- 通过使用证书吊销列表（CRL）、在线证书状态协议（OCSP）和简单证书验证协议（SCVP），理解数字证书验证。
- 掌握如何管理公钥和私钥。

5.1　数　字　证　书

5.1.1　简介

　　我们已经详细讨论了密钥协商或密钥交换的问题，还介绍了为其专门设计的 Diffie-Hellman 之类的密钥交换算法如何解决这个问题，存在哪些缺点。非对称密钥加密是一个非常好的解决方案，但也有一个未解决的问题，即双方（即消息的发送方和接收方）如何互换公钥。显然，双方不能公开交换公钥，否则会引发针对公钥的中间人攻击！

　　因此，密钥交换或密钥协商的问题是个难题，事实上也是设计基于计算机的密码解决方案的最难解决的挑战之一。历经思考与多年的沉淀，**数字证书**（digital certificate），这一革命性的思想解决了这一难题，下面进行详细的介绍。

　　从概念上讲，数字证书相当于护照或驾照等证件。护照或驾照能确定持有人的身份，毫无疑问，护照至少可以证明如下信息。

- 姓名。
- 国籍。
- 出生日期和地点。
- 照片与签名。

同样，数字证书也能证明一些非常关键的信息，下面将仔细学习。

5.1.2　数字证书的概念

　　数字证书只是一个小型计算机文件。例如，笔者的数字证书实际上是一个计算机文件，文件名为 atul.cer，其中.cer 是 certificate 的前三个字母。当然，这只是一个例子，实际的文件扩展名可以不同。护照证明笔者与姓名、国籍、出生日期与地点、照片和签名等的关联，而数字证书证明笔者与公钥的关联，数字证书的概念如图 5.1 所示，注意，这只是一个概念图，没有描述数字证书的实际内容。

　　我们没有指定用户与用户数字证书之间的关联是由谁正式批准的。显然，它必须是权威的，各方都信任的。想象一下，假设护照不是由政府机构签发，而是由普通店主签发，人们还会相信护照吗？ 同样，数字证书必须由某个受信任的实体签发，否则没人会信任数字证书。

　　正如前面所述，数字证书建立了用户与其公钥之间的关联。因此，数字证书必须包含用户名和用户的公钥，证明特定的公钥属于特定的用户。除此之外，数字证书还包含什么呢？图 5.2 给出了数字证书示例的简化图。

图 5.1　数字证书的概念图

图 5.2　数字证书示例

　　注意这里有一些有趣的事情。首先，笔者的姓名显示为**主体名**（subject name）。事实上，数字证书中的任何用户名都称为主体名，因为数字证书可以颁发给个人、团体或组织。此外，还有另一个有趣的信息，称为**序列号**（serial number），在后面适当时候会分析它的含义。证书还包含其他信息，如证书的有效期和**签发者名**（issuer name）。下面通过与护照项的比较，理解数字证书各项的含义，如图 5.3 所示。

护照项	对应的数字证书项
姓名	主体名
护照号	序列号
有效期的起始日期	相同
有效期的终止日期	相同
签发者	签发者
照片与签名	公钥

图 5.3　护照与数字证书的相似处

　　如图 5.3 所示，实际上数字证书与护照非常相似。如每本护照都有一个唯一的护照号，每个数字证书也都有一个唯一的序列号。众所周知，相同颁发机构（如政府）签发的护照不会重号，同样，同一颁发者签发的数字证书也不会重号，谁颁发这些数字证书呢？下面给出答案。

5.1.3　证书机构（CA）

证书机构（Certification Authority，CA）是可以颁发数字证书的受信任机构。谁能成为 CA 呢？显然，不是任何人（如 Tom、Dick 和 Harry）都能作为 CA。CA 是必须受到每个人的信任，因此，各国政府能决定谁能作为 CA，谁不能作为 CA。通常，CA 是著名的组织，如邮局、金融机构、软件公司等。世界上最著名的两个 CA 是 VeriSign 和 Entrust。Safescrypt 有限公司是 Satyam Infoway 有限公司的子公司，于 2002 年 2 月成为印度的第一家 CA。

因此，CA 有权向个人和组织颁发数字证书，使其能在非对称密钥加密应用程序中使用数字证书。

5.1.4　数字证书技术细节

下面从技术角度，分析数字证书的内容。前面已从概念上进行了介绍，现在将从技术角度分析数字证书。读者可以跳过这部分内容，内容连贯性不会有任何损失。

X.509 标准定义了数字证书的结构。国际电信联盟（ITU）于 1988 年提出了这一标准，当时放在 X.500 标准中。从那时起，X.509 于 1993 年和 1995 年进行了两次修订，当前版本是第 3 版，称为 X.509V3。互联网工程任务组（IETF）于 1999 年发布了 X.509 标准的 RFC 2459，图 5.4 给出了 X.509V3 数字证书的结构。

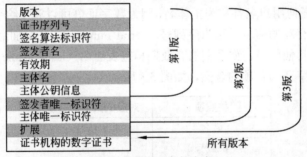

图 5.4　数字证书的内容

图 5.4 不仅给出了 X.509 标准数字证书的各个字段，还指定了哪一版的标准应包含哪些字段。如我们所见，X.509 标准的第 1 版包含 7 个基本字段，第 2 版增加了 2 个字段，第 3 版增加了 1 个字段。这些附加字段分别称为第 2 版和第 3 版的**扩展**（extensions）或**扩展属性**（extended attributes）。当然，所有版本最后都有一个额外的公共字段，下面分析这些字段，分别如图 5.5（a）、图 5.5（b）和图 5.5（c）所示。

第 2 版增加了两个新字段，处理因时间推移，签发者名（即 CA 名）和主体名（即证书持有者的姓名）可能会出现重复的问题。数字证书标准（RFC 2459）要求签发者名、主体名是不能重复的。因此，虽然第 2 版添加了这两个字段，但不鼓励使用，这两个字段都是可选的。如果需要使用，则仅用于区分无意中重复的签发者名和主体名。

X.509 标准第 3 版的数字证书结构增加许多扩展，如图 5.5（c）所示。

字段	说明
版本（Version）	标识数字证书所用的 X.509 协议的版本，目前，该字段值为 1、2、3 之一
证书序列号（Certificate Serial Number）	由 CA 生成的唯一整数值
签名算法标识符（Signature Algorithm Identifier）	标识 CA 签署证书的算法（稍后介绍）
签发者名（Issuer Name）	标识 CA 的**专有名**（Distinguished Name，DN），CA 创建并签署证书
有效期（Validity）（Not Before/Not After）	包含两个日期时间值：Not Before 和 Not after，指定证书的有效时间范围，其值指定日期和时间，精度是秒或毫秒
主体名（Subject Name）	标识数字证书所指的最终实体的 DN，即用户或组织。该字段不能为空，除非第 3 版扩展中定义了备用名称
主体公钥信息（Subject Public Key Information）	包含主体的公钥和与该密钥相关的算法。该字段不能为空

图 5.5（a）　X.509 数字证书各字段说明——第 1 版

字段	说明
签发者唯一标识符（Issuer Unique Identifier）	如果随着时间的推移，两个或多个 CA 使用相同的签发者名，则用该字段唯一标识 CA
主体唯一标识符（Subject Unique Identifier）	如果随着时间的推移，两个或多个主体使用相的主体名，则用该字段唯一标识主体

图 5.5（b）　X.509 数字证书各字段说明——第 2 版

字段	说明
机构密钥标识符（Authority Key Identifier）	CA 可能有多个私钥-公钥对。该字段定义这个证书使用哪个密钥对签名和验证
主体密钥标识符（Subject Key Identifier）	主体可能有多个私钥-公钥对，原因稍后解释。该字段定义了哪些密钥对用于签名和验证
密钥用途（Key Usage）	定义了这个证书的公钥操作范围。例如，可以指定这个公钥用于所有加密操作，或仅用于加密，或仅用于 Diffie-Hellman 密钥交换，或仅用于执行数字签名，或上述用途的一些组合等
扩展密钥用途（Extended Key Usage）	该字段可以补充或代替密钥用途字段，指定此证书能与哪些协议互操作，稍后分析。这些协议的示例有安全传输层（TLS）协议、客户端身份认证、服务器身份认证、时间戳等
私钥使用期（Private Key Usage Period）	定义证书对应的私钥/公钥的使用期限。如果此字段为空，则证书对应私钥的有效时间与公钥一样
证书策略（Certificate Policies）	定义 CA 对证书指定的策略和可选限定符信息，在此不讨论
策略映射（Policy Mappings）	仅在给定证书的主体也是 CA 时使用。即，当 CA 向另一个 CA 颁发证书时，指定认证的 CA 必须遵循哪些策略
主体备用名（Subject Alternative Name）	为证书主体定义一个或多个备用名。但是，如果主证书格式的主体名字段为空，此字段必须不能为空
签发者备用名（Issuer Alternative Name）	可选地，为证书的签发者定义一个或多个备用名
主体目录属性（Subject Directory Attributes）	用于提供有关主体的附加信息，例如主体的电话/传真号码、电子邮件 ID 等

图 5.5（c）　X.509 数字证书各个字段说明——第 3 版

字段	说明
基本约束（Basic Constraints）	表示此证书的主体是否能作为 CA。该字段还指定主体是否允许其他主体成为 CA。例如，如果 CA X 颁发此证书给另一个 CA Y，则 X 不仅可以指定 Y 是否能作为 CA，给其他主体颁发证书，还可以指定 Y 是否能指定别的主体作为 CA
名称约束（Name Constraints）	指定名称空间，这里不讨论
策略约束（Policy Constraints）	仅用于 CA 证书，这里不讨论

图 5.5（c）　（续）

5.1.5　生成数字证书

5.1.5.1　相关各方

在了解数字证书概念与技术之后，下面介绍生成数字证书要执行的典型过程。参与各方是谁，它们需要各做些什么？这个过程涉及三方，一方是主体，即最终用户；一方为签发者，即 CA；第三方（可选）为参与证书的创建和管理的 RA。

由于 CA 要执行的各种任务太多，如颁发新证书、维护旧证书、撤销失效的证书等，因此 CA 可以委托第三方，即**注册机构** （Registration Authority，RA）分担一些它的任务。从最终用户角度来看，CA 和 RA 几乎没有区别。从技术上讲，RA 是最终用户和 CA 之间的中间实体，它协助 CA 完成日常工作，如图 5.6 所示。

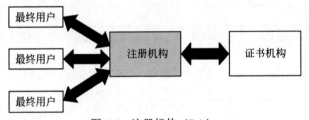

图 5.6　注册机构（RA）

RA 通常提供如下服务。
- 接收和验证新用户有注册信息。
- 代表最终用户生成密钥。
- 接收和授权密钥备份和恢复请求。
- 接收和授权证书撤销请求。

在最终用户和 CA 之间使用 RA 的另一个非常重要的用途是：使 CA 成为隔离的实体，保护 CA 免遭攻击。由于最终用户只与 RA 通信，所以可以重点保护 RA 和 CA 之间的通信，使得攻击者没有可乘之机。

但要注意的是，设立 RA 主要是为了方便最终用户和 CA 之间的交互。RA 不能颁发数字证书，必须由 CA 完成。此外，签发证书后，CA 负责所有证书的管理，例如，跟踪证书状态，对因故无效的证书发出撤销通知等。

5.1.5.2　证书生成步骤

生成数字证书包括几个步骤，如图 5.7 所示。

下面逐一介绍生成数字证书所需的步骤。

第 1 步：密钥生成

首先，是主体（即用户/组织）需要取得证书，可以使用下面两种不同的方法。

（1）主体可以使用某些软件生成私钥和公钥对，这个软件通常是 Web 浏览器或 Web 服务器的一部分，或者使用特殊的软件程序。主体必须保密所生成的私钥，然后将公钥连同关于自己的其他信息和证明发送给 RA，如图 5.8 所示。

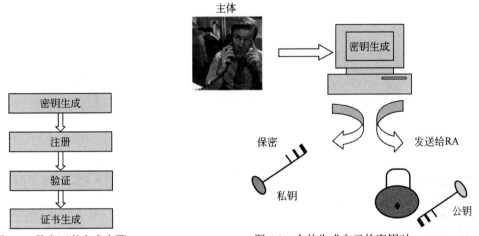

图 5.7　数字证书生成步骤　　　　　　图 5.8　主体生成自己的密钥对

（2）RA 可以代表主体（用户）生成密钥对。之所以这样做，原因之一可能是用户不能生成密钥对；另一种可能是要求所有密钥必须由 RA 集中生成和分发，以便于执行一致的安全策略和密钥管理。当然，这种方法的主要缺点是 RA 知道用户的私钥。此外，在私钥生成后，将它发送给用户的传输过程中也有可能暴露，如图 5.9 所示。

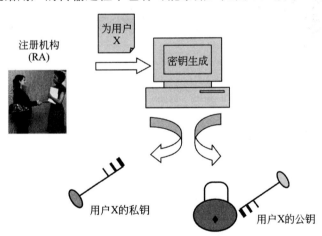

图 5.9　RA 代表主体生成密钥对

第 2 步：注册

只有当在第 1 步中是由用户生成密钥对时，才需要这一步，如果是 RA 代表用户生成密钥对，则这一步在第 1 步就完成了。

假设用户生成了密钥对，要将公钥、相关的注册信息（例如主体名，要出现在数字证书中）以及所有关于用户的证明发送给 RA。为此，软件提供了一个向导，用户按提示输入数据，并在所有数据正确后提交，这些数据通过 Internet 传输给 RA。证书请求的格式已标准化，称为**证书签名请求**（Certificate Signing Request，CSR），这是**公钥加密标准**（Public Key Cryptography Standard，PKCS）之一，后面将要学习，CSR 也称为 PKCS#10。

但证明可能不是计算机数据，通常是纸质文件，如护照、商业文件的副本、收入/税务报表等，如图 5.10 所示。

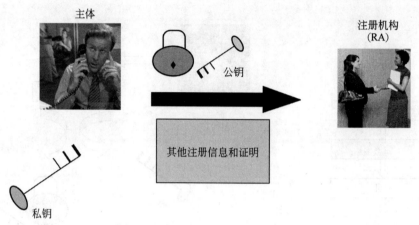

图 5.10　主体向 RA 发送公钥和证明

注意，用户不能将私钥发送给 RA，用户必须安全地保存它。实际上，私钥绝对不能离开用户的计算机。

在现实生活中，实际的证书请求页面如图 5.11 所示。

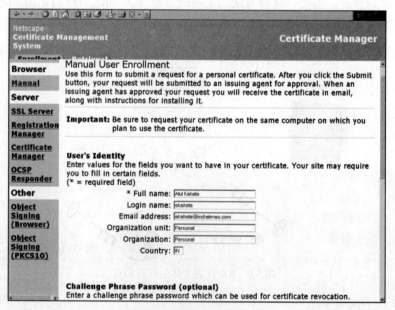

图 5.11　数字证书请求页面

之后，用户会得到请求标识符，用于跟踪证书请求的进度，如图 5.12 所示。

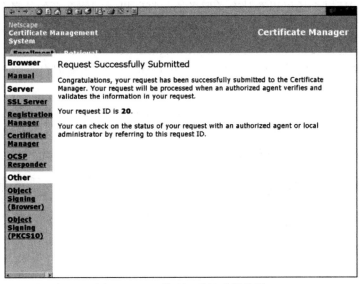

图 5.12　CA 收到证书请求的收据

第 3 步：验证

注册完成后，RA 必须验证用户的凭据，验证分为如下两方面。

（1）RA 需要验证用户的凭据，例如，提供的证明是否正确，RA 是否可以接受。如果实际用户是组织，那么 RA 要查看组织的业务记录、历史文件和信用证明。如果是个人用户，则进行的检查很简单，就是验证邮政地址、电子邮件 ID、电话号码、护照或驾照等。

（2）要保证请求证书的用户确实拥有私钥，这个私钥与向 RA 提出请求证书的公钥相对应，这一点非常重要。因为，必须有记录证明用户拥有与给定公钥相对应的私钥，否则，可能会造成法律问题，即如果用户声称自己从未拥有过私钥，则用其私钥签名的文件必然造成法律问题，这种检查称为检查私钥的**拥有证明**（Proof of Possession，POP）。RA 如何执行这种检查呢？可以有许多方法，主要如下。

- RA 可以要求用户必须用自己的私钥对其**证书签名请求**（Certificate Signing Request，CSR）进行数字签名。如果 RA 能用这个用户的公钥验证签名的正确性，则可以相信用户确实拥有私钥。
- 在这个阶段，RA 也可以生成随机数挑战；用这个用户的公钥加密随机数挑战，再将其发送给用户。如果用户能用其私钥解密，则 RA 相信用户拥有正确的私钥。
- 此外，RA 还可以为用户生成虚拟证书，用这个用户的公钥加密，再将其发送给用户。只有用户能解密这个加密证书，才能得到明文证书。

第 4 步：生成证书

假设，到目前为止，上述所有步骤都已完成，RA 会将用户的所有详细信息传递给 CA。CA 进行必要的验证，并为用户生成数字证书。有一些程序可以生成 X.509 标准格式的证书。CA 将证书发送给用户，并保留一份证书副本作为自己的记录。CA 的证书副本保存在**证书目录**（certificate directory）中。证书目录是由 CA 维护的中央存储位置。证书目录的内容类似于电话目录的内容，用于证书管理和分发的单点访问。

目前没有描述证书目录结构的单一标准。但 X.500 标准已成为一种流行的选择，它不仅可以存储数字证书，还可以存储有关服务器、打印机、网络资源的信息和用户的个人信息，如电话号码/分机号、电子邮 ID 等，以受控方式集中在中央位置。目录客户端可以使用目录协议，如轻量级目录访问协议（Lightweight Directory Access Protocol，LDAP），请求访问这个中央存储库的信息。LDAP 允许用户和应用程序根据自己的权限访问 X.500 目录。

然后 CA 将证书发送给用户，可以附加到电子邮件中；CA 也可以给用户发送电子邮件，通知证书已准备好，让用户从 CA 网站下载，后者如图 5.13 所示，用户从截屏可知，自己的数字证书已经准备好，可以从 CA 网站下载了。

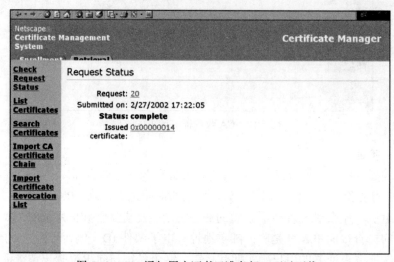

图 5.13　CA 通知用户证书已准备好，可以下载

用户选择下载此证书后，会看到如图 5.14 所示的截屏。注意，此截屏给出了版本、序列号、用于计算消息摘要和签署证书的算法、签发者、有效性、主体的详细信息等。

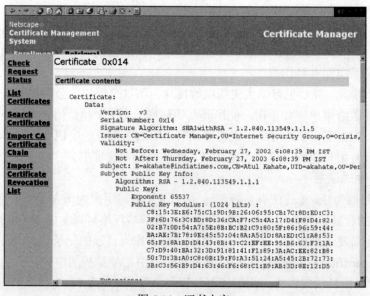

图 5.14　证书内容

实际上，数字证书格式是人类不可读的，如图 5.15 所示，对人类而言，因为看不懂，这个证书没有任何意义，但应用程序能解析或解释证书，并以人类可读的格式向我们展示证书的详细信息。

图 5.15 人类不可读的证书格式

当用户调用 Internet Explorer 浏览器（一个应用程序）查看证书时，可以看到人类可读格式证书的详细信息，如图 5.16 所示。

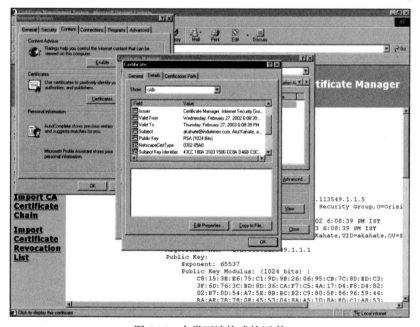

图 5.16 人类可读格式的证书

5.1.6　为何要信任数字证书

5.1.6.1　简介

我们故意没有回答一个极其重要的问题：为什么要信任数字证书？在回答这个问题之前，想一想我们为什么会信任护照呢？我们相信护照不是因为它有护照持有人的信息，而是因为它有预定义的格式，且有权威机构的印章和签名。那么，我们信任数字证书只因为它包含用户的一些信息（特别是公钥）吗？同理，当然不会仅凭一些信息就信任数字证书，毕竟数字证书只是个计算机文件，用任何公钥都能生成数字证书文件，并在商业交易中使用该证书。尽管这不一定会造成生意上的严重损失，但也会有困扰。

因此，CA 始终使用其私钥签署数字证书。实际上，这是 CA 在声明。

> 我已签署了此证书，能保证该用户拥有指定的公钥，请相信我！

5.1.6.2　CA 如何签署数字证书

假设要验证数字证书，该怎么办？由于 CA 已经使用其私钥签署了证书，因此要先验证 CA 的签名。为此，我们要使用 CA 的公钥，看其能否正确地解签证书（很快就会知道这意味着什么）。如果解签成功，则认为证书是有效的，这是安全地信任数字证书的唯一、也是最重要的原因，这个过程如图 5.17 所示。

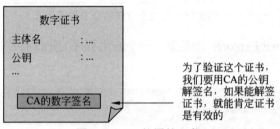

图 5.17　CA 签署的证书

下面了解如何解签证书并检查其可信度。在此之前，先学习 CA 是如何签署证书的。回想前面讨论的 X.509 证书结构，就知道数字证书最后一个字段总是 CA 的数字签名，也就是说，每个数字证书不仅包含用户的信息（如主体名、公钥等），还包含 CA 的数字签名。因此，与护照一样，数字证书总是要签名或认证的，CA 签署证书的方式如图 5.18 所示。

如图 5.18 所示，在向用户颁发数字证书之前，CA 先对证书的所有字段计算消息摘要（使用标准的消息摘要算法，如 MD5 或 SHA-1），再用其私钥对消息摘要进行加密（使用诸如 RSA 之类的算法）来形成 CA 的数字签名。之后 CA 将计算得到的数字签名作为用户数字证书的最后一个字段插入，相当于在准备好的护照上盖章和签名一样。

当然，这个过程是由计算机密码程序自动完成的。

5.1.6.3　如何验证数字证书

在了解 CA 如何签署数字证书之后，下面分析证书的验证是如何进行的。假设收到用户的数字证书，需要进行验证，该如何做呢？显然，要验证 CA 的数字签名。下面分析一下这个过程所涉及的步骤，如图 5.19 所示。

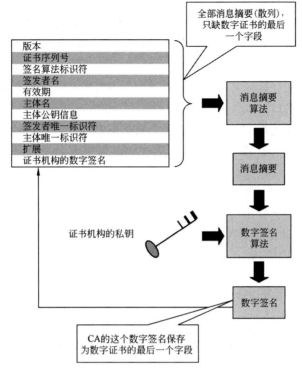

图 5.18　生成证书的 CA 签名

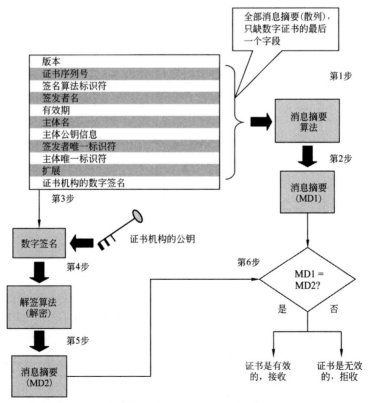

图 5.19　验证证书的 CA 签名

数字证书的验证包括如下步骤。

（1）用户将除了最后一个字段外的所有字段传给消息摘要算法，这个算法应与 CA 签署证书所用的算法相同。CA 在证书签名中会提到用于签名的算法，因此用户知道要使用哪种算法。

（2）消息摘要算法计算证书中除了最后一个字段外所有字段的消息摘要（散列），我们将此消息摘要称为 MD1。

（3）用户从证书中提取 CA 的数字签名（它是证书的最后一个字段）。

（4）用户解签 CA 的签名（即用户用 CA 的公钥解密签名）。

（5）这会产生另一个消息摘要，我们将其称为 MD2。注意，MD2 与 CA 在证书签名期间计算的消息摘要相同（即用其私钥加密消息摘要之前，生成证书的数字签名）。

（6）现在，用户将计算出的消息摘要（MD1）与解签 CA 签名的结果（MD2）进行比较。如果两者匹配，即 MD1= MD2，则用户确信数字证书确实是由 CA 用其私钥签署的；如果不匹配，则用户不信任这个证书，会拒收。

5.1.7　证书层次结构和自签名数字证书

在这个阶段还存在另一个问题：数字证书的验证虽然令人满意，但存在一个潜在的威胁。假设 Alice 收到 Bob 的数字证书，需要验证。众所周知，验证意味着 Alice 要用 CA 的公钥对证书进行解签，那 Alice 怎么知道 CA 的公钥呢？

一种可能是，Alice 和 Bob 属于相同的 CA，在这种情况下，没有任何问题，因为 Alice 已经知道 CA 的公钥，但情况不会总是如此。Alice 和 Bob 可能不属于同一个 CA，即不是从同一个 CA 获得证书。在这种情况下，Alice 如何获得 CA 的公钥呢？

为了解决这个问题，要生成 CA 的**证书机构层次**（Certification Authority hierarchy），称为**信任链**（chain of trust）。简单来说，对所有 CA 进行分组，构成 CA 层次结构的多个级别，如图 5.20 所示。

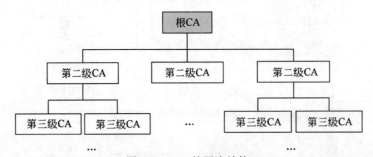

图 5.20　CA 的层次结构

如图 5.20 所示，CA 的层次结构从根 CA 开始，根 CA 下面有一个或多个第二级 CA，每个第二级 CA 下面又有一个或多个第三级 CA，第三级 CA 下还有更低级别的 CA，以此类推。就像组织中汇报的层次结构一样，CEO 或常务董事是最高权威，高级经理要向 CEO 或常务董事汇报，经理要向高级经理汇报，员工要向经理汇报，以此类推。

这种 CA 层次结构有什么用呢？就像汇报结构能使 CEO 或常务董事从所有部门的具体

工作事务中解脱出来一样，这种层次结构使根 CA 不必管理所有的数字证书，根 CA 可以将此工作委托给第二级 CA，这种委托可以按区域进行，例如第 1 个二级 CA 负责西部地区，第 2 个二级 CA 负责东部地区，第 3 个二级 CA 负责北部地区，第 4 个二级 CA 负责南部地区，等等。每个第二级 CA 可以在该区域内按州指定第三级的 CA。每个第三级 CA 可以将其工作委派给第四级 CA，以此类推。

因此，在示例中，如果 Alice 从第三级 CA 获得了自己的证书，而 Bob 从另一个第三级 CA 获得了自己证书，那么 Alice 如何验证 Bob 的证书呢？为了简化，对 CA 进行命名，如图 5.21 所示。

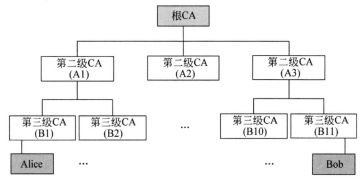

图 5.21　同一根 CA 下属于不同 CA 的用户

假设 Alice 的 CA 是 B1，而 Bob 的 CA 是 B11。显然，Alice 不能直接知道 B11 的公钥，因此，除了自己的证书外，Bob 还必须把自己的 CA 证书（即 B11）发送给 Alice，告诉 Alice 关于 B11 的公钥。Alice 使用 B11 的公钥，解签和验证 Bob 的证书。

这又引出了下一个问题：Alice 如何认为 B11 的证书是可信的呢？实际上，如果是伪造的证书，并不是 B11 的怎么办？Alice 还必须要验证 B11 的证书。为此，需要做什么？当然是 Alice 需要验证 B11 证书上的签名。从图 5.21 可知，B11 的证书是由 A3 颁发和签名的。因此，Alice 也需要 A3 的证书。A3 已签署了 B11 的证书。因此，Alice 必须用 A3 的公钥解签 B11 的证书，验证 B11 的证书。

读者应该猜到了下一个问题：Alice 如何知道 A3 的公钥呢？Alice 可以问 Bob 要 A3 的公钥，但这又引发同样的问题：Alice 怎么能确定公钥属于 A3 而不是伪造的呢？因此，根据之前的讨论，应该很容易意识到，Alice 也需要 A3 的证书，使用 A3 的公钥证书验证 B11 的证书。

更进一步，Alice 需要验证 A3 的证书。为此，根据图 5.21 可知，Alice 需要根 CA 的证书，得到它，就能成功地验证 A3 的证书。

但我们仍然没有走出问题循环！问题是：如何验证根 CA，即如何验证根 CA 的公钥呢？哪里是尽头？这会一直持续下去吗？根 CA 是验证链中的最后一环，如何验证根 CA 的证书？根 CA 的证书是谁签发的？图 5.22 展示了这个问题。

好在还有一条出路。根 CA 被自动视为可信 CA，很多时候，甚至第二级或第三级 CA 也被视为可信 CA。这如何实现呢？为此，Alice 的软件（通常是 Web 浏览器，但也可以是任何其他能够存储和验证证书的软件）包含根 CA 的预编程、硬编码的证书。此外，根 CA 的证书是自签名证书（self-signed certificate），也就是根 CA 签署自己的证书。从技术

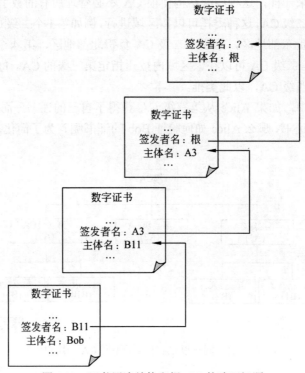

图 5.22　证书层次结构和根 CA 的验证问题

上讲，这是什么意思呢？很容易理解，如图 5.23 所示，就是将证书的签发者名和主题名都指向根 CA。

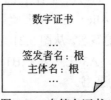

图 5.23　自签名证书

　　由于此证书是 Web 浏览器或 Web 服务器等基本软件的一部分，所以 Alice 不必担心根证书的真实性，除非其所用的基础软件来自不受信任的站点。只要 Alice 使用行业标准、广泛接受的软件应用程序（通常是 Web 浏览器和 Web 服务器），就能保证根 CA 证书的有效性。

　　验证证书链的过程如图 5.24 所示。

　　当然，在现实生活中，实际的操作顺序不需要这么复杂。也许 Bob 在发给 Alice 的第一条消息中，包含了根 CA 如下的所有证书（即自己的证书、B11 和 A3 的证书），这称为**推模型**（push model）。另一种是实践中可用的**拉模型**（pull model）。图 5.24 给出了详细的步骤和细节。

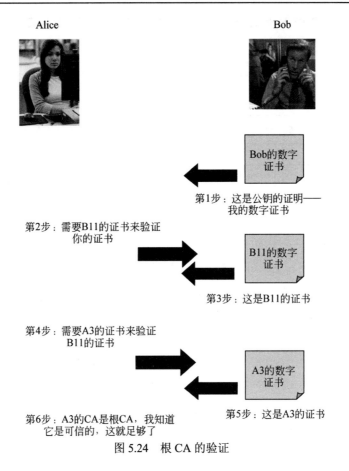

图 5.24　根 CA 的验证

5.1.8　交叉认证

我们还没有解决所有的问题。Alice 和 Bob 有可能生活在不同的国家或地区，即用户的根 CA 不同。这是因为，每个国家或地区都有自己的根 CA。事实上，一个国家或地区有多个根 CA。例如，美国的根 CA 有 VeriSign、Thawte 和美国邮政服务。当有多个根 CA 时，各方信任的根 CA 不唯一。例如，日本的 Alice 为什么要信任 Bob 的美国根 CA 呢？

这又把我们拉回了这个永无休止的证书颁发机构层次结构链及其验证的老故事中，好在有一种替代方法：**交叉认证**（ross-certification）。因为由唯一的 CA 来认证世界上所有的用户证书是不可能的。不同国家、政治组织和企业各自认证才是正道，这样，不仅 CA 要服务的用户数量少了，各 CA 还可以独立工作。此外，交叉证书允许 CA 和来自不同 PKI 域的终端用户进行交互。

更具体地说，交叉认证证书由 CA 颁发以创建非分层的信任路径，下面通过如图 5.25 所示的例子来阐明。

如图 5.25 所示，虽然 Alice 和 Bob 的根 CA 不同，但它们已经相互交叉认证。从技术上讲，Alice 的根 CA 已经从 Bob 的根 CA 获得证书，同样，Bob 的根 CA 已经从 Alice 的根 CA 获得证书。即使 Alice 的软件只信任自己的根 CA，也不是问题。由于 Bob 的根 CA 和 Alice 的根 CA 进行了交叉认证，Alice 能且确实信任 Bob 的根 CA。也就是说，Alice 可以使用路径：Bob-Q2-P1-Bob 的根 CA- Alice 的根 CA，来验证 Bob 的证书，之前已详细解释过这个过程，在此不再赘述。

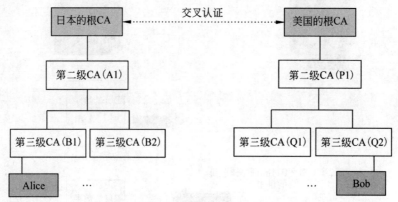

图 5.25　CA 的交叉认证

因此，通过证书的层次结构、自签名证书和交叉认证技术，几乎任何用户都可以验证任何其他用户的数字证书，并基于验证结果，决定要么信任，要么拒绝。

5.1.9　证书吊销

5.1.9.1　简介

如果你的信用卡丢失或被盗，你会立即向有关银行挂失。银行会注销你的信用卡。同样，数字证书也可以被吊销。为什么要吊销数字证书呢？有如下一些常见的原因。

- 数字证书持有者报告，数字证书中指定公钥所对应的私钥泄露（即被人盗用）。
- CA 发现颁发的证书有误。
- 证书持有人离职，该证书是那份工作专用的。

这时，与被盗信用卡一样，必须吊销这个证书，使证书无效。吊销过程有什么作用？通常，就像信用卡用户报告信用卡丢失或被盗一样，证书持有人应报告证书要进行吊销。当然，如果用户离开组织或者从事违法行为需要吊销证书的，组织应启动这个过程。最后，如果 CA 发现自己提供了错误证书，也要启动证书吊销过程。

无论何时，CA 都必须知道证书的吊销请求。此外，CA 必须在接受吊销请求之前，验证证书吊销的请求者，否则别人可以滥用证书吊销过程来请求吊销属于另一个用户的证书！

假设 Alice 要用 Bob 的证书与 Bob 进行安全通信，在使用 Bob 的证书之前，Alice 需要下面两个问题的答案。

- 这个证书真的属于 Bob 吗？
- 这个证书是有效的，还是被吊销的？
- Alice 使用证书链就能知道证书是否属于 Bob。假设 Alice 知道证书确实属于 Bob 了。接下来，Alice 还要知道第二个问题的答案，即证书是否有效，这该如何检查呢？为此，CA 提供了如图 5.26 所示的检查机制。

下面讨论这些吊销状态的检查方案。

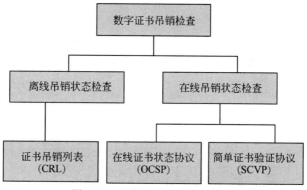

图 5.26 证书吊销状态检查机制

5.1.9.2 离线证书吊销状态检查

证书吊销列表（Certificate Revocation List，CRL）是检查离线数字证书状态的主要手段。最简单的 CRL 是每个 CA 定期发布的证书列表，标识 CA 生命周期内已吊销的所有证书，这个列表不包括过了有效期的证书。CRL 只列出有效期内因故吊销的证书。

每个 CA 都发布自己的 CRL。相应的 CA 签署每个 CRL。因此，验证 CRL 很容易。CRL 只是一个顺序文件，会随着时间的推移而增长，以包含所有尚未过期、但已被吊销的证书。因此，它是 CA 发布的之前所有 CRL 的超集。每个 CRL 项都列出证书的序列号、证书吊销的日期和时间及吊销的原因。CRL 还包括发布此 CRL 的日期和时间以及发布下一个 CRL 的时间，CRL 文件的逻辑视图如图 5.27 所示。

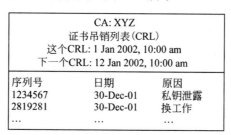

图 5.27 CRL 的逻辑视图

因此，当 Alice 收到 Bob 的证书并想看看是否应该信任它时，应该按照给定的顺序执行如下的操作。

- **证书过期检查**（certificate expiry check）：将当前日期与证书有效期进行比较，确保证书没有过期；
- **签名检查**（signature check）：检查 Bob 的证书是否可以用其 CA 的签名验证；
- **证书吊销检查**（certificate revocation check）：查阅 Bob 的 CA 发布的最新 CRL，以确保 Bob 的证书没有被列为已吊销的证书。

Alice 只有完成上述三方面的检查后，才能信任 Bob 的证书，如图 5.28 所示。

随着时间的推移，CRL 变得非常大。假设每年约有 10%的未过期证书会被吊销。 因此，如果 CA 有大约 100000 个用户，那在两年内，它的 CRL 可能包含 20000 项！这是相当大的。此外，记住，即使用户在手持设备上执行的应用程序，要用其他用户的证书，也需要执行 CRL 检查！如果手机要存储和检查 20000 个用户的 CRL，则必须先通过网络接收

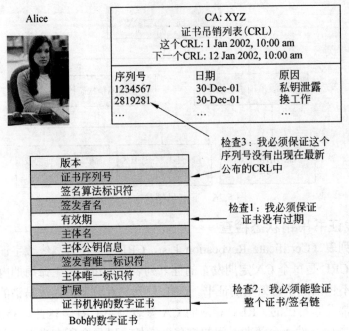

图 5.28　在验证过程中，验证证书和 CRL 的作用

CRL 文件，这形成一个大瓶颈，这个问题引出了**增量 CRL**（delta CRL）的概念。

最初，CA 可以向需要 CRL 服务的用户发送一次性完整的最新 CRL，这是基本 CRL。但在下次更新时，CA 不需要再次发送整个 CRL 文件，只需发送自上次更新以来，更改的 CRL（称为增量 CRL），这种机制使 CRL 文件变小，从而加快传输。对基本 CRL 的更改称为增量 CRL，增量 CRL 也是一个文件，与 CRL 一样，也由 CA 签署。每次发布完整的 CRL 与只发布增量 CRL 之间的区别如图 5.29 所示。

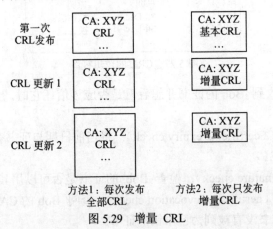

图 5.29　增量 CRL

使用增量 CRL 时，需要牢记这几点。首先，增量 CRL 文件包含**增量 CRL 指示符**（delta CRL indicator）。指示符告知用户该 CRL 文件不是一个完整全面的 CRL 文件，只是一个增量 CRL。因此，用户知道，要得到完整的 CRL，必须将基本 CRL 和这个增量 CRL 文件一起使用。其次，每个 CRL 还包含一个序列号，用于检查用户是否能使用整个增量 CRL，或

者检查是否缺少某个中间的增量 CRL 文件。第三，基本 CRL 也可以包含**增量信息**（delta information）的指示符，告知用户，与这个基本 CRL 对应的增量 CRL 也是可用的，还提供增量 CRL 的地址和下一个增量 CRL 的发布时间。

关于增量 CRL，必须牢记一点：它只是减少网络传输的开销，不会减少证书吊销检查处理时间或工作量，因为用户必须检查基本 CRL 和所有增量 CRL，才能确保特定证书未被吊销。

一直以来，我们都没有分析过，为何将 CRL 称为离线证书吊销状态检查呢？之所以称为离线 CRL，是因为它是 CA 定期发布的，间隔时间从几个小时到几周不等。因此，Alice 从 Bob 的 CA 得到 CRL，有可能是 2002 年 1 月 1 日颁发的，而当前日期实际上是 2002 年 1 月 10 日。在理论上，在 1 月 1 日到 1 月 10 日之间，Bob 的证书有可能已被吊销，但 Alice 没有机会知道，因为 Alice 无法在线检查 Bob 的证书状态，因此得名离线 CRL，这种延迟是 CRL 方法的主要缺点。

CRL 的另一个重点是 CA 总是定期发布新的 CRL，即使与旧 CRL 完全一样也如此（即没有新吊销的证书），以保持 CRL 用户一直使用最新的 CRL。

下面分析 CRL 的标准格式，构成 CRL 的各个字段如图 5.30 所示。

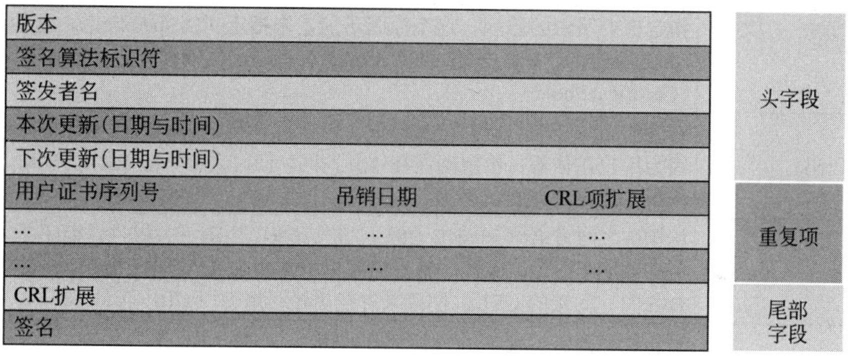

图 5.30　CRL 的格式

如图 5.30 所示，有一些头字段、一些重复字段、一些尾部字段。显然，序列号、吊销日期和 CRL 项扩展等字段（随后讨论）要对 CRL 中每个撤销证书项重复，而其他字段构成头字段和尾部字段。下面介绍这些字段，如图 5.31 所示，其中有些字段前面已介绍过。

我们要明确区分 CRL 项扩展和 CRL 扩展。CRL 项扩展对每个吊销证书重复，而整个 CRL 只有一个 CRL 扩展。

下面，先讨论 CRL 项扩展。CRL 格式目前有两个版本：第 1 版和第 2 版。就像 X.509 数字证书可以用第 2 版和第 3 版扩展增强一样，CRL 第 2 版使 CA 能传送每个单独证书吊销的附加信息。在第 2 版的 CRL 格式中，有 4 个 CRL 项扩展，如图 5.32 所示。

对于给定的 CRL，它可以有许多的 CRL 扩展，如图 5.33 所示。

如我们所知，与最终用户一样，CA 本身也由证书标识。CA 的证书与最终用户证书一样，也需要吊销。**机构吊销列表**（Authority Revocation List，ARL）提供了 CA 证书的吊销信息列表，就像 CRL 提供最终用户证书的吊销信息一样。

字段	说明
版本	表示 CRL 的版本
签名算法标识符	标识 CA 用于签署 CRL 的算法（如 SHA-1 与 RSA）， 表示 CA 先用 SHA-算法计算 CRL 的消息摘要，然后再用 RSA 算法对其进行签名（即用私钥加密消息摘要）
签发者名	标识 CA 的专有名（DN）
本次更新（日期与时间）	发布此 CRL 的日期与时间值
下次更新	发布下一个 CRL 的日期与时间值
用户证书序列号	已吊销证书的证书编号，这个字段对每个吊销证书重复
吊销日期	吊销证书的吊销日期与时间，这个字段对每个吊销证书重复
CRL 项扩展	每个吊销证书有一个扩展，稍后介绍
CRL 扩展	每个 CRL 有一个扩展，稍后介绍
签名	包含 CA 签名

图 5.31　CRL 字段说明

字段	说明
原因代码	指定证书吊销的原因。这个原因可能是**未指定**（Unspecified）、**密钥泄露**（Key compromise）、**CA 失陷**（CA Compromise）、**已取代**（Superseded）、**证书挂起**（Certificate hold）
暂停指令代码	有趣的是，证书可以暂停或挂起，这表示在指定时间内证书是无效的（可能是因为用户在休假，希望确保在休假期间，任何人都不能滥用证书），这时，该字段指定证书为挂起状态
证书签发者	标识证书签发者名和间接 CRL。间接 CRL 由第三方提供，而不是由最初发布证书的 CA 提供。因此，第三方可以汇总多个 CA 的 CRL，发布一个单一的、合并的、间接的 CRL，使请求者能更轻松地使用 CRL 信息
无效日期	私钥疑似泄露或泄露的日期和时间值

图 5.32　CRL 项扩展

字段	说明
机构密钥标识符	用于区分 CA 使用的多个 CRL 签名密钥
签发者备用名	将一个或多个备用名与签发者相关联
CRL 编号	包含一个序列号，其值随着发布的每一个 CRL 递增，用户通过该字段能知道是否查看了之前的所有 CRL
增量 CRL 指示符	如果使用，将 CRL 标记为 delta CRL
发布分发点	为给定的 CRL 标识 **CRL 分发点**（CRL distribution point，也称为 **CRL 分区**（CRL partition））。当 CRL 过大时，使用 CRL 分发点，即创建几个较小的 CRL，而不是由单个的大的 CRL 分发。 CRL 的请求者请求并处理这些较小的 CRL。发布分发点提供指向较小 CRL 位置的指针（即 DNS 名称、IP 地址或较小 CRL 的文件名）

图 5.33　其他 CRL 项扩展

5.1.9.3 在线证书吊销状态检查

由于 CRL 的大小及过期的可能性，它不是检查证书吊销的最佳方式，所以开发两个新协议来检查在线证书的状态，即**在线证书状态协议**（Online Certificate Status Protocol，OCSP）**和简单证书验证协议** （Simple Certificate Validation Protocol，SCVP）。

1. 在线证书状态协议（OCSP）

在线证书状态协议（OCSP）用于检查给定的数字证书在特定时刻是否有效。因此，它是在线检查。OCSP 允许证书验证者实时查看证书的状态，从而为数字证书验证机制提供了更快捷、更简单、更高效的服务。与 CRL 不同，它不需要下载。下面逐步介绍 OCSP 的工作原理。

（1）CA 提供服务器：**OCSP 响应器**（OCSP responder）。此服务器包含最新的证书吊销信息。请求者（客户端）必须发送一个查询，也称为 **OCSP 请求**（OCSP request），以检查特定证书是否被吊销。OCSP 最常用的底层协议是 HTTP，当然也可以使用其他应用层协议如 SMTP，如图 5.34 所示。实际上，技术上并非如此。在实践中，OCSP 请求包含 OCSP 协议版本、请求的服务以及一个或多个证书标识符（依次包含签发者的消息摘要、消息签发者的公钥和证书序列号），但为了简单起见，这里忽略了这些细节。

图 5.34　OCSP 请求

（2）OCSP 响应器查询服务器的 X.500 目录（在该目录中 CA 不断反馈证书的吊销信息）以查看特定证书是否有效，如图 5.35 所示。

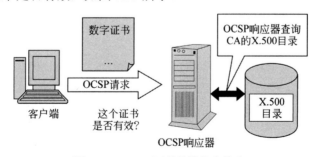

图 5.35　OCSP 证书吊销状态检查

（3）根据 X.500 目录查询状态的检查结果，对客户端的原始请求中的每个证书，OCSP 响应器都会发回数字签名的 OCSP 响应。响应有三种形式：Good、Revoked、Unknown。如果证书被吊销，OCSP 响应还可能包括吊销的日期、时间和原因，客户端根据响应，来确定采取什么操作。一般来说，建议只在 OCSP 响应为 Good 时，才认为证书是有效的，如图 5.36 所示。

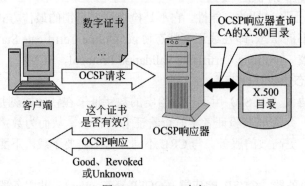

图 5.36　OCSP 响应

　　但 OCSP 本身也存在一些问题，它不检查与当前证书关联的证书链的有效性。例如，假设 Alice 要用 OCSP 验证 Bob 的证书，OCSP 只是告知 Alice，Bob 的证书是否有效。OCSP 不会验证签发 Bob 证书的 CA 证书，或证书链中任何更高级别 CA 的证书，因此，在使用 OCSP 的客户端应用程序中必须有这些逻辑（验证更高层的信任链）。 此外，客户端应用程序要检查证书的有效期、密钥使用合规性和其他约束。

　　有趣的是，编写的 OCSP 响应程序是与 CRL 交互，而不是与 X.500 目录证书存储交互，这意味着，使用 OCSP 也可能得到过期的信息！

2. 简单证书验证协议（SCVP）

　　截止到撰写本书时，简单证书验证协议（SCVP）还是草案。SCVP 是一种在线证书状态的报告协议，旨在解决 OCSP 存在的问题。由于 SCVP 在概念上与 OSCP 相似，这里只是给出两者之间的区别，如图 5.37 所示。

特点	OCSP	SCVP
客户端请求	客户端只给服务器发送证书的序列号	客户端将整个证书发给服务器。因此，服务器可以执行更多的检查
信任链	只检查给定的证书	客户端可以提供中间证书的集合，以便服务器检查
检查	只检查证书是否被吊销	客户端可以要求进行额外的检查（如检查完整的信任链），分析吊销信息的类型（即服务器是否要用 CRL 或 OCSP 进行吊销检查）等
返回信息	服务器只返回证书的状态	客户端可以指定对什么附加信息感兴趣（如服务器返回吊销状态的证明，或服务器返回已验证的受信任的证书链等）
其他特点	无	客户端可以请求检查证书的回溯事件。例如，假设 Bob 将签名文件连同自己的证书一同发送给 Alice。那么，Alice 可以使用 SCVP 检查 Bob 的证书在签署时是否有效，而不是验证签名是否有效

图 5.37　OCSP 与 SCVP 的区别

　　有趣的是，OCSP 本身也在增强，它的增强版本是 OCSP Extensions（或 OCSP-X）目前也处于提案阶段，OCSP-X 的目标与 SCVP 的目标相似。

5.1.10　证书类型

各种数字证书的状态和成本是不同的，要求也是有所不同的。例如，用户的数字证书只用于加密消息，不用于消息的数字签名，而商家的在线购物网站会使用高成本的数字证书，这样的数字证书应用于许多领域。

一般来说，证书分为如下几类。

（1）**电子邮件证书**：电子邮件证书包括用户的电子邮件 ID，用于验证电子邮件的签名者的电子邮件 ID 与其证书中的电子邮件 ID 是否相同。

（2）**服务器端的 SSL 证书**：对于允许买家从在线网站购买商品或服务的商家来说，该证书很重要，稍后详细讨论。由于滥用这个证书会造成严重损害，因此颁发此类证书要认真审查商家的资质。

（3）**客户端的 SSL 证书**：该证书使商家（或任何其他服务器端实体）能验证客户端（浏览器端实体），稍后详细介绍这种证书。

（4）**代码签名证书**：许多人不喜欢下载 Java 小程序或 ActiveX 控件等客户端的代码，因为这些代码有内在风险。为了缓解这类担忧，签名者可对 Java 小程序或 ActiveX 控件的代码签名。当用户单击包含此类代码的网页时，浏览器会显示警告消息，指明页面包含此类代码，由相应开发者或组织签名，询问用户是否信任这些开发者或组织。如果用户信任，则下载 Java 小程序或 ActiveX 控件，在浏览器上执行。如果用户不信任，则处理结束。必须请注意，签名的代码并不一定安全，可能会造成严重的破坏，签名只是表明代码的来源。

5.1.11　漫游证书

到目前为止，我们知道，数字证书的公钥有助于建立用户间的信任，但其仍存在可移植性问题。人在四处游走，但仍要进行数字交易：如加密和签名，也就是说用户的数字证书也必须是可移动的。智能卡技术能解决这个移动问题，但在不使用智能卡的情况下，该如何做呢？简单的做法是用户把证书复制到磁盘，然后随身携带。

到目前为止，有了一种更佳的解决方案：**漫游证书**（roaming certificates），它由第三方提供，为组织用户或个人用户解决证书可移动的问题，其工作原理如下。

（1）在中央安全服务器（也称为凭证服务器）的数据库中，存储用户的数字证书、私钥、用户名和密码，如图 5.38 所示。

（2）当用户四处游走，异地登录到自己的计算机时，要通过 Internet，使用自己的 ID 和密码访问凭证服务器，如图 5.39 所示。

（3）凭证服务器使用凭证数据库验证用户的 ID 和密码。如果认证成功，则凭证服务器给用户发送数字证书和私人密钥文件，如图 5.40 所示。

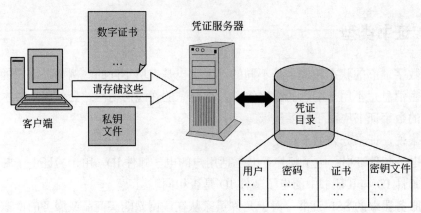

图 5.38 漫游证书用户注册

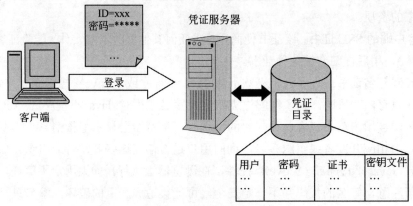

图 5.39 漫游证书用户登录

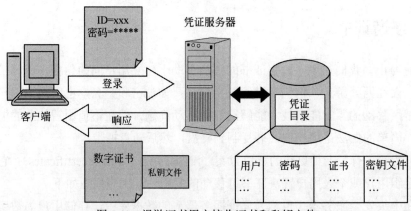

图 5.40 漫游证书用户接收证书和私钥文件

5.1.12 属性证书

与数字证书相关的另一个新兴标准是**属性证书**（Attribute Certificate，AC）标准。属性证书的结构与数字证书结构类似，但目的不同。属性证书不包含用户的公钥，而是建立实体与其相关属性（例如，成员资格、角色、安全许可或其他授权细节）的关联。与数字证书一样，属性证书也用签名检测内容的更改。

　　属性证书可用于授权服务，如对网络、数据库等的访问控制；对实体建筑和设施的物理访问；等等。

5.2　私　钥　管　理

5.2.1　保护私钥

　　一直以来，我们一直专注于数字证书，即专注于用户的公钥，根本没有考虑过私钥。众所周知，用户必须保密私钥，使其他用户不能访问自己的私钥。如何保护私钥呢？一般保护私钥有几种机制，如图 5.41 所示。

机制	说明
密码保护	这是保护私钥的一种最简单、也是最常见的机制。私人的密钥作为磁盘文件存储在用户计算机的硬盘中，只有有密码或个人识别码 （PIN）才能访问。由于任何能破解密码的人都能访问私钥，所以这是最不安全的方法
PCMCIA 卡	PCMCIA（个人计算机存储卡国际协会）卡实际上是芯片卡，私钥存储在这样的卡中，就无须存储在用户的硬盘中了，能降低私钥被盗的风险。但对于加密应用程序（如签名或加密）而言，要从 PCMCIA 卡中将私钥读到用户的计算机内存，所以攻击者还有截获密钥的空间
令牌	令牌以加密格式存储私钥。要解密和访问私钥，用户必须提供一次性密码（也就是说该密码仅对应一次特定的访问，下次再访问时，此密码无效，必须使用另一个新密码）。稍后将讨论令牌是如何工作的，它是一种更安全的方法
生物方法	私钥与个人的独特特征相关联（例如指纹、视网膜扫描或语音比较）。在概念上，生物方法与令牌类似，但在生物方法中，用户只需使用自身的特征，不需要随身携带任何其他的凭证
智能卡	在智能卡中，用户的私钥存储在防伪卡中，这张卡含有一个计算机芯片，可以执行加密功能，如签名和加密。这一方案最大的优势是私钥永远不会离开智能卡，因此，受攻击的范围大幅缩小。这一方案的缺点是用户不仅需要随身携带智能卡，还要有兼容的智能卡读卡器

图 5.41　私钥保护机制

　　在许多情况下，用户还需要将私钥从一个地点传输到另一个地点。例如，假设用户要换 PC，PKCS#12 加密标准用于处理这种情况，该标准允许用户导出数字证书和计算机文件形式的私钥，转移到另一个地点的证书和私钥也必须受到保护，为此，PKCS#12 标准用对称密钥加密证书和私钥，加密用的对称密钥是从用户的私钥保护密码中求出的。

5.2.2　多个密钥对

　　PKI 方法还建议，在重要的业务应用程序中，用户应该拥有多个数字证书，也就是要有多个密钥对：一个证书只用于签名，另一个证书用于加密。这能确保一个私钥的泄露不影响用户的完整操作，一般规则如下。

- 用于数字签名（不可抵赖性）的私钥在到期后，不得备份或存档，必须销毁，以确保在未来的某一天，别人用它进行签名（尽管 CRL/OCSP 检查证书有效日期时会发现，但不能保证万无一失）。
- 而用于加密/解密的私钥必须在到期后进行备份，以便在未来的某天，用于恢复加密信息。

5.2.3　密钥更新

优秀的安全实践要求密钥对必须定期更新，因为随着时间的推移，密钥更容易受到密码分析的攻击。数字证书使用一段时间就过期，就是为了确保更新密钥对，用下面的方法可以处理证书的到期问题。

- CA 根据原密钥对重新签发新证书（当然，不推荐这样做，除非对原始密钥对的强度非常有信心）。
- 生成一个新的密钥对，CA 根据该新密钥对签发新证书。

密钥更新过程有如下两种处理方式。

- 在上面的第一种方法中，最终用户必须要检测到证书即将到期，并请求 CA 签发新的证书。
- 在上面的第二种方法中，每次都会自动检查证书的到期日期，一旦即将到期，就向 CA 发送证书请求，为此，需要特定的系统。

5.2.4　密钥归档

CA 必须维护用户证书与密钥的历史。例如，假设有人访问 Alice 的 CA，要求 CA 使 Alice 的数字证书可用，因为三年前 Alice 用其签署了法律文件，现在要对该文件进行验证。如果 CA 没有存档证书，则无法提供证书，会引发严重的法律问题。因此，密钥归档是任何 PKI 解决方案的一个非常重要的方面。

5.3　PKIX 模型

众所周知，X.509 标准定义了数字证书的结构、格式和字段，还指定了分发公钥的过程。为了扩展这些标准，使其通用，Internet 工程任务组（IETF）构建公钥基础设施 X.509（Public Key Infrastructure X.509，PKIX）工作组，扩展 X.509 标准的基本理念，详细说明在 Internet 世界中如何部署数字证书。此外，还为不同领域的应用程序定义了其他 PKI 模型，例如，用于金融机构的 ANSI ASC X9F 标准等，这里的讨论只限于 PKIX 模型。

5.3.1　PKIX 服务

PKIX 确定 PKI 基础架构的主要广义服务有如下几方面。

（1）注册：这是最终实体（主体）让 CA 知道自己的过程。通常，要通过 RA。

（2）初始化：处理基本问题，例如终端实体如何确定它是在与正确的 CA 交互？我们已经知道如何解决这个问题。

（3）认证：在这一步中，CA 为终端实体生成数字证书，并将其返回给最终实体，将证书副本作为记录，进行维护，再根据需要，将其复制到公共目录中。

（4）密钥对恢复：在未来的某一天，可能需要恢复加密密钥，以解密一些旧文件。密钥存档和恢复服务可以由 CA 提供，也可以由独立的密钥恢复系统提供。

（5）密钥生成：PKIX 指定终端实体应能生成私钥/公钥对，或者 CA/RA 能为终端实体执行此操作（然后安全地将密钥对分发给终端实体）。

（6）密钥更新：这是从过期密钥对到新密钥对的平滑过渡，数字证书进行自动更新。但也能手动完成数字证书的更新请求和响应。

（7）交叉认证：建立信任模型，使不同 CA 认证的终端实体可以相互交叉验证。

（8）吊销：PKIX 支持以两种模式来检查证书的状态，即在线（使用 OCSP）或离线（使用 CRL）。

前面已经讨论过这些服务。

5.3.2　PKIX 架构模型

PKIX 总结了综合文档，介绍其体系结构模型的 5 个领域，这些分类文档细化了基本 X.509 标准的描述。这 5 个领域具体如下。

（1）X.509 V3 证书和 V2 证书吊销列表配置文件：众所周知，X.509 标准允许在描述数字证书扩展时使用各种选项。PKIX 将所有适合 Internet 用户的选项分组，选项分组作为 Internet 用户的配置文件，RFC 2459 给出了此配置文件的描述，指定了哪些必须、可以或可以不（must、may 或 may not）支持的属性，还提供了每个扩展类别所用值的取值范围。例如，基本 X.509 标准没有指定证书挂起时的指令代码，但 PKIX 定义了该指令代码。

（2）操作协议：定义了底层协议，提供传输机制，将证书、CRL 和其他管理与状态信息传递给 PKI 用户。由于每种需求所对应的服务不同，因此，定义了如何使用 HTTP、LDAP、FTP、X.500 等。

（3）管理协议：使不同 PKI 实体之间的信息交换成为可能（例如如何携带注册请求、吊销状态、交叉认证请求与响应）。管理协议规定了实体之间交流消息的结构，还指定了处理消息所需的细节。例如，管理协议包括用于请求证书的证书管理协议（Certificate Management Protocol，CMP）。

（4）策略大纲：在 RFC2527 中，PKIX 定义了**证书策略**（Certificate Policies，CP）和**证书操作声明**（Certificate Practice Statements，CPS）的大纲，定义了创建文档的策略，例如 CP，在为特定应用领域选择证书时，其决定了哪些因素最重要。

（5）时间戳和数据认证服务：**时间戳服务**（Timestamping service）由受信任的第三方，即时间戳管理局提供。这一服务的目的是对消息进行签名，以保证在特定日期和时间之前签名一直存在，处理不可抵赖性索赔。**数据认证服务**（Data Certification Service，DCS）是受信任的第三方服务，它验证接收数据的正确性，与公证服务类似，例如，在现实生活中，人们可以对财产进行公证。

5.4　公钥加密标准（PKCS）

5.4.1　简介

前面提到了**公钥加密标准**（Public Key Cryptography Standard，PKCS），但没有展开介绍，下面简要介绍它的含义和目的。

PKCS 模型最初是由 RSA 实验室开发的，得到了政府、工业界和学术界的共同支持。PKCS 的主要目的是标准化公钥基础设施 （PKI）。标准化体现在多个方面，如格式、算法和 API。标准化有助于组织开发与实现可互操作的 PKI 解决方案，而不是每个用户用各自的标准。

图 5.42 总结了 PKCS 标准，其中一些已介绍过，其余的稍后介绍。

标准	名称	用途
PKCS#1	RSA 加密标准	定义 RSA 公钥函数的基本格式化规则，特别是数字签名规则。定义数字签名的计算方法，包括签名的数据结构及签名格式。该标准还定义了 RSA 私钥与公钥的语法
PKCS#2	消息摘要的RSA加密标准	该标准概述了消息摘要计算，但现已与 PKCS#1 合并，不再独立存在
PKCS#3	Diffie-Hellman 密钥协议标准	定义实现 Diffie-Hellman 密钥交换协议的机制
PKCS#4	无	已与 PKCS#1 合并
PKCS#5	口令加密（PBE）	描述用对称密钥加密八进制字符串的方法。根据口令导出对称密钥
PKCS#6	扩展证书语法标准	定义扩展 X.509 数字证书基本属性的语法
PKCS#7	加密消息语法标准	指定加密结果的数据格式及语法，这方面的例子有数字签名与数字信封。该标准提供了许多格式化选项，例如对消息只签名、只封装、签名并封装等
PKCS#8	私钥信息语法标准	描述私钥信息的语法，即用于生成私钥的算法与属性
PKCS#9	所选属性类型	定义 PKCS#6 扩展证书使用的所选属性类型（例如电子邮件地址、非结构化姓名与地址）
PKCS#10	证书请求语法标准	定义请求数字证书的语法，证书请求包含专有名（DN）和公钥
PKCS#11	加密令牌接口标准	该标准也称为 Cryptoki，指定单用户设备的 API，设备包含加密信息，如私钥和数字证书。这些设备还能执行密码函数，智能卡是这类设备的典型示例
PKCS#12	个人信息交换语法标准	定义个人身份信息的语法，例如私钥、数字证书等。其允许用户使用标准机制，将证书和其他个人身份信息从一台设备转移到另一台设备
PKCS#13	椭圆曲线密码学标准	处于开发阶段，该标准服务于一种新的密码机制：椭圆曲线密码学
PKCS#14	伪随机数生成标准	正在制定中，该标准明确指定生成随机数的要求与过程。由于在密码学中大量使用随机数，随机数生成标准化非常重要
PKCS#15	加密令牌信息语法标准	定义加密令牌的标准，使之能进行互操作

图 5.42　PKCS 标准

下面讨论一些重要的 PKCS 标准，前面已介绍了 PKCS 标准的思想，这里不再赘述，只是简单地介绍迄今为止尚未触及的领域标准。

5.4.2 PKCS#5——口令加密（PBE）标准

口令加密 （Password-Based Encryption，PBE） 标准是一种保护对称会话密钥的解决方案，这一技术使对称密钥免受未授权访问，PBE 方法使用口令加密会话密钥，如图 5.43 所示。

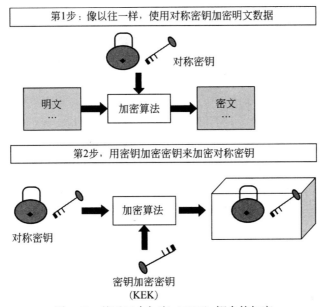

图 5.43 基于口令加密（PBE）概念的加密

如图 5.43 所示，先用对称密钥加密明文消息，然后用**密钥加密密钥** （Key Encryption Key，KEK） 加密对称密钥，保护对称密钥免受未授权访问。在概念上，PBE 与数字信封概念非常相似，即任何人要访问对称密钥，必须先访问 KEK。很明显的问题就是：KEK 要存储在哪里？如何保护它呢？

为了保护 KEK，最好的方法是永远不要将它存放在任何地方，这样就能确保没有人能访问它，也就是说用户不能随时使用 KEK 来解密对称密钥。PBE 按需生成 KEK，再用它加密/解密对称密钥，之后立即丢弃，也就是说用户在需要时，要能生成 KEK，为此，要使用口令，口令是密钥生成过程（通常是消息摘要算法）的输入，其输出就是 KEK，如图 5.44 所示。

图 5.44 使用口令生成 KEK

这种方法的缺点是易受到**字典攻击**（dictionary attack），也就是说，攻击者只需预先计算所有可能的英语单词及其排列组合，并存储在文件中，再尝试将该文件中的每个单词作为口令，由于口令通常都是简单的英文单词，因此字典攻击很可能会成功，使攻击者能访问 KEK。为了防止字典攻击，除了口令，密钥生成机制还使用另外两个信息：salt 和**迭代计数**（iteration count）。

salt 是位字符串，与口令一起组合生成 KEK。在生成 KEK 时，迭代计数指定对口令与 salt 组合执行的操作次数，如图 5.45 所示。

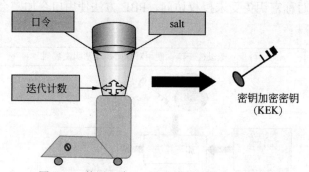

图 5.45　使用口令、salt 和迭代计数生成 KEK

有趣的是，salt 和迭代计数无须保密，实际上也不能保密（以加密格式存储）。如果保密，则无法访问；但如果不保密，则攻击者也能访问。攻击者可以用已知的 salt、迭代计数和对口令的字典攻击，试着生成 KEK，这是完全可能的。 但是，这种攻击与上述字典攻击的最大不同之处在于：攻击者无法只基于预先的计算值发起字典攻击，而必须先将字典中的每个单词与 salt 组合，并将密钥生成过程执行由迭代计数指定的次数，对攻击者而言，这种攻击任务相当艰巨。

例如，假设攻击者字典中有一个口令是 year，如果没有 salt，攻击者只需尝试口令 year。但现在，假设 salt 为 3 位，则攻击者必须尝试所有可能的口令：year000，year001，year002，…，year999 等。

> 在 PBE 中，KEK 用于加密对称密钥，不会存储在任何地方，只是按需立即生成、使用和立即丢弃。生成 KEK 有 3 个输入：口令、salt 和迭代计数。口令必须保密，而 salt 和迭代计数不必保密。

5.4.3　PKCS#8——私钥信息语法标准

PKCS#8 标准不仅描述了安全存储用户私钥的语法，还描述了如何将一些其他属性与私钥一起存储。标准还描述了加密私钥的语法，使其免受攻击，可以用口令加密算法（使用 PKCS #5）加密私钥信息。

PKCS#8 是 PKCS#12 的前身（稍后讨论）。

5.4.4　PKCS#10——证书请求语法标准

我们已经了解了用户如何生成和发送证书请求。PKCS#10 描述了证书请求的语法。证书请求包括专有名、公钥、可选的属性集以及请求证书的实体签名。证书请求被发送到证书签发机构，证书签发机构将请求转换为 X.509 公钥证书或 PKCS#6 扩展证书。

证书请求包括 3 方面：认证请求信息、签名算法标识符、证书请求信息的数字签名。证书请求信息包括实体的专有名称、实体的公钥、提供实体其他信息的属性集。请求证书的实体用私钥签名证书请求信息，然后将证书请求信息、签名请求和签名算法发送给 CA，CA 验证实体的签名及相关信息，如果验证成功，则签发证书。

5.4.5　PKCS#11——加密令牌接口标准

PKCS#11 标准规定了使用硬件令牌（如智能卡）执行的操作。智能卡在外观和感觉上与信用卡或 ATM 卡类似，但智能卡是智能的，有自己的加密处理器和内存。简而言之，智能卡是具有塑料外壳、内置内存的小型微处理器。ISO7816 标准规定了智能卡的形状、厚度、接触位置、电信号和协议。

智能卡内能直接执行加密操作，如密钥生成、加密或数字签名。用户的数字证书和私钥也存储在智能卡内，私钥永远不会暴露给外部应用程序，也不能从智能卡复制到其他地方。智能卡很小，便于携带。使用智能卡，用户能随身携带自己的数字证书与私钥，而不再需要软盘。

就像 ATM 卡需要 ATM 机一样，智能卡也需要智能卡读卡器。智能卡读卡器是一种小型设备，为智能卡供电，并实现智能卡与外部应用程序的通信。智能卡读卡器提供开机和使用智能卡的电信号。如今，台式计算机和电脑都带有内置的智能卡读卡器，无须外接智能卡读卡器，且很多手机也有智能卡读卡器。

5.4.6　PKCS#12——个人信息交换语法标准

PKCS#12 标准是为解决证书与私钥存储与转移问题而开发。更具体地说，用户如何安全地存储/传输自己的证书和私钥，而无须担心被篡改？对于 Web 浏览器用户来说，这个问题尤其重要。PKCS#12 是 PKCS#8 的加强版。

在 PKCS#12 出现之前，微软公司开发了个人文件交换（PFX）格式，最初没有实现，最终是由 Netscape 实现的。PFX 格式是个人信息（如私钥、证书等）的存储与交换机制。PKCS#12 出现后，无论是 Microsoft Internet Explorer 还是 Netscape Navigator 浏览器，都只允许导入 PFX 文件（为了与旧文件兼容），不允许导出，但这两种浏览器都允许导入和导出 PKCS#12 文件（扩展名为 .P12）。到更令人困惑的是，Internet Explorer 文件在内部是 PKCS#12，但扩展名是 PFX！

5.4.7　PKCS#14——伪随机数生成标准

众所周知，在密码学中，随机数非常重要，因此，PKCS#14 标准定义了如何生成随机数。下面先介绍什么是随机。如果给定某随机数序列中的第 n 个数，而无法预测此序列数中的第 n+1 个数，则称此序列数是随机的。

　　随机数生成器（Random Number Generator，RNG）是一种非常特殊的设备，用于生成一系列数或符号，这些数或符号不具有任何特定模式，换句话说，数和符号看似是随机的。计算机也能生成随机数，但所生成的随机数不够完美。自古以来，就一直有计算、生成随机数的方法，如掷骰子、掷硬币、洗牌等。

　　生成随机数的主要技术有如下两种。

- 第一种是度量一些预期的随机物理特性，然后补偿测量过程中可能存在的偏差。
- 第二种是运用计算能力，生成长的随机数序列，该序列并非完美随机，稍后将进行介绍。

　　据说纯粹基于计算技术的随机数生成器是不完美的，因为其输出是可预测的，区分真正的随机数与伪随机数非常难。

　　大多数计算机编程语言都以库函数的形式提供对随机数生成器的支持，这种随机数生成器能生成随机字节或均匀分布在 0～1 的浮点数，但这些库函数的统计特性较差，有些库函数会在几个周期后，就会出现重复模式。这些函数通常使用计算机时钟作为初始化种子，只能为某些简单任务提供足够的随机性，如基于计算机的游戏，但对于一些要求高随机性的应用程序（如加密应用程序、统计应用程序或数值应用程序），则不建议使用。因此，在大多数操作系统中，还有专门的随机数生成器。

　　人们一直觉得，计算机能生成随机数。事实上，许多编程语言是有生成随机数的功能，但所生成的随机数并不是真正的随机数，因为经过几个周期，就能预测出结果。原因在于：计算机是基于规则的机器，生成随机数的范围是有限的。因此，要须借助一些外部手段，使计算机生成真正的随机数，这个过程称为**伪随机数**（pseudo-random number）**生成**。

　　实际上，用计算机生成伪随机数有如下 3 种方法。

　　（1）监控生成随机数据的硬件：这是用计算机生成随机数的最好的方法，但成本最高。生成器通常是电子电路，其对一些随机的物理事件非常敏感，例如二极管噪声或大气变化，这种不可预测的事件序列被转换为随机数。

　　（2）从用户交互中，收集随机数据：在这种方法中，将用户交互（如键盘按键或鼠标移动）作为生成器的随机输入。

　　（3）从计算机内部收集数据：这种方法涉及从计算机内部收集难预测的数据。这些数据可以是系统时钟、磁盘中的文件数量、磁盘块数、可用和未用的内存空间等。

　　注意，选择适合的随机数生成机制是非常重要的。Netscape 使用系统时钟和其他一些属性生成随机数，这些随机数是 SSL 协议的基础。在 1995 年，一些研究生尝试对 SSL 算法进行逆向工程，成功破解了 SSL 算法。之所以能破解，原因在于 SSL 中生成的随机数是可预测的。因此，SSL 协议算法经过改进，在随机数生成过程中增加更多随机且不可预测的输入。

5.4.8　PKCS#15——加密令牌信息语法标准

　　稍后会讨论，用智能卡可以安全地存储用户的个人信息，如证书和私钥，以防止对私钥的攻击，因为这些信息受到硬件与软件的双重保护。但智能卡的最大问题是缺乏互操作性，每个智能卡供应商都有自己的专用接口（API），即不同供应商的接口不能共享。因此，用户不能从供应商 X 处购买智能卡，再用另一个供应商 Y 的软件，这就是最大的问题：互操作性问题。未来，PKCS#11 会推动所有智能卡供应商使用统一接口，以此解决互操作性问题。

智能卡的另一个问题是信息表示。具体来说，不同供应商以不同的方式将用户证书、私钥等信息存储在智能卡中，所用的数据结构、文件组织、目录层次结构都有所不同。PKCS#15 指定了统一、标准化的令牌格式，以解决这种不兼容问题。如果智能卡与其他硬件令牌供应商都遵守这一规范，则智能卡应用程序在进行数据访问时，就能实现互操作。

5.5 XML、PKI 与安全

虽然 PKI 技术潜力巨大、令人振奋，但在实现过程中，PKI 仍存一些阻碍，之所以出现阻碍，是因为不同供应商的解决方案之间缺乏互操作性。例如，供应商 X 的 PKI 产品很难与供应商 Y 的 PKI 产品集成在一起。

可扩展标记语言（Extensible Markup Language，XML）是现代技术的核心，也是未来技术（如 Web 服务）的支柱，Internet 编程都与 XML 息息相关。读者可以自学 XML，因为本书重点不在于此，只讨论 XML 安全的关键要素及其与 PKI 的关系，图 5.46 总结了与 XML 及安全相关的全部技术。

图 5.46 XML 与安全

下面将分析 XML 的安全。

5.5.1 XML 加密

在 XML 加密中，最有趣的部分是：它既可以加密整个文档，也可以加密选定的部分文档，这在非 XML 世界中是很难实现的，可以加密的内容如下。

- 整个 XML 文档。
- 一个元素及其所有子元素。
- XML 文档的内容部分。
- XML 文档之外的资源引用。

XML 加密步骤非常简单，具体如下。

（1）选择要加密的 XML（上述的某一项，即全部或部分 XML 文档）。

（2）将要加密的数据转换为规范形式（可选）。

（3）用公钥加密步骤（2）的结果。

（4）将加密的 XML 文档发送给预期的接收方。

图 5.47 给出了一个 XML 文档的示例，其包含用户信用卡的详细信息。

```
<?xml version='1.0'?>
<PaymentInfo xmlns='http://mybank.org'>
        <Name> John Smith <Name/>
        <CreditCard Limit='10000' Currency='USD'>
                <Number> 1617 1718 0181 9910 </Number>
                <Issuer> Master </Issuer>
                <Expires> 05/30 </Expires>
        </CreditCard>
</PaymentInfo>
```

图 5.47 示例 XML 文档，显示用户信用卡的详细信息

这里不描述 XML 文档的详细内容，只是说明其包含用户信用卡的详细信息，如用户名、信用额度、货币、卡号、发卡行名称和有效期。假设需要加密 XML 文档，则要用 EncryptedData 标准标签。用户可以加密选定的 XML 文档，也可以加密整个 XML 文档。作为演示，这里只加密信用卡详细信息（如卡号、发卡行和有效期），结果如图 5.48 所示，加密文本嵌入标签 CipherData 标记中，这是 XML 加密中的另一个标准标记。

```
<?xml version='1.0'?>
<PaymentInfo xmlns='http://mybank.org'>
        <Name> John Smith </Name>
        <CreditCard Limit='10000' Currency='USD'>
        <EncryptedData Type =
                http://www.w3.org/2001/04/xmlenc#Content'
                xmlns='http://www.w3.org/2001/04/xmlenc#'>
                <CipherData>
                        <CipherValue> D7T60UB67 </CipherValue>
                </CipherData>
        </EncryptedData>
        </CreditCard>
</PaymentInfo>
```

图 5.48 加密信用卡的详细信息

如我们所见，信用卡详细信息已被加密，因此无法读取或更改，通过 xmlenc#Content 值可知，XML 文档的部分内容已加密。如果要加密所有的 CreditCard 元素，则它变成 xmlenc#Element。

5.5.2 XML 数字签名

如前所述，数字签名要计算全部消息，不能只计算部分消息。这样做的原因很简单，因为数字签名的第（1）步是计算生成整个消息的消息摘要。但在实际应用中，有要求用户只签署部分消息的情况。例如，在采购请求中，采购经理的授权只能签署数量部分，而财务经理的授权只能签署汇率部分，这时，数字签名不能满足这种需求，而 XML **数字签名**（XML digital signatures）能满足这种需求。从新技术角度来看，XML 数字签名非常有用，这种技术认为消息或文档是由多个元素组成的，可以分别对一个或多个元素进行签名，从而使签名过程更加灵活与实用。

XML 数字签名规范定义了一些 XML 元素，来说明 XML 签名的特征，如图 5.49 所示。

元素	说明
SignedInfo	包含签名本身（即签名过程的输出）
CanonicalizationMethod	指定规范化 SignedInfo 元素的算法，再在签名过程中生成摘要
SignatureMethod	指定将规范化 SignedInfo 元素转换为 SignatureValue 元素的算法，它是消息摘要算法与密钥算法的组合
Reference	包括用于计算消息摘要的机制和得到原始数据的摘要值
KeyInfo	表示用于验证数字签名的密钥，包括数字证书、密钥名、所用的密钥协商算法等
Transforms	指定在计算摘要之前执行的操作，例如压缩、编码等
DigestMethod	指定计算消息摘要的算法
DigestValue	原始消息的消息摘要

图 5.49　XML 数字签名过程中的元素

执行 XML 数字签名的步骤如下。

（1）使用 SignatureMethod、Canonicalisation Method 和 References 创建一个 SignedInfo 元素。

（2）规范化 XML 文档。

（3）根据 SignedInfo 元素所指定的算法计算 SignatureValue。

（4）创建数字签名（即 Signature 元素），其还包括 SignedInfo、KeyInfo 和 SignatureValue 元素。

图 5.50 给出了一个 XML 数字签名的简单示例，下面将解释该签名的几个方面。

```
<Signature>
        <SignedInfo>
                <SignatureMethod Algorithm="xmldsig#rsa-sha1"/>
        </SignedInfo>
        <SignatureValue>
        OWjB5MQswCQYDVQQGEwJJTjEOMAwGA1UEChMFaWZsZXgxDDAKBgNV
        WMBQGCgmSJomT8ixkAQETBnNlcnZlcjETMBEGA1UEAxMKZ2lyaVNlcnZlcjEf
        GCSqGSIb3DQEJARYQc2VydmVyQGlmbGV4LmNvbTCBnzANBgkqhkiG9w0B
        BjQAwgYkCgYEArisLROwIrIVxu/Mie8q0rUCQ5GtqMBWeJtuJM0vn2Qk5XaWc
        y1nJ/zc90v7qSx33X/sW5aRJph1ApOvPArQhK9PAyPhCcCIUEOvUYnxFmu8YE9U
        </Signaturevalue>
</Signature>
```

图 5.50　XML 数字签名示例（简化）

下面简要讨论一下数字签名的主要内容。

● <Signature> … </Signature>：该块标识 XML 数字签名的开始与结束。

● <SignedInfo> … </SignedInfo>：该块指定所用的算法：最初是用于计算消息摘要的算法（这里是 SHA-1），然后是用于准备 XML 数字签名（这里是 RSA）。

● <SignatureValue> … </SignatureValue>：该块包含实际的 XML 数字签名。

XML 数字签名可以分为 3 种类型：**被封装**（enveloped）、**封装**（enveloping）和**分离**

（detached），如图 5.51 所示。

图 5.51　XML 数字签名的类型

理解各类 XML 数字签名之间的区别比较容易。

- 在被封装 XML 数字签名中，签名在原始文档内（即已被数字签名）。
- 在封装 XML 数字签名中，原始文档在签名内。
- 分离数字签名完全没有封装的概念，它与原始文档是分开的。

其思想如图 5.52 所示。

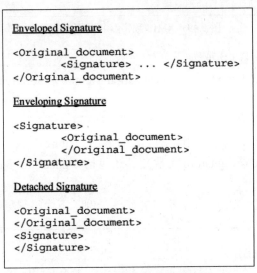

图 5.52　XML 数字签名类型演示

5.5.3　XML 密钥管理规范（XKMS）

XML 密钥管理规范（XML Key Management Specification，XKMS）是万维网联盟（W3C）的一项倡议，旨在将 XML 加密/签名过程中与信任相关的决策，委托给一个或多个指定的信任处理器，使企业能轻松管理 XML 加密和数字签名，也解决了不同 PKI 供应商实现不同的互操作性问题。XKMS 由微软、VeriSign 和 WebMethods 公司联合提出，得到了 Baltimore、Entrust、HP、IBM、Iona、RSA 公司的大力支持。

XKMS 指定了用于分发和注册公钥的协议，能与 XML 加密和 XML 签名协同工作，XKMS 由两部分组成，如图 5.53 所示。

（1）XML 密钥信息服务规范（XML Key Information Service Specification，X-KISS）：为信任服务指定协议，它解析符合 XML 签名标准文档所包含的公钥信息。该协议委托这类服务的客户端，处理 XML 签名元素所需的部分或全部任务。底层 PKI 基于不同的规范，如 X.509 或 PGP，而 X-KISS 使应用程序免受规范差异的影响。

图 5.53　XKMS 的分类

（2）XML **密钥注册服务规范**（XML Key Registration Service Specification，X-KRSS）：为 Web 服务定义协议，接受公钥信息注册。注册之后，可以与其他 Web 服务一起使用公钥，包括 X-KISS，这个协议可用于检索私钥，也能认证申请人身份及私钥所有权证明。

5.6　用 Java 创建数字证书

在 Java 编程环境中，提供了两个非常有用的实用程序：keytool 和 keystore。

（1）keytool 是一个命令行实用程序，用于创建密钥、证书，并根据用户需求导入/导出密钥和证书。本节介绍如何创建和查看证书。在编写的任何应用程序中，都可以使用这些证书执行加密操作，如加密、消息摘要、身份验证和数字签名。

（2）keystore 是使用 keytool 创建的密钥与证书的集合，用于存储可信证书与密钥。

使用上述实用程序的最简单方法是切换到命令提示符窗口中，键入 keytool，可以查看 keytool 可用的所有选项，如图 5.54 所示。

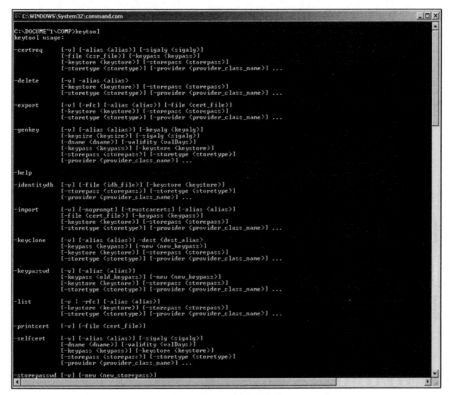

图 5.54　keytool 选项

用户使用特定选项来完成预期的任务。例如，使用如下命令。

```
keytool - genkey -alias test
```

这个命令将创建 keystore，名称（即别名）为 test。在命令提示符下输入上述命令，如图 5.55 所示。

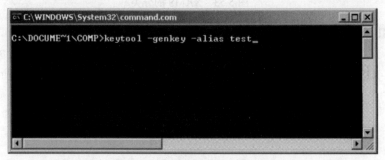

图 5.55　创建 keystore：第 1 步

keytool 提示用户输入密码，如图 5.56 所示。

图 5.56　创建 keystore：第 2 步

当用户输入密码后（为了简单起见，密码选为 password），keytool 会问用户一些问题，需要用户提供答案，如图 5.57 所示。最后，创建了我们的 keystore。

图 5.57　创建 keystore：第 3 步

我们列出 keystore 的内容，如图 5.58 所示。

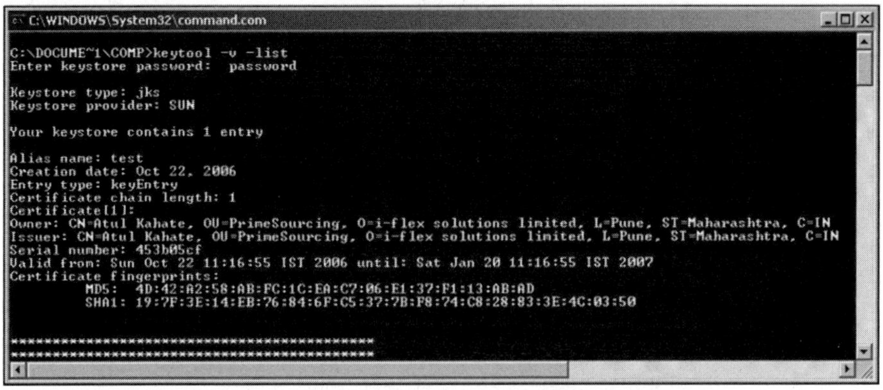

图 5.58 创建 keystore：第 4 步

下面将这个 keystore 的内容导出为证书文件（扩展名为.cer），如图 5.59 所示。因此，磁盘上有了一个名为 test.cer 的文件，包含具有 X.509 格式的数字证书。

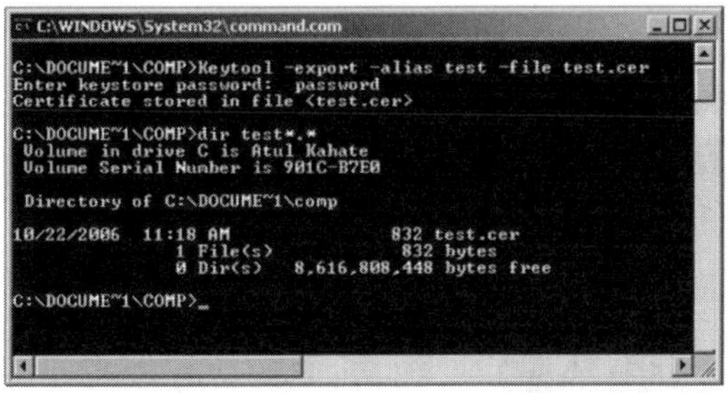

图 5.59 创建 keystore：第 5 步

下面，将此证书文件导入浏览器的证书列表之中，这样应用程序就可以使用这个证书了，下面逐步介绍，如图 5.60～图 5.67 所示。为了使用证书，用户需要转到 Internet Explorer 浏览器的 Internet Option 选项卡。对于其他浏览器，则需要访问相应的选项。

图 5.60 导入证书：第 1 步

图 5.61　导入证书：第 2 步

图 5.62　导入证书：第 3 步

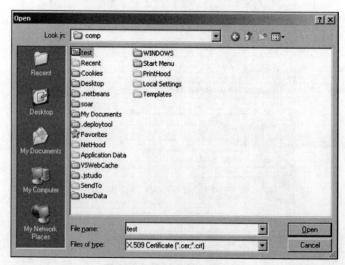

图 5.63　导入证书：第 4 步

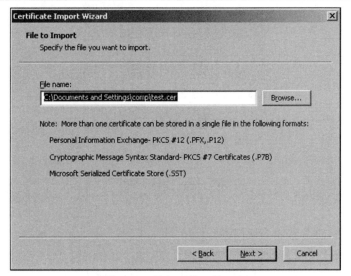

图 5.64　导入证书：第 5 步

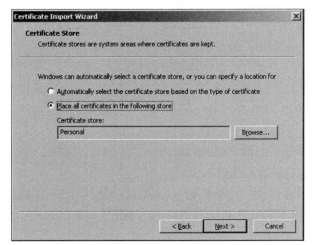

图 5.65　导入证书：第 6 步

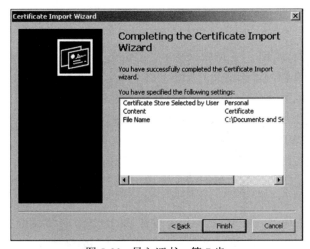

图 5.66　导入证书：第 7 步

图 5.67　导入证书：第 8 步

本 章 小 结

- 数字证书解决了密钥交换问题。
- 在 Internet 上进行商业交易需要数字证书。
- 数字证书技术使在另一端验证用户或系统的身份成为可能，还可以用于加密操作。
- 数字证书相当于个人的驾照或护照。
- 数字证书是磁盘文件。
- 数字证书将用户与用户的公钥绑定在一起。
- 用户的私钥由用户持有，永远不得离开用户。
- 证书签发机构（CA）可以签发数字证书。
- 顶层 CA 称为根 CA。
- CA 的工作责任重大、任务复杂。
- X.509 协议用于指定数字证书的结构。
- X.509 标准的最新版本是第 3 版。
- 由于 CA 工作量很大，注册机构（RA）可以分担一些 CA 的任务。
- CA 与 RA 可以是同一个机构，也可以是不同的机构。
- CA 以层次结构运作。
- CA 的层次结构有助于减轻单个 CA 的负荷。
- 不同的 CA 需要交叉认证才能相互操作。
- 可以用 CRL、OCSP 和 SCVP 等协议验证证书的状态。
- 证书吊销列表（CRL）是离线检查。
- CRL 是一个文件，以预定义的频率更新。
- 为了避免下载整个 CRL 文件，可以使用增量 CRL 文件。
- CRL 可能提供证书的实时状态，也可能不提供。CRL 文件中的信息可能是过时的。
- OCSP 和 SCVP 是在线检查。
- 在线证书状态协议（OCSP）工作于请求-响应机制之上。
- 要掌握证书状态的一方需要把请求发送给 OCSP 服务器（即 OCSP 响应器）。 OCSP 服务器根据证书的状态，返回应答。
- 简单证书验证协议（SCVP）不仅提供证书的状态，还提供证书的更多细节。
- 不能保证 OCSP 或 SCVP 的实现一定是实时证书验证协议，或内部使用了 CRL。

- 数字证书可以分成通用证书和专用证书。
- CA 必须提供密钥的管理、归档、存储和检索。
- 私钥的管理非常重要。
- 丢失私钥非常危险。
- PKIX 模型处理与 PKI 相关的问题。
- PKCS 标准涵盖 PKI 技术的各个方面。
- PKCS 标准最初是由 RSA 开发的。
- 作为标准的一个示例，PKCS 告诉我们，如何表示加密消息，以便在所有应用中，PKCS 都是标准化的。
- XML 的安全性正在成为一个重要的概念。
- Java 使用 keytool 和 keystore 创建和使用数字证书。
- 用 keytool 可以创建、导出和查看证书。

重要术语与概念

- 属性证书
- 权限吊销列表（ARL）
- 基本 CRL
- 证书目录
- 证书管理协议（CMP）
- 证书吊销列表（CRL）
- 证书签名请求（CSR）
- 证书签发机构（CA）
- 证书签发机构层次结构
- 信任链
- 交叉认证
- 增量 CRL
- 字典攻击
- 数字证书
- 轻量级目录访问协议（LDAP）
- 在线证书状态协议（OCSP）

- 所有权证明（POP）
- 伪随机数
- 公钥加密标准（PKCS）
- 公钥基础设施 X.509（PKIX）
- 注册机构（RA）
- 漫游证书
- 自签名证书
- 简单证书验证协议（SCVP）
- X.500
- X.509
- XML 数字签名
- XML 加密
- XML 密钥信息服务规范（X-KISS）
- XML 密钥注册服务规范（X-KRSS）
- XML 密钥管理规范（XKMS）

概 念 检 测

1. 数字证书有代表性的内容是什么？
2. 如何查看网站的数字证书？
3. CA 与 RA 的作用是什么？
4. 为什么需要自签名证书？

5. 描述交叉认证为什么有用处。

6. 吊销数字证书的常见原因有哪些？

7. CRL、OCSP 和 SCVP 之间的主要区别是什么？

8. 描述保护用户私钥的机制。

9. 简要讨论 XML 安全的概念。

10. 我们为什么要信任数字证书？

设计与编程练习

1. 考虑一种情况：攻击者 A 创建一个证书，输入一个真实的机构名称（比如银行 B），将自己的公钥放进去。你在从攻击者那里得到这个证书时，并不知道该证书来自攻击者，而自以为该证书来自银行 B。你该如何预防或解决这个问题？

2. 在练习 1 的另一种情况下，攻击者更改银行 B 的真实证书，用自己的公钥替换银行的公钥。又该如何预防或解决这个问题？研究一下与数字证书相关的 Java 类（提示：参考 JCE 包）。

3. 使用 Java keytool 创建你自己的证书。

4. 尝试用你自己的公钥替换证书的公钥，这行得通吗？

5. 我们可以篡改 CA 证书中的数字签名吗？为什么？

第 6 章 Internet 安全协议

启蒙案例

在印度，直到最近，在线支付还是一种新鲜事物。过去，人们常常担心在线支付的安全问题。比如担心信用卡丢失，担心银行账户被攻击。对于受到在线攻击导致资金受损的人进行赔偿的故事，人们一直持怀疑态度。但是，在最近，出现了许多便捷的在线支付解决方案。在线支付方式主要有 3 种：卡（借记卡或信用卡）、虚拟钱包（如 PayTM等）、直接用银行账户（即 UPI）。可以说，目前，在印度，在线支付能与发达经济体，如西方国家及亚洲国家（如日本和韩国）相媲美。

下面快速总结一下这 3 种在线支付方式。

（1）**卡**（cards）：本章将讨论信用卡及 3D 安全协议，该协议用于保护用卡在线支付的安全，当然借记卡的安全性也没啥不同，只是借记卡与个人的银行账户相关联，信用卡与银行账户无关，本质上是银行向持卡人发放的贷款。

（2）**虚拟钱包**（virtual wallets）：第三方支付公司（如 PayTM）允许人们开设虚拟钱包，虚拟钱包是公司网站或应用程序中的钱包，由 PIN 或密码保护，并与用户的电子邮件 ID 和手机号码相关联。用户可以通过自己的银行账户或卡在线将钱转入虚拟钱包。此后，虚拟钱包里的钱可以用于任何在线支付。例如，钱可以转移到其他人的虚拟钱包里，或者可以用来进行网上购物和支付账单。PayTM 是在线支付领域最重要的主导者，PayTM 已成为一家支付银行，也就是说，PayTM 不是传统意义上的银行，但几乎能完成传统银行的所有功能。

（3）**统一支付接口**（United Payment Interface，UPI）：这会成为当前印度最成功的在线支付机制，它的思想很简单。印度的主流银行都与名为统一支付接口（UPI）的通用平台相关联。这个平台由印度储备银行（RBI）监督机构管理。任何在印度拥有银行账户且有智能手机的人都可以注册 UPI。一旦用户将自己的银行账户链接到 UPI 应用程序，就会为该用户生成一个唯一的 ID，类似于电子邮件 ID。例如，UPI ID 是 atulkahate@mybank，这个 UPI ID 是到该用户银行账户的内部链接。此后，该用户只需与潜在的在线买家分享自己的 UPI ID 即可。UPI 应用程序还能支付账单、在线购物、在线和实时资金转账等。由于内部银行详细信息不需要与其他任何人共享，因此非常方便与安全。BHIM（来自印度政府）、PhonePe（来自 Flipkart 和 Yes Bank）以及 Tez（来自Google）是最受欢迎并广泛使用的 UPI 应用程序。

学习目标

- 掌握安全套接层（SSL）协议和传输层安全（TLS）协议。
- 解析使用 3D 安全协议的在线支付安全。
- 以比特币为例，掌握加密货币的基础知识。

- 通过使用完美隐私（Pretty Good Privacy，PGP） 和安全 MIME（Secure MIME，S/MIME），理解电子邮件安全。

6.1　安全套接层（SSL）

6.1.1　简介

安全套接层（Secure Socket Layer，SSL）协议是一种 Internet 协议，保护在 Web 浏览器与 Web 服务器之间交换信息的安全。它提供两种基本的安全服务：认证与保密。从逻辑上讲，它提供了 Web 浏览器与 Web 服务器之间的安全管道。Netscape 公司于 1994 年开发了 SSL，从那时起，SSL 就成了世界上最流行的 Web 安全机制，所有主要的 Web 浏览器都支持 SSL。目前，SSL 有 3 种版本：2、3 和 3.1，其中最受欢迎的是 1995 年发布的第 3 版。

6.1.2　SSL 在 TCP/IP 协议族中的位置

在概念上，可将 SSL 视为 TCP/IP 协议族的附加层，SSL 层位于应用层与传输层之间，如图 6.1 所示。

图 6.1　SSL 在 TCP/协议中的位置

因此，各 TCP/IP 协议层之间的通信如图 6.2 所示。

如图 6.2 所示，发送方计算机（X） 的应用层像往常一样准备把数据发送给接收方计算机（Y），但与正常情况有所不同，应用层数据不再直接传递给传输层，而是传递给 SSL 层。SSL 层对接收到的应用层数据执行加密（用不同的颜色表示），并在加密数据中添加自己的加密信息头，称为 SSL 头（SSL Header，SH），稍后分析具体过程。

此后，SSL 层数据（L5）成为传输层的输入，传输层添加自己的头（H4），并将其传递到网际层，以此类推。这个过程完全与正常的 TCP/IP 数据传输一样，最后，当数据到达物理层时，以电压脉冲的形式通过传输介质发送。

在接收端，处理过程与正常 TCP/IP 连接的处理非常相似，直到到达新的 SSL 层。接收端的 SSL 层移除 SSL 头（SH），对加密数据进行解密，并将纯明文数据返回给接收方计

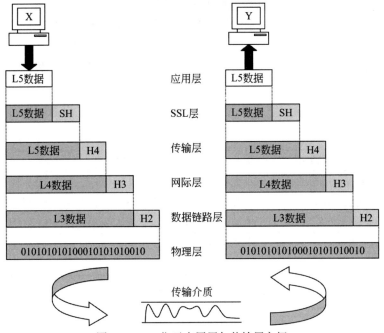

图 6.2　SSL 位于应用层与传输层之间

算机的应用层。

因此，SSL 只加密应用层数据，不加密较低层头。这很明显：如果 SSL 加密所有的头，就必须位于数据链路层之下，这样根本就不起作用。事实上，还会造成问题，如果 SSL 加密所有较低层头，甚至加密计算机（发送方、接收方和中间节点）的 IP 地址和物理地址，则无法读取地址，因此，将数据包传递到哪里就成了大问题。为了理解这个问题，你可以想一想，如果将信件的发送方和接收方的地址放在信封里会发生什么！很显然，邮政部门不知道把信寄到哪里！所以不能加密低层头，要把 SSL 放在应用层与传输层之间。

6.1.3　SSL 的工作原理

SSL 包含 3 个子协议，分别是**握手协议**（Handshake Protocol）、**记录协议**（Record Protocol）和**警报协议**（Alert Protocol），这 3 个子协议完成 SSL 的所有工作。

下面分别介绍这 3 个子协议。

6.1.3.1　握手协议

SSL 的握手协议是客户端与服务器启用 SSL 连接进行通信时使用的第一个子协议，类似于 Alice 与 Bob 见面，要先互相握手，问声好，再开始对话。

握手协议由客户端和服务器之间的一系列消息组成，每个消息的格式如图 6.3 所示。

类型	长度	内容
1 字节	3 字节	1 字节或多字节

图 6.3　握手协议消息的格式

从图 6.3 可知，每个握手消息都有如下 3 个字段。

- **类型**（Type）：1 字节，表示消息类型，共有 10 种，如图 6.4 所示。
- **长度**（Length）：3 字节，表示消息的长度，以字节为单位。
- **内容**（Content）：1 字节或更多字节，包含与此消息相关的参数，参数与消息类型相关。

下面分析一下握手协议中客户端与服务器可能交换的消息，以及它们对应的参数，如图 6.4 所示。

消息类型	参数
Hello request	无
Client hello	版本、随机数、会话 ID、密码套件、压缩方法
Server hello	版本、随机数、会话 ID、密码套件、压缩方法
Certificate	X.509V3 证书链
Server key exchange	参数、签名
Certificate request	类型、授权
Server hello done	无
Certificate verify	签名
Client key exchange	参数、签名
Finished	散列值

图 6.4　SSL 握手协议的消息类型

握手协议实际上由 4 个阶段组成，如图 6.5 所示，分别是：

（1）建立安全能力。

（2）服务器认证和密钥交换。

（3）客户端认证和密钥交换。

（4）完成。

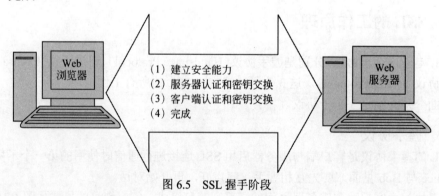

图 6.5　SSL 握手阶段

下面逐一分析这 4 个阶段。

第 1 阶段：建立安全能力

SSL 握手的第一阶段用于启动逻辑连接，建立这个连接的安全能力，包括两个消息，Client hello 和 Server hello，如图 6.6 所示。

图 6.6　SSL 握手协议的第 1 阶段：建立安全能力

如图 6.6 所示，在这个过程中，首先是客户端将 Client hello 消息发送给服务器，消息包括的参数如下。

- **版本**（version）：这个字段标识客户端支持的最高 SSL 版本，撰写本书时，SSL 的版本有 2、3 和 3.1。
- **随机数**（random）：对于之后客户端与服务器之间的实际通信而言，这个字段非常有用，它包含两个子字段。
  - 32 位日期时间字段，用于标识客户端计算机中当前系统的日期和时间。
  - 28 字节的随机数，是由客户端计算机内置的随机数生成器软件生成的。
- **会话 ID**（session ID）：这是一个可变长度的会话标识符。如果该字段包含非 0 值，则表示客户端和服务器之间已建立连接，客户端需要更新该连接的参数。如果该字段为 0 值，则表示客户端要建立与服务器的新连接。
- **密码套件**（cipher suite）：这个列表包含客户端支持的密码算法列表（如 RSA、Diffie-Hellman 等），按优先级降序排列。
- **压缩方法**（compression method）：这个字段包含客户端支持的压缩算法列表。

客户端向服务器发送 Client hello 消息并等待服务器的响应。作为应答，服务器向客户端发回 Server hello 消息，这个消息与 Client hello 消息的字段相同，但目的不同。Client hello 消息由如下字段组成。

- **版本**（version）：这个字段标识服务器支持的 SSL 版本，在客户端支持的最高版本和服务支持的最高版本中，服务器选择较低版本。例如，如果客户端支持第 3 版，服务器支持第 3.1 版，则服务器将选择第 3 版。
- **随机数**（random）：这个字段与客户端的随机数字段具有相同的结构，但服务器生成的随机值完全独立于客户端的随机值。
- **会话 ID**（session ID）：如果客户端发送的会话 ID 值非 0，则服务器使用与之相同的值；否则，服务器会创建一个新的会话 ID，并将其放在该字段中。
- **密码套件**（cipher suite）：服务器从客户端先前发送的密码套件列表中选择一个密码套件。
- **压缩方式**（compression method）：服务器从客户端先前发送的压缩算法列表中选择一个压缩算法。

第 2 阶段：服务器认证和密钥交换

服务器启动 SSL 握手的第 2 阶段，它是这个阶段所有消息的唯一发送方。客户端是所有消息的唯一接收方。这个阶段包含 4 个步骤，如图 6.7 所示，分别是 Certificate、Server key exchange、Certificate request 和 Server hello done。

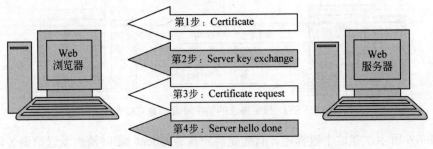

图 6.7　SSL 握手协议第 2 阶段：服务器认证和密钥交换

下面讨论这一阶段的 4 个步骤。

在第 1 步（Certificate）中，服务器将数字证书和到根 CA 的整个证书链发给客户端，使客户端能用服务器证书中的公钥认证服务器。除非正在使用 Diffie-Hellman 协商密钥，否则在所有情况下都必须使用服务器的证书。

第 2 步（Server key exchange）是可选的。仅当服务器在第 1 步中未将数字证书发给客户端时才使用。在这一步中，服务器将公钥发送给客户端（因为证书不可用）。

第 3 步（Certificate request），服务器可能请求客户端的数字证书，客户端认证在 SSL 中是可选的，服务器不一定要对客户端进行认证，因此这一步是可选的。

第 4 步（Server hello done）消息告诉客户端自己的 hello 消息部分（即 Server hello 消息）已完成。表示客户端可以（可选）验证服务器发送的证书，保证服务器发送的所有参数都是可接受的，此消息没有任何参数，发送这个消息后，服务器等待客户端的响应。

第 3 阶段：客户端认证和密钥交换

客户端启动 SSL 握手的第 3 阶段，是这个阶段所有消息的唯一发送方，服务器是所有消息的唯一接收方，这个阶段包含 3 个步骤，如图 6.8 所示，分别是 Certificate、Client key exchange 和 Certificate verify。

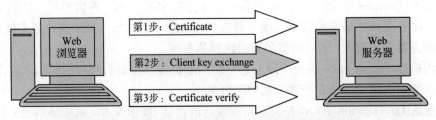

图 6.8　SSL 握手协议第 3 阶段：客户端认证和密钥交换

第 1 步（Certificate）是可选的，仅当服务器请求客户端的数字证书时才执行。如果服务器请求客户端的证书，而客户端没有证书，则客户端会发送 No certificate 消息，而不是 Certificate 消息，然后由服务器决定会话是否继续。

与 Server key exchange 消息一样，第 2 步（Client key exchange）允许客户端从相反方向把信息发送给服务器，这个信息与双方在此会话中所用的对称密钥相关。这里，客户端创建一个 48 字节的**预备主密钥**（pre-master secret），并用服务器的公钥加密，然后将这个加密的预备主密钥发送给服务器。

仅当服务器要认证客户端时，才需要第 3 步（Certificate verify）。众所周知，如果是这种情况，则客户端已将其证书发送给了服务器。但是，除证书之外，客户端还要向服务器证明，自己拥有证书对应的私钥且是正确的、被授权的持有者。为此，在这个可选步骤中，客户端将预备主密钥与客户端和服务器交换的随机数（在第 1 阶段：建立安全能力）组合起来，用 MD5 和 SHA-1 计算散列，并用其私钥对结果进行签名。

第 4 阶段：完成

客户端启动 SSL 握手的第 4 阶段，服务器结束。这个阶段包含 4 个步骤，如图 6.9 所示。前两个消息来自客户端：Change cipher specs 和 Finished。服务器返回两个相同的消息：Change cipher specs 和 Finished。

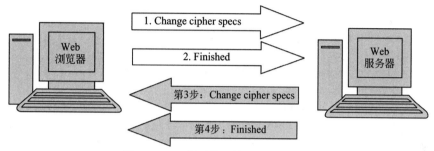

图 6.9　SSL 握手协议第 4 阶段：完成

根据客户端在 Client key exchange 消息中创建和发送的预备主密钥，客户端和服务器创建主密钥。在对记录执行安全加密或完整性验证之前，客户端和服务器需要生成只有它们知道的共享秘密信息，其值是一个 48 字节的值，称为**主密钥**（master secret）。主密钥为加密和 MAC 计算生成密钥。在计算预备主密钥、客户端随机数和服务器随机数的消息摘要之后，再计算主密钥，如图 6.10 所示。

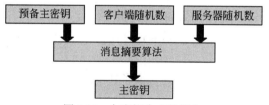

图 6.10　主密钥生成的概念

计算主密钥的技术规范如下。

```
Master_secret =
    MD5 (pre_master_secret + SHA ('A' + pre_master_secret +
    ClientHello.random + ServerHello.random)) +
    MD5 (pre_master_secret + SHA ('BB' + pre_master_secret +
    ClientHello.random + ServerHello.random)) +
    MD5 (pre_master_secret + SHA ('CCC' + pre_master_secret +
    ClientHello.random + ServerHello.random))
```

最后，生成客户端和服务器要用的对称密钥，如图 6.11 所示。

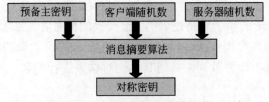

图 6.11　对称密钥生成的概念

实际的密钥生成公式如下。

```
key_block =
   MD5 (master_secret + SHA ('A' + master_secret +
      ServerHello.random +
      ClientHello.random)) +
   MD5 (master_secret + SHA ('BB' + master_secret +
      ServerHello.random +
      ClientHello.random)) +
   MD5 (master_secret + SHA ('CCC' + master_secret +
      ServerHello.random +
      ClientHello.random))
```

在此之后，第一步（Change cipher specs）是由客户端确认，一切正常后，通过 Finished 消息结束。服务器也向客户端发送相同的消息。

6.1.3.2　记录协议

SSL 中的**记录**（record）**协议**在客户端和服务器之间成功握手后起用。也就是说，在客户端和服务器可选地相互认证并决定使用什么算法进行安全信息交换之后，进入 SSL 记录协议。记录协议为 SSL 连接提供如下的两种服务。

（1）**保密性**（Confidentiality）：这是通过使用**握手协议**（handshake protocol）定义的密钥实现的。

（2）**完整性**（Integrity）：握手协议还定义了共享密钥（MAC），用于确保消息的完整性。

记录协议的操作如图 6.12 所示。

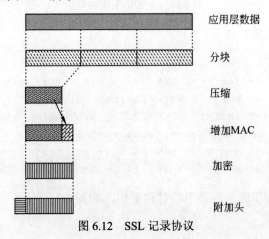

图 6.12　SSL 记录协议

如图 6.12 所示，SSL 记录协议以应用消息为输入。首先，将消息分成更小的块、压缩每个块（可选）、增加 MAC、加密、附加头，再将处理后的消息交给传输层，TCP 协议像处理任何其他 TCP 块一样。在接收方，先删除每个块的头；再对该块进行解密、验证、解压缩，重组成应用层消息，下面更详细地讨论这些步骤。

（1）**分块**（Fragmentation）：将原始应用层消息分成块，每个块的大小块小于或等于 2^{14} 字节（16384 字节）。

（2）**压缩**（Compression）：压缩每个块（可选）。压缩过程必须不能导致原始数据丢失，也就是说必须使用无损压缩机制。

（3）**增加 MAC**（Addition of MAC）：使用之前在握手协议中创建的共享密钥，计算每个块的消息认证码（MAC），这一操作与 HMAC 算法类似。

（4）**加密**（Encryption）：使用之前在握手协议中创建的对称密钥加密上一步的输出。加密可能会增加块的大小，但不能使整个块的大小超过 1024 字节，图 6.13 列出了能使用的加密算法。

流密码		块密码	
算法	密钥大小	算法	密钥大小
RC4	40	AES	128 或 256
RC4	128	IDEA	128
		RC2	40
		DES	40
		DES	56
		DES-3	168
		Fortezza	80

图 6.13　SSL 能使用的加密算法

（5）**附加头**（Append header）：最后，在加密块中附加头，头包含如下字段。

- 内容类型（8 位）：指定在下一个较高层中用于处理记录的协议（如握手、警报、更改密码）。
- 主版本（8 位）：指定所用 SSL 协议的主版本。例如，如果 SSL 使用的版本是 3.1，则此字段为 3。
- 次版本（8 位）：指定所用 SSL 协议的次版本。例如，如果 SSL 使用的版本是 3.0，则此字段为 0。
- 压缩长度（16 位）：指定原始明文块（或压缩块，如果使用压缩）的字节长度。

最终的 SSL 消息如图 6.14 所示。

6.1.3.3　警报协议

当客户端或服务器检测到错误时，检测方会向对方发送**警报消息**（alert message）。如果错误是致命的，则双方立即关闭 SSL 连接，也就是说两端的传输立即终止。双方还在这个连接终止前，销毁与此连接相关的会话标识符、秘密和密钥。对于不是那么严重的错误，则不会终止连接，而是各方处理错误后再继续。

图 6.14   在 SSL 记录协议操作后的最终输出

每个警报消息由两字节组成。第一字节表示错误的类型，如果是警告，则此字节为 1；如果错误是致命的，则此字节为 2。第二字节指定实际的错误，如图 6.15 所示。

图 6.15   报警协议消息格式

图 6.16 列出了错误的致命警报。

警报	说明
意外消息	收到不适当的消息
无正确 MAC 的坏记录	收到的消息没有正确的 MAC
解压失败	解压功能接收到错误的输入
握手失败	发送方无法从可用选项中得到可接受的安全参数集
非法参数	握手消息中的字段超出范围或与其他字段不一致

图 6.16   致命警报

其他的非致命警报如图 6.17 所示。

警报	说明
无证书	如果没有合适的可用证书，发送该警报响应证书请求
坏证书	证书已损坏（其数字签名验证失败）
不支持的证书	不支持接收到的证书类型
证书已吊销	证书的签发者已将其吊销
证书已过期	收到的证书已过期
证书未知	处理证书时发生未指定的错误
关闭通知	通知，发送方将不再在这个连接中发送任何消息。双方都必须先发送这个消息，再关闭连接

图 6.17   非致命的错误警报

6.1.4   关闭和恢复 SSL 连接

在结束通信之前，客户端和服务器必须相互通知，自己一方的连接即将结束，即每一方都会向另一方发送关闭通知警报，确保连接的正常关闭。当一方收到此警报时，必须立即停止正在做的任何事情，发送自己的关闭通知警报，从自己一方结束连接。如果 SSL 连接在没有任何一方发出关闭通知的情况下结束，则无法恢复。

SSL 中的握手协议非常复杂且耗时，因为它使用的是非对称密钥加密。因此，如果可能，客户端和服务器最好复用或恢复之前的 SSL 连接，而不是通过新握手创建新连接。但为了实现复用，双方必须就复用达成一致。如果任何一方认为复用之前的连接会有危险，或者对方的证书自上次连接后已过期，则要强制对方进行新的握手。根据 SSL 规范，在任何情况下，任何 SSL 连接都不应在 24 小时之后复用。

6.1.5　SSL 的缓冲区溢出攻击

当程序或进程试图在缓冲区（临时数据存储区）存储的数据大于它的设计容量时，就会发生**缓冲区溢出**（buffer overflow）。因为创建的缓冲区只能存储固定的数据量，多余的信息——必须去某个地方——可能溢出到相邻的缓冲区，也可能损坏或覆盖缓冲区中已有的有效数据。尽管缓冲区溢出只是由编程错误引发的、但它成为了一种越来越常见的、针对数据完整性的安全攻击。在缓冲区溢出攻击中，多余的数据可能包含产生特定操作的代码，向受攻击的计算机发送新指令，攻击会损坏用户的文件、更改数据或泄露机密信息。

OpenSSL 是 SSL 协议的开源实现。OpenSSL 易受到 4 种远程可利用的缓冲区溢出攻击。缓冲区溢出漏洞使攻击者能以 OpenSSL 进程的特权在目标（受害者）计算机上运行任意代码，并提供发起拒绝服务攻击的机会，但这些攻击只停留在理论之上，实践中并不多见。

缓冲区溢出的 4 个漏洞有 3 个发生在 SSL 握手期间，最后一个针对 64 位操作系统。

第 1 个漏洞存在于第 2 版 SSL 的密钥交换实现中。客户端可以把超大的主密钥发送给使用第 2 版 SSL 的服务器，从而使服务器启用拒绝服务或执行恶意代码。

第 2 个缓冲区溢出存在于第 3 版 SSL 的握手期间。恶意服务器通过在第一阶段发送格式错误的会话 ID，就能在 OpenSSL 客户端上执行代码。

第 3 个缓冲区溢出存在于运行第 3 版 SSL 并启用 Kerberos 身份验证的 OpenSSL 服务器中。恶意客户端可以向启用 Kerberos 的 SSL 服务器发送超大主密钥。

第 4 个缓冲区溢出只存在于 64 位操作系统中。在该系统中，用于存储 ASCII 形式整数的几个缓冲区比所需大小要小。

6.2　传输层安全（TLS）

传输层安全（Transport Layer Security，TLS）协议是一项 IETF 标准化计划，其目标是推出 SSL 的 Internet 标准版本。Netscape 希望标准化 SSL，因此将协议移交给 IETF。SSL 和 TLS 之间有细微的不同，但核心思想与实现非常相似。RFC 2246 给出了 TLS 的定义。

图 6.18 总结了 SSL 与 TLS 之间的区别。

属性	SSL	TLS
版本	3.0	1.0
密码套件	支持 Fortezza 算法	不支持 Fortezza 算法
密钥	其计算见本章前面的介绍	使用伪随机函数生成主密钥
警报协议	见本章前面的介绍	删除了 No certificate 警报消息，增加了如下消息：Decryption failed、Record overflow、Unknown CA、Access denied、Decode error、Export restriction、Protocol version、Insufficient security、Internal error 等
握手协议	见本章前面的介绍	一些细节已改变
记录协议	使用 MAC	使用 HMAC

图 6.18　SSL 与 TLS 的区别

6.3　3D 安全协议

任何持卡人，只要使用 **3D 安全**（3D secure）协议，其支付交易都必须在发卡行的**注册服务器**（Enrollment Server）上进行注册。也就是说，持卡人在进行信用卡支付之前，必须在发卡银行的注册服务器上注册，这个过程如图 6.19 所示

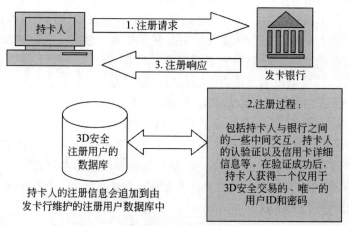

图 6.19　用户注册

在实际的 3D 安全交易中，当商户收到持卡人的支付指令时，商户通过 Visa 网络将此请求转发给发卡行。发卡行要求持卡人提供用户注册时的用户 ID 和密码，在持卡人提供这些详细信息后，发卡行用 3D 安全注册用户数据库（针对存储的卡号）对持卡人进行认证，只有在用户认证成功后，发卡行才会通知商户接受信用卡的支付付款。

6.3.1　协议概述

下面逐步介绍 3D 安全协议的工作原理。

第 1 步：用户在商家网站使用购物车进行购物，决定付款，用户输入信用卡的详细信息，然后单击 OK 按钮，如图 6.20 所示。

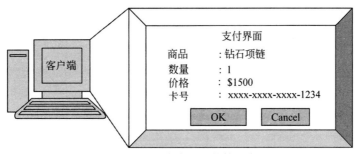

图 6.20   3D 安全协议的第 1 步

第 2 步：当用户单击 OK 按钮时，用户将被重定向到发卡行的网站。银行网站会弹出一个对话窗口，提示用户输入发卡行的银行密码，如图 6.21 所示。发卡行会按照之前用户所选的认证机制对用户进行身份验证。这里，使用简单的静态用户 ID 和密码机制。最新的趋势是向用户手机发送一个验证码，要求用户将验证码输入对话框中，但这不在 3D 安全协议的范围内。

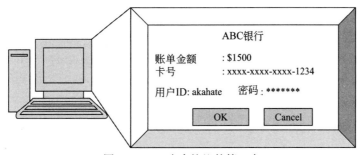

图 6.21   3D 安全协议的第 2 步

在这一阶段，银行将用户密码与数据库项进行比较，根据验证结果，银行向商家发送成功或失败的消息，商家根据接收到的消息采取相应决策，并给用户显示相应的界面。

6.3.2   幕后发生了什么

图 6.22 描述了 3D 安全协议的内部操作，这个过程使用 SSL 来保证保密性和服务器认证。

3D 安全协议的内部流程如下。

（1）客户在商户网站上完成支付手续（商户得到该顾客的所有数据）。

（2）驻留在商户 Web 服务器上的商户插件程序，把用户信息发送到 Visa/MasterCard 目录（基于 LDAP）。

（3）Visa/MasterCard 目录查询发卡行（即客户的银行）运行的访问控制服务器，检查客户的身份验证状态。

（4）访问控制服务器为 Visa 目录生成响应，并将其发回 Visa/MasterCard 目录。

（5）Visa/MasterCard 目录将付款人的认证状态发给商户插件程序。

（6）得到响应后，如果用户当前没有被认证，则插件程序重定向用户到银行站点，请求银行或发卡行站点执行认证过程。

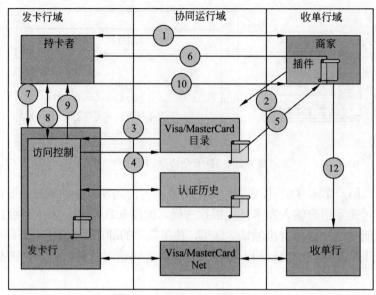

图 6.22　3D 安全协议内部流程

（7）访问控制服务器（运行在银行网站上）收到用户的认证请求。

（8）认证服务器根据用户选择的认证机制（如密码、动态密码、手机等）对用户进行认证。

（9）访问控制服务器通过将用户重定向到商户站点，将用户认证信息返回给在收单行域上运行的商户插件，出于法律目的，还将信息发送到存储库，以便保留用户身份验证的历史记录。

（10）插件通过用户浏览器接收访问控制服务器的响应，其包含访问控制服务器的数字签名。

（11）插件验证响应中的数字签名和来自访问控制服务器的响应。

（12）如果认证成功，访问控制服务器的数字签名有效，则商家将授权信息发给收单行。

6.4　加密货币与比特币

电子货币（Electronic money），也称为**电子现金**（electronic cash）或**数字现金**（digital cash），是另一种 Internet 支付方式。电子货币只是用计算机文件表示的货币，换句话说，纸质货币变成了计算机的二进制数据。

多年以来，人们一直在谈论电子货币，最早的电子货币是以 DigiCash 的形式出现的，流行了一段时间后，销声匿迹。后来的数年，由于多种原因，电子货币没再引起人们的关注。直到最近的几年里，电子货币，也称为**加密货币**（crypto currency），再次成为人们的热议话题，这要归功于**比特币**（Bitcoin）的成功。比特币是一种加密货币，最初只是为了做实验，但后来，却很快成为了一种流行的虚拟货币。

理解比特币等加密货币的思想非常容易，公用平台或网站成为指定虚拟货币的世界。

任何人都可以在公用平台上开户，平台为每个用户创建在线钱包。换句话说，加密货币平台的所有用户都拥有该货币的在线钱包，这个钱包由用户的私钥保护，私钥由平台生成。对应于私钥，用户有相应的公钥。与任何非对称密钥中采用的加密技术类似，如果需要保密消息，则发送方会用接收方的公钥加密消息。

因此，如果比特币用户 A 要给另一个比特币用户 B 发送比特币，则 A 要用 B 的公钥加密支付细节，且只有 B 能打开并验证这个消息。

同样，为了证明付款的是用户 A 而不是冒充 A 的用户，A 要对消息进行数字签名，以保证消息的完整性。

比特币所用的技术是**区块链**（blockchain）。区块链的概念非常有魔力，广泛应用于众多新兴的技术项目、产品和平台。区块链的思想是：在比特币网中，为所有交易创建一个万无一失的机制，确保没有欺诈行为，即使碰巧有欺诈行为，也可以检测到。在上面描述的交易中，当 A 要给 B 汇款时，会将交易的副本发送给比特币网中的所有用户，只有所有用户都记录了这笔交易，才能处理这笔交易。这笔交易的副本保存在一个公开可见的登记册（称为区块链）中。本质上，区块链是比特币网中所有的交易列表。由于这些交易（即区块）相互链接，所以整个交易被称为区块链。

区块链是分布式可验证的记录集。因此，能维护银行记录、土地记录等，用于处理纠纷和欺诈行为，许多基于区块链的开发已经展开。

电子货币或加密货币的兴起并不仅仅源于技术的进步，其背后有经济因素。20 世纪初，货币供应基于**黄金标准**（Gold Standard）。其思想为：国家央行应该印制多少钞票呢？答案是印钞多少与该国持有的黄金数量相关。自然，富裕国家因拥有大量黄金储备，可以更多地印制钞票，而贫穷国家不得不勒紧裤腰带，减少货币供应。结果，贫穷国家的需求较低，利率较低，货币更稳定。"二战"之后，美元先是间接地取代黄金，在 1971 年则直接取代黄金成为世界上最贵的货币，所有国家都开始持有美元，以美元作为储备。国际交易也开始以美元为交换媒介，这种情况一直持续到 2007 年全球经济危机席卷全球时。

为了摆脱 2007 年的经济危机，美国政府要求美联储（即美国中央银行）印钞并救助资金短缺的银行，希望摆脱经济低迷的状态。结果，一些怀疑论者开始说美元泛滥，美元变得一文不值，持有美元不再保值，因此，美元的实际价值取决于人的价值取向。

人们厌倦了经济危机，要摆脱这类危机，找到的解决方案就是加密货币。例如，生活中使用的比特币的数量是有上限的，不像美元，可以由美国政府随意印制。由于比特币的数量有限，所以每个比特币都会越来越有价值。有很多人感到疑惑：比特币是像美元（货币，交换媒介）呢？还是像黄金（保值储存）呢？人们购买比特币是为了进行网上购物交易吗？还是囤积比特币，期待价格一直上涨呢？

在 2018 年年初，一个比特币兑换将近 20000 美元，如此之高的兑换汇，使怀疑论者将比特币与之前的郁金香效应和庞氏骗局等同起来，许多人警告投机比特币是危险的，一些政府也对比特币进行了限制。

就未来的趋势而言，比特币可能保值，也可能不保值，但加密货币的概念必定盛行，区块链技术将会成为许多未来软件产品的基石。

6.5　电子邮件安全

6.5.1　简介

电子邮件（E-mail）是 Internet 上使用最广泛的一种应用程序。使用电子邮件，Internet 用户可以向其他 Internet 用户发送消息、图片、视频、声音等。因此，电子邮件消息的安全成为一个极其重要的问题。在我们学习电子邮件安全之前，先快速回顾一下电子邮件技术。

RFC 822 定义了文本电子邮件消息的格式。电子邮件由两部分组成：内容（或正文）和标题。手工邮寄的信也由两部分组成：信件（类似于电子邮件的内容）和信封（类似于电子邮件的标题）。因此，电子邮件由多个标题行和实际的消息内容组成。标题行通常包含关键字，后跟一个冒号，然后是关键字的参数。标题关键字的示例是 From、To、Subject 和 Date。

图 6.23 给出一封电子邮件消息，并区分了它的标题和内容。

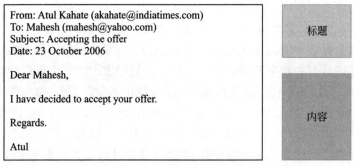

图 6.23　电子邮件标题与内容

简单邮件传输协议（Simple Mail Transfer Protocol，SMTP）用于电子邮件通信。发送方的电子邮件软件将电子邮件消息传给本地 SMTP 服务器，实际上，这个 SMTP 服务器会将电子邮件消息传给接收者的 SMTP 服务器。SMTP 服务器的主要工作是在发送方和接收方之间传递电子邮件消息，如图 6.24 所示。当然，底层使用 TCP/IP 协议，也就是说，SMTP 运行在 TCP/IP 之上。

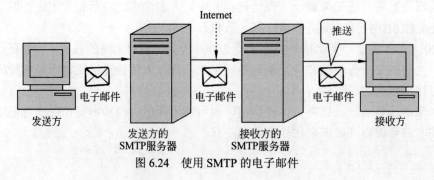

图 6.24　使用 SMTP 的电子邮件

电子邮件通信的基本步骤如下。

（1）在发送方，SMTP 服务器接收用户计算机发送的消息。

（2）发送方的 SMTP 服务器将消息传给接收方的 SMTP 服务器。

（3）接收方的计算机从接收方的 SMTP 服务器取出电子邮件消息，取电子邮件可以使用**邮局协议**（Post Office Protocol，POP）或 Internet 邮件访问协议（Internet Mail Access Protocol，IMAP），这里不进行讨论。

SMTP 其实非常简单。客户端与服务器之间使用 SMTP 进行通信，所用的是人类可读的 ASCII 文本。下面先介绍步骤，再列出实际的交互步骤。注意，尽管介绍两个 SMTP 服务器之间的通信，但发送方的 SMTP 服务器承担客户端的角色，而接收方的 SMTP 服务器承担服务器的角色。

（1）根据客户端的电子邮件消息传输请求，服务器发回一个 READYFOR MAIL 应答，表示可以接收来自客户端的电子邮件消息。

（2）然后客户端向服务器发送一个 HELO（HELLO 的缩写）命令，并识别自己。

（3）然后服务器以自己 DNS 名称的形式发回确认。

（4）客户端可以向服务器发送一个或多个电子邮件消息。在电子邮件传输开始时，使用一个 MAIL 命令标识发送方。

（5）接收方要分配缓冲区来存储传入的电子邮件，并返回一个 OK 响应客户端。服务器还发回一个返回码 250，表示 OK。之所以同时发回 OK 和返回码 250，是使用户和应用程序都知晓服务器的意图，用户更喜欢 OK，而应用程序更喜欢返回码如 250。

（6）客户端通过一个或多个 RCPT（每个接收方一个）命令，发送电子邮件的预期接收方的列表。服务器必须给每个接收方的客户端发回 250 OK 或 550 No such user。

（7）发出所有 RCPT 命令之后，客户端发送一个 DATA 命令，通知服务器，客户端已准备好要开始传输电子邮件消息了。

（8）服务器响应 354 Start mail input 消息，表示已准备好，能接收电子邮件了，并告诉客户端，要发送什么标识符表示消息结束。

（9）客户端发送电子邮件消息，在结束后，发送由客户端提供给服务器的标识符，表示传输已结束。

（10）服务器发回 250 OK 响应。

（11）客户端向服务器发送 QUIT 命令。

（12）服务端发回 221 Internet Mail Access Protocol 消息，表示它也关闭了连接。

如上所述，客户端和服务器之间的实际交互如图 6.25 所示。这里，主机 yahoo.com 上的用户 Atul 向主机 hotmail.com 上的用户 Ana 和 Jui 发送了一封电子邮件。主机 yahoo.com 上的 SMTP 客户端软件与主机 hotmail.com 上（图中未显示）的 SMTP 服务器软件建立 TCP 连接。此后，发生的消息交换如下，S 表示服务器发送给客户端的消息，C 表示客户端发送给服务器的消息。注意，服务器已通知客户端，在客户端结束传输时，最好使用<CR><LF><LF> 标识符。因此，客户端会在传输结束时，使用此标识符。

介绍了电子邮件通信的基本概念之后，下面讨论两个主要的电子邮件安全协议：**完美隐私**（Pretty Good Privacy，PGP）和**安全 MIME**（Secure MIME，S/MIME）。

```
S: 220 hotmail.com Simple Mail Transfer Service Ready
C: HELO yahoo.com
S: 250 hotmail.com
C: MAIL FROM: <Atul@yahoo.com>
S: 250 OK
C: RCPT TO: <Ana@hotmail.com>
S: 250 OK
C: RCPT TO: <Jui@hotmail.com>
S: 250 OK
C: DATA
S: 354 Start mail input; end with <CR><LF><LF>
C: … actual contents of the message …
C: …
C: …
C: <CR><LF><LF>
S: 250 OK
C: QUIT
S: 221 hotmail.com Service closing transmission channel
```

图 6.25　使用 SMTP 的电子邮件消息示例

6.5.2　PGP

　　Phil Zimmerman 是 PGP 协议之父，开发了 PGP。PGP 最重要的方面是它支持加密，且使用简单，完全免费，包括它的源代码和文档。此外，对于需要支持的组织，可以使用 PGP 的低成本商业版本，其来自名为 Viacrypt（现称为 Network Associates）的组织。与私人增强邮件（PEM）相比，PGP 非常流行、应用范围更广，PGP 提供的电子邮件加密支持如图 6.26 所示。

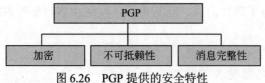

图 6.26　PGP 提供的安全特性

6.5.2.1　PGP 的工作原理

　　在 PGP 中，发送方的消息需要包含消息所用的算法标识符和密钥值，图 6.27 给出了 PGP 的广义步骤：数字签名、压缩、加密、数字信封，最后是进行 Base-64 编码。

　　PGP 在发送电子邮件时提供了如下的 3 个安全选项。

- 只签名（第 1 步和第 2 步）
- 签名和 Base-64 编码（第 1、2、5 步）
- 签名、加密、数字信封和 Base-64 编码（第 1～5 步）

　　下面讨论 PGP 中的 5 个步骤。注意，接收方必须反向执行上述步骤才能得到电子邮件消息的原始明文。

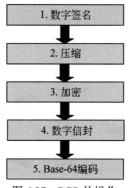

图 6.27　PGP 的操作

第 1 步：数字签名

这是一个典型的数字签名过程，数字签名之前已多次分析。在 PGP 中，要用 SHA-512 算法生成电子邮件消息的消息摘要，然后再用发送方的私钥加密生成的消息摘要，形成发送方的数字签名。

第 2 步：压缩

这是 PGP 中的一个附加步骤。这里，压缩输入消息以及数字签名，减少将要传输的最终消息的大小，压缩软件是用著名的 ZIP 程序。ZIP 基于 Lempel-Ziv 算法（Lempel-Ziv algorithm）。

Lempel-Ziv 算法查找重复的字符串或单词，并将它们存储在变量中，然后把实际出现的重复单词或字符串用相应的指针替换。由于与原始字符串相比，指针只需要几位内存，因此能实现数据压缩。

例如，考虑如下字符串。

What is your name? My name is Atul.

使用 Lempel-Ziv 算法，要生成两个变量 A 和 B，将单词 is 和 name 替换成指向 A 和 B 的指针，如图 6.28 所示。

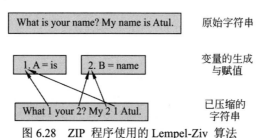

图 6.28　ZIP 程序使用的 Lempel-Ziv 算法

如上所示，得到的字符串"What 1your 2? My 2 1 Atul."比原字符串"What is your name? My name is Atul."要小。当然，原始字符串越大，压缩效果越好，PGP 的压缩同理。

第 3 步：加密

在这一步中，用对称密钥加密第 2 步的压缩输出（即压缩后的原始电子邮件和数字签名），一般使用 CFB 模式下的 IDEA 算法，之前已详细介绍 IDEA 算法，这里不再赘述。

第 4 步：数字信封

这里，用接收方的公钥加密第 3 步加密所用的对称密钥。第 3 步与第 4 步的输出形成数字信封，如图 6.29 所示。

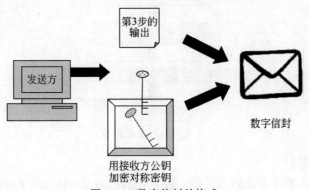

图 6.29　数字信封的格式

第 5 步：Base-64 编码

对第 4 步的输出进行 Base-64 编码。Base-64 编码（也称为 Radix-64 编码）是将任意二进制输入转换为可打印的字符输出。在这项技术中，二进制的输入是 3 个 8 位块（即 24 位），分成 4 组，每组 6 位。每一组都映射为一个 8 位的输出字符，图 6.30 是编码示意图。注意，图中的值并不正确，仅用于演示。

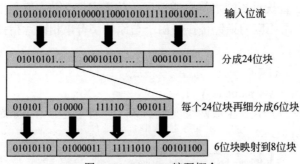

图 6.30　Base-64 编码概念

这似乎是一个相当简单的过程。但还有一个关键问题，将 6 位输入块映射到 8 位输出块的逻辑是什么？为此要用到映射表，下面给出示例。

在 Base-64 编码示例中，24 位原始位流为 001000110101110010010001，图 6.31 给出了位流的 Base-64 编码过程，并进行了详细说明。

对于这个示例，图 6.31 给出的过程非常简单，这里不再详细介绍其他的细节，只分析到 Base-64 表的映射，这里使用了标准的预定义表，如图 6.32 所示，从表中查找生成的十进制数，输出中使用此表中十进制数指定位置的字符。例如，在上述示例中，第 1 个十进制数是 8，映射表中第 8 个位置的字符是 I。同样，第 2 个数是 53，在映射表中，第 53 位置对应的字符是字符 1，以此类推。最后，写出字符的 8 位 ASCII 的二进制值。

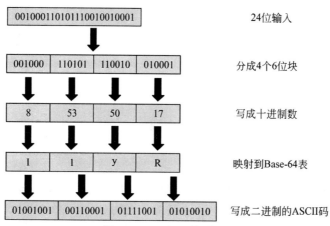

图 6.31　Base-64 编码示例

6位值	字符	6位值	字符	6位值	字符	6位值	字符
0	A	16	Q	32	G	48	w
1	B	17	R	33	H	49	x
2	C	18	S	34	I	50	y
3	D	19	T	35	J	51	z
4	E	20	U	36	K	52	0
5	F	21	V	37	L	53	1

6位值	字符	6位值	字符	6位值	字符	6位值	字符
6	G	22	W	38	M	54	2
7	H	23	X	39	N	55	3
8	I	24	Y	40	O	56	4
9	J	25	Z	41	P	57	5
10	K	26	A	42	Q	58	6
11	L	27	B	43	R	59	7
12	M	28	C	44	S	60	8
13	N	29	D	45	T	61	9
14	O	30	E	46	u	62	+
15	P	31	F	47	V	63	/
						(填充)	=

图 6.32　Base-64 编码的映射表

6.5.2.2　PGP 算法

PGP 支持多种算法，其中最常见如图 6.33 所示。

算法类型	说明
非对称密钥	RSA（加密和签名，只加密，只签名）
	DSS（只签名）
消息摘要	MD5、SHA-1、RIPE-MD
加密	IDEA、DES-3、AES

图 6.33　PGP 算法

下面将介绍相关算法的使用。

6.5.2.3　密钥环

当发送方要向单个接收方发送电子邮件消息时，问题不大。当要将电子邮件消息发送给多个接收方时，问题就有点复杂。如果 Alice 需要与 10 个人通信，就需要这 10 个人的公钥，也就是说 Alice 需要由 10 个公钥组成的**密钥环**（key ring）。此外，PGP 能指定公私钥对环。因为 Alice 会更改自己的公私钥对，对不同的用户组，也要使用不同的密钥对，例如，与家人通信，使用一对密钥对；与朋友通信，使用另一对密钥对；进行商务通信，使用第三对密钥对等。换句话说，每个 PGP 用户需要有两组密钥环：（a）自己的公私钥对环；（b）其他用户的公钥环。

密钥环的概念如图 6.34 所示。注意，在一个密钥环中，Alice 维护一组密钥对；而在另一个环中，只维护其他用户的公钥，而不是维护密钥对，很显然，Alice 不可能拥有其他用户的私钥。同样，PGP 系统中的其他用户也拥有自己的两个密钥环。

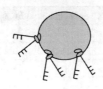 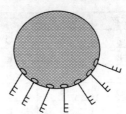

Alice的密钥环，
其中含有自己的
公钥-私钥对

Alice的密钥环，
其中只含有PGP系统
中其他用户的公钥

图 6.34　PGP 用户维护的密钥环

这些密钥环的用法很容易理解，但下面还是给出了简短的介绍。

密钥环的使用有如下两种情况。

（1）Alice 要给系统中的另一个用户发送消息。

（a）Alice 生成原始消息的消息摘要（用 SHA-1），并用自己的私钥加密（RSA 或 DSS 算法）消息摘要，生成数字签名，私钥来自于如图 6.34 左侧所示的密钥对。

（b）Alice 创建一次性对称密钥。

（c）Alice 使用预期接收方的公钥（通过在图 6.34 右侧查找密钥环打到接收方）加密上面生成的一次性对称密钥，这里使用 RSA 算法。

（d）Alice 用一次性对称密钥加密原始消息（用 IDEA 或 DES-3 算法）。

（e）Alice 用一次性对称密钥加密数字签名（用 IDEA 或 DES-3 算法）。

（f）Alice 将上述步骤（d）和（e）的输出发送给接收方。

接收方需要做些什么呢？具体解释如下。

（2）假设 Alice 收到了系统中另一个用户的消息。

（a）Alice 使用自己的私钥来得到发送方生成的一次性对称密钥，如果读者心存疑问，请参阅前面（1）的步骤（b）和（c）。

（b）Alice 用一次性对称密钥来解密消息。如果读者心存疑问，请参阅前面（1）的步骤（b）和（d）。

（c）Alice 计算原始消息的消息摘要（如 MD1）。

（d）Alice 在使用一次性对称密钥得到原始数字签名。如果读者心存疑问，请参阅前面（1）的步骤（b）和（e）。

（e）Alice 使用发送方公钥（图 6.34 右侧所示的密钥环）解密数字签名，得到原始消息摘要（如 MD2）

（f）Alice 将消息摘要 MD1 与 MD2 进行比较，如果匹配，则可以确定消息的完整性和认证消息的发送方。

6.5.2.4　PGP 证书

为了信任用户的公钥，需要拥有用户的数字证书。PGP 既可以使用 CA 签发的证书，也可以使用自己的证书系统。

正如在讨论数字证书时所介绍的那样，在 X.509 中，有一个根 CA，它签发给第二级 CA 的证书，第二级的 CA 可以向第三级的 CA 签发证书，以此类推，一直持续到所需的等级，最底层的 CA 给最终用户签发证书。

在 PGP 中，情况有所不同，这里没有 CA。任何用户都可以为密钥环中的用户签发证书，Atul 可以为 Ana、Jui、Harsh 等签发证书。由于没有信任分层或树状结构，会出现这种情况：一个用户拥有由其他不同用户签发的多个证书。例如，Jui 既有由 Atul 签发的证书，也有由 Anita 签发的证书，如图 6.35 所示。因此，如果 Harsh 要验证 Jui 的证书，有两条路径：Jui→Atul 以及 Jui→Anita。Harsh 能完全信任 Atul，但不信任 Anita！因此，证书的信任链有多条路径，可以是完全信任，也可以是部分信任。

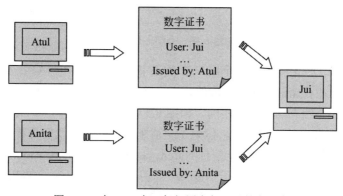

图 6.35　在 PGP 中，任何用户都可以签发证书

在 PGP 中，**介绍人**（introducer）相当于 CA（即签发证书的用户）。

通过学习下面 3 方面的内容，可以更好地理解 PGP 证书。

- 介绍人信任。
- 证书信任。
- 密钥合法性。

我们现在讨论这 3 个概念。

介绍人信任：如前所述，PGP 没有 CA 分层结构的概念。因此，如果所有用户都必须相互信任，PGP 的信任环也不会很大。但在现实生活中，任何人都不可能完全信任自己认识的每个人，那该怎么办呢？

为了解决这个问题，PGP 提供了多级信任。级数取决于实现 PGP 的决策。为了简单起见，这里只实现了 3 级信任，分别是**不信任**（none）、**部分信任**（partial）、**完全信任**（complete）。**介绍人信任**（introducer trust）指定要分配给系统中其他用户的信任级别。例如，Atul 说完全信任 Jui，而 Anita 说自己部分信任 Jui。而 Jui 说自己不信任 Harsh，Harsh 部分信任 Anita，等等，以此类推，如图 6.36 所示。

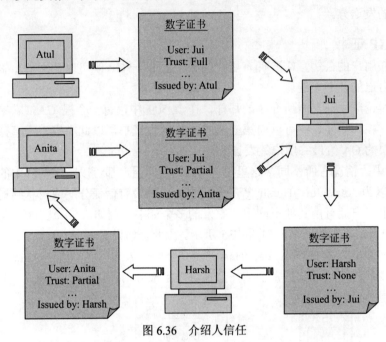

图 6.36　介绍人信任

证书信任：当用户 A 收到另一个用户 B 的证书（由第三个用户 C 签发），根据 A 在 C 中的信任级别，A 在存储证书时，分配给证书一个**证书信任**（certificate trust）级别，通常它与签发证书的介绍人信任级别相同，如图 6.37 所示。

图 6.37 解释了证书信任的概念，但为了更清晰地理解它，我们再看一个示例。假设系统中有一组用户，其中 Mahesh 完全信任 Naren，部分信任 Ravi 和 Amol，不信任 Amit。

（1）Naren 签发两个证书：一个给 Amrita（公钥为 K1），另一个给 Pallavi（公钥为 K2）。Mahesh 将 Amrita 和 Pallavi 的公钥与证书存储在自己的公钥环中，证书的信任级别是完全信任。

（2）Ravi 给 Uday 签发证书（公钥为 K3）。Mahesh 存储 Uday 的公钥与证书存储在自己的公钥环中，证书信任级别是部分信任。

（3）Amol 签发两个证书：一个给 Uday（公钥为 K3），另一个给 Parag（公钥为 K4）。Mahesh 将 Uday 和 Parag 的公钥与证书存储在自己的公钥环中，证书信任的级别是部分信任。注意，Mahesh 有两个 Uday 的证书，一个是 Ravi 签发的，另一个是 Amol 签发的，证书信任级别都是部分信任。

（4）Amit 向 Pramod 签发证书（公钥为 K4）。Mahesh 将 Pramod 的公钥和证书存储在自己的公钥环中，证书信任级别是不信任，Mahesh 也可以丢弃这个证书。

密钥合法性：介绍人信任和证书信任的目的是，确定是否信任用户的公钥。在 PGP 术

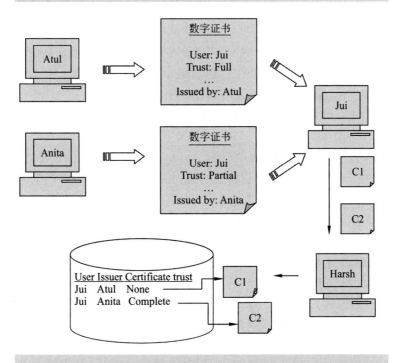

背景信息：Atul和Anita都给Jui签发了证书。Jui将这些证书发送给Harsh，以便Harsh 能从任一证书中提取Jui的公钥，用于之后与Jui的通信。Harsh 根本不信任Atul，但完全信任Anita

结果：当Jui将两个证书（由 Atul 和 Anita 签发给她）发送给Harsh，Harsh 将它们添加到自己的证书数据库中，数字库实际上就是之前的介绍过的其他用户的公钥环。除了添加到数据库之外，Harsh记录了这一事实：自己不信任Atul签发给Jui的证书，因为Harsh不信任 Atul，但信任Anita给Jui签发的证书，因为Harsh信任Anita

图 6.37　证书信任

语中，称为**密钥合法性**（key legitimacy）。Mahesh 需要知道 Amrita、Pallavi、Uday、Parag、Pramod 等人公钥是否合法。

PGP 定义了如下的简单规则来确定密钥的合法性：用户的密钥合法性级别就是该用户的加权信任级别。例如，假设已经为证书信任级别分配了某些权重，如图 6.38 所示。

权重	含义
0	不信任
1/2	部分信任
1	完全信任

图 6.38　为证书信任级别分配权重

在这种情况下，为了信任任何其他用户的公钥（即证书），Mahesh 需要一个完全信任的证书或两个部分信任的证书。因此，Mahesh 根据 Amrita 和 Pallavi 从 Naren 那里收到的证书，可以完全信任两人。Mahesh 根据 Uday 从 Ravi 和 Amol 那里收到的两个部分信任的证书，也可以信任 Uday。

　　有趣的是，属于实体公钥的合法性，与该实体的信任级别无关。例如，Naren 可能信任 Amit 的证书，因此，Naren 使用从 Amit 证书派生的公钥加密消息，再将已加密的消息发送给 Amit。然而，因为 Mahesh 不信任 Amit 本人，会继续拒绝 Amit 签发的证书。

6.5.2.5　信任网络

　　前面提到，有一个潜在的问题，如果没有用户创建完全信任或部分信任的证书，会发生什么呢？在上面的示例中，如果没有人为 Naren 创建证书，要根据什么信任 Naren 的公钥呢？为了解决这个问题，PGP 中有几种方案，下面进行介绍。

　　（1）Mahesh 可以亲自与 Naren 见面，拿到 Naren 的公钥，公钥可以写在纸上，也可以是磁盘文件。

　　（2）也可以通过电话得到 Naren 的公钥。

　　（3）Naren 也可以通过电子邮件将自己的公钥发给 Mahesh。Naren 和 Mahesh 都计算该密钥的消息摘要。如果使用 MD5，则结果是 16 字节的摘要；如果使用 SHA-1，则结果为 20 字节的摘要。在十六进制表示中，MD5 的摘要为 32 位值；在 SHA-1 中，摘要变为 40 位值。在 MD5 中，显示为 8 组 4 位数值；在 SHA-1 中，显示为 10 组 4 位数值，称为**指纹**（fingerprint）。在 Mahesh 将 Naren 的公钥添加到自己的公钥环之前，可以给 Naren 打电话，告诉 Naren 自己的指纹值，以便交叉认证两人分别得到的指纹值，以确保公钥值在电子邮件传输中未发生改变。为了更加保险，PGP 为每组 4 位十六进制数字分配了一个独特的英文单词，这样，就不再说数字的十六进制字符串，而是说根据 PGP 定义的正常的英语单词。例如，PGP 可能将单词 India 分配给十六进制模式的 4A0B 等。

　　（4）当然 Mahesh 可以从 CA 获得 Naren 的公钥。

　　不管用什么机制，获取其他用户的密钥以及把自己的密钥发送给其他用户的过程，最终会在用户组之间形成了**信任网络**（web of trust），使公钥环越来越大，有助于确保电子邮件的通信安全。

　　每当用户需要撤销自己的公钥（因为丢失私钥等）时，都要给其他用户发送密钥吊销证书，吊销证书是用户用自己的私钥进行签名的。

6.5.3　安全的多用途 Internet 邮件扩展（S/MIME）

6.5.3.1　简介

　　传统电子邮件系统使用 SMTP（基于 RFC 822），是基于文本的，也就是说，用户可以使用编辑器编写文本消息，然后通过 Internet 将消息发送到另一个接收方。然而，到了现代，仅交换文本消息是远远不够的。人们希望交换多媒体文件、各种任意格式的文档等。为了满足这些需要，**多用途 Internet 邮件扩展**（Multipurpose Internet Mail Extensions，MIME）系统扩展了基本电子邮件系统，允许用户使用基本电子邮件系统发送二进制文件。在 RFC 2045～RFC 2049 中定义了 MIME。

　　了解为什么 SMTP 不能处理非文本数据非常重要。SMTP 使用 7 位 ASCII 表示电子邮件信息的字符，7 位 ASCII 不能表示 ASCII 值在 127 以上的特殊字符，SMTP 也不能发送二进制数据。

MIME 电子邮件包含普通的 Internet 文本消息以及一些特殊头和格式化的文本段。每个段都可以保存数据的 ASCII 编码部分。每个段先解释接收方应如何解释或解码其后的数据，接收方的电子邮件系统根据这个解释来进行数据解码。

下面分析一个包含 MIME 头的简单示例。图 6.39 显示的电子邮件消息是：发送方撰写电子邮件消息并附加了扩展名为.gif 的图形文件。图 6.39 中给出了实际发给接收方的电子邮件。Content-Type MIME 头说明发送方在邮件中附加了.gif 文件。实际图像会在此后的消息中发送，以文本形式查看时会出现乱码，因为它将是图像的二进制表示。但接收方的电子邮件系统能识别这是一个.gif 文件，因此，会调用相应的程序，读取、解释和显示.gif 文件的内容。

```
From: Atul Kahate <akahate@gmail.com>
To: ABC Publishers <editor@abc.com>
Subject: Cover image for the book
MIME-Version: 1.0
Content-Type: image/gif
<Actual image data in the binary form such as R019a0asdjas0 …>
```

图 6.39　电子邮件消息的 MIME 扩展

当我们增强基本 MIME 系统以提供更多安全功能时，就将其称为**安全多用途 Internet 邮件扩展**（Secure Multipurpose Internet Mail Extensions，S/MIME）。

6.5.3.2　MIME 概述

电子邮件系统提供了电子邮件头，如 From、To、Date、Subject 等。MIME 规范为电子邮件系统增加了 5 个新头，用于描述相关消息的正文，在上面的示例中已出现了两个 MIME 头。 因此，当使用 MIME 时，电子邮件信息如图 6.40 所示。

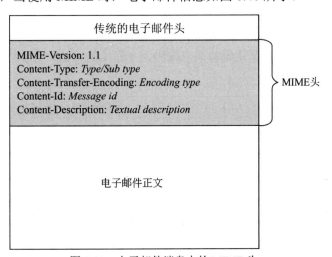

图 6.40　电子邮件消息中的 MIME 头

这些头的说明如下。

● **MIME 版本**（MIME-Version）：包含 MIME 版本号，当前值为 1.1。当有更新版本

的 MIME 出现时，保留这个字段，以备将来使用，这个字段表示消息符合 RFC 2045 和 RFC2046 规范。

- **内容类型**（Content-Type）：描述消息正文中包含的数据，提供详细信息，使接收方电子邮件系统能够采取相应的方式处理收到的电子邮件消息，内容指定为**类型/子类型**（Type/Sub-type）

MIME 指定了 7 种内容类型和 15 种内容子类型，如图 6.41 所示。

类型	子类型	说明
Text	Plain	**无格式文本**
	Enriched	含格式的文本
Multipart	Mixed	包含多个部分，所有部分必须共同发送，有顺序
	Parallel	包含多个部分，所有部分必须共同发送，无顺序
	Alternative	包含多个部分，各个部分表示相同信息的不同版本，发送后，接收方的电子邮件系统可以根据需要，选择最适合自己的版本
	Digest	类似于 Mixed
Message	RFC 822	正文本身是符合 RFC 822 规范的封装消息
	Partial	用于较大电子邮件消息的分段
	External-body	包含一个指向存储于别处对象的指针
Image	Jpeg	JPEG 格式的图像
	Gif	GIF 格式的图像
Video	Mpeg	MPEG 格式的视频
Audio	Basic	声音格式
Application	PostScript	Adobe PostScript 格式
	octet-stream	通用的二进制数据（8 位字节）

图 6.41 MIME 的内容类型

- **内容传输编码**（Content-Transfer-Encoding）：指定表示消息正文所用的转换类型。换句话说，在这里定义用于将消息编码为 0 和 1 的方法，有 5 种内容编码方法，如图 6.42 所示。

类型	说明
7 位	NVT ASCII 字符、行很短
8 位	非 ASCII 字符、行很短
Binary	非 ASCII 字符、不限制行的长度
Base-64	6 位数据块编码为 8 位 ASCII 字符
Quoted-Printable	非 ASCII 字符编码为等号，后跟 ASCII 码

图 6.42 内容传输编码的值

- **内容 ID**（Content-Id）：引用多个上下文，唯一标识 MIME 实体。
- **内容说明**（Content-Description）：当正文不可读时使用（如视频）。

6.5.3.3 S/MIME 功能

S/MIME 的常用功能与 PGP 非常相似。与 PGP 一样，S/MIME 提供电子邮件信息的数字签名与加密，更具体地说，S/MIME 提供了如图 6.43 所示的常用功能。

功能	说明
封装数据	包括任意类型的加密内容以及用接收方公钥加密的密钥
签名数据	包括用发送方私钥加密的消息摘要组成，内容和数字签名都采用 Base-64 编码
明确签名数据	类似于签名数据，但数字签名是 Base-64 编码
签名与数据封装	只签名和只封装实体可以组合起来，这样对封装数据就可以进行数字签名，或者可封装已签名/明确签名的数据

图 6.43 S/MIME 的功能

6.5.3.4 S/MIME 中使用的密码算法

在使用加密算法时，S/MIME 更偏向使用如下的加密算法。

- 用数字签名标准（DSS）进行数字签名。
- 用 Diffie-Hellman 加密对称会话密钥。
- 用 RSA 进行数字签名或加密对称会话密钥。
- 用 DES-3 加密对称密钥。

有趣的是，S/MIME 定义了两个术语：**必须**（must）和**应该**（should），用于描述密码算法，这是什么意思？下面进行分析。

- **必须**（Must）：表示绝对需要这些加密算法，S/MIME 的用户系统必须支持这些算法。
- **应该**（should）：表示有时可能无法支持某类算法，但应尽量支持这些算法。

基于这些术语，S/MIME 支持的各种加密算法如图 6.44 所示。

功能	S/MIME 推荐要支持的算法
消息摘要	必须支持 MD5 和 SHA-1，应该使用 SHA-1
数字签名	发送方和接收方都必须支持 DSS，发送方和接收方应该支持 RSA
封装	发送方和接收方必须支持 Diffie-Hellman，发送方和接收方应该支持 RSA
对称密钥加密	发送方应该支持 DES-3 和 RC4。接收方必须支持 DES-3，应该支持 RC2

图 6.44 S/MIME 提供的密码算法准则

6.5.3.5 S/MIME 消息

下面讨论生成 S/MIME 消息的常见过程。

S/MIME 使用签名、加密或两者一起来保护 MIME 实体。当谈及 MIME 实体时，可以指整个消息，也可以指部分消息，一般按照常用的 MIME 规则生成 MIME 实体。S/MIME 处理 MIME 实体以及与安全相关的数据，如算法和数字证书标识符等。这个过程的输出称为**公钥加密标准**（Public Key Cryptography Standard，PKCS）对象，这个 PKCS 对象包含封装在 MIME 中的消息内容和相应的 MIME 头。

如前所述，对于电子邮件消息，S/MIME 支持数字签名、加密或两者兼而有之。S/MIME

处理电子邮件消息以及其他与安全相关的数据，如所用算法、生成 PKCS 对象的数字证书等。再像处理消息内容一样处理 PKCS 对象，也就是说，要为其添加相应的 MIME 头。为此，S/MIME 新增了 2 个内容类型和 6 个新的子类型，如图 6.45 所示。

类型	子类型	说明
Multipart	Signed	明确签名的消息，包括消息和数字签名
Application	PKCS#7 MIME Signed Data	已签名的 MIME 实体
	PKCS#7 MIME Enveloped Data	已封装的 MIME 实体
	PKCS#7 MIME Degenerate Signed Data	只包含数字证书的实体
	PKCS#7 Signature	multipart/signed 消息的签名子部分的内容类型
	PKCS#10 MIME	证书注册请求

图 6.45　S/MIME 的内容类型

6.5.3.6　S/MIME 证书处理

S/MIME 使用 X.509V3 证书。S/MIME 使用的密钥管理方案是 X.509 证书层次结构与 PGP 信任网络的混合体。与 PGP 一样，S/MIME 需要配置可信密钥和 CRL 列表，像往常一样，CA 签发数字证书。

S/MIME 用户执行 3 种密钥管理功能，如图 6.46 所示。

功能	说明
密钥生成	拥有某些管理权限的用户必须能创建 Diffie-Hellman 和 DSS 密钥对，也应该能创建 RSA 密钥对
注册	用户的公钥必须在 CA 注册，才能接收到 X.509 数字证书
证书的存储和检索	用户需要其他用户的数字证书来解密传入的消息，验证传入消息的签名，这些必须由当地的管理实体进行维护

图 6.46　密钥管理功能

6.5.3.7　S/MIME 附加安全功能

作为提议草案，S/MIME 协议中还提出了 3 个附加特性，总结如下。

- **签名回执**（Signed receipts）：这个消息可用作对原始消息的确认，向原始发送方提供消息传递的证明。接收方对整个消息（包括发送方发送的原始消息、发送方的签名和确认）进行签名，创建 S/MIME 消息类型。
- **安全标签**（Security labels）：在消息中添加安全标签，以识别消息的敏感性（消息如何进行保密）、访问控制（谁可以访问）和优先级（绝密、机密、秘密等）。
- **安全邮件列表**（Secure mailing lists）：每当发送方向多个用户发送消息，且每个接收方都需要进行处理时，可以创建 **S/MIME 邮件列表代理**（S/MIME Mailing List Agent，MLA）来接管相关工作。例如，如果要把一条消息发送给 10 个接收方，则必须使用 10 位接收者的公钥。MLA 可以接收单个传入消息，加密指定的接收方，再转发消息。也就是说，原始发送方只需要对消息进行一次加密（使用 MLA 的公钥），且只给 MLA 发送一次消息，其余的工作由 MLA 完成。

6.5.4　域名密钥识别邮件（DKIM）

域名密钥识别邮件（Domain Keys Identified Mail，DKIM）是一种 Internet 标准，许多电子邮件提供商（如 Gmail、雅虎）、一些大公司、Internet 服务提供商（ISP）都采用 DKIM，DKIM 能建立身份与电子邮件的关联。简单来说，用户的电子邮件消息用私钥进行数字签名，而私钥属于发送电子邮件的管理域（如 Gmail 或 Yahoo）。对整个电子邮件内容进行数字签名后再附加一些头。接收方的电子邮件系统使用发送方管理域的公钥对消息的数字签名进行验证，确保电子邮件的接收方所收到的电子邮件确实来自发送方的域，且能保证在传输过程中电子邮件的完整性。

这里需要区分一下传统的电子邮件安全协议（如 PGP、S/MIME）与 DKIM。在传统的电子邮件安全协议中，发送方自己对邮件进行签名，而在 DKIM 中，发送方的域对邮件进行签名。换句话说，笔者的电子邮件账户是 akahate@gmail.com，当使用 PGP 或 S/MIME 时，使用自签名的电子邮件；但使用 DKIM 时，Gmail 会代表笔者对电子邮件进行签名。

在有了成熟的电子邮件安全协议的情况下，还建议使用 DKIM，有几个原因。与 S/MIME 不同，在 DKIM 中，除了签名和验证消息之外，发送方和接收方都不需要进行特殊处理。此外，与 S/MIME 不同的是，DKIM 对消息内容和头进行签名，因为 DKIM 是域级的实现，个人用户不用担心，甚至许多用户都不知道 DKIM 的存在和使用。

与传统的电子邮件安全协议一样，可以用 SHA-256 等消息摘要算法计算原始电子邮件消息和头的消息摘要，然后应用 RSA 数字签名算法来计算电子邮件消息的数字签名。

6.5.5　Wi-Fi 保护访问（WPA）

Wi-Fi 保护访问（Wi-Fi Protected Access，WPA）克服了早期**无线等效协议**（Wireless Equivalent Privacy，WEP）的缺点，提供了如下服务。

- **认证**（Authentication）：为了认证，WPA 使用单独的专用**认证服务器**（Authentication Server，AS），来执行相互的身份验证、密钥管理。认证服务器还生成主机与 AP 之间所用的临时密钥。
- **加密**（encryption）：使用 AES 协议，使加密的强度更高。
- **消息完整性**（message integrity）：这个协议还负责消息完整性的验证。

下面先介绍 WPA 的认证，如图 6.47 所示。

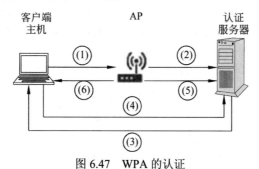

图 6.47　WPA 的认证

下面逐步介绍 WPA 的认证过程。

（1）客户端主机（即终端用户计算机）联系 AP，请求对其进行认证。为此，要使用 EAP 的协议。

（2）AP 将请求传递给认证服务器（AS）。AS 是一个具有**远程身份认证拨号用户服务**（Remote Authentication Dial in User Service，RADIUS）的服务器。RADIUS 是一种网络协议，使用接入服务器，为大型网络的接入提供集中管理。RADIUS 通常由 ISP 和公司使用，用于管理对 Internet 或任何内网的访问。

（3）AS 向主机发送一个随机挑战。

（4）当用户在主机输入密码时，用密码加密收到的随机挑战，之后再将加密的随机挑战发回 AS。

（5）AS 使用用户的密码（AS 已知）解密用户主机发回的随机挑战。AS 将解密后的随机挑战与第（3）步创建的随机挑战进行比较，如果两者相匹配，则认为用户已成功通过身份验证，并向 AP 发送相应的消息。

于是，AP 在客户端主机上为用户打开一个端口，这样，用户就能访问 AP 了。

本 章 小 结

- 安全套接层（SSL）是为了保护 Internet 安全通信，是在全世界使用最广的协议。
- SSL 加密客户端与服务器之间的连接。
- SSL 提供加密与消息完整性服务。
- SSL 不关心数字签名。
- SSL 在应用层和传输层之间工作。
- SSL 先进行客户端和服务器之间的握手。
- SSL 握手在客户端和服务器之间建立必要的信任。
- 记录协议在 SSL 握手协议之后。
- 如果其中一方检测到错误，则在 SSL 中使用警报协议。
- 虽然 TLS 与 SSL 类似，但有一些区别。
- 3D 安全是对 SET 的增强。
- 3D 安全要求在进行任何交易时进行用户身份验证，在某种程序上，解决有人冒用其他人信用卡信息的问题。
- 电子邮件安全可以通过 PGP 和 S/MIME 协议实现。
- S/MIME 是为多用途 Internet 邮件扩展（MIME）的电子邮件协议增加了安全性。
- MIME 允许非文本的数据通过电子邮件发送。
- S/MIME 以加密、消息摘要和数字签名来保护 MIME 内容。
- PGP 可能是世界上最流行的电子邮件安全协议。
- PGP 支持用数字证书或密钥环来构建用户之间的信任。
- 比特币（这种加密货币）已经变得非常流行。
- 比特币所用的主要技术是区块链。

重要术语与概念

- Base-64 编码
- 比特币
- 区块链
- 加密货币
- 数字货币
- 密钥环

- 多用途 Internet 邮件扩展（MIME）
- 完美隐私（PGP）
- 安全 MIME（S/MIME）
- 安全套接层协议（SSL）
- 传输层安全协议（TLS）
- 统一支付接口（UPI）

概 念 检 测

1. 为什么 SSL 层要位于应用层和传输层之间？
2. SSL 警报协议有什么用处？
3. 解释 SSL 握手协议。
4. 画出 SSL 记录协议的步骤及解释。
5. 什么是加密货币？
6. 什么是区块链，为什么区块链非常重要？
7. 列出 PGP 的大致步骤。
8. 解释 PGP 的密钥环概念。
9. 为什么需要 MIME？
10. 写出 S/MIME 的注释。

设计与编程练习

1. 假设一个 24 位输入为 101010111100000101100110，使用本章介绍的算法，将该输入转换成等效的 Base-64 编码。

2. 想一想，如果没有 Base-64 编码机制，会发生什么呢？

3. 在 Internet 上能实现密钥环（例如在 Internet 上购物）吗？为什么？

4. 考虑如下的文本：

Welcome to the world of Security. The world of Security is full of interesting problems and solutions.

Lempel-Ziv 算法将如何压缩此文本？从概念视图考虑，其中需要压缩（替换）to、the、of 和 security 等单词。

5. 讨论 SSL 如何实现传输层的安全，如果要在较低层实现安全，该如何做呢？

第7章 用户认证机制

启蒙案例

　　生物特征认证是用户认证的最后一站，至少到目前为止是这样。在这种技术中，用户不需要生成和记住密码，也不需要在手机上读取一次性密码（OTP），再将 OTP 输入到相关的应用程序界面。顾名思义，生物识别技术是基于人类的生物学特征，因此，就某人的生物学特征而言，这个人必定是其声明的那个人。密码与生物识别技术不同，使用密码时，用户必须记住密码，或者在某些需要用手机认证的情况下，被认证人员必须有手机才能接收验证码。

　　由于人类的特征是独一无二的，验证一些特征非常简单，生物识别技术就是基于人类特征的独特性对人进行验证。我们知道，即使是同卵双胞胎，其 DNA 也存在差异，也就是说某些生物学特性是不同的。基于生物特征对人类进行认证的最简单技术是指纹识别，即将用户指纹与存储的指纹副本进行匹配，由于每个人的拇指印都是独一无二的，因此没有人可以冒充另一个人。此外，眼睛视网膜的图案、面部特征、声音特征等也因人而异，我们可以使用其中的一种或多种识别技术来唯一地认证用户，许多组织机构使用生物识别技术来计考勤和计时。

　　在印度，备受争议的 Aadhaar 项目也用人的指纹进行身份验证，它是世界上使用最广泛的生物识别系统，在规模和复杂性方面无可匹敌。

　　依赖生物识别技术的最大危险是主身份验证数据库中用户凭据的丢失。例如，如果印度公民的指纹数据泄露怎么办？由于指纹数据是数字的、可复制的，攻击者可能滥用这些被盗的生物识别凭证来冒充用户，这会带来极大的风险。在密码泄露或手机丢失的情况下，用户可以随时生成新密码或换手机，但如果一个人的生物识别凭证丢失，将会带来永久性的危害。攻击者可以随意冒充当事人，这是身份盗用（identity theft）的经典案例。

　　因此，认证系统不断给技术人员提出新的挑战，而技术人员似乎也没有给出一劳永逸的解决方案！

学习目标

- 掌握用户认证的基础知识。
- 理解基于用户 ID 和密码的认证。
- 学习基本密码方案的变种。
- 掌握生物特征认证。
- 理解 Kerberos 协议。

7.1 认 证 基 础

"你是谁？"是我们经常会问或被问到的问题。在密码学的世界中，这个问题具有重要且非凡的意义。正如之前所介绍的，认证是在允许用户用系统执行实际的业务交易之前确定个人用户是谁。

认证就是确定身份，从而实现用户所需的保护等级。认证是任何加密解决方案的第一步，因为只有知道通信方是谁，加密通信才有意义。众所周知，加密的目的是保护双方或多方之间的通信，如果不知道通信方是谁，加密通信的信息流就毫无意义，未授权用户能随意访问信息流。在密码学中，可以换一种说法：没有认证，加密也毫无用处。

每天，我们都会遇到多次认证检查，上班时，根据需要，我们要携带并出示身份证；使用 ATM 卡取款时，必须使用 ATM 卡和**个人识别码**（Personal Identification Number，PIN）。在现实生活中，这样的例子数不胜数。

认证的核心思想是秘密，被验证实体和验证者共享相同的秘密（如 ATM 示例中的 PIN）。这种技术的另一个变种是被验证实体知道一个秘密，而验证者知道秘密的派生值，本章稍后分析这种情况。

7.2 密 码

7.2.1 简介

密码（Passwords）是最常见的认证形式。密码是由字母、数字和特殊字符组成的字符串，通常只有被认证实体（通常是人）才知道。关于密码有许多神话。人们认为密码是最简单、成本最低的认证机制，因为它不需要任何特殊的硬件或软件的支持，其实这是人类认知的偏差，是一种完全错误的看法！

7.2.2 明文密码

7.2.2.1 它是如何工作的

明文密码是最简单的基于密码的认证机制。通常，系统为每个用户分配用户 ID 和初始密码。为了安全，用户要定期更改密码。密码以明文形式存储在用户的数据库中，与服务器上的用户 ID 对应，下面分析认证机制的工作原理。

第 1 步：提示输入用户 ID 和密码

在认证期间，应用程序向用户发送一个界面，提示用户输入用户 ID 和密码，如图 7.1 所示。

第 2 步：用户输入用户名和密码

用户输入用户 ID 和密码，然后按下 OK（或等效）按钮，用户 ID 和密码就以明文形

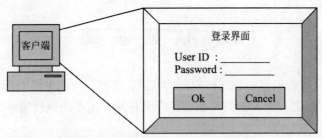

图 7.1 提示用户输入用户 ID 和密码

式发送给服务器，如图 7.2 所示。

图 7.2 以明文形式将用户 ID 和密码发送给服务器

第 3 步：验证用户 ID 和密码

服务器查询用户数据库，查看这个特定用户 ID 和密码组合是否存在。通常，这是**用户认证程序**（user authenticator）的工作，如图 7.3 所示，程序获取用户 ID 和密码，并将它们与用户数据库的记录进行比较，返回认证结果（成功或失败）。当然，验证用户 ID 和密码的方法有许多种。

图 7.3 用户认证程序基于用户数据库查询用户 ID 和密码

第 4 步：认证结果

根据验证用户 ID 和密码的成功与否，用户认证程序将相应结果返回给服务器，如图 7.4 所示，这里假设用户已成功通过了认证。

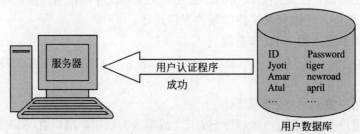

图 7.4 用户验证程序将成功或失败的消息返回给服务器

第 5 步：通知相应的用户

根据验证结果（成功或失败），服务器将相应的信息返回给用户。如果用户认证成功后，服务器会给用户发送一个选项菜单，菜单列出了允许用户执行的操作。如果用户认证失败，则服务器将认证失败的消息发送给用户，如图 7.5 所示，这里假设用户验证成功。

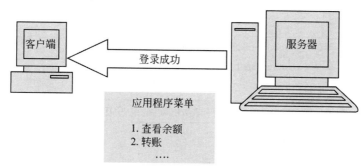

图 7.5　服务器将结果（成功或失败）返回给用户

7.2.2.2　方案存在的问题

可以看出，上面的这个方法根本不安全，存在如下两个主要问题。

- **问题 1：数据库包含明文密码。**

  首先，用户数据库包含明文形式的用户 ID 和密码。如果攻击者成功获得了对数据库的访问权限，就能得到所有用户 ID 和密码的列表。因此，建议不要在数据库中以明文形式存储密码，而应该先加密密码，再存储于数据库。每当用户尝试登录时，在服务器端，要先加密用户的密码，然后与数据库中保存的密码进行比较，根据比较结果，确认验证结果，如图 7.6 所示。

- **问题 2：密码以明文形式传送给服务器。**

  即使数据库中存储的是已加密的密码，但客户端是以明文形式将密码发送给服务器的。如果攻击者入侵用户计算机与服务器之间的通信链路，就能获得明文密码。下一小节将分析如何解决这个问题。

7.2.3　密码派生

7.2.3.1　简介

基于基本密码认证的变种不使用密码本身，而是使用派生密码。也就是说，不再将密码按明文或加密格式存储，而是对密码执行某种算法，并将算法输出作为派生密码存储在数据库中。当需要对用户进行认证时，用户输入密码，本地计算机对密码执行相同的算法，并将生成的派生密码发送给服务器，服务器对其进行验证。

为了保证上面这个方案能正常工作，需要满足如下几个要求。

- 每次对同一密码执行算法时，必须产生相同的输出。
- 算法的输出（即派生密码）不会提供任何关于原始密码的线索。
- 攻击者提供错误密码而得到正确的派生密码是不可能的。

可以看出，这些要求与消息摘要的要求非常匹配，因此使用像 MD5 或 SHA-1 这样的算法简直是绝配。密码的消息摘要是一个相当不错的选择，下面将先分析密码的消息摘要，后分析其他选择方案。

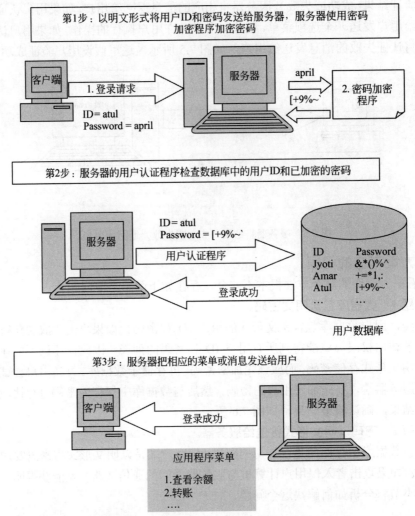

图 7.6　先加密密码，再进行存储和验证

7.2.3.2　密码的消息摘要

为了避免以明文形式存储和传输密码，可以使用一种最简单的技术：消息摘要。下面介绍它是如何工作的。

第 1 步：将消息摘要作为派生密码存储于用户数据库中

不是存储密码，而是将密码的消息摘要存储在用户数据库中，如图 7.7 所示。

第 2 步：用户认证

当需要对用户进行认证时，用户像往常一样输入用户 ID 和密码。用户的计算机计算密码的消息摘要，并将用户 ID 和消息摘要的密码发送给服务器进行认证，如图 7.8 所示。

第 3 步：服务器端的验证

用户 ID 和密码的消息摘要通过通信链路发送给服务器，服务器再将这些值传递给用户验证程序，该程序基于数据库记录，验证用户 ID 和密码的消息摘要，并将相应的响应返回给服务器，服务器根据比较结果，将相应的消息返回给用户，如图 7.9 所示。

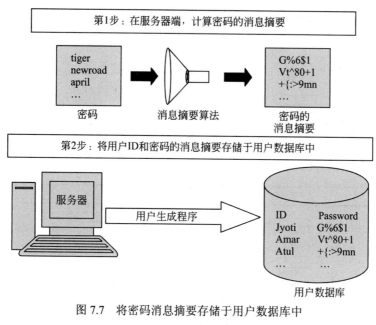

图 7.7　将密码消息摘要存储于用户数据库中

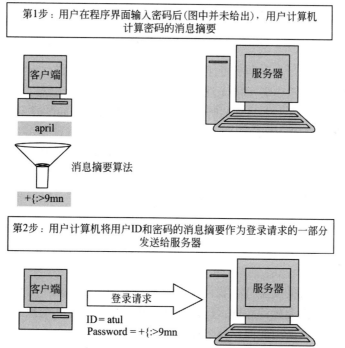

图 7.8　使用密码消息摘要的用户认证

那么，这种用密码消息摘要的方法是否非常安全呢？下面回顾一下最初的要求。

- 每次对同一密码执行算法时，必须产生相同的输出。
- 算法的输出（即派生密码）不会提供任何关于原始密码的线索。
- 攻击者提供错误密码而得到正确的派生密码是不可能的。

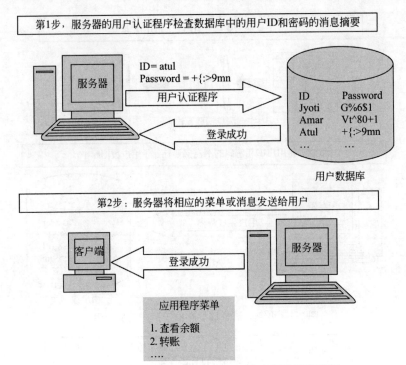

图 7.9　用户认证程序验证用户 ID 和密码的消息摘要

　　使用消息摘要能满足上述所有要求，因此，可否有把握地说，它是一个非常安全的方案呢？答案是否定的！攻击者可能无法利用消息摘要进行逆向工程，得到原始密码，但攻击者根本不必这样做！攻击者只需监听用户计算机与服务器之间的登录请求-响应通信。众所周知，这种通信涉及客户端将用户 ID 和密码的消息摘要发送给服务器，攻击者只需复制用户 ID 和密码的消息摘要，并在一段时间后，在新登录请求中将其提交给同一服务器，服务器无法知道这个登录尝试来自非法用户——攻击者。服务器进行认证，攻击者的登录请求也认证成功了！这就是**重放攻击**（replay attack），因为攻击者只是简单地重放正常用户的操作序列。

　　因此，我们需要更好的解决方案。

7.2.3.3　增加随机性

　　为了提高解决方案的安全性，我们要在早期方案中增加一点不可预测性或随机性，以确保虽然密码的消息摘要始终相同，但用户计算机与服务器之间交换的信息永远不同，这就能挫败重放攻击，其所用的简单技术如下。

　　第 1 步：将消息摘要作为派生密码存储在用户数据库中

　　这一步骤与早期方案的情况完全相同，此处不再赘述，我们不是将密码本身，而是将用户密码的消息摘要存储在用户数据库中。

　　第 2 步：用户发送登录请求

　　这是一个中间步骤，与之前的登录过程不同。这里，用户发送登录请求只有用户 ID（既没有密码，也没有密码的消息摘要），如图 7.10 所示。在许多场合，都将使用这个登录请求的概念，久而久之，用户到服务器会有两种不同的登录请求，第一种只包含用户 ID，第二种包含一些其他的附加信息。

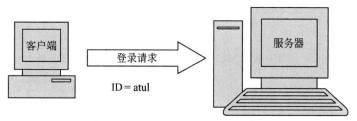

图 7.10　只包含用户 ID 的登录请求

第 3 步：服务器生成随机挑战

当服务器收到只包含用户 ID 的用户登录请求时，先检查用户 ID 是否有效（注意，只检查用户 ID）。如果无效，则把一个相应的错误信息发送给用户。如果用户 ID 有效，则服务器生成**随机挑战**（random challenge，即随机数，用伪随机数生成技术生成），并将其发送给用户。随机挑战能以纯明文形式从服务器传输给用户计算机，如图 7.11 所示。

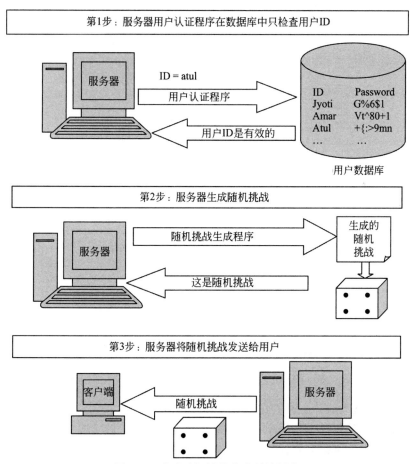

图 7.11　生成随机挑战并发送给用户

第 4 步：用户用密码的消息摘要签名随机挑战

在这个阶段，应用程序向用户显示密码输入界面。作为响应，用户在输入界面输入密码。应用程序执行相应的消息摘要算法，用户计算机生成用户输入密码的消息摘要，再用这个密码的消息摘要加密来自服务器的随机挑战，当然，这种加密是对称密钥加密，如图 7.12 所示。

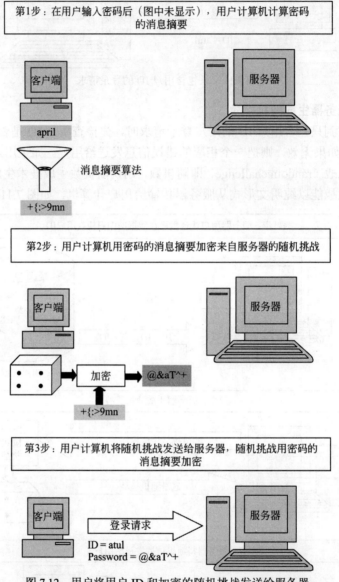

第1步：在用户输入密码后（图中未显示），用户计算机计算密码的消息摘要

客户端　　　　　　　　　　服务器

april

消息摘要算法

+{:>9mn

第2步：用户计算机用密码的消息摘要加密来自服务器的随机挑战

客户端　　　　　　　　　　服务器

加密 → @&aT^+

+{:>9mn

第3步：用户计算机将随机挑战发送给服务器，随机挑战用密码的消息摘要加密

客户端　　　　　　　　　　服务器

登录请求

ID = atul
Password = @&aT^+

图 7.12　用户将用户 ID 和加密的随机挑战发送给服务器

第 5 步：服务器验证来自用户的加密随机挑战

服务器接收随机挑战，并用用户密码的消息摘要加密随机挑战。为了验证随机挑战确实由用户密码的消息摘要加密，服务器必须执行与客户端相同的操作，可通过两种方式完成。

- 服务器可以解密来自用户加密随机挑战。众所周知，通过数据库，服务器可以使用用户密码的消息摘要。如果解密的随机挑战与服务器上的原始随机挑战匹配，则服务器确信，该随机挑战确实是由用户密码的消息摘要加密的。

● 服务器使用用户密码的消息摘要加密自己的随机挑战（即前面发送给用户的）。如果这个加密随机挑战与服务器的加密随机匹配，则服务器可以确信，该随机挑战确实是由用户密码的消息摘要加密的。

无论操作模式如何，服务器都可以确定用户是否真为其人，图 7.13 说明了第二种方法，当然也可以用第一种方法。

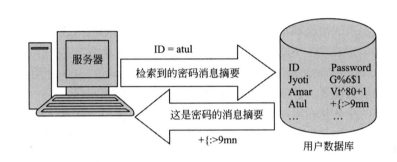

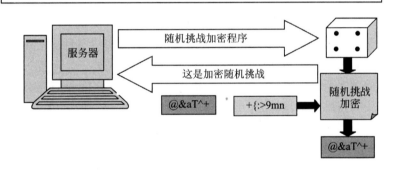

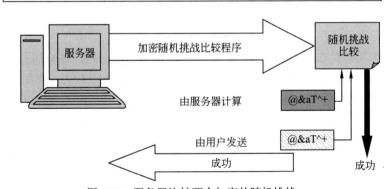

图 7.13　服务器比较两个加密的随机挑战

第 6 步：服务器将相应消息返回给用户

最后，根据前一个操作的成功或失败，服务器将相应消息返回给用户，如图 7.14 所示。

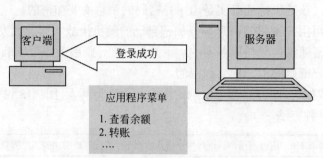

图 7.14 服务器将相应消息返回给用户

注意，随机挑战每次都不同，用密码消息摘要加密的随机挑战每次也会有所不同。因此，攻击者尝试重放攻击不能成功。在现实生活，这一解决方案是许多身份验证机制的基础，包括 Microsoft Windows NT 4.0 的认证机制。Windows NT 4.0 使用 MD4 消息摘要算法生成密码的消息摘要，且使用 16 位随机数作为随机挑战。

上述方案的变体是在用户计算机和服务器上，使用密码（而不是密码的消息摘要）加密随机挑战。但这方法有致命的缺点：将用户密码存储在用户数据库中，因此不推荐使用。

7.2.3.4 密码加密

为了解决之前传输明文密码的问题，可以先加密用户计算机上的密码，再将其发送给服务器进行认证。也就是说，用户计算机（即客户端）要提供某种加密功能。事实上，这个功能在使用用户密码的消息摘要加密随机数的方法中也需要。对于客户端-服务器的应用程序，这不是问题，无论如何，客户端都能执行计算。但对于 Internet 应用程序，客户端是 Web 浏览器，没有特殊的编程能力，这会成为问题。因此，必须借助如安全套接层（SSL）之类的技术。也就是说，必须在客户端与服务器之间建立安全的 SSL 连接，客户端要根据服务器的数字证书验证服务器的真实性。自此之后，客户端与服务器之间的所有通信都将使用 SSL 加密，所以密码不需要任何应用层的保护机制，SSL 将执行所需的加密操作，如图 7.15 所示。

当然，图 7.15 也不是百分百的正确，其涉及两个加密过程。
- 在密码存储于用户数据库之前，进行第一次加密。
- 第二次加密是在用户的计算机上进行的，是先加密密码，再将其发送给服务器。

这两次加密操作没有直接关系，甚至用到完全不同的加密方法，例如，用户计算机先用在用户与服务器之间共享的对称密钥加密，然后用 SSL 会话密钥实现安全传输，而服务器只使用共享的对称密钥，因为其不执行任何传输。因此，在实际应用中，数据库中的加密密码不必与用户计算机的加密密码相同，但这里的主要思想是：两者都是加密密码，都不是明文，这就是图 7.15 要说明的。事实上，这两次密码的加密版本可能不同，服务器端的应用程序逻辑会进行两者之间的必要转换，从而进行验证，这只是技术细节，在此不进行赘述。

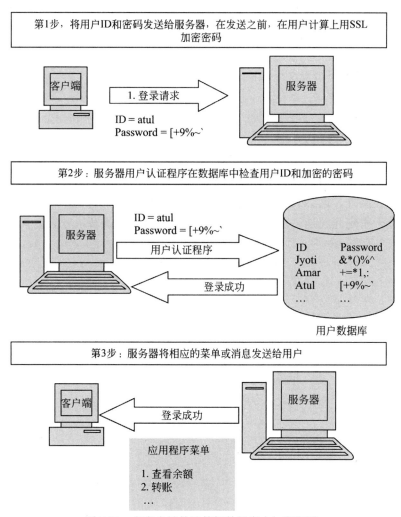

图 7.15　在客户端的计算机数据库中加密密码

7.2.4　密码的相关问题

　　如前所述，关于密码的一个主要误解是：密码是最简单、成本最低的认证机制。实际上，最终用户持有这种观点可能是正确的。但从应用程序或系统管理的角度来看，这是完全错误的。

　　通常，组织有许多应用程序、网络、共享资源和内网。更糟糕的是，这些应用程序对安全措施的需求各不相同，这些需求还会随时间推移不断增长与变化。因此，每种类资源都要有自己的用户 ID 和密码。也就是说，最终用户必须记住并正确使用大量的用户 ID 和密码。为了克服这些困难，大多数用户要么对所有资源使用相同的密码，要么将密码记录在某个地方，这些地方五花八门，例如，许多用户将密码保存在电子日记本和纸质日记本上，或是在茶杯托盘和键盘下方，有时甚至贴在显示器上！无论哪种方式，都会引发令人担忧的密码安全问题，使未授权用户也能访问资源。

　　对系统管理员而言，密码维护是重要问题。一项研究表明，系统管理员要花费约 40% 的时间来生成、重置或更改用户密码！对于系统管理员来说，这简直是一场噩梦。

组织要指定**密码策略**（password policies），规定密码结构。例如，组织管理用户密码的密码策略如下。

- 密码长度必须至少为 8 个字符。
- 不能包含任何空格。
- 密码必须至少有一个小写字母、一个大写字母、一个数字和一个特殊字符。
- 密码必须以字母开头。

可以看出，密码策略就像前面讨论过的 PBE 中的 salt 一样，可以挫败字典攻击，攻击者无法将字典中的普通单词作为密码。但这也会产生一个问题：最终用户难以记住密码，只能将密码记在某处，这会破坏密码策略，使之前功尽弃！

简而言之，密码问题是一个很难解决的问题，没有简单的解决方案！

7.3　认　证　令　牌

7.3.1　简介

认证令牌（authentication token）是一种非常有用的替代密码的方法，它是一种小型设备，每次使用时都会生成一个新的随机数，作为认证的依据。认证令牌的大小与钥匙扣、计算器或信用卡的尺寸相似。认证令牌具有如下特征。

- 处理器。
- 液晶显示器（LCD），用于显示输出。
- 电池。
- 用于输入信息的小键盘（可选）。
- 实时时钟（可选）。

每个认证令牌（即每个设备）都有一个唯一的预编程数字，称为**随机种子**（random seed）或**种子**（seed）。种子是确保认证令牌产生唯一输出的基础。认证令牌是如何工作的呢？下面一步一步地介绍。

第 1 步：生成令牌

每当要生成认证令牌时，认证服务器（配置的使用认证令牌的专用服务器）都会生成令牌相应的随机种子，种子在令牌内存储或预编程，同时也在用户数据库中生成并存储种子的记录。从概念上讲，是将种子视为用户密码，尽管在技术上种子与密码完全不同。此外，用户不知道种子值，这也与密码不同，认证令牌会自动使用种子（见稍后的介绍），如图 7.16 所示。

第 2 步：使用令牌

认证令牌自动生成伪随机数，称为**一次性密码**（one-time passwords 或 one-time passcodes）。认证令牌基于预编程的种子值，随机生成一次性密码。因为是一次性的，生成之后，使用一次，永远丢弃。当用户需要进行认证时，出现一个窗口界面，要求用户输入用户 ID 和最新的一次性密码，用户输入用户 ID 和来自认证令牌的一次性密码，用户名和

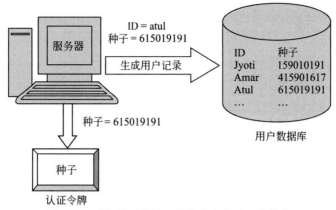

图 7.16　随机种子存储于数据库中和认证令牌内

密码作为登录请求的一部分发送给服务器。服务器使用种子检索程序，从用户数据库中找到与用户 ID 相对应的种子，然后调用密码验证程序，服务器为其提供种子和一次性密码，密码验证程序知道如何建立种子与一次性密码的关系，程序的细节超出了文本的范围，这里只是简单介绍，程序使用同步技术生成与认证令牌相同的一次性密码。这里需要注意的重点是：认证服务器用这个程序来判断某个特定的种子值是否与某个一次性密码相关，如图 7.17 所示。

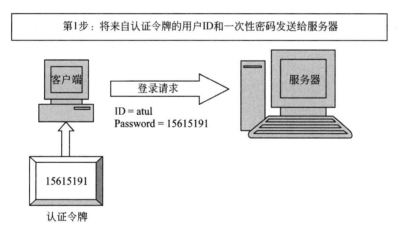

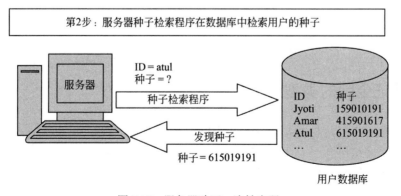

图 7.17　服务器验证一次性密码

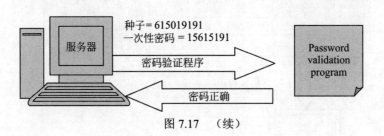

第3步：服务器的密码验证程序计算一次性密码，并用一次性密码检查种子

种子 = 615019191
一次性密码 = 15615191

服务器

密码验证程序

密码正确

Password validation program

图 7.17　（续）

这个阶段的有一个问题：如果用户丢失了认证令牌会发生什么呢？另一个捡到认证令牌的用户能用它吗？为了应对这种情况，要用密码或 4 位 PIN 保护认证令牌，只有输入 PIN 后才能生成一次性密码，这是**多因子认证**（multi-factor authentication）的基础。这些因子都有什么呢？最常见的因子有如下三个。

- 你知道什么，如密码或 PIN。
- 你拥有什么，如信用卡或身份证。
- 你是什么，如声音或指纹。

根据这些原则可知，密码是**单因子认证**（1-factor authentication），因为它只是你知道什么。相比之下，认证令牌是**双因子认证**（2-factor authentication）的示例，因为这里要求：你必须拥有什么（认证令牌）且你知道什么（保护认证令牌的 PIN 码）。只知道 PIN 或只有认证令牌的是不够的，要使用认证令牌，就要同时知道 PIN 和拥有认证令牌，稍后讨论第 3 个因子是什么。

第 3 步：根据前一个操作的成功或失败，服务器将相应的消息发送给用户，如图 7.18 所示。

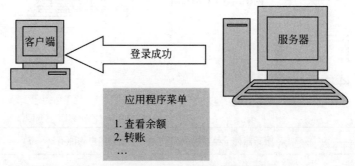

客户端

登录成功

服务器

应用程序菜单

1. 查看余额
2. 转账
…

图 7.18　服务器将相应消息发送给用户

7.3.2　认证令牌的类型

认证令牌主要有两种类型，如图 7.19 所示。

下面讨论这两种类型的认证令牌。

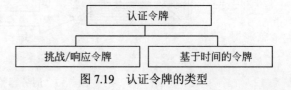

认证令牌

挑战/响应令牌　基于时间的令牌

图 7.19　认证令牌的类型

7.3.2.1　挑战/响应令牌

挑战/响应令牌的思想是：组合之前所讨论技术。我们知道，认令牌中预编程的种子是秘密且唯一的，这一事实是挑战/响应令牌的基础。实际中可以看到，这种技术将种子视为加密密钥。

第 1 步：用户发送登录请求

在这种技术中，用户发送只包含用户 ID（而非一次性密码）的登录请求，如图 7.20 所示。

图 7.20　只包含用户 ID 的登录请求

第 2 步：服务器生成随机挑战

服务器采用之前介绍的技术，但由于这里的实现方法略有差异，仍需详细讨论。当服务器收到只包含用户 ID 的登录请求时，先检查用户 ID 是否有效（注意，只检查用户 ID）。如果无效，则将相应的错误消息发送给用户。如果用户 ID 有效，则服务器生成一个随机挑战（随机数，用伪随机数生成技术生成），并将其发送给用户。服务器以明文形式将随机挑战发送给用户计算机，如图 7.21 所示。

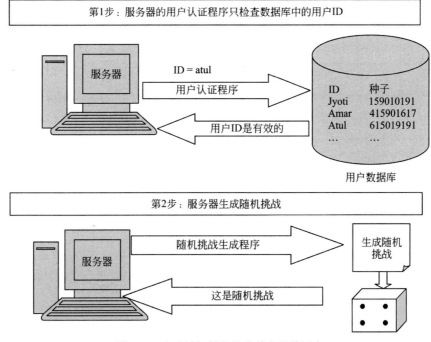

图 7.21　生成随机挑战并将其发送给用户

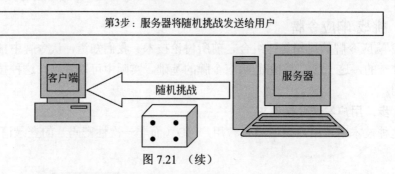

图 7.21 （续）

第 3 步：用户用密码的消息摘要签名随机挑战

用户会看到一个窗口界面,显示用户ID、来自服务器的随机挑战以及带有标签password的数据输入字段。假设用户发送的随机挑战为 8102811291012，如图 7.22 所示。

图 7.22 挑战/响应令牌登录界面

在这个阶段，用户读取界面上显示的随机挑战后，先用自己的 PIN 打开令牌，然后将来自服务器的随机挑战输入令牌，为此，令牌自带一个小键盘。令牌接受随机挑战，用种子值加密，种子值只有它自己知道，结果就是用种子值加密的随机挑战，显示在令牌显示器（LCD）上。用户读取该值，并将其输入窗口界面中的 Password 字段，然后将该请求作为登录请求发送给服务器，整个过程如图 7.23 所示。

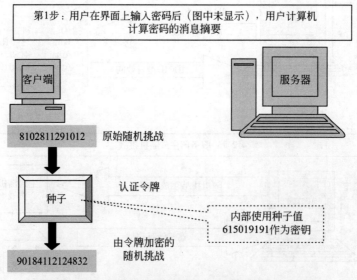

图 7.23 用户将用户 ID 和加密的随机挑战发送给服务器

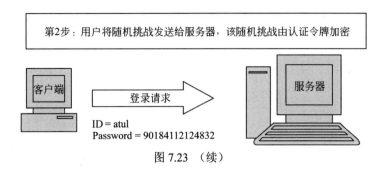

图 7.23 （续）

第4步：服务器验证来自用户的加密随机挑战

服务器接收的随机挑战是由用户认证令牌的种子进行加密的。为了验证随机挑战确实是用正确的种子加密的，服务器必须执行相同的操作，可通过两种方式完成。

- 服务器可以用种子值解密来自用户的加密随机挑战。众所周知，服务器可以通过用户数据库使用用户的种子。如果解密的随机挑战与服务器上可用的原始随机调整战匹配，则服务器可以确信，该随机挑战确实是由用户认证令牌的正确种子加密的。
- 服务器使用用户的种子加密自己的随机挑战（即前面发送给用户的）。如果这个加密得到的随机挑战与来自用户的加密随机挑战相匹配，则服务器确信，随机挑战确实是由随机令牌的正确种子加密的。

无论操作模式如何，服务器都可以确定用户是否真为其人，与之前一样，我们使用第二种方法，如图 7.24 所示，当然也可以用第一种方法。

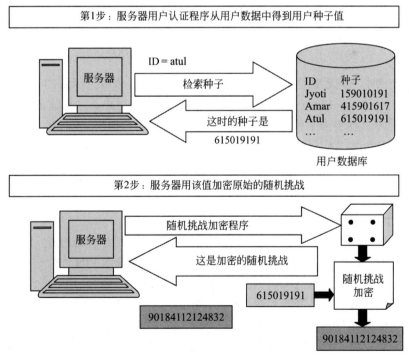

图 7.24 服务器比较两个加密的随机挑战

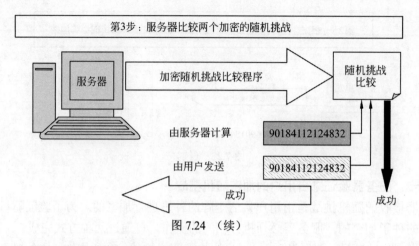

图 7.24 （续）

第 5 步：服务器将相应消息发送给用户

最后，根据前一个操作的成功或失败，服务器将相应消息发送给用户，如图 7.25 所示。

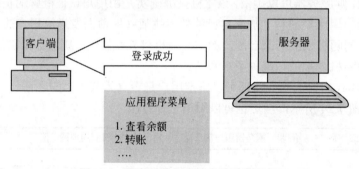

图 7.25 服务器将相应消息发送给用户

这一方案的唯一问题是生成很长的字符串。举个例子，如果使用 128 位种子和 128 位密钥，则加密种子也是 128 位（即 16 个字符）。也就是说，用户必须从认证令牌的 LCD 上读取 16 个字符，并在界面上作为密码输入。对于大多数用户而言，这样做非常麻烦。因此，另一种方法是使用消息摘要技术。这里，认证令牌结合种子与随机挑战，生成消息摘要，按预定位数截取字符串，再转换成用户可读格式，显示在 LCD 上。用户读取短字符，并将其作为输入密码，服务器也进行类似的处理。

7.3.2.2 基于时间的令牌

尽管对挑战/响应机制进行了上述改进，即使用消息摘要而不是加密，但仍然存在一个实际问题。注意，用户必须进行三次输入：首先，用户必须输入 PIN 才能访问令牌；其次，用户必须读取界面中的随机挑战，再将随机数挑战输入令牌；最后，用户必须从令牌的 LCD 读取加密的随机挑战，并将其输入 Password 字段。用户在整个过程中一般都会错，所以，用户计算机、服务器与认证令牌之间存在大量无用的信息流。

基于时间的令牌（time-based tokens）解决了挑战/响应机制存在的问题。这里，服务器不需要给用户发送任何随机挑战，令牌也不需要自带输入小键盘，其背后的理论是用时间作为认证过程的输入变量，代替随机挑战，其工作过程如下。

第 1 步：生成密码与登录请求

与往常一样，令牌的种子是预编程的。认证服务器可以使用种子的副本。众所周知，挑战/响应令牌基于用户输入，执行如加密或生成消息摘要的操作。但是，在基于时间令牌的情况下，以不同的方式处理。这些令牌不需要任何用户输入，每隔 60 秒，令牌会自动生成密码，并在 LCD 输出上显示最新密码，供用户读取和使用。

为了生成密码，基于时间的令牌使用两个参数：种子和当前系统时间。令牌对这两个输入参数执行一些加密功能，自动产生密码，密码显示在令牌的 LCD。每当用户需要登录时，只需看看液晶显示屏，读取密码，然后用自己的用户 ID 和这个密码登录，如图 7.26 所示。

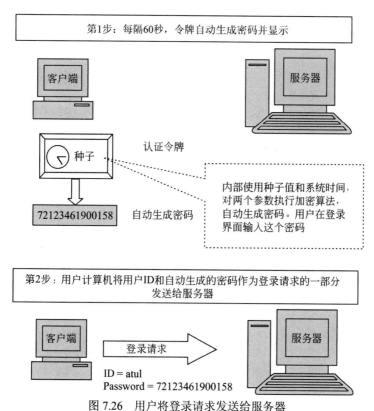

图 7.26 用户将登录请求发送给服务器

第 2 步：服务器端的验证

服务器接收密码，并对用户的种子值和当前系统时间独立执行加密功能，生成自己的密码。如果两个值匹配，则用户是合法的，如图 7.27 所示。

第 3 步：服务器向用户返回适当的消息

最后，服务器根据之前操作的成功或失败，将相应的消息发送给用户，如图 7.28 所示。

与挑战/响应令牌相比，基于时间的令牌具有自动化的本质，因此，基于时间的令牌在现实生活中更加常见。但是，如果仔细思考这种机制，会发现它也存在一些问题。如果用户的登录请求到达服务器，但在认证结束之前，时间窗口超过 60 秒会发生什么呢？简化一下，假设在用户端，发送登录请求的时间是 17:47:57。当请求到达服务器并开始认证时，服务器的时间是 17:48:01，则服务器认为用户非法，因为服务器的 60 秒时间窗口确实与

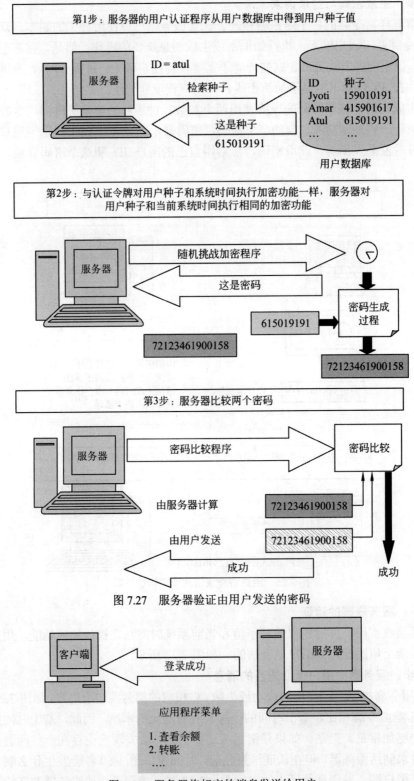

图 7.27 服务器验证由用户发送的密码

图 7.28 服务器将相应的消息发送给用户

用户的时间窗口不匹配。为了解决这类问题，要使用重试方法。当一个时间窗口到期时，用户计算机通过将时间提前 1 分钟来发送新的登录请求。如果这也失败了，则用户计算机通过将时间提前 2 分钟发送另一个登录请求，以此类推。

　　另一个问题是：如果基于时间的令牌没有键盘，用户该如何输入 PIN 呢？为了解决这个问题，用户要在登录界面中输入 PIN，软件足够智能，可以用它来访问令牌。此外，如今，对于重要的应用程序，已经出现了自带键盘的基于时间的令牌。

7.3.3　智能卡的使用

　　实际上，智能卡的使用与基于证书的认证相关，因为智能卡在卡片内能生成私钥-公钥对，也能存储数字证书。私钥始终以安全、不可篡改的方式保存在智能卡内，公钥和证书可以导出。此外，智能卡能执行加密功能，如加密、解密、生成消息摘要和卡内签名。

　　因此，在进行基于证书的认证时，服务器发送的随机挑战的签名可以在卡内进行。也就是说，随机挑战可以反馈作为智能卡的输入，智能日常接受随机挑战，用智能卡持卡人的私钥加密，在卡内生成数字签名，再输出到应用程序。

　　但是，使用智能卡时，必须注意一件事情：选择加密操作要明智。例如，要用智能卡签名 1MB 的文档，如果先让智能卡生成消息摘要，再签名摘要，这是相当麻烦的。因为通过半双工的 96000b/s 智能卡接口将 1MB 数据移动到智能卡中需要 15 分钟！显然，正确的做法应该是在智能卡外（即在计算机内）先生成消息摘要，然后反馈到智能卡中，智能卡对其加密，产生数字签名。

　　由于智能卡是便携式的，人们可以带着自己的私钥和数字证书满世界溜达。在实际应用中，智能卡也存在一些问题，图 7.29 列出了这些问题及新兴的解决方案。

问题	新兴的解决方案
智能卡读卡器还不是桌面计算机的一部分,不能像硬盘或软盘一样使用	新型计算机和移动设备预计内置开箱即用的智能卡读卡器
智能卡读卡器驱动软件不可用	微软公司已将 PC/SC 智能卡框架作为 Windows 2000 操作系统的组成部分。大多数制造商生产的智能卡读卡器都带有 PC/SC 兼容阅读器驱动程序，使计算机中增加读卡器硬件的过程是即插即用的操作
智能卡感知加密服务软件不可用	智能卡感知软件，如 Microsoft Crypto API（MS-CAPI）随 Internet Explorer 免费提供
智能卡和读卡器的成本很高	智能卡与读卡器的成本正在降低。智能卡的售价约为 5 美元，读卡器的售价约为 20 美元

图 7.29　与智能卡技术相关的问题及其解决方案

　　尽管如此，在智能卡供应商之间，仍缺乏标准化和互操作性，随着行业的成熟，这种状况一定会发生改变，从而使 PKI 解决方案的安全性真正变强。

7.4　生物特征认证

7.4.1　简介

生物特征认证（Biometric authentication）机制可谓万众瞩目。生物识别设备也许是证明你是谁的终极尝试。生物识别设备的工作基于一些人类的特征，如指纹、声音、眼睛虹膜的线条图案。用户数据库包含用户的生物特征样本。在认证过程中，用户需要提供用户生物特征的另一个样本，与数据库中的样本进行匹配，如果两个样本相同，则认为该用户是合法的。

生物识别的重要思想是在每次认证过程中产生的样本可以稍有不同。这是因为用户的身体特征可能会随着时间的推移而发生改变。例如，假设每次都是采集用户指纹用于认证，每次认证采集的样本可能不同，因为手指可能脏了、可能割破了或者手指放在读卡器上的位置不同，等等。因此，不需要样品的精确匹配，只要求样本近似匹配即可。

这也是为什么在用户注册过程中，要提取用户生物数据的多个样本，多样本的组合和平均值存储于用户数据库中，这样在实际认证过程中，大概率地，各种用户样本都能映射为这个平均样本。基于这一基本理念，任何生物特征认证系统都要定义两个可配置参数：误识率（False Accept Ratio，FAR）和误拒率（False Reject Ratio，FRR）。FAR 是测量系统接收了该拒绝用户的概率。FRR 是测量系统拒绝了该接收用户的概率。因此，FAR 和 FRR 正好完全相反。

也许最好的安全解决方案是将密码/PIN、智能卡和生物识别技术结合起来，它涵盖了与认证相关的三个重要方面：你是谁，你拥有什么，你知道什么。然而，这个系统的构建与使用都将极其复杂。

7.4.2　生物特征认证的工作原理

生物特征认证的典型过程为：首先生成用户样本并将其存储在用户数据库中。在实际的认证过程中，用户需要提供一个相同性质的样本（如视网膜扫描或指纹）。一般通过加密会话（如使用 SSL）将样本发送给服务器。在服务器上，解密用户的当前样本，与存储在数据库中的样本进行匹配，根据 FAR 或 FRR 的特定值，如果两个样本达到了预期的匹配程度，则认为用户认证成功；否则，该认为用户为非法用户。

7.4.3　生物识别技术

生物识别技术通常分为两个子类别，即生物（physiological）技术和行为（behavioral）技术，下面进行简单讨论。

（1）生物技术（Physiological techniques）：顾名思义，这些技术依赖于人类的生物特征。由于需要唯一地识别人类，因此，特征必须要非常突出，突出得足以区分不同的人类。

常用的生物识别技术如下。

- **人脸**（Face）：在人脸识别技术中，其想法是检查和测量面部各器官（如眼睛、鼻子和嘴巴）之间的距离，这种距离测量使用几何技术完成。
- **声音**（Voice）：根据声音的声波特性，能唯一识别某人的声音。这些特性是音高和音调。
- **指纹**（Fingerprint）：医学告诉我们，至少在特定年龄后，每个人都有独特的指纹。基于指纹的认证使用两种方法：基于细节的认证和基于图像的认证。在基于细节的认证技术中，画出指纹单个脊线位置图。在基于图像的技术中，拍摄的指尖图像存储在数据库中，以备后续比较使用。虽然指纹会因老化或疾病有所改变，但认证中仍在广泛使用指纹技术。
- **虹膜**（Iris）：令人惊讶的是，每个人的虹膜图案都是独特的。虹膜识别技术基于此图案唯一地识别某个人，这种机制是相当健全可靠的。为了检查虹膜图案，通常使用激光束。
- **视网膜**（Retina）：视网膜扫描并不常见，背后的主要原因是成本太高。在视网膜识别机制中，要检查将血液输送到人眼后部的血管，这些血管模式独特，能用于对个人的认证。

（2）**行为技术**（Behavioral techniques）：行为技术的理念是观察一个人，以确保其就是自己声称的那个人，而不是别人。换句话说，行为技术的重点是检查某个人的行为没有异常或不正常，主要使用如下两种技术。

- **击键**（Keystroke）：几个特征，如打字速度、击键强度、时间两次击键之间的时间、错误百分比和频率等，都能识别用户。但是，它与许多其他认证机制不一样，它并不可靠。
- **签名**（Signature）：签名是一项古老的技术。支票和许多其他文件都会由授权人亲自签名，现在对其进行了扩展，保留个人签名的扫描副本，并根据需要，将基于计算机的扫描签名与纸质签名进行比较。

7.5　Kerberos

7.5.1　简介

在现实生活中，许多系统使用 Kerberos 认证协议。Kerberos 的基础是另一个协议：Needham-Shroeder 协议。Kerberos 协议由麻省理工学院设计，使工作站以安全方式获取网络资源，Kerberos 这个名字在希腊神话中表示凶猛的三头保卫神犬。 第 4 版 Kerberos 在最接地气的实现，但现在第 5 版也已开始使用。

7.5.2　Kerberos 的工作原理

Kerberos 协议涉及四方。

- Alice：客户端工作站。

- **认证服务器**（Authentication Server，AS）：在登录时验证（认证）用户。
- **票据授权服务器**（Ticket Granting Server，TGS）：发放票据，认证身份的证明。
- **Bob**：提供服务的服务器，如提供网络打印、文件共享或应用程序等。

AS 的工作是在登录时认证每个用户，AS 与每个用户共享唯一密码。TGS 的工作是向网络中的服务器证明用户确实是其本人。为了证明这一点，要使用票据机制，也就是说，允许有票的用户访问服务器，就像有停车票的人就能停车、有音乐会门票的人就能听音乐会一样。

Kerberos 协议包含三个主要步骤，下面逐一进行介绍。

第 1 步：登录

首先，用户 Alice 坐在某台公用工作站前，输入自己的名字，工作站以明文形式将其姓名发送给 AS，如图 7.30 所示。

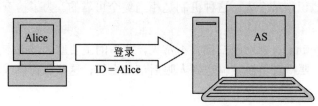

图 7.30　Alice 将登录请求发送给 AS

作为响应，AS 执行几个操作。首先创建用户名（Alice）的包，并随机生成会话密钥（KS），再使用与票据授权服务器（TGS）共享的对称密钥加密这个包，这一步骤的输出为**票据授权的票据**（Ticket Granting Ticket，TGT）。注意，TGT 只能由 TGS 打开，因为只有 TGS 拥有相应的解密对称密钥。AS 组合 TGT 与会话密钥（KS），使用从 Alice 的密码（KA）派生的对称密钥加密这个组合，注意，最后的输出只能由 Alice 打开，如图 7.31 所示。

收到这个消息后，Alice 的工作站要求其输入密码。当 Alice 登录工作站时，工作站根据 Alice 的密码派生出对称密钥（KA），并用这个密钥提取会话密钥（KS）和票据授权的票据（TGT），之后，工作站立即从内存中销毁 Alice 的密码，以防止攻击者的窃取。注意，Alice 无法打开 TGT，因为它是用 TGS 的密钥加密的。

第 2 步：获取服务授权票据（SGT）

假设成功登录后，Alice 要与 Bob（电子邮件服务器）进行电子邮件通信。为此，Alice 会通知工作站，自己要与 Bob 通信。因此，Alice 需要一张票据，才能与 Bob 通信。此时，Alice 的工作站生成发送给 TGS 的消息，其包含如下各项。

- 第 1 步中的 TGT。
- 给 Alice 提供服务的服务器（Bob）的 ID。
- 当前时间戳，其由相同的会话密钥（KS）加密。

如图 7.32 所示。

众所周知，TGT 是用 TGS 的密钥加密的，所以，只有 TGS 能打开，这也可以作为 TGS 的证据，证明这个消息确实来自 Alice，为什么呢？原因在于：TGT 是由 AS 生成的（记住，只有 AS 和 TGS 知道 TGS 的密钥）。此外，AS 用从 Alice 的密码中派生的密钥加密 TGT 与 KS。因此，只有 Alice 可以打开这个包，取出 TGT。

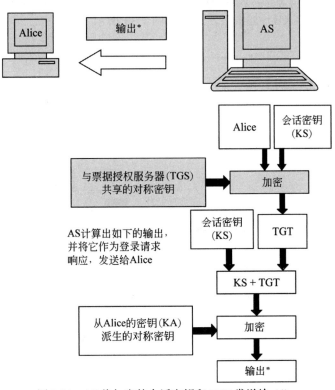

图 7.31　AS 将加密的会话密钥和 TGT 发送给 Alice

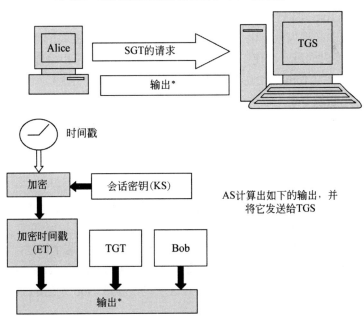

图 7.32　Alice 将 SGT 的请求发送给 TGS

　　一旦 Alice 的凭证通过了 TGS 的验证，TGS 就会为 Alice 生成一个会话密钥 KAB，使 Alice 与 Bob 之间能安全通信。TGS 将 KAB 发给 Alice 两次：一次是将 KAB 与 Bob 的

ID（Bob）组合，用会话密钥（KS）加密后发送；另一次是将 KAB 与 Alice 的 ID（Alice）
组合，用 Bob 的密钥（KB）加密后发送，如图 7.33 所示。

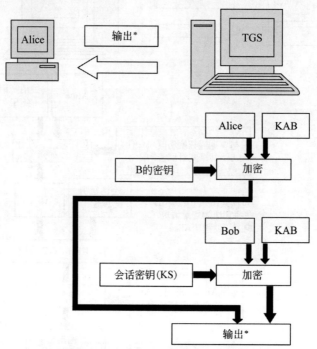

图 7.33   TGS 将响应发送给 Alice

注意，攻击者 Tom 可以尝试获取 Alice 在这一步中发送的第一条消息，并尝试重放攻
击。但是，重放攻击必将失败，因为来自 Alice 的消息包含加密时间戳。Tom 没有会话密
钥（KS），无法替换时间戳。即使 Tom 尝试立即进行重放攻击，也只能得到来自 TGS 的消
息，但无法打开，因为 Tom 无法访问 Bob 的密钥或会话密钥（KS）。

第3步：用户联系 Bob，以访问服务器

Alice 将 KAB 发送给 Bob，以便与其进行会话，为了保证这次交换的安全，Alice 只
是将用 Bob 密钥加密的 KAB（在上一步中，Alice 从 TGS 得到的）转发给 Bob，以确保只
Bob 能访问 KAB。此外，为了防止重放攻击，Alice 还将把用 KAB 加密的时间戳发送给
Bob，如图 7.34 所示。

由于只有 Bob 有自己的私钥，使用私钥，Bob 先得到信息（Alice + KAB），这样，就
得到了密钥 KAB，之后再用 KAB 解密加密的时间戳值。

Alice 如何知道 Bob 是否收到了正确的 KAB 呢？为了查询这个问题，Bob 将 Alice 发
送的时间戳的值+1，用 KAB 加密该值，再将加密值发送给 Alice，如图 7.35 所示。由于只
有 Alice 和 Bob 知道 KAB，Alice 可以打开这个包，验证 Bob 发送的加 1 的时间戳，确
实是自己第一次发送给 Bob 的时间戳。

现在，Alice 和 Bob 可以安全地相互通信了，两人都可以用共享密钥 KAB 加密要发送
的消息，并解密已收到的加密消息。

这里存在一个有趣点：如果 Alice 要与另一个服务器 Carol 通信，则只需要从 TGS 得
到另一个共享密钥，只是在 Alice 的消息中，指定用 Carol 代替 Bob。如前所述，TGS 会

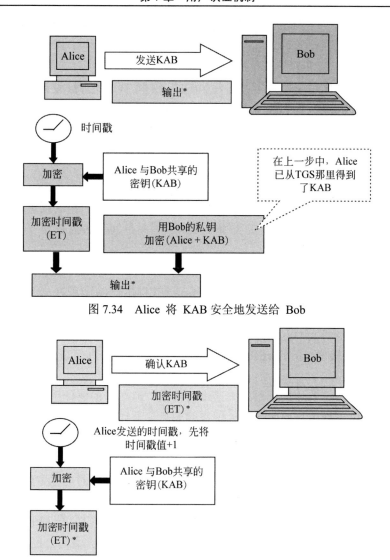

图 7.34　Alice 将 KAB 安全地发送给 Bob

图 7.35　Bob 确认收到 KAB

完成所有必需的工作，结果是 Alice 可以用类似的方式访问网络的所有资源，每次从 TGS 得到唯一的票据（密钥），再与不同的资源进行通信。当然，如果 Alice 想继续与 Bob 单独通信，则不需要每次都得到一张新票据。只有在第一次 Alice 想与服务器通信时，才需要联系 TGS，获得票据，以便进行通信。此外，Alice 的密码永远保存在工作站，这也增加了安全性。

　　由于只需对 Alice 进行一次验证或登录一次，因此这种机制称为**单点登录**（Single Sign On，SSO）。Alice 不需要单独向网络中的每种资源证明自己的身份，只需经过中央 AS 的一次验证，对于所有其他服务器或网络资源来说，AS 的验证就足够了，能确认 Alice 的身份。对于企业来说，SSO 是一个非常重要的网络概念，因为随着时间的推移，网络不断增长，会有多种认证机制和不同的实现，使用 SSO 可以将这些整合为单独的、统一的认证机制。事实上，微软公司在 Internet 上的**护照**（passport）技术就是基于这一理念。Microsoft

Windows NT 也侧重于使用 Kerberos 机制，这也是为什么你一旦登录到 Windows NT 工作站，只要系统管理员进行了正确的映射，你就可以访问自己的电子邮件和其他机密资源，而不必显式登录。

　　显然，并非世界上的每个服务器都信任单一的 AS 和 TGS。因此，设计者在设计 Kerberos 时，使其能支持多个**领域**（realms），每个领域都有自己的 AS 和 TGS。

7.5.3　Kerberos 版本 5

　　第 5 版的 Kerberos 解决了第 4 版的一些问题。第 4 版要求使用 DES，而第 5 版可以自由选择所需算法，更具灵活性。第 4 版用 IP 地址作为标识符，而第 5 版可以用其他类型作为标识符，因此它要标记网络地址的类型和长度，下面是 Kerberos 的第 5 版和第 4 版之间的主要区别。

　　（1）密钥 salt 算法改为使用整个主体名。
- 这意味着相同的密码在不同领域中不会得到相同的密钥，或在同一领域中有两个不同的主体。

　　（2）网络协议已经完全重写，从头到尾使用的都是 ASN.1 编码。

　　（3）现在支持**可转发**（forwardable）、**可再生**（renewable）和**可以后生效**（postdatable）的票据。
- 可转发：用户可以使用此票据来请求新票据，但新票据要使用不同的 IP 地址。因此，用户可以使用自己的当前凭证来得到另一台计算机上的有效凭证。
- 可再生：可通过向 KDC 请求一个具有扩展生存周期的新票据，得到可再生票据，但原票据本身必须是有效的，换句话说，不能更新已过期的票据，必须在其到期之前更新。可再生票据一直可以再生，直到达到票据最长的可再生生命周期。
- 可以后生效：这些票据最初是无效的，其开始时间是未来的某个时刻。为了使用这种可以后生效的票据，用户必须将其发送给 KDC，使其在票据的有效生命周期内得到验证。

　　（4）Kerberos 票据现在可以包含多个 IP 地址和不同类型的网络协议地址。

　　（5）可以使用通用的加密接口模块，因此可以使用除 DES 之外的其他加密算法。

　　（6）支持重放缓存，从而使认证免受重放攻击。

　　（7）支持传递跨域认证。

7.6　密钥分发中心

　　密钥分发中心（Key Distribution Centre，KDC）是一个中央机构，负责处理计算机网络中单个计算机（节点）的密钥。在概念上，它与 Kerberos 中的认证服务器（AS）和票据授权服务器（TGS）类似。其基本思想是每个节点与 KDC 共享唯一的密钥。每当用户 A 要与用户 B 进行安全通信时，都会执行如下步骤。

　　（1）假设 A 与 KDC 共享密钥 KA。类似地，假设 B 与 KDC 共享密钥 KB。

（2）A 将一个用 KA 加密的请求发送给 KDC，请求包括：

　　（a）A 与 B 的标识符。

　　（b）随机数 R，名为**一次性数**（nonce）。

（3）KDC 用 KA 加密的消息作为响应，响应包括：

　　（a）一次性对称密钥 KS。

　　（b）A 发送的用于验证的原始请求。

　　（c）另外，KS 用 KB 加密，A 的 ID 用 KB 加密。

（4）A 和 B 可以使用 KS 进行加密通信了。

如图 7.36 所示。

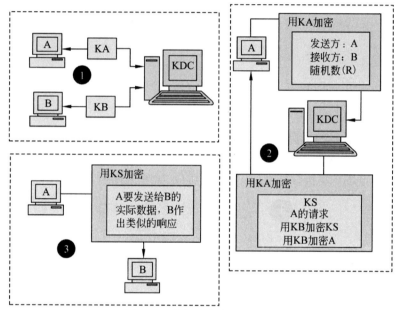

图 7.36　密钥分发中心的概念

7.7　安全握手陷阱

在讨论了几种用户认证机制之后，下面分析一下各种方法中可能存在的**安全握手陷阱**（security handshake pitfalls），这些陷阱会出现在**握手**（handshake）阶段，也就是说，当通信各方试图相互验证时出现。

实现握手大致有两种方案：**单向认证**（One-way authentication）和**双向认证**（mutual authentication），如图 7.37 所示。

图 7.37　安全的握手机制

下面讨论这些方法。

7.7.1　单向认证

单向身份验证背后的思想很简单，如果有两个用户 A 和 B，B 认证 A，但 A 不认证 B，则称之为单向认证。实现单向认证的方法有许多，常用的有**只登录**（login only）、**共享密钥**（shared secret）和**单向公钥**（one-way public key），如图 7.38 所示。

图 7.38　单向认证方法

下面讨论这些方法。

7.7.1.1　只登录

在只登录这个非常简单的方案中：

（1）用户 A 将自己的用户名和密码以纯明文的形式发送给另一个用户 B。

（2）用户 B 验证 A 的用户名和密码，如果 A 的用户名和密码正确，则 A 与 B 之间可以开始通信，不再进一步执行加密或完整性检验，如图 7.39 所示。

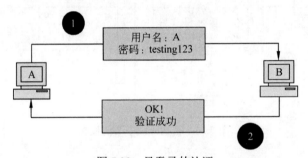

图 7.39　只登录的认证

显然，这种方法很容易理解与实现，但这种方法不是非常有效，我们需要有更好的认证机制，之前已给出了一些好的机制示例，如 A 将密码的消息摘要，而不是原始密码发送给 B；另一种方法是加密密码。

7.7.1.2　共享密钥

在共享密钥方法中，假设 A 和 B 在实际通信开始之前，已协商好通信所用的共享对称密钥 KAB，因此，这种方法会命名为共享密钥，其消息流如下。

（1）A 将自己的用户名和密码发送给 B。

（2）B 生成随机挑战 R，并将 R 发送给 A。

（3）A 使用与 B 共享的对称密钥（KAB）加密随机挑战（R），并将加密后的 R 发送给 B。B 也使用相同的共享对称密钥（KAB）加密原始的随机挑战（R）。如果这个已加密的随机挑战与 A 发送的随机挑战匹配，则 B 认为 A 是可信的。

这个过程如图 7.40 所示。

比起只登录方案，共享密钥是一个更好的方案，因为随机挑战（R）每次都是不同的。因此，攻击者不能使用以前的 R。但是，它也有问题：其是单向的验证，即 B 验证 A，但 A 不验证 B。因此，攻击者 C 可以将以前的随机挑战（R）发送给 A。A 用 KAB 加密 R，并将加密后的 R 发送给 C 后，C 只需忽略它，但 A 却错误地认为 C 是 B，也就是说，C 冒充 B，与 A 进行通信。

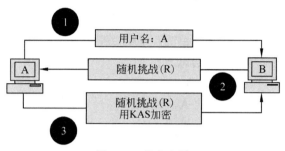

图 7.40　共享密钥

这个协议的变种如图 7.41 所示。这里，不是将随机挑战（R）发送给 A，而是 B 先用共享对称密钥（KAB）对 R 进行加密，再将加密的随机挑战（R）发送给 A。A 解密之，从而得到原始未加密的随机挑战（R），并将 R 发送给 B，实现对自己的认证。

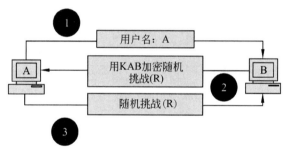

图 7.41　共享密钥：改进方法

基本的共享密钥方案还有另一种变种。这里，A 只需给 B 发送一个消息，不需要随机挑战。A 只是简单地用共享对称密钥（KAB）加密当前的时间戳，并将已加密的时间戳发送给 B。B 解密它，如果时间戳是符合预期的，则 B 认为 A 是可信的。为此，A 和 B 需要提前同步它们的时间戳，这种方法如图 7.42 所示。

图 7.42　使用共享对称密钥加密当前时间戳

这个协议有自己的优势，即实现非常容易，可以替代发送明文密码。A 发送给 B 的不再是用户 ID 和明文密码，而是用户名和加密的时间戳，这个协议也只需发送一个消息，节省了发送另外两个消息的成本。

但是，它也有缺点。如果攻击者攻击速度很快，可以尝试向 B 发送消息，此消息很像 A 发送的内容。B 认为这是来自 A 的第 2 个独立消息。此外，如果 A 对多台服务器使用相同的认证机制（而不只是 B），则攻击者会有机可乘。当 A 将原始消息发送给 B 时，攻击者 C 只需复制这个消息，然后冒充 Alice，将消息发送给另一台服务器（不是 B）。为了防止这种情况出现，Alice 应将服务器（即 B）的名字加入消息的当前时间戳，再用共享对称加密 KAB 加密。

7.7.1.3 单向公钥

早期的协议是基于共享密钥（即共享对称密钥 KAB）。如果攻击者可以读取 B 的数据库，就有权访问这个密钥 （KAB），攻击者就能轻松地冒充 A，与 B 进行通信。也就是说，攻击者冒充 A。如果用共钥代替共享密钥，则可以避免上述攻击。

单向公钥的思想很简单，具体信息流如下。

（1）A 将自己的用户名发送给 B。

（2）B 将随机挑战（R）发送给 A。

（3）A 使用自己的私钥加密随机挑战（R），并将加密后的 R 发送给 B。B 使用 A 的公钥解密加密的随机挑战，并将其与原始随机挑战进行匹配。

这个过程如图 7.43 所示。

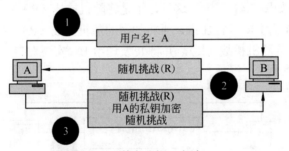

图 7.43 单向公钥：方法 1

与以前一样，对上述方法稍做改进，就能得到如下的消息流。

（1）A 将自己的用户名发送给 B。

（2）B 生成随机挑战（R），并用 A 的公钥加密 R，之后 B 将加密的 R 发送给 A。

（3）A 用自己私钥解密加密的随机挑战（R），并把它发送给 B。B 将其与原始随机挑战（R）进行匹配。

这个过程如图 7.44 所示。

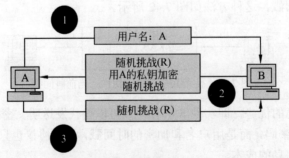

图 7.44 单向公钥：方法 2

尽管上述协议比早期的共享密钥机制更好，但也有非常严重的问题。

　　在第 1 种方法中，攻击者想让 A 签署一百万美元的电子支票。攻击者伪装成 B，并在第 2 步中将电子支票作为随机挑战发送给 A。在第 3 步中，A 愉快地对支票签名，并将其发送给攻击者！因此，这种方法可以欺骗某人，在其不知情的情况下对某些消息进行签名！

　　在第 2 种方法中，攻击者的目标有所不同。攻击者有针对 A 的过去的消息。因此，消息是用 A 的公钥加密的，这样只有 A 才能用自己私钥进行解密。现在，攻击者得到了这个加密消息，并在第 2 步中将其作为随机挑战发送。第 3 步中，可怜的 A 认为，自己只是用私钥对随机挑战签名，而没想到自己正在用私钥解密用自己公钥加密的消息！因此，在第 3 步，A 解密了只有 A 能解密的消息，并以明文形式将其发送给攻击者。

　　为了防止这种情况出现，需要强制签名密钥应该与加密密钥不同。也就是说，每个用户都应该有两个公-私钥对。一对应用于签名和验证；而另一对应该专门用于加密和解密。

7.7.2　双向认证

　　在双向认证中，A 和 B 要相互认证，因此，也称为相互认证。双向认证方法可以通过多种方式实现，如用共享密钥、公钥和基于时间戳，如图 7.45 所示。

图 7.45　双向认证方式

下面讨论这些方法。

7.7.2.1　共享密钥

　　共享密钥协议假定 A 和 B 具有共享的对称密钥 KAB，其工作步骤如下。

　　（1）A 将自己的用户名发送给 B。

　　（2）B 将随机挑战 R1 发送给 A。

　　（3）A 用 KAB 加密 R1，并将其发送给 B。

　　（4）A 将另一个不同的随机挑战 R2 发送给 B。

　　（5）B 用 KAB 加密 R2，并将其发送给 A。

　　与以前一样，B 对 A 进行认证（第（2）步和第（3）步）。但新内容是：A 也要认证 B（第（4）步和第（5）步）。因此，这是双向认证，如图 7.46 所示。

　　可以看到，这个方法交换的消息太多，使得这个协议的效率低下，因此要将消息数量减少，这里减少到 3 个消息，这 3 个消息包含更多的信息。改进后的方法如下所述。

　　（1）A 将自己的用户名和随机挑战（R2）发送给 B。

　　（2）B 用共享对称密钥 KAB 加密 R2，生成新的随机挑战（R1）；并将加密的 R2 和 R1 发送给 A。

　　（3）A 验证 R2，用共享对称密钥 KAB 加密 R1；并将其发送给 B，B 验证 R1。

　　这个过程如图 7.47 所示。

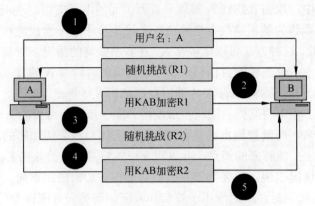

图 7.46　基于共享密钥的双向认证

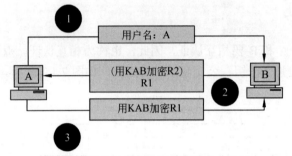

图 7.47　优化的基于共享密钥的双向认证

这个优化版的协议将消息数减少为 3。但是，它容易受到**反射攻击**（reflection attack）。假设攻击者 C 想要假冒 A 与 B 通信。首先攻击者 C 要开始如下步骤。

（1）C 将包含 A 的用户 ID 和随机挑战 R2 发送给 B。

（2）B 用共享的对称密钥 KAB 加密 R2，生成新的随机挑战（R1）；并将加密的 R2 和 R1 发送给 C，而 B 认为自己发给了 A。

这个过程如图 7.48 所示。

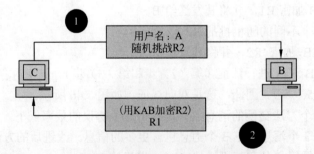

图 7.48　反射攻击：第 1 部分

攻击者 C 无法用 KAB 加密 R1。但其想方设法让 B 加密 R2。

现在，攻击者 C 打开与 B 的第 2 个会话，与第 1 个会话不同，第 2 个会话仍是活跃的。此时，会执行如下步骤。

（1）C 将包含 A 的用户 ID 和随机挑战 R1 的消息发送给 B。

（2）B 用共享对称密钥 KAB 加密 R1，生成新的随机挑战（R3）；并将加密的 R1 和

R3 发送给 C，而 B 认为自己发送给了 A。

这个过程如图 7.49 所示。

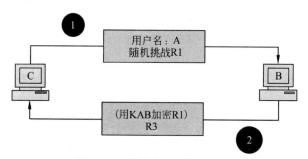

图 7.49　反射攻击：第 2 部分

由于攻击者 C 无法加密新的随机挑战 R3，则无法继续进行第 2 次会话。然而，C 不再需要继续这个会话了，而是要回到之前与 B 的第 1 个会话。记住，在第 1 个会话中，C 无法用 KAB 加密 R1，那第 1 个会话一直处于等待状态吗？此时，由于有了第 2 个会话，C 有了用 KAB 加密了 R1，C 将 R1 发送给 B，就完成了认证！如图 7.50 所示。

图 7.50　反射攻击：第 3 部分

因此，C 让 B 相信，自己就是 A！

如何应对这种反射攻击呢？一种思想是使用不同的密钥，比如 KAB 与 KBA。当 A 要加密发送给 B 的消息时，要使用 KAB；当 B 要将加密消息发送给 A 时，要使用 KBA。因此，B 不能使用 KAB 加密 R1，也就是说，C 不能像反射攻击中一样盗用消息。

7.7.2.2　公钥

双向认证也可以通过用公钥技术完成。如果 A 和 B 知道对方的公钥，需要 3 个消息才能完成如下的双向认证过程。

（1）A 将自己的用户名和用 B 的公钥加密的随机挑战（R2）发送给 B。

（2）B 用自己的私钥解密随机挑战（R2），B 生成新的随机挑战（R1），并用 A 的公钥对 R1 进行加密。 B 将解密的 R2 和加密的 R1 发送给 A。

（3）A 用自己的私钥解密随机挑战（R1），并将其发送给 B，B 验证 R1。

这个过程如图 7.51 所示。

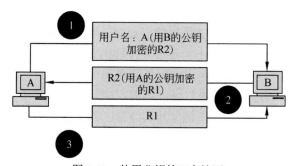

图 7.51　使用公钥的双向认证

与往常一样，上述方案也有变种，其信息流如下。

（1）A 将自己的用户名和 R2 发送给 B。

（2）B 用自己的私钥加密 R2，并将它和 R1 一起发送给 A。

（3）A 对 R1 进行签名后，将其发送给 A。

这个过程如图 7.52 所示。

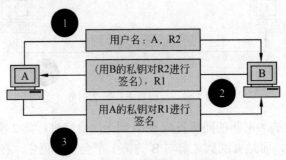

图 7.52　使用公钥的双向认证的变种

7.7.2.3　时间戳

使用时间戳而不是随机挑战，可以将双向认证过程减少为两步。其工作过程如下。

（1）A 将自己的用户名和用共享对称密钥（KAB）加密的当前时间戳发送给 B。

（2）B 用 KAB 解密，得到时间戳，并将它加 1，B 再用 KBA（不是 KAB!）加密，并将加密结果与自己的用户名一起发送给 A。

这种方法的工作过程如图 7.53 所示。

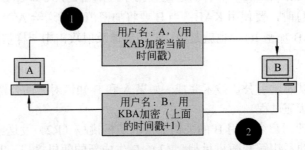

图 7.53　使用时间戳的双向认证

7.8　对认证方案的攻击

对认证方案最常见的攻击是**会话劫持**（session hijacking）或**中间人攻击**（session hijacking），这类攻击的思想是：攻击者要想方设法地冒充合法用户。为此，攻击者要窃听两个合法用户、计算机与服务器、用户与服务器之间电子通信。然后，攻击者假冒其中一个用户，试图欺骗对方，这种攻击可以是被动的，也可以是主动的。被动攻击只是侦听两个合法用户之间的会话，不会造成任何主动的危害；而主动攻击不仅可以侦听流量，还可以执行一系列的操作：如窃取资源、修改内容、进行非法交易、利用网络资源等。

一种最常见的认证攻击是**重放攻击**（replay attack）。顾名思义，攻击者先捕获用户传送给服务器或另一个用户的信息，然后再尝试重放相同的数据包。换句话说，攻击者试图执行真正用户之前已执行的操作。有趣的是，即使原始信息已被加密，攻击者仍能尝试重放。举个例子，假设合法用户输入密码，来响应认证请求。出于安全考虑，用户在自己的计算机上加密了密码，之后再将加密的密码发送给服务器。攻击者捕获到传输过程中的这个加密密码，因为密码经过加密处理，攻击者并不知道密码内容。不过，这一点没关系！现在，攻击者只需等合法用户退出登录后，重放包含加密的密码的数据包，就能响应认证请求。换句话说，攻击者可以通过重放合法用户的已加密密码，来登录服务器。因此，攻击者无须知道原始密码，也能入侵认证系统。

为了防止重放攻击，人们通常会在消息中增加时间戳或序列号，以识别消息是否是重放的旧消息，如果是，则丢弃，这样就能挫败重放攻击。

本 章 小 结

- 认证与用户或系统的身份确认相关。
- 明文密码是常用的认证机制。
- 明文密码存在安全问题。
- 用密码的消息摘要来避免密码在网络中的明文传输。
- 密码加密是一种更好的方案。
- 从密码中派生的密码也可用于认证。
- 随机挑战增强了密码机制的安全性。
- 认证令牌更加安全。
- 认证令牌为每个登录请求生成一个新密码。
- 认证令牌是双因子认证机制。
- 智能卡是高度安全的设备，因为它在卡内执行加密功能。
- 生物识别设备是基于人类特征的。
- Kerberos 是一种广泛使用的认证协议。
- Kerberos 将验证用户的工作分配给中央服务器，把允许用户访问各种系统/服务器的工作分配给其他不同的服务器。
- 安全握手陷阱是一个需要解决的有趣问题。
- 认证还有另一种分类方式：单向认证和双向认证。
- 在单向认证中，一方认证另一方，而另一方不进行认证。
- 双向认证涉及双方的相互认证。

重要术语与概念

- 单因子认证
- 双因子认证
- 认证令牌
- 生物特征认证
- 挑战/响应令牌
- Kerberos

- 密钥分发中心（KDC）
- 多因子认证
- 双向认证
- 密码
- 密码策略
- 随机挑战
- 反射攻击

- 重放攻击
- 安全握手陷阱
- 随机挑战
- 反射攻击
- 重放攻击
- 安全握手陷阱

概 念 检 测

1. 明文密码存在哪些问题？
2. 如何改进明文密码？它有什么缺点？
3. 未经授权的用户可以使用认证令牌吗？
4. 三因子认证的三个方面各是什么？
5. 挑战/响应令牌与基于时间的令牌有何区别？
6. 在用户注册过程中，为什么需要采集多个样本？
7. 解释什么是安全握手陷阱。
8. 什么是反射攻击？如何预防？
9. 请解释单向认证机制的优缺点。
10. 请解释双向认证机制的优缺点。

设计与编程练习

1. UNIX 密码与两字节的 salt 组合，以防止字典攻击。如果把 salt 增加到 4 字节，密码的安全性会大幅提升吗？为什么？

2. 许多内部应用程序，特别是银行的应用程序，需要两个或多个成员分别输入各自的密码形成组合密码，才能访问资源系统。你认为这样做有必要吗？给出原因。

3. 在 PKI 实现中，可否使用上述方案存储用户的私钥呢？要如何做？

4. SSL 也可以进行客户端认证（使用客户端的数字证书），这是一种基于证书的认证。但这种认证方式也并非万无一失，为什么？

5. 在基于 Web 的应用程序中，可否将用户 ID 视为会话 ID？为什么？

第 8 章　加密与安全的实际实现

启蒙案例

　　人们都需要不时地维护机密数据，这些机密数据可能是官方的，也可能是个人的。此外，这些机密数据的共享者也有所不同。许多组织都为员工配备了笔记本电脑，如果有员工的笔记本电脑丢失，组织会担心组织的机密信息丢失。因此，许多公司强制要求员工使用磁盘加密软件，对整个硬盘以及其他长期存储介质进行加密。当需要使用磁盘文件时，软件解密磁盘文件，供用户使用。用户用完后，软件又将文件加密，恢复加密状态，这些操作是无缝地进行的，不会给用户造成任何延迟或混乱。因此，笔记本电脑在不用时，一直有效地保持为加密状态。这样，即使笔记本电脑丢失，也不会造成数据丢失。加密的密钥可以由用户设置，也可以由用户的密码派生。

　　目前这种软件加密的趋势正在席卷平板电脑和智能手机，这些手持设备能满足人们基本的通信和计算需求，也托管着重要和机密的信息，需要防止潜在的攻击。在平板电脑和智能手机上，也可以采用与计算机类似的策略，即加密设备中的内容。

　　前面学习了一些加密/解密信息的算法，但在日常生活中，如何使用这些算法呢？这就是本章要介绍的主要内容。

学习目标

- 掌握 Java 加密。
- 理解.NET 加密。
- 精通 Linux 的安全。
- 掌握 Windows 的安全。
- 清通数据库的安全。
- 理解云安全。

8.1　使用 Java 的加密解决方案

8.1.1　简介

　　Java 编程语言是现代计算的一个主要成功案例。Java 无处不在：它在 Web 浏览器上（以 applets 的形式）、在 Web 服务器上（以 Servlet 或 JSP 的形式）、在应用服务器上（以 EJB 的形式），以及使用**远程方法调用**（Java Server Pages，RMI）、**Java 消息服务**（Java Messaging Service，JMS）、**Java 数据库连接**（Java Database Connectivity，JDBC）等技术，使所有技术能协同工作。也就是说，Java 是一种可以安全使用的编程语言，例如，小程序不得在 Web 浏览器客户端上出现异常行为；Java 也提供加密功能，如加密、消息摘要和数字签名等。

有几种机制能确保 Java 是一种可以安全使用的语言，这里不讨论这些机制及含义，而是重点讨论 Java 提供的加密服务。

在广义层面，Java 加密框架包括两项主要技术，如图 8.1 所示。

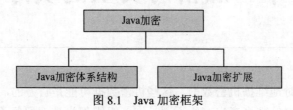

图 8.1　Java 加密框架

现在让我们来看看这意味着什么。

（1）**Java 加密体系结构**（Java Cryptography Architecture，JCA）是类的集合，为 Java 程序提供加密功能。最重要的是，JCA 是默认的 Java 应用程序开发环境，即 Java 开发工具包（Java Development Kit，JDK）的一部分。也就是说，用户拥有 JDK 时，会自动拥有 JCA。在版本 JDK 1.1 中首次引入了 JCA，并在版本 JDK 1.2（通常称为 Java 2）中得以增强。

（2）**Java 加密扩展**（Java Cryptography Extension，JCE）：JCE 并不是 Java JDK 的核心部分，而是需要特殊许可的附加软件，之所以与 JCA 分开，是因为美国政府规定的出口限制。

下面，从概念的层面来介绍 JCA 和 JCE。

8.1.2　Java 密码体系结构（JCA）

8.1.2.1　简介

正如前面所介绍的，JCA 是 Java 核心框架的一部分，由 JDK 软件自带，不需要任何特殊许可。JCA 为使用 Java 语言的程序员提供基本的加密功能。Java 包的 security 中的抽象类集提供了如访问控制、权限、密钥对、消息摘要和数字签名等加密功能。SUN 公司在 JDK 中提供了这些抽象类的实际实现。此外，用户也可以使用自己实现的抽象类，下面进行详细介绍。

JCA 通常称为**提供者架构**（provider architecture）。JCA 设计的主要目标是将加密概念（即**接口**（interfaces））与其实际的算法实现（即**实现**（implementations））分开，下面进行介绍。

为了实现编程语言的无关性，要使用面向对象的接口原则。接口只是一组函数（方法），表示接口可以做什么，即接口的行为，但不包含实现细节，即它是如何完成的，下面举一个简单的例子。

当我们购买音响系统时，并不关心其内部构造，如内部的电子元件，使用音响所需的电压和电流等。因为制造商为用户提供了一组接口，可以通过按钮弹出 CD、调整音量或跳过曲目等。在音响内部，会将相应的外部操作转化为电子元件级的各种操作，这些内部操作的集合就称为实现，用户无须关心内部的操作（实现）细节，只需会使用接口即可，如图 8.2 所示。

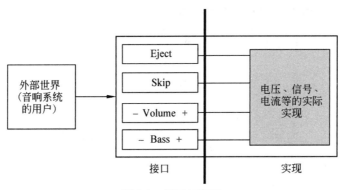

图 8.2　接口与实现

　　这种方法的主要目的是提供**可插式**（plug-able）架构，在更改内部细节（如以不同方式实现音量控制机制）时，无须更改外部接口（即音量控制按钮），这就是 JCA 这类提供者架构的妙用之处。在 JCA 中，只提供概念性加密功能，其加密实现却因厂商而异，每个供应商都能用自己的加密工具，从而使 JCA 架构既独立于厂商，又能扩展。

　　为了实现这一点，JCA 包含许多**引擎类**（engine classes）。引擎类是加密功能（如消息摘要或数字签名）的逻辑表示。例如，用于执行数字签名的算法很多，但算法的实现却大相径庭，但在广义层面，所有算法都提供了相同抽象的数字签名功能。因此，在 JCA 中只有一个 java.security.Signature 类，表示数字签名算法的所有可能变种。另一个类名为**提供者**（provider），是这些数字签名算法的实际实现，可由许多供应商提供，其概念如图 8.3 所示。

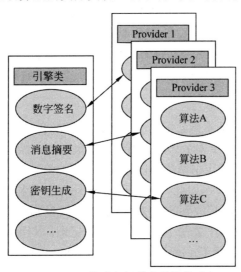

图 8.3　引擎类与提供者类的关系

　　如我们所见，应用程序开发人员根本不必考虑提供者类，应用程序员必须要调用引擎类。引擎类和提供者类之间的关系通过参数文件建立，用 JCA 开发应用程序时无须考虑这些。更具体地说，在属性文件中所指定的提供者类，具有预设名称和位置。当 Java **虚拟机**（Java Virtual Machine，JVM）开始运行时，会查询这个属性文件，并将相应的提供者类加载到内存。

这个概念还可以用另一种方式表示，如图 8.4 所示。

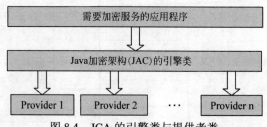

图 8.4　JCA 的引擎类与提供者类

8.1.2.2　JCA 中的密钥管理

在任何密码系统中，如何生成和管理加密操作所用的密钥都是一个极其重要的问题。为此，Java 1.1 提供了一个名为 JavaKey 的实用程序，但其尚未成熟，存在一些问题，其中最主要的问题是：它将用户的私钥和公钥一起存储于未受保护的数据库中。因此，Java 的设计者决定，要用改进的实用程序来生成、存储和管理密钥。

Java 2 自带了一个名为 keytool 的新实用程序，其将公钥和私钥分开存储，并用密码进行保护。keytool 用来存储密钥的数据库称为**密钥库**（keystore）。通常，密钥库是一个简单的计算机文件，位于用户的主目录下，扩展名为 .keystore。下面列出了 keytool 的一些重要服务。

- 生成密钥对和自签名证书。
- 导出证书。
- 向 CA 发送证书签名请求 （CSR）以请求证书。
- 导入其他人的证书，进行签名验证。

例如，输入命令 keytool -genkey，生成密钥对。有趣的是，用户甚至可以通过编程来访问密钥库数据库。为此，我们可以将密钥库视为一个类，并在应用程序中使用。

8.1.2.3　JCA 特性

在了解了 JCA 架构的基本概念后，下面要讨论 JCA 的一些加密特性。

可以看出，应用程序开发人员只关心用引擎类执行加密操作，每个引擎类都有一个公共接口，即一组方法，用于指定引擎类可以执行的操作。当今，对于大多数**面向对象**（Object Oriented，OO）系统来说都是如此，但引擎类不具有公共构造函数，只是提供了一个 getInstance() 方法，该方法将接收到的算法名作为参数，返回相应类的实例

下面分析一个使用 SHA-1 算法生成消息摘要的示例，其用 JCA 编写，对于不熟悉 Java 语法的读者而言，我们给出了代码的详细注释，如图 8.5 所示。

下面总结一下，图 8.5 生成消息摘要的步骤。先调用 getInstance() 方法，找到并加载实现 SHA-1 算法的消息摘要对象；在生成摘要输入字符串后，将该字符串传递给了消息摘要对象的 update() 方法，之后将其写入输出文件；最后，调用 digest() 方法生成消息摘要，并将其添加到同一个文件中。

JCA 中的数字签名和其他加密功能与消息摘要类似。在每种加密处理中，引擎类和提供者类之间的分离都得到了精心的维护和管理。

```
public class CreateDigest {
    public static void main (String args [ ]) {
        try {
            // Create an output file for storing the message digest when it is created.
            FileOutputStream fos = new FileOutputStream ("sample");
            // Create an object of the class MessageDigest. The getInstance method
            // creates this instance and stores it in the object md. We use the SHA-1
            // algorithm. It is ok to write it as SHA instead of SHA-1.
            MessageDigest md = MessageDigest.getInstance ("SHA");
            // Create an output object of the standard Java type output stream. This will
            // be used later in our program. Associate it with the output file.
            ObjectOutputStream oos = new ObjectOutputStream (fos);
            // Specify the input string over which the message digest is to be created.
            String data = "This is an input string for digesting";
            // Transform the string format into byte (binary) format.
            byte buffer [ ] = data.getBytes ( );
            // Call the update method of the message digest object. This method adds
            // the specified input data to the digest, over which finally the digest will be
            // calculated.
            md.update (buffer);
            // Write the original data to the output file.
            oos.writeObject (data);
            // Calculate and write the message digest to the output file.
            oos.writeObject (md.digest ( ));
        } catch (Exception e) {
            System.out.println (e);
        }
    }
}
```

图 8.5　在 Java 中，用 JCA 生成消息摘要的示例

8.1.3　Java 加密扩展（JCE）

8.1.3.1　加密的政治学

数据加密功能属于 Java 加密扩展（JCE），这非常奇怪!为什么要把消息摘要、数字签名放在 JCA 包中，而将加密功能放在 JCE 包中呢？这样做是有历史原因的。

在设计 JCA 和 JCE 时，美国政府对加密软件有严格的出口限制。由于 SUN 公司位于美国，其开发的 JCE 软件属于限制出口的加密软件。之所以限制，是美国要防止外部恐怖分子和敌对国家使用强密码（如 128 位加密）进行非法活动。因此在早期，JCE 只能在美国和加拿大使用。然而现在，美国政府的立场发生了改变，其他国家也需要自由使用强密码技术。在另一个极端，一些人甚至呼吁美国也应该禁止使用强密码技术。根据当前的形势，美国政府允许美国和加拿大以外的国家和地区使用强密码。但在最初开发 JCE 时，情

况并非如此，这也是最初 JCE 与 JCA 分开的原因。

即使在限制出口的时代，事情也没有那么简单。SUN 公司发现了软件的漏洞，漏洞能生成自己 JCE 的克隆（clones）作为第三方实现。当然必须指出，JCE 并不是唯一受到美国政府限制的加密软件，其他一些加密软件应用程序和算法也受到了出口限制。此外，许多算法也获得了专利，也就是说，使用算法的用户必须向专利持有人支付许可费。例如，RSA 数据安全公司在美国持有许多基于 RSA 加密和数字签名算法的专利。同样，瑞士的 Ascom System AG 拥有 IDEA 算法的专利。因此，如果应用程序开发人员居住的国家或地区有相关的专利法，则应用程序开发人员以及最终用户必须根据专利文件中的条款向专利持有人支付许可费。

回到最初关于 JCE 出口限制历史的讨论，需要使用 JCE 的 Java 应用程序开发人员必须注意如下几点。

- 必须独立于 JDK 采购 JCE。SUN 公司开发的官方 JCE 只有美国和加拿大的公民才能购买，其他国家的用户只能购买 JCE 的第三方实现。
- JCE 的电子文档也应该遵循上述准则。但实际并非如此，这在很大程度上违反了该条款。
- JCE API 和使用 JCE 开发的任何应用程序只能在美国或加拿大使用。一个有趣的情况是：如果开发人员将应用程序托管在美国或加拿大，并允许在美国或加拿大以外的浏览器客户端下载小程序来使用强密码，会怎样呢？在这个 Internet 时代，这样做是完全有可能的，因此，这也受到了限制。

8.1.3.2　JCE 体系结构

JCE 的体系结构遵循的模式与 JCA 相同，它也是基于引擎类和提供者类的概念。唯一的区别是 JCE 还自带一个引擎类的实现，这个实现是默认实现，由 SUN 公司提供。由于 JCE 的体系结构与 JCA 的体系结构非常相似，这里不再进行讨论。

最后，举一个例子，演示使用 JCE 的加密过程，如图 8.6 所示。与之前一样，这个示例包含大量注释，以帮助读者了解代码内部发生了什么。

代码中的注释已经解释了加密过程中每个阶段发生的事情，这里就不再赘述。

8.1.4　结论

JCA 和 JCE 都是强大的密码体系结构，经过精心的规划与设计，以适应未来的扩展和供应商的独立性。然而，使用 Java 加密的最大问题是许可问题。由于美国的出口法律的限制，JCE 没有作为 JDK 核心的一部分，而在美国和加拿大以外的地方，人们可以轻松采购 JDK。Web 浏览器软件不包括 JCE 也是这个原因。

现在这个限制已经解除，应用程序开发人员可以自由地使用 JCE。使用 JCE 的最大优势是它是免费的。

```
public class EncryptionDemo {
    public static void main (String args [ ] ) {
        try {
            // The KeyGenerator class provided by JCE can be used to generate
            // symmetric (secret) keys. We specify which algorithm we will use with
            // this symmetric key for actual encryption. Here, we specify it as DES.
            KeyGenerator kg = KeyGenerator.getInstance ("DES");
            // The Cipher class is used to instantiate an object of the specified
            // encryption algorithm class. We can also specify the mode and padding
            // scheme to be used during the encryption process. In this case, we indicate
            // that we want to use the DES encryption algorithm in the Cipher Block
            // Chaining (CBC) mode with padding as specified in PKCS#5 standard.
            Cipher c = Cipher.getInstance ("DES/CBC/PKCS5Padding");
            // The generateKey function generates a symmetric key, using the
            // parameters discussed above. The key is stored in a variable called as key.
            Key key = kg.generateKey ( );
            // JCE demands that once the key is generated, we must execute an init ( )
            // method against the Cipher object created earlier. This method takes two
            // parameters. The first parameter specifies if we want to perform
            // encryption or decryption. The second parameter specifies which key to
            // use in that operation.
            c.init (Cipher.ENCRYPT_MODE, key);
            // Now we specify the plain text, which we want to encrypt. We also
            // transform it into a byte array.
            byte plaintext [ ] = "I am plain text. Please encrypt me.".getBytes ( );
            // Execute the doFinal ( ) method, which performs the actual encryption or
            // decryption (in this case, it is encryption). It accepts the plain text as the
            // input parameter, and returns cipher text. Also, this method is a part of the
            // Cipher object (note the prefix c.).
            byte ciphertext [ ] = c.doFinal (plaintext);
        } catch (Exception e) {
            e.printStackTrace ( );
        }
    }
}
```

图 8.6　在 Java 中，使用 JCE 加密的示例

8.2　使用.NET 框架的加密解决方案

8.2.1　类模型

下面来分析微软公司在其.NET 框架中提供的加密功能。

与 JCA 和 JCE 一样，.NET 框架加密对象模型旨在允许以轻松的方式添加新算法和实现。在这个模型中，一类算法（如对称算法）被建模为单个抽象基类。每个算法分别由各自的抽象算法类表示。最后，每个抽象算法类都有一个具体的算法实现类，如图 8.7 所示。

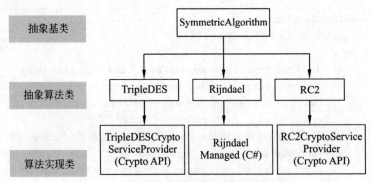

图 8.7　.NET 中的对称密钥加密对象模型

众所周知，SymmetricAlgorithm 是抽象基类，被许多抽象算法类继承，本书出现了 3 个抽象基类：SymmetricAlgorithm、HashAlgorithm 和 AsymmetricAlgorithm。每个抽象算法类代表一个特定算法的抽象，如 DES。最后，每个算法实现类是抽象算法类的子类，其实现本质上都有所不同。

（1）抽象基类：定义了该类中所有算法共有的方法和属性。例如，SymmetricAlgorithm 类定义了一个名为 LegalKeySizes 的属性，告诉用户密码的有效密钥长度（以位为单位）。

（2）抽象算法类：有两个功能，①通过实现抽象基类所定义的属性，公开特定算法的细节（如密钥大小和块大小）。例如，对于 Rijndael 算法，其 LegalKeySizes 属性的值有 128、192 和 256。②此外，还定义属性和方法，它们专属于其代表算法的每个实现，不适用于其他算法。例如，对于 TripleDES，就有一个名为 IsWeakKey 的专属方法。DES 的抽象算法类会定义自己方法，但其他算法的抽象算法类就不会定义相同的方法。

（3）算法实现类：实现算法要执行的指定动作。例如，实现.NET 中的三重 DES 算法的类是 TripleDESCryptoServiceProvider。在.NET 中，约定是将服务提供者的名称添加到实现类中。在这里，实现的提供者是 Microsoft Windows 自带的 CSP（Cryptographic Service Provider）。

对于对称密钥加密算法，框架有 SymmetricAlgorithm 抽象基类；对于消息摘要，框架有 HashAlgorithm 抽象基类；对于对称密钥加密和数字签名，框架有 AsymmetricAlgorithm 抽象基类，图 8.8 和图 8.9 给出 HashAlgorithm 和 AsymmetricAlgorithm 这两个抽象基类的示例及其层次结构。

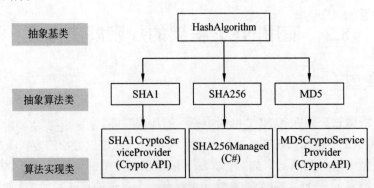

图 8.8　.NET 中的消息摘要加密对象模型

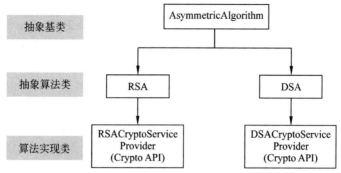

图 8.9　.NET 中的非对称密钥加密对象模型

8.2.2　程序员的角度

程序员如何使用.NET 中的加密类模型呢？为此，.NET 框架为各个加密类提供了配置系统，为每个抽象基类和每个抽象算法类定义了默认实现类型。在类模型中，每个抽象类都定义了一个静态的 Create 方法，用于生成抽象类的默认实现的实例。使用这一特性，程序员只需执行如下代码，就能调用 SHA-1 算法的默认实现。

```
SHA1 sha1=SHA.Create();
```

因此，程序员不必关心 SHA 算法的实现细节。当然，根据需要，也可以直接调用算法的特定实现，这里不再过多介绍。

一旦得到了所需类的对象（在本例中，SHA1 类的对象是 sha1），就可以调用相应的方法进行加密操作。例如，要计算消息的消息摘要，可以调用下面的 ComputeHash 方法。

```
byte[ ] hashValue=sha1.ComputeHash (ourMessage);
```

上面的代码将计算存储在变量 ourMessage 中消息的消息摘要，并将消息摘要存储在名为 hashValue 的字节数组中。我们可以不计算存储在变量中的某些消息的摘要，而是计算磁盘中文件的摘要，如下所示。

```
FileStream inputFile=new FileStream ("C:\\atul\\myFile.txt", FileMode.Open);
    SHA1 sha1 = SHA1.Create();
    byte[ ] hashValue = sha1.ComputeHash (inputFile);
    inputFile.Close();
```

8.3　加密工具包

除了 SUN 和 Microsoft 等公司提供的加密解决方案之外，还有许多公司专门提供**加密工具包**（cryptographic toolkit），用于开发加密解决方案。从概念上讲，这些加密工具包与 JCA/JCE 或 MS-CAPI 产品非常相似，也就是说，工具包会以 API 形式，提供加密、解密、

和数字签名等机制。但由于开发工具包的公司只专注于加密，因此其产品久经考验，更加

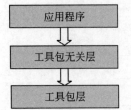

图 8.10　使用加密工具包

可靠，RSA 数据安全公司、Entrust 和 Baltimore 就是这类公司的翘楚，印度的 Odyssey 公司也提供加密工具包。图 8.10 给出了使用这类加密工具包生成典型加密应用程序的过程。

从概念上讲，这类似于 JCA/JCE 或.NET 加密的工作方式，需要加密功能的应用程序调用工具包无关层（类似于引擎类），而加密工具包调用工具包层，中间层的作用就是确保应用程序独立于工具包。因此，需要加密功能应用程序调用中间层的通用方法（如加密），而这个方法检测正在使用的工具包，调用该工具包的具体加密方法。由于不同的工具包提供加密功能的外部接口和内部实现不同，因此需要中间层来保证互操作性，如果所有工具包都遵循单一、统一的标准，则中间层是多余的。

然而，一切都不是那么简单。毫无疑问，工具包提供了非常可靠的加密基础设施，但它也不完美，仍存在一些问题。

（1）使用工具包需要客户端和服务器端的许可证，许可证非常昂贵（数千美元）。

（2）另外，如何为基于浏览器的客户端提供许可证呢？毕竟在理论上，世界上的任何人都可以是潜在的基于浏览器的客户端！如何为这类客户提供许可证呢？

（3）工具包的互操作性也是一个主要问题，因此，中间层几乎是必不可少的，由于涉及互操作性问题，开发中间层也极具挑战性。

8.4　安全与操作系统

8.4.1　操作系统结构

从安全的角度来看，理解操作系统的结构是非常重要的。几十年来，随着软件构造日臻成熟及其在工程领域的广泛应用，操作系统也在不断演进。最早期的软件程序由于其设计方式，使维护和调试都非常困难。操作系统也是如此，在早期的操作系统设计中，很少考虑模块化及可扩展性。软件开发方法在不断演进：最早是结构化和模块化编程；之后是面向对象编程。操作系统的设计一直是重点问题，光说操作系统按预期方式运行还不够！而要根据用户需要，能增强操作系统，能删除或禁用不需要的部分操作系统，还要便于维护。大型软件应用程序的设计、开发和维护都非常困难，除非使用正确的软件工程与方法论，不能随意设计现代操作系统，要设计就必须经过深思熟虑。

几乎所有的传统操作系统都是**单内核的**（monolithic），也就是说，操作系统的设计并没有关注其模块的内部组织。过去，操作系统是一个大程序，由一些过程组成，其每个过程会执行某些特定的任务，且任何过程都可以调用其他过程，这样的操作系统没有结构或组织的。调试和增强这样的操作系统是一项艰巨的任务。操作系统部分代码的更改可能会对操作系统的其他部分造成严重的破坏，因为程序员很难确定哪些过程调用了哪些其他过程，这种操作系统的概念视图如图 8.11 所示。

当用户想用这种方法创建对应操作系统的实际目标程序时，则需要编译所有单独的程

序/模块，并将它们链接在一起形成单个目标文件，这里没有信息隐藏的概念，每个过程对所有其他过程都是可见的。

在操作系统设计中，下一个合乎逻辑的设计是开发**分层操作系统**（layered operating systems）。在这里，将操作系统的各种操作水平堆叠，彼此叠加，相邻层之间的交互是可能的，但非相邻层之间的交互是不可能的，几乎所有层都在内核模式下执行，其思想如图 8.12 所示。

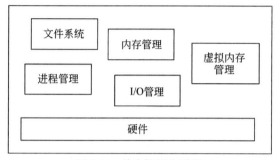

图 8.11　单内核操作系统

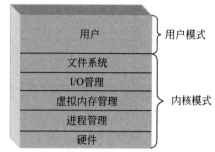

图 8.12　分层的操作系统

这种分层设计解决了一些早期问题，但不是全部，模型中的每一层都有许多功能，这也存在着问题。首先，对任何层的任何更改都可能导致相邻层出现问题；其次，由于相邻层之间的频繁交互，通信安全的实现非常困难。

因此，**微内核操作系统**（microkernel operating systems）应运而生。微内核操作系统的思想很简单，顾名思义，就是内核要尽可能的小，只包含最基本的功能，其他功能不是微内核的组成部分，是作为用户进程执行的。例如，进程管理、I/O 管理等都不再是微内核的一部分，所有这些管理都作为用户进程执行，这种操作系统的组织如图 8.13 所示。

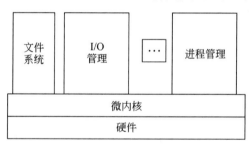

图 8.13　微内核操作系统

微内核中只包含操作系统非常重要的服务。微内核也充当上层的交换介质，即任意两个用户层之间的消息交换要通过微内核，它也充当任何两个用户层之间的连线。微内核能实现和验证安全机制。例如，如果一个进程给文件系统服务器发送消息，微内核要对消息进行验证后，才能让消息进一步传播。

从安全角度来看，微内核操作系统更好。如果有问题，也只是局部化问题。但在单内核操作系统中，情况并非如此，安全漏洞可能会横跨所有层和区域，对操作系统造成严重破坏。

8.4.2　TCP/IP 漏洞

除了由于操作系统设计而导致的固有风险之外，另一种风险是由于在 TCP/IP 协议族中发现的一些漏洞。每台连接到 Internet 的计算机都使用 TCP/IP 软件，自然，操作系统必须支持 TCP/IP。因此，TCP/IP 中缺陷也可能导致操作系统受到攻击。

图 8.14 给出了 TCP/IP 中的一些主要安全问题。

漏洞	细节
欺骗	攻击者可以伪造源地址，欺骗目标计算机相信自己正在与真实的源地址进行通信
会话劫持	攻击者可以控制连接
序列猜测	TCP/IP 使用序列号来建立连接。如果实现的序列号不是随机数，则攻击者可以猜测序列号，操纵连接
缺乏认证和加密	TCP/IP 对认证和加密的没有任何内置支持
SYN 泛洪	攻击者可以快速发送虚拟连接请求数据包（称为 SYN）到目的地，干扰其资源

图 8.14　TCP/IP 的漏洞

下面将介绍世界上两个最重要的操作系统（UNIX 和 Windows 2000）的一些重要安全概念。

8.4.3　UNIX 中的安全性

8.4.3.1　访问控制

从一开始，设计的 UNIX 就是多用户操作系统。因此，从设计之初，UNIX 操作系统的安全就得到了足够重视。下面简要介绍 UNIX 中的一些重要安全概念。

作为一个多用户系统，UNIX 需要确保许多用户能同时访问操作提供系统服务，这需要系统有高水平的安全性和隐私性。UNIX 为每个用户分配唯一的 UID（用户 ID），UID 是一个 0~65535 的整数。事实上，UNIX 也用 UID 去标记该用户所拥有的文件、进程和其他资源。UNIX 也将用户分组，每个组都有唯一的 GID（Group ID），GID 是一个 16 位的数字。系统管理员可以将用户分配到某个组中。在早期，一个用户只能属于一个组，但现在，用户可以属于多个组，UNIX 中的每个进程都带有所有者的 UID 和 GID。

当创建新文件时，会为创建文件的进程分配相应的 UID 和 GID。同时，还会指定文件的相关权限（即对该文件，谁可以执行哪些操作）。权限分为 3 种类型：读（r）、写（w）和执行（x）。此外，可以为所有者、所有者所属的组或其他用户指定权限，每个权限和用户类型都使用一位（0 或 1）表示，图 8.15 给出了 UNIX 文件权限的几个例子。

位模式	符号表示	含义
111000000	rwx------	所有者能进行读、写、执行
111101101	rwxr-xr-x	所有者能进行所有操作，组的用户和其他用户能进行读和执行
000000111	------rwx	其他用户能进行所有操作，所有者和组的用户不能访问
110100000	rw-r-----	所有者能进行读、写，组的用户只能读

图 8.15　UNIX 文件权限的示例

由图 8.15 可知，前 3 位表示所有者可以做什么，接下来的 3 位表示属于所有者组的用户可以做什么，最后 3 位表示其他用户可以做什么，连字符（-）表示没有任何权限。

8.4.3.2 用户认证

UNIX 将用户密码的消息摘要存储在用户数据库中。当用户需要登录到系统时，UNIX 要求用户输入用户 ID 和密码。用户输入这些详细信息后，UNIX 生成密码的消息摘要，并将其与存储在用户数据库中该用户的消息摘要进行比较，如果两者匹配，则用户成功地通过了认证。这种方法易受到字典攻击，攻击者构建所有可能密码的列表，并使用已知的算法（UNIX 使用的）计算每个密码的消息摘要。攻击者在磁盘文件中存储这个密码列表及其相应的消息摘要，之后针对 UNIX 用户数据库的消息摘要，尝试每个密码。如果匹配成功，则攻击者可以成功登录系统！

为了避免字典攻击，UNIX 使用了 salt 的概念（如第 5 章所介绍）。下面分析 UNIX 的用户认证。对于每个用户，用户数据库中有 3 列：用户 ID、salt、用户密码与 salt 的消息摘要。例如，假设用户为 Ana，其密码是 testing，随机选择的 salt 值是 3719。之后，UNIX 计算密码与 salt 的消息摘要，如图 8.16 所示，并将消息摘要存储为 Ana 记录的第 3 列。

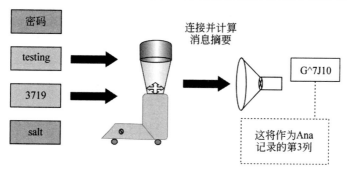

图 8.16 UNIX 密码生成过程

UNIX 为每个用户 ID 计算密码与 salt 的消息摘要（调用 this 作为派生密码），并将结果与用户 ID 和 salt 存储在一起，如图 8.17 所示。下面给出了 3 个用户的用户数据库记录。

用户 ID	salt	密码
Ana	3719	G7J10
Sandy	4491	-) IU1-t
Sam	2910	Y%#c9'

图 8.17 在 UNIX 中，概念性的用户数据库

正如我们所见，用户 ID、salt 以明文形式存储。salt 是明文，是否会被攻击者利用呢？答案是不会！众所周知，攻击者要先创建自己的可能密码列表，之后计算密码的消息摘要，最后将自己的列表与 UNIX 用户数据库中的密码进行比较。但是，在加了 salt 后，攻击者的任务会变得相当艰巨！假设攻击者认为某人的密码是 test。这时，只是计算单词 test 的消息摘要，并将其加入可能的密码列表中，再将它们与用户数据库记录进行比较，是远远不够的。攻击者必须计算密码与 salt 字符串的消息摘要，例如 test0001，test0002、test0003 等，这极具挑战性！

8.4.4　Windows 安全

8.4.4.1　安全特性

Windows 提供了一些有趣的安全特性，下面先来总结一下，如图 8.18 所示。

特性	说明
反欺诈措施的安全登录	安全登录要求管理员强制所有用户拥有登录密码。欺诈是这样的：攻击者会开发的程序，显示用户的登录界面，然后攻击者离开，希望毫无戒心的用户认为这是真实的登录界面，输入自己的用户名和密码。实际上，攻击者的目的只是捕获真实用户的用户名和密码，并在屏幕上显示用户登录失败。为了挫败这种攻击，Windows 2000 要求用户使用 CTRL+ALT+DEL 键登录，键盘驱动程序捕获此键序列，调用一个系统调用，显示正确的登录界面。没有任何机制能禁用 CTRL+ALT+DEL 组合键，因此，这个方案非常成功
自主访问控制	这个功能允许资源（如文件）的所有者确定谁可以以什么方式来访问该资源
特权访问控制	这个功能允许系统管理员在系统出现问题时，覆盖自主访问控制
地址空间保护	Windows 2000 为每个进程提供专用的、受保护的虚拟地址空间，以防止恶意进程对另一个真正进程的攻击
新页面归零	这个功能可以确保当现有内存耗尽，激活的任何新页面总是包含 0（二进制）。这样，进程就无法确定早期的进程所执行的任务
安全审计	使用这个功能，系统管理员可以借助系统生成的日志，执行各种审计

图 8.18　在 Windows 中，广义级别的安全功能

Windows 为每个用户和组都分配了唯一的 SID（安全 ID），它是一个二进制数，由短头和随机数组成。在全世界，SID 应该是唯一的。用户的进程及其线程都在该用户的 SID 下运行。在 Windows 2000 中，每个进程都有一个访问令牌，其包含 SID 和其他信息。同样，每个资源（如文件）都有关联一个安全描述符，用于描述哪个 SID 可以执行哪些操作（类似于 UNIX 的权限）。

8.4.4.2　用户认证

Windows 使用 Kerberos 进行用户认证，但 Windows NT 也支持挑战/响应的机制，其名为 NT LAN 管理器（NT LAN Manager，NTLM）。NTLM 基于挑战/响应机制，避免了用户密码以明文形式传输。下面介绍 NTLM 机制的工作原理。

（1）用户获取登录界面，作为响应，用户输入用户 ID 和密码。用户计算机（即客户端）计算密码的消息摘要，丢弃用户输入的密码。

（2）客户端将用户 ID 以明文形式发送给服务器。

（3）服务器把 16 字节的随机数挑战（也称为 nonce）发送给客户端。

（4）客户端用密码的消息摘要加密随机挑战，密码的消息摘要是在第（1）步中计算的。客户端将这个加密的随机挑战（称为客户端响应）发送给服务器。

（5）服务器将用户 ID、发送给客户端的原始随机挑战，以及客户端响应发送给域控制器。域控制器跟踪用户 ID 和密码的消息摘要。

（6）域控制器从服务器接收这些值，从数据库中（安全访问管理器（Security Access

Manager，SAM））检索该用户密码的消息摘要，并用该消息摘要加密从服务器接收到的随机挑战。

（7）域控制器将服务器收到的加密随机挑战（第（5）步）和它计算的加密随机挑战（第（6）步）进行比较，如果两者匹配，则用户认证成功。

这个过程如图 8.19 所示。

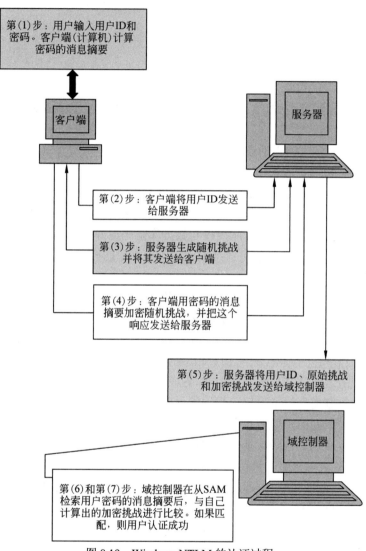

图 8.19　Windows NTLM 的认证过程

8.5　数据库安全

8.5.1　数据库控制

使用**数据库控制**（database control）的概念，可以指定谁可以访问数据库。数据库访问有两种可能的授予方式。换句话说，有两种类型的数据库控制：**自主控制**（discretionary control）和**强制控制**（mandatory control），如图 8.20 所示。

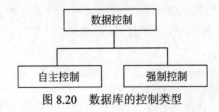

图 8.20　数据库的控制类型

下面讨论一下这些控制类型。

1. 自主控制

在这种数据库控制类型中，数据库系统的用户具有**访问权限**（access rights），也称为**特权**（privileges）。

例如，我们可以定义如下的条件。

（1）用户 U1 可以访问表 T1，但不能访问表 T2。

（2）用户 U2 可以访问表 T2，但不能访问表 T1。

这种类型的数据库控制很常见，它非常灵活。我们可以定义数据库授权，告诉数据库用户可以做什么。换句话说，数据库授权与数据库限制正好完全相反。

我们将使用 SQL 语法和示例更详细地讨论这种类型的控制。

2. 强制控制

在这里，每个数据库对象（例如表）都有**密级**（classification level）：如**绝密**（top secret）、**机密**（secret）、**可信**（confidential）、**敏感**（sensitive）、**未分类**（unclassified），且每个数据库用户都有**许可证级别**（clearance level）：如绝密、机密、可信、敏感、未分类。

这是一个相当刚性的方案。只有拥有相应的许可证级别时，用户才能访问数据库对象。军事或政府组织通常选择这种数据库控制。在美国国防部（US Department of Defense，DoD）发布了关于这种控制类型的指南后，数据库供应商开始实现它们。

密级和许可证级别的实现方式非常有趣。每个用户 ID 都与许可证级别关联。假设我们需要实现的授权级别是行级。换句话说，数据库中每个表的每一行都会有一个额外列，称为 Class。这个列表示密级。许可证/密级的编码为：绝密=1、机密= 2 和可信= 3；忽略任何其他可能性。因此，在数据库的每一行的 Class 列中，会包含 1、2、3 中的某个值，该值由数据的敏感度决定。

下面分析 Employee 表的结构，如下所示。

Emp_ID、Name、Salary、Deoartnebt、Class

假设有两个用户 U1 和 U2。用户 U1 的许可证级别为 1，用户 U2 的许可证级别为 2。因此，用户 U1 将能检索表中的所有行。而用户 U2 只能检索 Class=2 或 Class =3 的行。以此为背景，假设用户 U2 尝试执行如下的查询。

```
SELECT Name, Salary
FROM Employee
WHERE Salary > 1000
```

在这种情况下，DBMS 将自动将此查询修改为：

```
SELECT Name, Salary
FROM Employee
WHERE Salary > 1000 AND Class >= 2
```

注意，DBMS 计算出用户 U2 的许可证级别为 2，因此，阻止用户检索 Class 级别为 1 的行。同样，用户 U2 对许可证级别为 1 的行不能进行任何操作。例如，如果用户 U2 尝试在 Employee 表中插入一行，DBMS 会将该行的 Class 值设置为 2 或 3，再执行插入操作。

8.5.2　用户和数据库的权限

在讨论数据库访问控制的各种安全机制之前，先了解一些 RDBMS 安全的基础知识。
- 在理论上，数据库用户与操作系统用户类似，但两种类型的用户之间也存在许多差异。
- 通常使用用户名和密码对数据库用户进行认证。但在大多数情况下，对最终用户而言，是不可见的。
- 特定用户控制下的所有对象都属于同一个模式。
- 在技术术语中，有时将数据库用户称为**授权标识符**（Authorisation Identifier，Authorisation ID）。
- 在执行一组事件时，将用户对数据库执行的所有操作称为一个**数据库会话**（database session），也称为**数据库连接**（database connection）。也就是说，用户打开一个到数据库的连接，之后执行预期任务，最后断开连接。但要建立连接，用户必须具有相应的认证凭据。
- 用户被分配了一组权限。这些特权决定了用户可以做什么和不能做什么。

8.5.3　权限的类型

从广义上讲，数据库权限可以分为两类：**系统权限**（system privileges）和**对象权限**（object privileges），如图 8.21 所示。

图 8.21　数据库权限的类型

下面简要讨论一下这两种权限。

（1）**系统权限**：这些权限与数据库的访问有关，它们是管理事物的权限，如连接数据库的权限，创建表和其他对象的权限以及数据库管理权限。对于各种 RDBMS 产品，这类权限没有标准化。

（2）**对象权限**：顾名思义，这些权限是集中在某个特定的数据库对象上，例如，这个对象是表或视图。对象权限是标准化的，不依赖于特定的 RDBMS 产品。从设计之初，对象权限就是 RDBMS 技术的一部分。因此，在各种 RDBMS 产品中，对象权限变得更加标准化，所有 RDBMS 产品都有标准和统一的对象权限，但除了这种基本对象权限集合之外，RDBMS 产品还会提供自己的特定对象权限。

　　系统和对象权限的思想如图 8.22 所示。

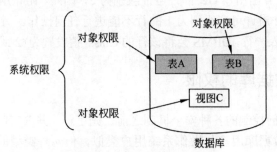

图 8.22　系统与对象的权限

　　下面主要讨论对对象权限的限制。

8.5.4　对象权限

8.5.4.1　操作与权限

　　设置适当的对象权限可以保护各种数据库表和视图，对象权限有助于在表和视图上应用安全机制。图 8.23 列出了与表和视图权限相关的标准操作。

操作	权限说明
ALTER	如果用户对表具有此权限，则该用户可以通过使用 ALTER TABLE 语句修改表结构。注意，此权限仅与表相关，不能用于视图
SELECT	如果用户对表具有此权限，则该用户可以查询该表，也就是说，允许该用户访问该表中的数据
INSERT	具有此权限的用户可以创建新数据。也就是说，用户可以向表中添加新行
UPDATE	此权限允许用户更改表中的数据。此权限可以限制为表中的特定列。例如，如果一个表有 5 列，名字为 A~E，可以限制用户的更新权限，只能更新 B 列和 E 列
DELETE	具有此权限的用户可以删除指定表中的一行、多行或所有行
REFERENCES	具有此权限的用户可以声明表的外键关系，其以表的一列或多列为父键。可以将用户的访问权限限制为表的几列，这个权限只限于表，不能应用于视图
DROP	具有此权限的用户可以删除表本身。注意，它与 DELETE 操作权限不同。使用 DELETE 时，用户可以删除表中的一行、多行或所有行，删除的是表中的数据。但是，用户不能动表的结构或决定表是否存在。但使用 DROP 时，用户会删除表本身。也就是说，DROP 不仅删除表中的所有数据，也会删除表的定义/结构，因此，所有依赖于表的定义/结构（如索引、视图）都会消失
INDEX	如果用户有此权限，则可以创建表的索引

图 8.23　对象权限

　　注意，默认情况下，表或视图所有者拥有所有这些权限。所有者也可以将这些权限授予给其他用户，下一节将进行介绍。

8.5.4.2 授予对象权限

GRANT 语句用于将数据库权限授予其他用户。

GRANT 语句的一般语法如图 8.24 所示。

```
GRANT <privilege/operation> ON <object name> TO <user name>;
```

图 8.24 授予其他用户权限

例如，假设 Prashant 是 DBA，显然，Prashant 有对数据库及其对象（如表和视图）的所有权限。假设 Prashant 想要给另一个用户 Ana 授予权限，使 Ana 能在 Sales 表中执行 SELECT 操作。这时，Prashant 只需执行如下语句。

```
GRANT SELECT ON Sales TO Ana;
```

Prashant 执行此语句后，Ana 就能在 Sales 表中执行 SELECT 语句。在 Prashant 执行此条语句之前，Ana 不可能做到这一点。当然，即使在 Prashant 执行这条语句之后，Ana 只能在 Sales 表中执行 SELECT 语句，除非 Prashant 给她进行了其他授权。

每当用户向 RDBMS 发出 GRANT 语句时，RDBMS 都不能盲目地执行它。RDBMS 必须执行的最重要的检查是：确保发出 GRANT 命令的用户有权限授予其他用户权限。一旦 RDBMS 确信发出 GRANT 命令的用户是对象（即表或视图）的所有者，或者有授权的权限，用户就可以进行授权。如果用户没有足够的权限授予其他用户权限，则 RDBMS 拒绝执行 GRANT 命令，这个检查的简单流程图如图 8.25 所示。

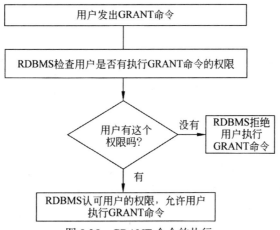

图 8.25 GRANT 命令的执行

还有一点非常重要，即使 GRANT 操作成功，也只有被授权用户有此权限，其他用户不会有。也就是说，当 GRANT 成功时，只允许获得权限的用户执行指定的操作，从而防止该用户将权限移交给其他用户。

例如，先假设 Prashant 已成功将 Sales 表的 SELECT 权限授予了 Ana，再假设第 3 个用户为 Radhika，对 Sales 表也没有 SELECT 权限。虽然 Ana 获得了 Sales 表的 SELECT 权限，但她不能给予 Radhika 相同的权限。只有 Prashant 或其他有权限的用户才能将 Sales 表的

SELECT 权限授予 Radhika 或其他用户，其思想如图 8.26 所示。

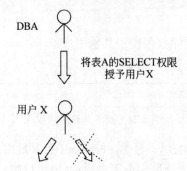

DBA

将表A的SELECT权限
授予用户X

用户 X

现在，用户X可以在   用户X不能将自己对表A的SELECT
表A中执行SELECT操作   权限移交给另一个用户Y

图 8.26　GRANT 的限制

当然，Prashant 可以继续授予 Ana 更多权限。例如，现在 Prashant 允许 Ana 对 Sales 表执行 UPDATE 操作，语句为：

```
GRANT UPDATE ON Sales TO Ana;
```

基本技术的各种其他组合均有可能。例如，Prashant 只使用一条语句就能将 SELECT 和 INSERT 权限授予 Ana，语句为：

```
GRANT SELECT, UPDATE ON Sales TO Ana;
```

同样，Prashant 可以同时将一项权限授予多个用户。例如，Prashant 只使用一条语句就能使 Ana 和 Radhika 有 SELECT 权限。

```
GRANT SELECT ON Sales TO Ana, Radhika;
```

最后，Prashant 可以同时将多种权限分配给多个用户。例如，Prashant 可以使用一条语句将 SELECT 和 UPDATE 权限同时授予 Ana 和 Radhika，语句为：

```
GRANT SELECT, UPDATE ON Sales TO Ana, Radhika;
```

8.5.4.3　将对象权限限制到某些列

Prashant 将 Sales 表的 UPDATE 权限授予 Ana 后，Ana 可以更新该表的所有列。在大多数情况下，Prashant 不希望发生这种情况，只需要用户更新表的特定列。为此，GRANT 命令的语法要发生轻微地改变。引用 UPDATE 命令，限制某些列权限的语法如图 8.27 所示。

```
GRANT UPDATE ON <table name (column names) > TO <user name>;
```

图 8.27　授予可选的 UPDATE 权限

用户可以更新的列名出现在表名后的括号内。

例如，假设 Sales 表有 4 列，即 Salesperson_ID、Customer_ID、Sale_Date 和 Sale_Amount。再假设 Ana 是一名销售人员，不能更新 Sale_Amount，但能更新其他 3 列的值。在这种情况下，Prashant 可以使用如下 GRANT 语句。

```
GRANT UPDATE ON Sales (Salesperson_ID, Customer_ID, Sale_Date) TO Ana;
```

现在，Ana 可以更新 Sales 表中所有记录的字段 Salesperson_ID、Customer_ID 和 Sale_Date，但无法更新 Sale_Amount 字段的值。当然，Prashant 能将 UPDATE 权限授予任何用户，但只允许用户更新一列而非多列。例如，Prashant 只允许 Radhika 更新 Sale_Date 字段，语句为：

```
GRANT UPDATE ON Sales (Sale_Date) TO Radhika;
```

在概念上，REFERENCES 权限类似于 UPDATE 权限，其思想总结如下。

当用户 A 将 REFERENCES 权限授予用户 B 时，用户 B 可以创建外键，引用 A 拥有的表。

例如，Prashant 可以授权 Kapil 使用 Sales 表的 Salesperson_ID 和 Customer_ID 列作为该表外键的父键。为此，Prashant 需要执行如下的语句。

```
GRANT REFERENCES (Salesperson_ID, Customer_ID) ON Sales TO Kapil;
```

假设 Kapil 有另一个名为 SalesDetails 的表，需要与 Sales 表建立外键关系，概念视图如图 8.28 所示。

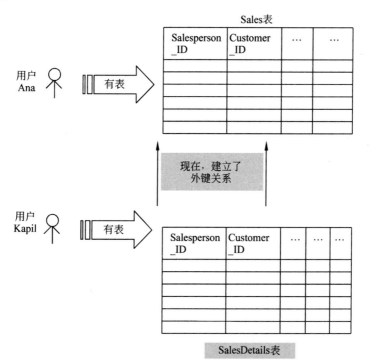

图 8.28　允许 REFERENCES 权限的效果

与 UPDATE 权限一样，我们也可以省略 REFERENCES 权限中的列名。也就是说，能与 Sales 表中所有列建立外键关系。例如，Prashant 可以执行如下的语句。

```
GRANT REFERENCES ON Sales TO Kapil;
```

作为执行此语句的结果，Kapil 表的外键可以引用 Sales 表的任何列。

INDEX 权限用于创建表的索引。

众所周知，索引用于加快对表行的访问。在数据库表中，索引是实际行的查找记录集。授予 INDEX 权限的语法与 REFERENCES 的相同，如图 8.29 所示。

```
GRANT INDEX ON <table name (column names) > TO
```
图 8.29　授予 INDEX 权限

我们还要注意，INDEX 权限的语法在各种 RDBMS 产品中没有标准化，会略有不同。

8.5.4.4　同时授予所有权限

到目前为止，我们已经讨论了如下有关授予对象权限的情况。

- 授予一个用户一个权限。
- 授予多个用户一个权限。
- 授予一个用户多个权限。
- 向多个用户授予多个权限。

现在向前迈出一步，能做到如下几点吗？

- 将表的所有权限授予一个用户。
- 将表的一个权限授予所有用户。

到目前为止，所讨论的语法不能实现上述要求，为此，RDBMS 的 SQL 语言提供了两个强大的关键字：ALL 和 PUBLIC。

- 通过使用 ALL，可以将单表的所有权限授予一个用户。
- 通过使用 PUBLIC，可以将单表的特定权限授予所有用户。

当然，另一种可能性是同时使用 ALL 和 PUBLIC，这时，会发生如下情况。

- 同时使用 ALL 和 PUBLIC，可以将单表的所有权限授予所有用户。

下面举几个来印证这些概念。

假设 Prashant 要将 Sales 表的所有权限授予 Kapil，Prashant 要执行如下命令。

```
GRANT ALL PRIVILEGES ON Sales TO Kapil;
```

关键字 PRIVILEGES 是可选的，所以，上面的这条语句等价于下面的语句。

```
GRANT ALL ON Sales TO Kapil;
```

类似地，Prashant 可以将 Sales 表的 SELECT 权限授予所有用户，命令为：

```
GRANT SELECT ON Sales TO PUBLIC;
```

现在，系统中的所有用户都可以在 Sales 表中执行 SELECT 语句。只是使用一个强大的语句，就使将某个权限授予所有用户成为可能。

如果 Prashant 执行如下语句，会发生什么呢？

```
GRANT ALL ON Sales TO PUBLIC;
```

很明显，所有用户都可以对 Sales 表执行所有操作。也就是说，用户现在拥有了 Sales

表的所有权限。从安全角度来看，这样做是非常危险的，必须非常谨慎地使用这个命令，要透彻理解命令的含义，否则，执行这个命令导致灾难出现。

下面总结一下 ALL 和 PUBLIC 关键字的语法，如图 8.30 和图 8.31 所示。图 8.32 给出了同时使用 ALL 和 PUBLIC 的语法。

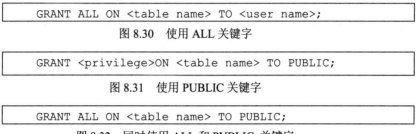

```
GRANT ALL ON <table name> TO <user name>;
```
图 8.30　使用 ALL 关键字

```
GRANT <privilege>ON <table name> TO PUBLIC;
```
图 8.31　使用 PUBLIC 关键字

```
GRANT ALL ON <table name> TO PUBLIC;
```
图 8.32　同时使用 ALL 和 PUBLIC 关键字

8.5.4.5　允许他人授予权限

到目前为止，我们讨论的情况者是：只有一个用户（即 DBA 或拥有对象权限的用户）可以将对象权限授予其他用户。这是否意味着，一直只能是一个用户负责向其他用户进行授权呢？对拥有数千个表和数百个用户的大型数据库实现来说，这种做法极具局限性，如果只有一个用户负责处理所有访问权限，则很快就会超负荷。

为了解决这个问题，SQL 提供了一个特性，DBA 级别的用户不仅可以将权限授予其他用户，还可以允许用户将权限授予更多用户，这种思想如图 8.33 所示。在这里，DBA 已授予用户 A、B 和 C 相应的权限。值得注意的是，DBA 将**授权**（granting privileges）的特殊权限授予用户 B，也就是说，用户 B 不仅有某些对象权限，而且还可以授予其他用户某些权限。

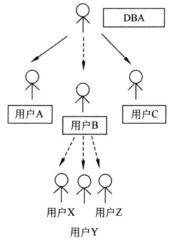

图 8.33　将授权的权限授予他人

这样做的语法是什么？当将对象权限授予用户 B（如 Radhika），DBA（比如 Prashant）需要使用关键字 WITH GRANT OPTION，其命令如下。

```
GRANT SELECT ON Sales to Radhika WITH GRANT OPTION;
```

　　这条语句意味着 Prashant 要将 Sales 表的 SELECT 权限授予 Radhika。此外，Prashant 还需要 Radhika 能以类似的方式向其他用户授予权限，如前所述，要使用关键字 WITH GRANT OPTION 来实现。

　　当然，因为 Prashant 只将 Sales 表的 SELECT 权限授予了 Radhika，Radhika 也只能将 SELECT 权限授予其他用户。例如，Radhika 不能将 Sales 表的 UPDATE 权限授予其他用户，因为 Radhika 自己一开始就没有 UPDATE 权限！这确实非常合乎逻辑。

　　现在，Radhika 可以将 SELECT 权限授予 Kapil，语句为：

```
GRANT SELECT ON Sales TO Kapil;
```

　　因此，Kapil 可以使用 SELECT 权限访问 Sales 表。使用如下命令，Radhika 允许 Kapil 向其他用户授权。

```
GRANT SELECT ON Sales TO Kapil WITH GRANT OPTION;
```

　　通常，给其他用户授权的语法如图 8.34 所示。

```
GRANT <privilege>ON <table name> TO <User name> WITH GRANT OPTION;
```

图 8.34　使用 WITH GRANT OPTION 关键字

8.5.5　收回权限

　　如果 Prashant 知道，Radhika 要从组织离职，那么从此以后，就不能让 Radhika 访问 Sales 表了，那该怎么办呢？Prashant 如何才能收回之前授予 Radhika 的权限呢？为此，需要使用 REVOKE 命令。

　　通过使用 REVOKE 命令，可以收回之前的授权。

　　例如，Prashant 可以执行如下命令。

```
REVOKE SELECT ON Sales FROM Radhika;
```

Prashant 可以使用如下命令收回多个权限。

```
REVOKE SELECT, INSERT ON Sales FROM Radhika;
```

Prashant 还可以一次性收回 Radhika 的所有权限，如下所示。

```
REVOKE ALL ON Sales FROM Radhika;
```

　　同样，Prashant 可以收回之前授予 Ana 和 Radhika 的 UPDATE 和 INSERT 权限，命令为：

```
REVOKE UPDATE, INSERT ON Sales FROM Ana, Radhika;
```

　　这里出现了一个有趣的问题：假设 Prashant 用 WITH GRANT OPTION 子句将 Sales 表的某些权限授予了 Ana，而 Ana 又用 WITH GRANT OPTION 子句将 Sales 表的某些权限授予了 Kapil。如果 Prashant 回收了 Ana 的 Sales 表权限，那么 Kapil 的 Sales 表的权限会怎么样呢？再进一步，Kapil 授权的其他用户的 Sales 表权限会怎样呢？以此类推。为此，要知道如下规则。

当收回用 WITH GRANT OPTION 子句授予的权限时，因拥有该选项而拥有授权的其他所有用户，都会失去相应的权限。

因此，Kapil 和其他任何用户从 Ana 那里直接或间接得到的 Sales 表权限也会一并收回。

类似地，用户只能收回自己的授权，不能收回其他用户的授权。

8.5.6　过滤表的权限

到目前为止，我们一直没有提到，将权限限制到表的特定区域。也就是说，当 Prashant 将 Sales 表的 SELECT 权限授予 Ana 时，Ana 可以访问该表的所有行和列。但在某些情况下，这样做是不可取的，有必要限定用户的访问区域，如只能访问表的某些列、某些行或某些行与列，下面举几个这样的例子。

- Ana 只能访问 Sales 表的 Salesperson_ID 列和 Customer_ID 列。
- Radhika 只能访问 2003 年 6 月 7 日当天的销售记录。
- Kapil 只能看到 Sale_amount 小于 100 美元的 Sale_date 列和 Sale_amount 列。

显然，常规的授权机制无法满足上述的需求，必须采用一些方法，实现对专有信息的访问，这种方法就是先创建数据库视图，之后再对视图权限进行分配。

例如，满足第一个需求：**Ana 只能访问 Sales 表的 Salesperson_ID 列和 Customer_ID 列**。这需要两个步骤：(1) 创建一个只包含这两列的视图；(2) 将视图的权限授予 Ana，这里不再是将 Sales 表（也称为基表）的权限授予 Ana，命令如下。

```
CREATE VIEW Anasview AS
    SELECT Salesperson_ID, Customer_ID  ──────────▶创建视图
    FROM Sales;

GRANT SELECT ON Anasview TO Ana;  ──────────▶将视图权限授予 Ana
```

注意，Ana 无权访问 Sales 表，因为 Ana 没有该表的权限。但是，Ana 对名为 Anasview 的视图有 SELECT 权限，该视图有 Ana 感兴趣的两个列，因此，视图方法不但有效地限制了 Ana 对整个 Sales 表的访问，而且还实现了 Ana 只能访问 Sales 表两个列的目标。

下面分析第二个需求：**Radhika 只能访问 2003 年 6 月 7 日当天的销售记录**。

不难想象，如下两条语句可以解决这个问题。

```
CREATE VIEW Radhikasview AS
    SELECT *
    FROM Sales
    WHERE Sale_date = '7 June 2003';  ──────────▶创建视图

GRANT SELECT ON Radhikasview TO Radhika;  ──────────▶将视图权限授予 Radhika
```

注意，这里过滤的是行而不是列。在 Radhikasview 示例中，过滤的是列而不是行。最后，我们分析一下既过滤行，也过滤列的第三个需求：**Kapil 只能看到 Sale_amount 小于**

100 美元的 Sale_date 列和 Sale_amount 列。

在这里，创建的视图应该基于行与列的过滤，命令如下。

```
CREATE VIEW Kapilsview AS
    SELECT Sale_date, Sale_amount              ────────►创建视图
    FROM Sales
    WHERE Sale_amount < 100;


GRANT SELECT ON Kapilsview TO Kapil;           ────────►将视图权限授予 Kapil
```

下面分析另一种情况，将 Kapil 的 SELECT 权限更改为 UPDATE，但还允许 Kapil 访问表中的所有列，命令如下。

```
CREATE VIEW Kapilsview AS  ────────►创建视图
    SELECT *
    FROM Sales
    WHERE Sale_amount < 100;


GRANT UPDATE ON Kapilsview TO Kapil;           ────────►将视图权限授予 Kapil
```

这种更改会带来什么呢？Kapil 更新由 Sales 表生成的 Kapilsview 视图，这个功能非常有用，但也暗藏风险。你仔细分析一下，会意识到 Kapil 还能改变 Sale_amount 值大于 100 的交易记录值，但 Kapil 应该只能访问那些 Sale_amount 值小于 100 的记录。

为了防止出现上述情况，需要使用视图的另一个强大功能：CHECK OPTION 子句。当指定这个选项时，用户可以通过视图对基表执行更新，但只能是视图定义边界之内的更新。也就是说，如果指定 CHECK OPTION 子句，则 Kapil 只能更新 Sale_amount 小于 100 的记录，这非常有用，因为 Kapil 只能访问和更新 Sale_amount 小于 100 的记录。如果 Kapil 将 Sale_amount 设置为大于或等于 100，则 Kapil 一开始就无任何操作权限！指定 CHECK OPTION 子句的创建视图命令如下。

```
CREATE VIEW Kapilsview AS  ────────►创建视图
    SELECT *
    FROM Sales
    WHERE Sale_amount < 100
  WITH CHECK OPTION;
```

GRANT 语句将保持不变。因为创建视图的命令插入了 WITH CHECK OPTION 子句，所以 Kapil 可以更新 Sale_amount 小于 100 的任何记录。

8.5.7 统计数据库

阻止对数据库的攻击的一种尝试是使用**统计数据库**（statistical databases）。
统计数据库的查询允许基于聚合信息而不允许基于各个行的信息。
例如，如果用统计数据库来维护员工信息和工资信息，问如下的问题是允许的：
这个组织中男性员工的平均工资是多少？

但是问如下问题是不允许的：

Deepa 的工资是多少？

注意，第一个问题基于累积数据，而后一个问题基于单独的行。

统计数据库的这一特性如图 8.35 所示。

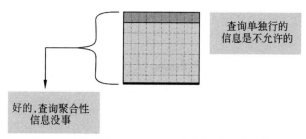

图 8.35　统计数据库：可以做什么与不可以做什么

这种方法的优势非常明显，个人数据得到最好的保护，即使数据库系统的授权用户也无法访问个人数据。攻击者最多可以检索聚合信息，但聚合信息用途有限。

虽然如此，统计数据库确实非常重要，但也不能解决所有的安全问题。攻击者通过执行一系列的聚合查询，也能得到有关个人的信息！这个过程称为**可信信息的推断演绎**（deduction of confidential information by inference），下面以一个例子解释**可信信息的推断演绎**，所用 Person 表如图 8.36 所示。

Name	Sex	Occupation	Salary	Education
Atul	M	Programmer	8000	MBA
Ana	F	Manager	12000	LLB
Jui	F	Journalist	7000	MA
Harsh	M	Programmer	8500	BE
Shashikant	M	Doctor	15000	MD
Meena	F	Doctor	17000	MBBS
Kedar	M	Doctor	16000	MD
Gauri	F	Doctor	14000	MBBS

图 8.36　Person 表

假设攻击者想要知道 Harsh 的工资有多少，攻击者知道 Harsh 是男性，教育程度为 BE（工程学士），从事程序员的工作。但攻击者无权访问 Person 表，而只能访问 Person 表的统计表。也就是说，攻击者只能对 Person 表执行聚合性信息查询。因此，如果攻击者执行如下查询，则查询失败，DBMS 拒绝执行这一查询。

```
SELECT Salary
FROM Person
WHERE Name = 'Harsh'
```

结果：不允许执行此查询！

攻击者真的需要执行上述查询吗？有一种非常简单的绕过主表方法，并用统计数据库技术导出攻击者感兴趣的信息，下面分析两个案例。

案例 1

第 1 步

```
SELECT COUNT (*)
FROM Person
WHERE Sex = 'M' AND Occupation = 'Programmer' AND Education = 'BE'
```

结果：1。

根据结果，攻击者知道，Harsh 是 Person 表中唯一满足上述条件的人。接下来，攻击者动下心思，利用一个简单技巧，执行下面的步骤。

第 2 步

```
SELECT SUM (Salary)
FROM Person
WHERE Sex = 'M' AND Occupation = 'Programmer' AND Education = 'BE'
```

结果：8500。

注意，攻击者可以在没有出现任何问题的情况下，破坏数据库的安全。在上述过程中，攻击者只是在统计数据库中运行了合法查询。

案例 2

当然，事情不可能每次都这么简单，但攻击者能找到更有趣的方法来克服问题的复杂性。下面进行分析。

第 1 步

```
SELECT COUNT (*)
FROM Person
WHERE Sex = 'M'
```

结果：4。

攻击者知道 Person 表中有 4 个男性。

第 2 步

```
SELECT COUNT (*)
FROM Person
WHERE Sex = 'M' AND (NOT (Occupation = 'Programmer'))
```

结果：2。

攻击者知道 Person 表中有两名男性程序员和两名男性非程序员。

第 3 步

```
SELECT MAX (Salary)
FROM Person
WHERE Sex = 'M' AND (NOT (Occupation = 'Programmer'))
```

攻击者知道 Harsh 的工资可能是 8500。

第 4 步

```
SELECT MIN (Salary)
FROM Person
WHERE Sex = 'M' AND (NOT (Occupation = 'Programmer'))
```

攻击者知道 Harsh 的工资可能是 8000。

因此,虽然攻击者无法知道 Harsh 的确切工资,但能知道 Harsh 工资的大致范围!

8.6 云 安 全

云计算(cloud computing)是指 Internet 中可用的**虚拟服务器**(virtual servers)。也就是说,其使用的计算资源,如硬件、软件或软硬件,并非应用程序方所有,而是以整合方式由第三方提供商的数据中心托管。这样,使用计算资源的应用程序方不必担心底层技术和实现细节,只要按需申请或多或少的资源即可,第三方提供商负责动态调整资源以适应用户需求。因此,应用程序方可以专注于应用程序的逻辑,不必调整硬件基础设施的规模的大小、无须配备人员或申请软件许可,只需给第三方提供商按时付费即可。

云计算用于指代平台和某类应用程序。当用户需求改变时,云计算动态地使用物理的或虚拟的服务器。云计算平台会按用户需求,动态地对服务器进行配备、配置、重新配置和取消配备。

因为云计算一直蓬勃发展,所以云安全(cloud security)的主题也一直在不断演进。云安全领域涉及的主要是保护数据、应用程序和云基础设施的策略集、技术和方法。在高层次上,云安全涉及两方:云提供商(主机)和云客户端(用户)。云提供商(主机)提供云平台作为基础设施、作为服务或作为应用程序。在每种情况下,都是需要云提供商保证安全。在云计算中,客户的数据和应用程序必须是安全的。因为与非云应用程序相比,云计算的客户端更加依赖云提供商。因此,云安全必须保护数据访问、存储、应用程序托管与存储、用户信息与认证等方方面面。

云计算的一个重要特征大量使用虚拟化。换句话说,就是在真实硬件/网络和用户感知的硬件/网络之间创建抽象层,因此,保护这个抽象的虚拟层更加重要。

一般来说,云安全涉及身份管理、物理与个人安全、数据与应用程序的可用性、应用程序的安全性与机密性。此外,由于各种复杂的原因,许多国家(国际法规)要求,必须采用一些特定的安全措施,从而使云安全变得更为重要。

本 章 小 结

- Java 加密解决方案基于 Java 加密体系结构(JCA)和 Java 加密扩展(JCE)。
- JCA 将接口与实现分开。
- JCA 提供可插式架构。
- JCA 由引擎类与提供者类组成。

- JCE 与 JCA 分开创建，以遵守美国加密软件的出口规则。
- JCE 原先需要许可证，但现在已不再需要。
- .NET 还提供类似于 Java 的安全特性。
- .NET 安全具有类似于 JCE 的体系结构。
- .NET 安全使用三层类模型，以便修改与扩展。
- 操作系统可以是单内核的、分层的或微内核的，最后一种是最安全的。
- 数据库控制分为自主控制和强制控制两种。
- 在自主控制中，数据库系统的用户具有访问权限，也称为特权。
- 在强制控制中，每个数据库对象（如表）都有一个密级（如最绝密、机密、可信任、敏感、未分类），且每个数据库用户都有权限级别（如绝密、机密、可信任、敏感、未分类）。
- 数据库权限可以分为系统权限和对象权限。
- 系统权限与数据库访问有关。它们管理的有：连接到数据库的权限，创建表和其他对象的权限以及数据库管理权限。
- 对象权限集中在特定的数据库对象上，如表或视图。
- SQL 为数据库控制和权限执行提供了丰富的功能。
- 可以授予数据库用户权限，也可以收回用户的数据库权限。
- 权限可以应用于表、列、索引、引用等。
- 统计数据库可以在一定程度上保护数据库的信息，因为统计数据库只包含汇总信息。

重要术语与概念

- 访问权限
- 密级
- 许可证级别
- 数据库控制
- 自主控制
- 引擎类
- 实现
- 接口
- Java 加密体系结构（JCA）
- Java 加密扩展（JCE）
- 分层操作系统
- 强制控制

- 微内核操作系统
- 单内核操作系统
- 对象权限
- 权限
- 提供者
- 序列猜测
- 会话劫持
- 欺骗
- 统计数据库
- SYN 泛洪
- 系统权限

概 念 检 测

1. 简要介绍 JCE 和 JCA。

2. 在 JCA 中，术语"提供者架构"是什么意思？

3. 在 JCA 中，引擎类是什么？

4. 为什么 JCA 和 JCE 要分开呢？

5. 介绍.NET 加密。

6. 介绍 GRANT 和 REVOKE 命令。

7. 什么是 GRANT OPTION？

8. 什么是统计数据库？

9. 统计数据库就能提供一个非常安全的环境吗？为什么？

10. 什么是云安全？

设计与编程练习

1. 用 Java 能执行密钥生成：即生成公钥与私钥对。编写一个 Java 程序，完成密钥生成。

2. 编写一个 Java 程序，对文本进行数字签名。

3. 编写一个 C# 程序，执行加密操作：如数字签名与加密。

4. 在 Java 中，先用 RSA 算法对文本进行签名，后用 DSA 算法对文本进行签名。在验证签名时，两者有何不同？

5. 这里不加密文本，而是要加密文件，并验证在 Java 和.NET 中，使用 AES 能对之进行解密。

第9章 网络安全

启蒙案例

    现在，大多数上班族需要从其所在位置访问办公网络。换句话说，员工可能在家、在度假或在其他地方旅行，即无论人在哪里，都可能需要访问办公网络。要访问网络的原因多种多样，如要访问重要文件、紧急申请休假、批准某人的旅行或预算请求、制裁费用等，营销员工急需要访问最新的演示文稿，CEO 和其他高级管理人员需要访问存储在办公服务器中的机密报告。

    早期，员工的工作状态都是一成不变的。也就是说，员工在指定的时间上班，在指定的时间下班。在办公时间之外，不能访问与办公相关的文件和应用。如果发生紧急情况，相关员工会亲自前往办公室，找到所需的材料。但随着世界全球化和互联互通，情况发生了改变。随着 Internet 的出现，任何网络之间都可以互联，但还有一个问题需要解决。

    如果我在家里，需要连接到办公网络，很显然，要依赖 Internet。因此，家用设备（如智能手机或笔记本电脑）要通过 Internet 连接到办公 LAN。既然我能这样做，那么其他人也会能这样做。如何保证只有被授权员工才能这样做呢？此外，如何保证家庭设备与办公 LAN 之间的所有通信都是保密与安全的呢？

    这就是虚拟专用网络（VPN）的用武之地，使用 VPN，能将家庭设备以安全的方式，无缝连接到办公 LAN，VPN 也是本章要探讨的重要主题之一。

学习目标

- 了解为什么除了应用程序安全之外，还需要网络安全。
- 理解防火墙的定义，掌握防火墙的类型及工作原理。
- 理解网络地址转换（NAT）和代理服务器。
- 理解虚拟专用网络（VPN）。
- 理解 IPSec 协议和其子协议的工作原理。
- 理解入侵检测与预防。

9.1 TCP/IP 简介

9.1.1 基本概念

    众所周知，Internet 是基于**传输控制协议/Internet 协议**（Transmission Control Protocol/Internet Protocol，TCP/IP）族的。在介绍如何在网络层提供安全之前，了解 TCP/IP 的基础

知识是非常重要的。之前简要地讨论过这个问题。但在网络级安全的背景下，必须要对 TCP 和 IP 有全面的了解。

下面先了解一下 TCP/IP 协议族的各个层。正如之前所介绍的，TCP/IP 协议族由 5 个主要层组成：应用层、传输层、网络（或 Internet）层、数据链路层和物理层。与 OSI 协议族不同，TCP/IP 没有表示层和会话层。TCP/IP 协议族的各个层与协议如图 9.1 所示。注意，在 TCP/IP 中没有表示层和会话层，但为了与 OSI 模型进行比较，给出了表示层和会话层。

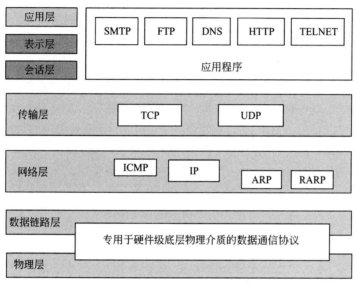

图 9.1 TCP/IP 协议族的各层

下面分析一下各层的意义，如图 9.2 所示。最初在应用层，由电子邮件、Web 浏览器一类的应用程序创建数据单元，名为**消息**（message）。之后，在实际中，传输层要将消息

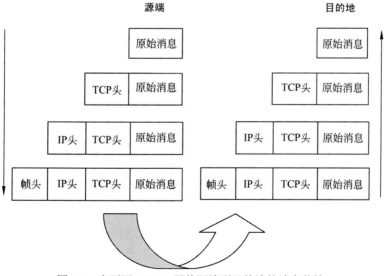

图 9.2 在不同 TCP/IP 层从源端到目的地的消息传输

分成**数据段**（segments），但图 9.2 中没有将消息分段。同时注意，TCP/IP 的传输层包含两个协议：**传输控制协议**（Transmission Control Protocol，TCP）和**用户数据报协议**（User Datagram Protocol，UDP），其中 TCP 使用较多，因此将重点介绍，但所讨论的内容同样适用于 UDP。然后，传输层在消息中添加 TCP 头，交给网络层。网络层在消息中添加 IP 头，交给数据链路层。数据链路层在消息中添加帧头，交给物理层传输。在物理层，实际的数据位以电压脉冲的形式传输。在目的地，操作过程刚好与源端相反，每一层都要去掉前一层的头，最后应用层收到原始消息。

9.1.2 TCP 段格式

下面分析在传输层（TCP）、网络层（IP）和数据链路层（帧）将各自的头添加到数据块中的意义。例如，当传输层在原始消息中添加 TCP 头时，它不仅在原始消息中添加了头字段，还要进行了一些处理，如计算校验、进行错误检测等。添加 TCP 头后，TCP 数据段如图 9.3 所示，可以看出，TCP 段的头为 20~60 字节，其后是实际的数据。如果 TCP 数据包不包含任何选项，则头为 20 字节，否则，为 60 字节。也就是说，为选项保留 40 字节，选项可用于向目的地传送附加信息，但这里忽略，因为不常用。

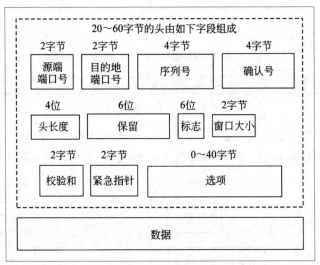

图 9.3   TCP 段格式

下面简要介绍一下 TCP 段内的头字段。

- **源端端口号**（Source port number）：2 字节数字，表示源端计算机的端口号，对应于发送这个 TCP 段的应用程序。
- **目的地端口号**（Destination port number）：2 字节数字，表示目的地计算机的端口号，对应于接收这个 TCP 段的应用程序。
- **序列号**（Sequence number）：4 字节字段，定义编号，分配给这个 TCP 段中数据部分第一个字节。TCP 是一种面向连接的协议。为了确保正确送达，从源端发送到目的地的每个字节都按递增顺序编号。序列号字段告诉目标主机，这个序列中的哪个字节是这个 TCP 段的第一个字节。在 TCP 连接建立期间，源端和目的地都生成不同的唯一随机数。例如，如果这个随机数是 3130，且第一个 TCP 数据包携带 2000 字节的数据，则该数据包的序列号字段将是 3132（字节 3130 和 3131 用于建立连接）。第二段的序列号为 5132（3132 + 2000），以此类推。

- **确认号**（Acknowledgement number）：如果目的地主机收到序列号为 X 的段，则它将 X+1 作为确认号发送回源端。因此，这个 4 字节数字定义的序列号，是目的地已正确接收段的凭据。
- **头长度**（Header length）：4 位字段，指定 TCP 头中 4 字节字的个数。众所周知，头长度为 20～60 字节。因此，该字段的值为 5（因为 5×4=20）～15（因为 15×4=60）。
- **保留**（Reserved）：6 字节字段，是为将来使用而保留的，目前尚未使用。
- **标志**（Flag）：6 位字段，定义了 6 种不同的控制标志，各占一位。在 6 个标志中，有两个标志最重要。SYN 标志表示源端想要与目的地建立连接。因此，SYN 标志用于在两个主机之间建立 TCP 连接。同样，另一个重要标志是 FIN 标志。如果设置了 FIN 标志的对应位，则表示发送方要终止当前的 TCP 连接。
- **窗口大小**（Window size）：这个字段确定了对方维护的滑动窗口大小。
- **校验和**（Checksum）：16 位字段，包含校验和，用于错误检测和纠错。
- **紧急指针**（Urgent pointer）：当 TCP 段中的数据比同一 TCP 连接中的其他数据都重要或更紧急时，使用这一字段，在此不进行详细介绍。

9.1.3　IP 数据报格式

TCP 头加上原始消息，被传送到 IP 层。IP 层将 TCP 头+原始消息的整个数据包作为自己的原始消息，并添加自己 IP 头，生成 IP 数据报。IP 数据报的格式如图 9.4 所示。

<table>
<tr><td>版本
(4位)</td><td colspan="2">头长度
(4位)</td><td>服务类型
(8位)</td><td colspan="2">总长度
(16位)</td></tr>
<tr><td colspan="4">标识
(16位)</td><td>标志
(3位)</td><td>段偏移量
(13位)</td></tr>
<tr><td colspan="2">生存时间
(8位)</td><td colspan="2">协议
(8位)</td><td colspan="2">头校验和
(16位)</td></tr>
<tr><td colspan="6">源端地址
(32位)</td></tr>
<tr><td colspan="6">目的地地址
(32位)</td></tr>
<tr><td colspan="6">数据</td></tr>
<tr><td colspan="6">选项</td></tr>
</table>

图 9.4　IP 数据报

IP 数据报是可变长度的数据报，消息可以分解为多个数据报，数据报又可以分解成不同的段，数据报最多可包含 65536 字节。数据报由两大部分组成：头和数据。头由 20～60 字节组成，主要是路由和发送信息。数据部分包含要发送给接收方的实际数据。头类似于信封：包含关于数据的信息。数据类似于信封内的信。下面简要分析一下数据报的各个字段。

- **版本**（Version）：该字段当前值为 4，表示 IP 版本 4（IPv4）。在未来，当 IP 版本 6（IPv6）成为标准时，此字段值将为 6。
- **头长度**（Header Length，HLEN）：以 4 字节字的倍数表示头大小。如果头大小为 20 字节时，该字段的值为 5（因为 5×4=20），当选项字段是最大值时，HLEN 的值为 15，（因为 15×4=60）。
- **服务类型**（Service type）：这个字段用于定义数据报的服务参数（如优先级等）以及所需的可靠性水平。
- **总长度**（Total length）：这个字段包含 IP 数据报的总长度。因为长是两个字节，所以 IP 数据报不能超过 65536 字节（$2^{16} = 65536$）。
- **标识**（Identification）：在数据报分段时要使用这个字段。当数据报通过不同网络时，可能分解成更小的子数据报来与底层网络的物理数据报大小匹配。在这种情况下，子数据报要使用标识字段进行排序，以便重建原始数据报。
- **标志**（Flags）：这个字段对应于标识字段，表示数据报是否可以分段，如果可以分段，指定它是第一个段、中间段或最后一个段等。
- **段偏移量**（Fragmentation offset）：如果数据报分段，则这个字段有用。它是一个指针，表示分段前原始数据报中数据的偏移量。根据这个字段，才能将分段重建为原始数据报。
- **生存时间**（Time to live）：数据报在到达最终目的地之前，要经过一个或多个路由器。由于硬件故障、链路故障或拥塞等多种因素，使网络出现故障，致使数据报到达最终目的地的路径上的一些路由不可用，此时，数据报要经由其他的路由发送。如果网络故障没有得到迅速及时的处理，数据报在路径上花费的时间会更长，因为为了到达自己的目的地，经由的路由更多，走过的路径更长，这会造成拥塞，路由器会过忙，从而使部分 Internet 停止工作。在某些情况下，数据报没有到达最终目的地，而是形成环路，返回给原始发送方。为了避免这种情况，数据报发送方将生存时间字段初始化为某个值。当数据报通过路由器时，该字段递减。如果生存时间值变为零或负数，则立即丢弃，不会再尝试将数据报转发到下一跳，这样避免数据报在各种路由器之间无穷传输，从而避免网络拥塞。在所有其他数据报都到达目的地后，在目的地运行的 TCP 协议会找出丢失的数据报，请求重发。因此，IP 并不负责无差错、及时和有序地发送整个消息，这是由 TCP 完成的。
- **协议**（Protocol）：这个字段标识运行在 IP 之上的传输协议。根据段重建数据报之后，要将数据报传递给上层软件。协议字段可以是 TCP，也可以是 UDP，用于指定数据报要发送到目标节点上的哪个软件。
- **源端地址**（Source address）：这个字段包含发送方的 32 位 IP 地址。
- **目的地地址**（Destination address）：这个字段包含最终目的地的 32 位 IP 地址。
- **选项**（Options）：这个字段包含可选信息，如路由详细信息、时序、管理、和对齐。例如，它可以存储数据报经由路由的具体信息。当数据报通过路由器时，路由器会将自己的 ID，数据报到达路由器的时间等记入该字段，从而跟踪数据服或进行故障数检测。但在大多数时候，这个字段的空间不足以放入更多详细信息，因此，这个字段并不常用。

在本书中，学习上述的 TCP/IP 知识就够用了。

9.2 防 火 墙

9.2.1 简介

Internet 的迅速兴起与发展开辟了无限可能，世界万物皆可互联，无论彼此距离多么遥远。对于个人和企业来说，网络互联使世界更具魅力，但对于网络技术支持人员来说，这既是一个难题，也是一项艰巨的任务：要保护企业网络免受各种攻击。从广义上讲，针对企业网络有两类攻击。

（1）在大多数公司，其网络中有大量有价值的机密数据。如果这些机密数据被泄漏给竞争对手，对公司极其不利。

（2）除了有内部信息外泄的危险之外，还存在大量的外在危险因素，如病毒和蠕虫能入侵公司网络，造成各种破坏。

上述的这两种攻击如图 9.5 所示。

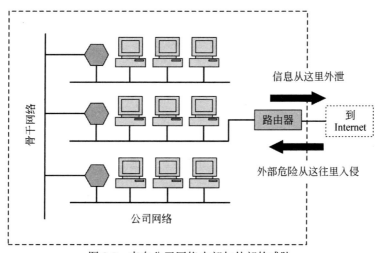

图 9.5　来自公司网络内部与外部的威胁

由于这些危险的存在，我们先要确保内部消息不外泄，还要防止外部攻击者入侵公司网络。众所周知，如果信息加密实现得当，就能防止信息外泄。也就是说，即使机密信息流出公司网络，只要对其进行了加密，外人也无法理解。但加密也不能防止外敌入侵。外部攻击者仍能入侵公司网络。因此，需要更好的方案来抵御外部的攻击，这是**防火墙**（firewall）的用武之地。

从概念上讲，防火墙可以比作站在重要场所外站岗的哨兵。这个哨兵会密切关注并亲自检查进出的每一个人。如果哨兵发现有人想持刀进入总统府，则哨兵不让此人进入。同样，即使来人没带任何违禁品，但看起来可疑，哨兵也会阻止此人进入。

防火墙就像一个哨兵，一经启用，会站在网络与外界之间，保护公司网络。网络和

Internet 之间的所有流量都必须经过防火墙,防火墙决定是否允许流量通过,如图9.6所示。

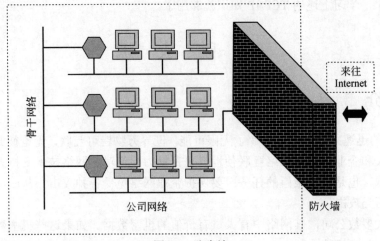

图 9.6 防火墙

当然，从技术上讲，防火墙是路由器的特殊版本。路由器除了基本的路由功能和规则之外，还可以配置执行防火墙的功能，但要借助其他的软件资源。

优秀的防火墙实现应具有如下特点。

- 从内到外和从外到内的所有流量都必须经过防火墙，为此，首先必须在物理上阻止对本地网络的所有访问，并且所有访问都必须经过防火墙的允许。
- 只允许本地安全策略授权的流量才能通过防水墙。
- 防火墙本身必须足够强大，才能使针对它的攻击无效。

9.2.2 防火墙的种类

根据过滤流量的标准，防火墙通常分为两类：包过滤和应用网关，如图 9.7 所示。

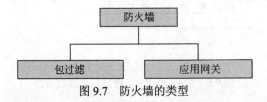

图 9.7 防火墙的类型

下面逐一讨论这两种类型的防火墙。

9.2.2.1 包过滤

顾名思义，**包过滤**（packet filter）是对每个数据包应用一组规则，并根据结果，决定转发或丢弃数据包，包过滤也称为**筛选路由器**（screening router）或**筛选过滤**（screening filter）。这种防火墙实现本质上是配置路由器，即使路由器过滤进出的数据包。这里，进是指从外网到本地网络，出是指从本地网络到外网。过滤规则基于 IP 和 TCP/UDP 头中的许多字段，例如源 IP 地址、目的地 IP 地址、IP 协议字段（标识传输层的协议是 TCP 还是 UDP）、TCP/UDP 端口号（标识正在使用此数据包的应用程序，例如电子邮件、文件传输或 WWW）等。包过滤的思想如图 9.8 所示。

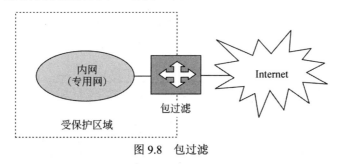

图 9.8 包过滤

从概念上讲，可以将包过滤看作执行 3 个主要操作的路由器，如图 9.9 所示。

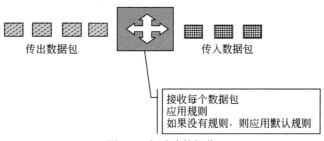

图 9.9 包过滤的操作

包过滤执行如下操作。

（1）接收每个到达的数据包。

（2）根据数据包 IP 头和传输头字段的内容，基于一组规则转发数据包。如果与设置的某个规则匹配，则基于该规则决定，是转发还是丢弃这个数据包。例如，某个规则指定：拒绝来自 IP 地址 157.29.19.10（这个 IP 地址仅是示例）的所有传入流量；或拒绝传输层使用 UDP 协议的所有流量。

（3）如果没有任何匹配的规则，则采取默认操作。默认操作可以是**丢弃所有数据包**（discard all packets），或**接收所有数据包**（accept all packets），前一种策略比较保守，后一种策略比较开放。通常，防火墙的实现先从默认丢弃所有数据包选项开始，然后逐一应用规则，强制执行数据包过滤。

包过滤的主要优点是简单。用户根本就不需要知道包过滤的存在。包过滤的运行速度非常快，但包过滤也有两个缺点：一个是正确设置包过滤规则很难，另一个是缺乏对认证的支持。

图 9.10 给出了一个包过滤的示例，通过为路由器增加过滤规则表，将路由器转换为包过滤，过滤表决定转发或丢弃哪些数据包。

包过滤中指定的规则如下。

（1）拒绝来自网络 130.33.0.0 的传入数据包，阻止这些数据包是为了实现安全预防。

（2）拒绝来自外部网络 TELNET 服务器端口（23 号）传入的所有数据包。

（3）拒绝试图传入特定内部主机（如 IP 地址为 193.77.21.9）的所有数据包。

（4）禁止端口 80（HTTP）传出数据包，也就是说，这个组织不允许自己的员工向外部世界（即 Internet）发送浏览 Internet 的请求。

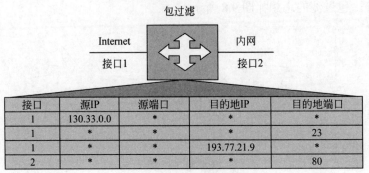

图 9.10　包过滤表的示例

接口	源IP	源端口	目的地IP	目的地端口
1	130.33.0.0	*	*	*
1	*	*	*	23
1	*	*	193.77.21.9	*
2	*	*	*	80

攻击者可以尝试使用如下技术，破坏包过滤的安全性。

1. IP 地址欺骗（IP address spoofing）

企业网络之外的入侵者可以尝试向内部公司网络发送数据包，数据包的源 IP 地址设置成内部用户的 IP 地址，如图 9.11 所示。要击败这种攻击，可以将过滤规则设置为：丢弃防火墙传入的源 IP 地址为内部地址的所有数据包。

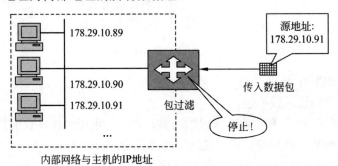

图 9.11　击败 IP 地址欺骗攻击的包过滤

2. 源路由攻击（Source routing attacks）

攻击者可以指定在 Internet 中转发数据包的路由。攻击者希望通过指定这个选项，来愚弄包过滤，从而绕过它的正常检查。要击败源路由攻击，就要丢弃所有使用这个选项的数据包。

3. 极小数据段攻击（Tiny fragment attacks）

IP 数据包通过多种物理网络，如以太网、令牌环、X.25、帧中继、ATM 等，这些网络预定义的帧都有最大值，称为**最大传输单元**（Maximum Transmission Unit，MTU）。在很多时候，IP 数据包的大小要大于底层网络的最大传输单元，在这种情况下，会将 IP 数据包分段，以形成物理帧，并进一步传输。攻击者可以利用 TCP/IP 协议族的这一特性，有意创建原始 IP 数据包的分段，并发送它们。攻击者要蒙骗包过滤，使其只检查第一个分段，不检查其余的分段。要击败这种攻击，可以将过滤规则设置为：丢弃所有传输协议为 TCP且已分段的数据包。参考之前讨论的 IP 数据包的标识和协议字段，知道可以实现这一规则。

还有一种高级包过滤称为**动态包过滤**（dynamic packet filter）或**有状态包过滤**（stateful packet filter）。动态包过滤器会根据网络当前状态检查数据包，也就是说，它自己能适应当

前的信息交换，与普通的包过滤不一样，它有路由规则的硬编码。例如，动态包过滤可以
指定如下的规则。

> 只有当传入 TCP 数据包是对已发送、传出 TCP 数据包的响应时，才允许其传入
> 网络。

注意，动态数据包过滤必须维护当前打开的连接列表和传出数据包，才能使用上述规
则，因此，才称为动态的或有状态的。当指定的规则生效后，包过滤的逻辑视图如图 9.12
所示。

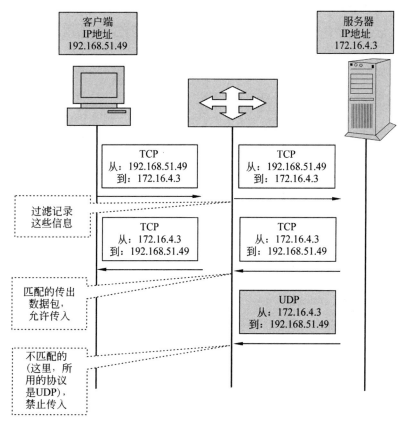

图 9.12　动态包过滤技术

如图 9.12 所示，首先，内部客户端向外部服务器发送 TCP 数据包，这是动态包过滤允
许。作为响应，服务器发回 TCP 数据包，包过滤器对其进行检查，知道它是对内部客户端
请求的响应。因此，允许传入；接下来，外部服务器发送新的 UDP 数据包，过滤器不允
许传入，因为之前，客户端和服务器的数据包交换使用 TCP 协议，但现在这个数据包使用
UDP 协议，违反了之前设定的规则，所以丢弃该数据包。

9.2.2.2　应用网关

应用网关（application gateway）也称为**代理服务器**（proxy server），顾名思义，就是因
为它就像一个代理，决定应用层流量的流向，其思想如图 9.13 所示。

图 9.13　应用网关

通常，应用程序网关的工作过程如下。

（1）内部用户使用 HTTP 或 TELNET 之类的 TCP/IP 应用程序访问应用网关。

（2）应用网关询问用户，用户想要与哪台远程主机（即主机的域名或 IP 地址等）建立连接，进行实际的通信。应用网关还要求用户提供访问自己服务的用户 ID 和密码。

（3）用户将相关信息发送给应用网关。

（4）应用网关代表用户访问远程主机，并将用户数据包发送给远程主机。注意，应用网关有一个变种，名为**电路网关**（circuit gateway），其能执行一些普通应用网关不能执行的功能。实际上，电路网关在它自己与远程主机之间建立一个新连接，用户并不知道，还以为自己直接与远程主机连接。此外，电路网关会更改数据包的源 IP，即用自己的 IP 地址替换数据包中用户的 IP 地址，这样，对外界而言，内部的用户计算机 IP 地址是隐藏的，如图 9.14 所示。当然，为了强调这个概念，图中的连接用了单向箭头，但在实际应用中，连接都是双向的。

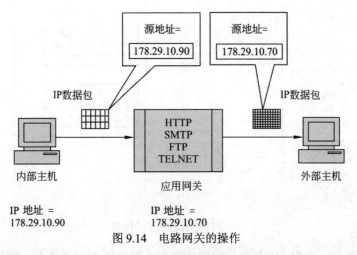

图 9.14　电路网关的操作

SOCKS 服务器是电路网关实际实现的一个示例，是一个客户端-服务器应用程序。SOCKS 客户端运行在内部主机上，而 SOCKS 服务器在防火墙上运行。

（5）此后，应用网关充当实际终端用户的代理，将用户数据包转发给远程主机，或将远程主机数据包发送给用户。

通常与包过滤相比，应用网关更安全，因为它不是基于多种规则，检查每个数据包，而是检测是否允许用户使用 TCP/IP 应用程序。应用网关的缺点是有连接方面的开销。实际上，应用网关有两组连接：一组是终端用户与应用网关的连接，另一组是应用网关与远程主机的连接，应用网关必须管理这两组连接及它们之间的流量。这就意味着，内部主机觉得自己直接与外部主机通信一直是一种错觉，如图 9.15 所示。

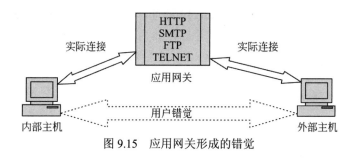

图 9.15 应用网关形成的错觉

应用程序网关也称为**堡垒主机**（bastion host）。通常，堡垒主机是网络安全的关键点，它的功能会在下一节详细解释。

9.2.2.3 网络地址转换（NAT）

防火墙或代理服务器完成的一项有趣的工作是执行**网络地址转换**（Network Address Translation，NAT）。从家里、办公室或其他地方使用 Internet 的人数正在迅猛增长。早期，用户将通过 Internet **服务提供商**（Internet Service Provider，ISP）短时间访问 Internet，然后断开连接。由于 ISP 拥有 IP 地址集，在用户连接访问 Internet 期间，ISP 为每个用户动态分配一个 IP 地址。一旦用户断开连接，ISP 会将这个 IP 地址重新分配给另一个需要连接到 Internet 的用户。

但是，随着连接到 Internet 的人数爆炸式增加，地址分配方式也发生了巨大的变化。此外，人们开始使用 ADSL 或电缆连接来连接到 Internet，这种技术称为**宽带**（broadband）技术。同时，人们希望自己拥有多个 IP 地址，以创建小型的个人网络，这导致了一个严重问题：IP 地址短缺。

NAT 用于解决 IP 地址短缺的问题。NAT 允许用户拥有大量内部 IP 地址，但外部只有一个 IP 地址，只有外部流量才需要外部地址，内部流量使用内部地址。

为了使 NAT 成为可能，Internet 机构进行了规定，某些 IP 地址只能作为内部 IP 地址，其他的 IP 地址必须作为外部 IP 地址。因此，通过分析 IP 地址，就能确定它是内部 IP 地址，还是外部 IP 地址。此外，由于有了这个地址分类规定，路由器和主机都不会发生内外 IP 地址混淆。图 9.16 给出了内部（或专用）IP 地址。

IP 地址范围	总数
10.0.0.0 ~10.255.255.255	2^{24}
172.16.0.0 ~ 172.31.255.255	2^{20}
192.168.0.0~192.168.255.255	2^{16}

图 9.16 内部或专用 IP 地址

任何个人或组织都可以使用图 9.16 中的地址作为内部 IP 地址，无须征求任何人的许可。在组织的内部网络中，任何内部地址都是唯一的，但在组织网络之外，则不是唯一的，但这不会有问题，因为内部地址只是在每个组织的内部网络使用。因此，如果路由器接收到数据包的目的地地址是内部地址，则它不会将其转发到外部，因为它知道这个地址是内部地址。

在现实生活中，实现 NAT 时，NAT 的配置与图 9.17 所示的配置类似，路由器有两个地址：一个是外部 IP 地址，另一个是内部 IP 地址。外部世界（即 Internet 部分）使用路由器的外部地址 201.26.7.9，而内部主机使用路由器内部地址 192.168.100.10。另请注意，内部主机是如何具有内部 IP 地址（192.168.x.x）的呢？

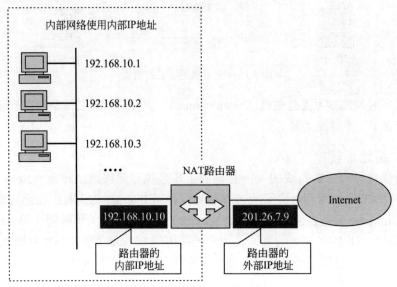

图 9.17　实现 NAT 的示例

很显然，这意味着外部世界永远只能看到一个 IP 地址：即 NAT 路由器的外部 IP 地址。因此：

- 对于所有**传入**数据包，无论是到达内部网络的哪台目的地主机，当数据包要进入内网时，其**目的地址字段**始终是 NAT 路由器的外部地址。
- 对于所有**传出**数据包，无论发送方是内部网络中哪台主机，当数据包离开内部网络时，其**源地址字段**始终是 NAT 路由器的外部地址。

因此，NAT 路由器必须执行地址转换工作，具体执行的操作如下。

- 对于所有**传入**数据包，NAT 路由器会用最终接收主机的内部地址替换数据包的**目的地地址**（其设置为 NAT 路由器的外部地址）。
- 对于所有**传出**数据包，NAT 路由器用自己的外部地址替换数据包的源地址（其设置为原发送主机的内部地址）。

上述过程如图 9.18 所示。

如果仔细分析，会发现，传出数据包的 NAT 是相当简单。NAT 路由器只需替换数据包的源地址，即用 NAT 路由器的外部地址替换内部主机的地址。但当有传入数据包时，NAT 路由器如何知道内部主机的实际地址呢？毕竟，内网可能有数百台主机，而数据包可以发送给任何一台主机！

为了解决这个问题，NAT 路由器维护了一个简单的转换表，该表将内部主机地址映射到外部主机地址，该地址是内部主机数据包发送的地址。因此，每当内部主机要向外部主机发送数据包时，NAT 都会在转换表中加入一个表项，这一表项包含内部主机地址、通过 Internet 数据包要发往的外部主机地址。每当外部主机返回响应，NAT 路由器就查询转换表，查看响应应该发送到哪个内部主机。

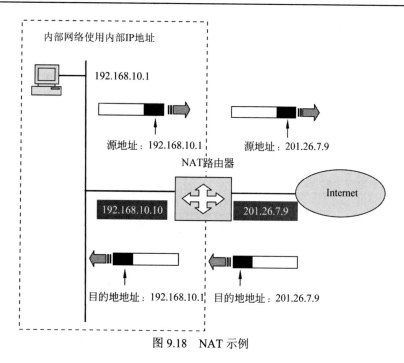

内部网络使用内部IP地址

192.168.10.1

源地址：192.168.10.1　　　　源地址：201.26.7.9

NAT路由器

192.168.10.10　　201.26.7.9

Internet

目的地地址：192.168.10.1　目的地地址：201.26.7.9

图 9.18　NAT 示例

下面分析一个具体的示例，以便更好地理解 NAT 是如何工作的。

（1）假设一台内部主机（地址为 192.168.10.1）需要给外部主机（地址为 210.10.20.20）发送数据包，内部主机在内部网络中发送数据包，到达 NAT 路由器。目前，这个数据包的源地址=192.168.10.1、目的地地址=210.10.20.20。

（2）NAT 路由器向转换表中添加如下的这一表项：

转换表	
内部地址	外部地址
192.168.10.1	210.10.20.20
...	...
...	...

（3）NAT 路由器用自己的地址（即 201.26.7.9）替换数据包的源地址，并利用路由机制，通过 Internet 将数据包发送给目的地的外部主机。现在，这个数据包的源地址=201.26.7.9，目的地地址=210.10.20.20。

（4）外部路由器处理数据包，并返回响应。现在，这个响应数据包的源地址= 210.10.20.20，目的地地址= 201.26.7.9。

（5）响应数据包到达 NAT 路由器，因为数据包中的目的地地址与 NAT 路由器地址匹配。NAT 路由器需要确定这个数据包是给发给自己的，还是给另一台内部主机的。因此，NAT 路由器查询转换表，查看是否有外部地址是 210.10.20.20 的表项。换句话说，NAT 路由器试图查明，是哪台主机发已向外部主机发送了数据包，正在期待地址是 210.10.20.20 外部主机的响应。NAT 在表中找到匹配表项，知道等待响应的内部主机地址为 192.168.10.1。

（6）NAT 路由器用内部主机地址（192.168.10.1）替换响应数据包的目的地地址，并将该数据包转发给该主机。

这个过程如图 9.19 所示。

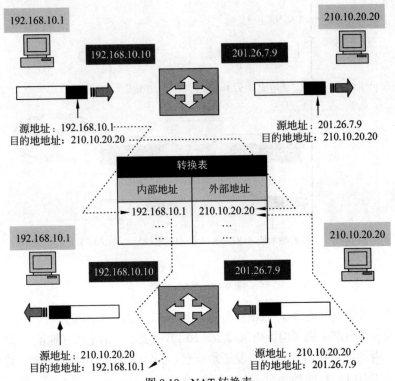

图 9.19　NAT 转换表

　　NAT 能如期运转，但仍存在一个问题：在使用这种方案时，在某个时刻，只能有一台内部主机与指定的外部主机通信，否则，在转换表中，同一台外部主机要对应多个内部地址表项，此时，NAT 路由器就不能确定要将数据包转发到哪个内部主机了。有时，NAT 路由器有多个外部地址。例如，如果 NAT 路由器有 4 个外部地址，则 4 台内部主机可以访问同一台外部主机，每台内部主机都通过一个单独的外部 NAT 路由器地址与外界通信，但是，这种方法有两个限制。

　　（1）内部用户要同时访问同一台外部主机，仍有数量限制。

　　（2）一台内部主机无法同时访问一台外部主机上的两个不同应用程序，如同时访问 HTTP 和 FTP。之所以有这个限制，是因为没有办法区分两个应用程序。对于一台内部主机对一台外部主机组合，转换表只有一个表项。

　　为了解决这些问题，需要修改转换表，增加几个新列，修改后的转换表如图 9.20 所示。

内部地址	内部端口	外部地址	外部端口	NTA 端口	传输协议
192.168.10.1	300	210.10.20.20	80	14000	TCP
192.168.10.1	301	210.10.20.20	21	14001	TCP
192.168.10.2	26601	210.10.20.20	80	14002	TCP
192.168.10.3	1275	207.21.1.5	80	14003	TCP

图 9.20　修改后的 NAT 转换表

下面分析这些新增加的列是如何解决上述问题的。

- **内部端口**（Internal port）列标识内部主机的应用程序所用的端口号。根据 TCP/IP 规范，这个端口号是随机选择的，但是，这个端口号非常重要，因为当对应于用户请求的响应从另一侧返回时，用户计算机需要知道这个响应要转交给哪个应用程序，这是由这个端口号决定的。
- **外部端口**（External port）列标识服务器端的应用程序所用端口号。对于给定的应用程序，这个端口号始终是固定的，名为**周知端口**（well-known port）。例如，HTTP 服务器总是在 80 端口上运行，FTP 服务器总是在 21 端口上运行等，这就是该列数字的含义。
- **NAT 端口**（NAT port）是一个顺序递增的数字，由 NAT 路由器生成。这一列与源端口或目的地端口号完全无关，只是当有来自外部主机的响应时，才把它作为转换表的主键列，稍后进行解释。
- **传输协议**（Transport protocol）列在这里不相关。

下面考虑两种情况。

① 同一内部主机上的多个应用程序需要访问相同的外部主机；

② 多台内部主机需要访问相同的外部主机。

修改转换表的前两行是情况①：内部主机 192.168.10.1 需要访问外部主机 210.10.20.20 的 HTTP 服务器和 FTP 服务器。内部主机动态创建两个端口号 300 和 301，用来打开两个连接，分别对应外部主机的端口号 80 和 21。当数据包从内部主机发送到 NAT 路由器时，NAT 路由器像往常一样将用 NAT 路由器的地址替换内部主机的源地址，同时还要将数据包的源端口号分别替换为 14000 和 14001，并将所有这些细节添加到转换表中。然后照常将数据包发送给外部主机 210.10.20.20。当外部主机的 HTTP 服务器向 NAT 路由器发回响应时，NAT 路由器知道这个传入数据包的目的地端口号是 14000。因此，从转换表可知，这个响应要发送给地址为 192.168.10.1 内部主机的端口 300。类似地，当外部主机的 FTP 服务器将响应返回给 NAT 路由器时，NAT 路由器知道，数据包中的目的地端口是 14001，查找转换表，将数据包转发给地址为 192.168.10.2 的内部主机的端口 301。

根据以上讨论，想一想就知道如何处理情况②。从转换表第 3 行的表项可知，内部主机的地址为 192.168.10.2，端口号为 26601，需要将数据包发送给地址为 210.10.20.20，端口号为 80 的外部主机。与前面一样，NAT 路由器更改数据包的源端口号，在转换表中添加该表项，然后将数据包发送给外部主机。当外部主机响应时，NAT 路由器利用转换表，把传入数据包的目的地端口号映射到相应内部主机和端口号的组合（即 192.168.10.2 和 26601），再把数据包发送给该主机。

为了完整起见，修改转换表的第 4 行是另一台内部主机将数据包发送给另一台外部主机。

9.2.3　防火墙配置

在实际实现中，防火墙通常是包过滤与应用网关（或电路网关）的组合，因此，防火墙的配置有 3 种，如图 9.21 所示。

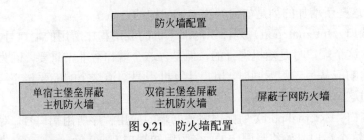

图 9.21　防火墙配置

下面分别介绍这些防火墙配置。

9.2.3.1　单宿主堡垒屏蔽主机防火墙

在**单宿主堡垒屏蔽主机防火墙**（Screened host firewall, Single-homed bastion）的配置中，防火墙设置包括两个部分：包过滤路由器和应用网关，两者的作用如下。

- 包过滤确保，只允许目的地是应用网关的传入（即从 Internet 到公司网络）流量才能通过，其实现是检查每个传入 IP 数据包的目的地地址字段。同样，还要确保，只有来自应用网关的传出（即从公司网络到 Internet）流量才能通过，其实现是检查每个传出 IP 数据包的源地址字段。
- 如前所述，应用网关执行认证和代理功能。

这种配置如图 9.22 所示。

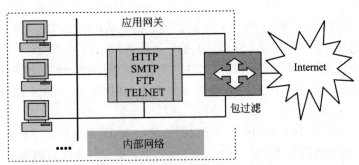

图 9.22　单宿主堡垒屏蔽主机防火墙

这种配置通过对数据包和应用层执行检查，提高了网络的安全性，这也让网络管理员能享受极大的灵活性，能定义更精细的安全策略。

但是，这种配置的一大缺点是：内部用户连接到了应用网关和数据包过滤。因此，如果攻击者成功入侵包过滤防火墙，则整个内部网络暴露，导致整个内网沦陷。

9.2.3.2　双宿主堡垒屏蔽主机防火墙

为了克服单宿主堡垒屏蔽主机防火墙配置的缺点，**双宿主堡垒屏蔽主机防火墙**（Screened host firewall, Dual-homed bastion）出现了，这种配置是对早期方案的改进。在这里，避免内部主机与数据包过滤直接连接，数据包过滤只连接应用网关，应用网关单独连接内部主机。因此，即使攻击者成功入侵包过滤，也只能看到应用网关，内部主机受到了保护，如图 9.23 所示。

我们还能想出比这个更好的方案吗？

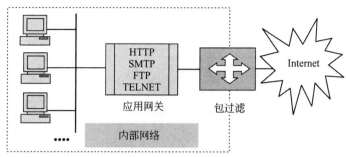

图 9.23 双宿主堡垒屏蔽主机防火墙

9.2.3.3 屏蔽子网防火墙

在防火墙的配置中，**屏蔽子网防火墙**（Screened subnet firewall）的安全性最高，它是对以前的双宿主堡垒屏蔽主机防火墙方案的改进。这里使用两个数据包过滤，一个在 Internet 和应用网关之间，另一个在应用网关和内部网络之间，如图 9.24 所示。

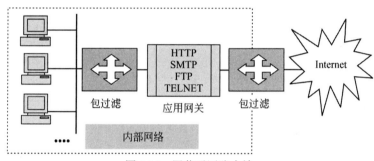

图 9.24 屏蔽子网防火墙

这样，攻击者的入侵需要破解三道防线，入侵难度大幅提升，也就是说，攻击者将对内部网络一无所获，除非其闯过了两个数据包过滤器和应用网关。

9.2.4 非军事区（DMZ）网络

非军事区（Demilitarised Zone，DMZ）网络的概念在防火墙架构中非常流行，可以布置防火墙以形成 DMZ。只有当组织拥有如 Web 服务器或 FTP 服务器之类的服务器，需要为外界提供服务时，才需要 DMZ。为此，防火墙至少有 3 个网络接口：第一个接口连接内部专用网络；第二个连接到外部公共网络（即 Internet）；第三个连接到公共服务器（形成 DMZ 网络）。其思想如图 9.25 所示。

这种方案的主要优点是可以限制对 DMZ 服务的访问。例如，如果需要的唯一服务来自 Web 服务器，则可以限制 HTTP 和 HTTPS（其端口分别为 80 和 443）进出 DMZ 网络的流量，从而对所有其他流量进行了过滤。更重要的是，内部专用网无法直接连接到 DMZ，因此，即使攻击者成功入侵 DMZ，内部专用网络也是安全的，是远离攻击者的。

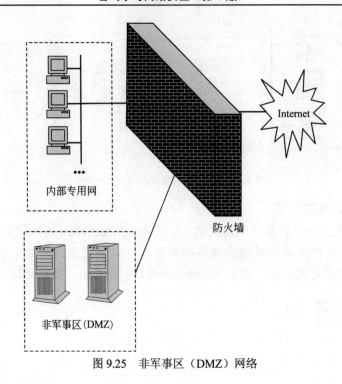

图 9.25　非军事区（DMZ）网络

9.2.5　防火墙的限制

必须注意，对组织来说，尽管防火墙是一种非常有用的安全措施，但也不能解决所有实际的安全问题，它也有局限性，如。

（1）**内部人员的入侵**（insider's intrusion）：众所周知，防火墙系统旨在阻止外部攻击，因此，如果内部用户以某种方式攻击内部网络，则防火墙无法阻止这样的内部攻击。

（2）**直接的 Internet 流量**（direct Internet traffic）：必须非常仔细地配置防火墙。只有当防火墙是组织网络的唯一出入口时，才有效。如果防火墙只是出入口之一，则用户可以绕过防火墙，通过其他出入口与 Internet 交换信息。攻击者可以利用这类出入口完成自己的攻击。显然，不能指望防火墙来处理这种多出入口的情况。

（3）**病毒攻击**（virus attacks）：防火墙无法保护内部网络免受病毒威胁，因为不能指望防火墙扫描每个传入文件或数据包来查找可能的病毒。因此，需要单独的病毒检测与清除机制来预防病毒攻击。一些供应商将其防火墙产品与防病毒软件捆绑在一起，可以开箱即用地启用防火防毒这两种功能。

9.3　IP 安 全

9.3.1　简介

IP 数据包包含明文形式的数据。也就是说，任何人只要监视经过的 IP 数据包，就可以访问数据包,阅读数据包的内容,甚至更改数据包。因此,要用更高级别的安全机制,如 SSL、SHTTP、PGP、PEM、S/MIME 和 SET,来防止这类攻击。尽管高级别协议增强了保护机制,但仰仗别人不如强健自己,保护 IP 数据包本身才是上策。如果能保护数据包,则不必再依赖更高级别的安全机制,可以将更高级别的安全机制作为辅助安全措施。因此,这个方案有两种安全级别。

- 首先提供 IP 数据包级别的安全。
- 根据需求,继续实现更高级别的安全机制。

两种安全级别如图 9.26 所示。

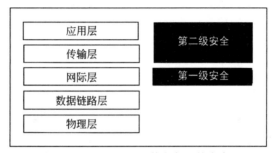

图 9.26   网际层以及其上各层的安全

我们已经讨论了更高级别的安全协议。本章讨论的重点是第一级安全,即 Internet 层的安全。

1994 年,Internet 架构委员会(Internet Architecture Board,IAB)编写了一份报告,名为 Internet 安全架构(RFC 1636)。这份报告指出,Internet 是个非常开放的网络,易遭受敌对的攻击。因此,该报告称:在认证、完整性和机密性等方面,Internet 需要更好的安全措施。仅在 1997 年,就有大约 150000 个网站遭到各种方式的攻击,证明当时的 Internet 是非常不安全的。因此,IAB 决定,IP 协议的下一版,即 **IP 版本 6**(IP version 6,IPv6)或 **IP 新一代**(IP new generation,IPng),必须包含认证、完整性和加密。但是,由于新版本 IP 需要几年时间才能发布和实施,因此设计人员把这些安全措施整合到了当前的 IPv4 中。

根据研究结果和 IAB 的报告,设计人员推出了 IP 级别的安全协议:**IP 安全**(IP Security,IPSec)。1995 年,Internet 工程任务组(Internet Engineering Task Force,IETF)发布了 5 个与 IPSec 相关的基于安全的标准,如图 9.27 所示。

RFC 编号	描述
1825	安全架构概述
1826	对 IP 数据包认证扩展的描述
1827	对 IP 数据包加密扩展的描述
1828	特定认证机制
1829	特定的加密机制

图 9.27   与 IPSec 相关的 RFC 文档

IPv4 可以支持这些特性,但 IPv6 必须支持这些特性。 IPSec 的总体思路是在传输过程中对传输层与应用层之间的数据进行加密和封装,以实现对 IP 层的完整性保护。但是,

Internet 头并未加密，因此中间路由器可以将加密的 IPSec 消息传递给预期的接收方，经过 IPSec 处理后的报文逻辑格式如图 9.28 所示。

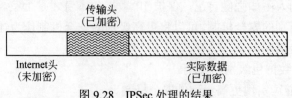

图 9.28　IPSec 处理的结果

　　因此，发送方和接收方将 IPSec 视为 TCP/IP 协议栈中的另一层，如图 9.29 所示，这一层位于传统 TCP/IP 协议栈的传输层与网际层之间。

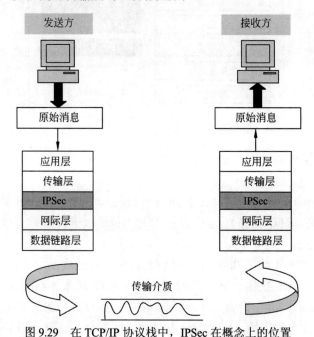

图 9.29　在 TCP/IP 协议栈中，IPSec 在概念上的位置

9.3.2　IPSec 概述

9.3.2.1　应用与优势

　　下面先列出 IPSec 的应用。

- **安全的远程 Internet 访问**：使用 IPSec，可以对 Internet 服务提供商（ISP）进行本地调用，以便在家中或酒店能以安全的方式连接到组织网络，从而访问公司网络设备或访问远程桌面/服务器。
- **安全的分支机构连接**：要连接跨城市或国家的分支机构，但不租用昂贵的专线，组织可以设置启用 IPSec 网络，通过 Internet 安全地连接其所有分支机构。
- **与其他组织建立通信**：就像 IPSec 允许组织各个分支机构彼此互连一样，也可以使用这种安全且廉价的方式将不同组织的网络彼此互连。

　　如下是 IPSec 的主要优点。

- IPSec 对终端用户是透明的，这里无须用户培训、密钥发布或撤销。
- 当将 IPSec 配置为与防火墙一起使用时，它成为所有流量的唯一出入口，从而更安全。
- IPSec 工作在网络层，其上面的应用层和传输层无须任何修改。
- 当在防火墙或路由器中实现 IPSec 时，所有传出和传入的流量都得到了保护。但是，内部流量不必使用 IPSec。因此，IPSec 不添加任何内部流量的开销。
- IPSec 可以让出差员工安全地访问公司网络。
- IPSec 以非常廉价的方式使分支机构/办事处彼此互连。

9.3.2.2　基本概念

为了理解 IPSec 协议，必须先学习一些术语和概念，所有概念都是相互关联的。但是，这里不是直接孤立学习概念，而是从大局着眼，先了解 IPSec 的基本概念，再详细说明每个的概念。在本节中，只限于广义的 IPSec 的基本概念。

9.3.2.3　IPSec 协议

众所周知，IP 数据包由两部分组成：IP 头和实际数据。IPSec 特性是通过在标准的默认 IP 头附加**扩展头**（extension headers）来实现，这些扩展 IP 头在标准 IP 头之后。IPSec 提供两种主要服务：认证与保密。每种服务都需要自己的扩展头，因此，为了支持这两种主要服务，IPSec 定义了两个 IP 扩展头：一个用于认证，另一个用于保密。

实际上，IPSec 由两个主要协议组成，如图 9.30 所示。

这两个协议的作用如下。

- **认证头**（Authentication Header，AH）协议提供认证、完整性和可选的防重放服务。IPSecAH 是 IP 数据包中的头，包含数据包内容的加密校验和（类似于消息摘要或散列）。AH 插入到 IP 头和后续数据包内容之间，无须更改数据包的数据。因此，AH 的内容是非常安全的。
- **封装安全载荷**（Encapsulating Security Payload，ESP）协议提供数据的机密性。ESP 协议还定义了要插入 IP 数据包的新头。ESP 处理也包括将受保护的数据转换为不可读的加密形式。在一般情况下，ESP 会在 AH 里面，也就是说，先加密，后认证。

在接收到由 IPSec 处理的 IP 数据包时，如果 AH 存在，则接收方先处理 AH。这个结果告诉接收方数据包内容是否正确，或在传输过程中数据包是否被篡改。如果接收方发现内容是可接受的，则提取与 ESP 相关的密钥与算法，将内容解密。

我们还需更深入地理解 AH 和 ESP。AH 和 ESP 都有两种模式，如图 9.31 所示。

图 9.30　IPSec 协议　　　　　　　　　图 9.31　AH 和 ESP 的操作模式

稍后会详细讨论这些模式，这里先进行简要介绍。

在隧道模式（tunnel mode）下，两台主机之间建立一条加密隧道。假设两台主机是 X

和 Y，需要使用 IPSec 隧道模式互相通信。这里，要标识各自的代理，如 P1 和 P2，并在 P1 和 P2 之间建立逻辑加密隧道。X 将数据包发送给 P1，数据包经过隧道传输给 P2，P2 再将数据包转发给 Y，过程如图 9.32 所示。

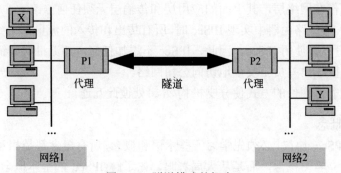

图 9.32　隧道模式的概念

如何在技术上实现隧道模式呢？为此，要用两组 IP 头：内部 IP 头和外部 IP 头。内部 IP 头（已加密）包含 X 和 Y 的源地址和目的地地址，而外部 IP 头包含 P1 和 P2 的源地址和目的地地址，如图 9.33 所示。这样，X 和 Y 就能免受潜在攻击者的攻击。

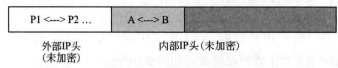

图 9.33　隧道模式的实现

在隧道模式下，IPSec 保护整个 IP 数据报。将 IP 数据报（包括 IP 头），增加 IPSec 头和尾，加密这个新 IP 载荷后，再增加新的 IP 头。

过程如图 9.34 所示。

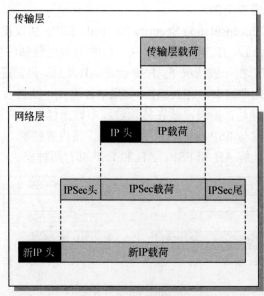

图 9.34　IPSec 隧道模式

而传输模式不隐藏实际的源地址和目的地地址，以明文形式传输。在传输模式下，IPSec
携带传输层的载荷，增加 IPSec 头和尾后，加密之，再增加 IP 头，因此，IP 头未加密。

过程如图 9.35 所示。

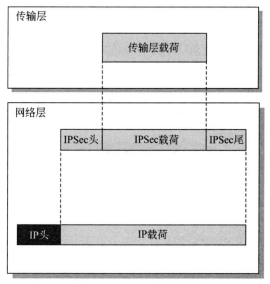

图 9.35　IPSec 传输方式

我们应该如何决定要使用哪种模式呢？

- 在隧道模式下，新 IP 头与原始 IP 头是不同的。通常，在两台路由器之间、在主机
与路由器之间，或者路由器与主机之间使用隧道模式。也就是说，一般不会在两台
主机之间使用隧道模式，因为隧道模式的思想是保护原始数据包（包括其 IP 头）。
隧道模式就是整个数据包好像穿过一条假想的隧道。

- 当需要主机到主机（即端到端）的加密时，就要用传输模式了。发送主机使用 IPSec
对传输层的有效载荷进行认证和（或）加密，接收方只需对其进行认证。

9.3.2.4　Internet 密钥交换（IKE）协议

IPSec 中还使用另一个支持协议，这个协议在密钥管理过程中使用，名为 **Internet 密钥
交换**（Internet Key Exchange，IKE）协议。IKE 用于协商 AH 和 ESP 在实际加密操作中要
用的加密算法，IPSec 协议要独立于实际的底层加密算法。因此，在 PSec 初始阶段，用 IKE
确定算法与密钥。在 IKE 阶段之后，AH 和 ESP 协议接管，这个过程如图 9.36 所示。

图 9.36　IPSec 的操作步骤

9.3.2.5　安全关联（SA）

IKE 阶段的输出是**安全关联**（Security Association，SA）。SA 是通信双方之间的协定，用于确定要用的 IPSec 协议版本、操作模式（传输模式或隧道模式）、加密算法、密钥、密钥生存时间等。由此可见，IKE 协议的主要目标是建立通信双方之间的 SA。一旦建立 SA 后，IPSec 的两个主要协议，AH 和 ESP，就要用 SA 进行实际的操作。

注意，如果同时使用 AH 和 ESP，则每个通信方都需要两组 SA：一组用于 AH，另一组用于 ESP。此外，SA 是单工的，即单向的。因此，在第二个层面，每个通信方都需要两组 SA：一组用于传入传输，另一组用于传出传输。因此，如果两个通信方都使用 AH 和 ESP，则每一方都需要四组 SA，如图 9.37 所示。

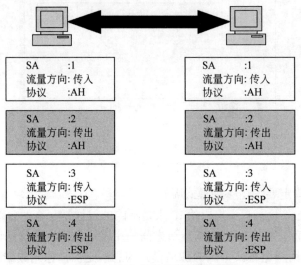

图 9.37　安全关联的类型与分类

显然，通信双方都要分配一些存储区，用来存储 SA 信息，为此，IPSec 预定义了名为**安全关联数据库**（Security Association Database，SAD）的标准存储区。因此，每个通信方都要维护自己的 SAD，SAD 包含活动的 SA 项，SAD 的内容如图 9.38 所示。

字段	说明
序列号计数器	32 位字段，用于生成序列号字段，用于 AH 头或 ESP 头中
序列号计数器溢出	这个标志指示序列号计数器溢出时，是否生成可听警报事件，防止在这个 SA 中继续传输数据包
反重放窗口	32 位计数器字段和位图，用于检测传入的 AH 或 ESP 数据包是否是重放
AH 认证	AH 认证加密算法与所需的密钥
ESP 认证	ESP 认证加密算法与所需的密钥
ESP 加密	ESP 加密算法、密钥、初始向量（IV）和 IV 模式
IPSec 协议模式	表示 AH 和 ESP 流量使用哪种 IPSec 协议模式，传输模式或隧道模式
路径最大传输单元（PMTU）	在指定网络路径上不用分段就可以传输的最大 IP 数据报
生存时间	指定 SA 的生存时间。经过这个时间间隔之后，SA 必须更换成一个新的 SA

图 9.38　SAD 的字段

讨论完 IPSec 的背景之后，下面讨论一下 IPSec 中的两个主要协议：AH 和 ESP。

9.3.3　认证头（AH）

9.3.3.1　AH 格式

AH 提供 IP 数据包的数据完整性与认证。数据完整性服务确保 IP 数据包内的数据在传输过程中不被篡改。认证服务保证终端用户或计算机系统能够对另一端的用户或应用程序进行认证，根据认证结果决定接受或拒绝数据包，这也能防止 IP 欺骗攻击。在内部，AH 是基于 MAC 协议的，也就是说，通信双方必须共享密钥才能使用 AH，AH 的结构如图 9.39 所示。

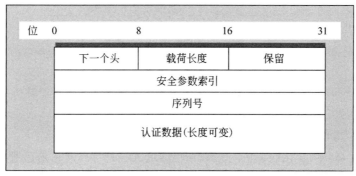

图 9.39　AH 的格式

下面讨论 AH 中的各个字段，如图 9.40 所示。

字段	说明
下一个头	8 位字段，标识 AH 后面的头类型。例如，如果 ESP 头跟在 AH 后面，则这个字段的值为 50；如果在 AH 后面是另一个 AH，则这个字段的值为 51
载荷长度	8 位字段，包含 AH 长度，值为 32 位字减去 2。假设认证数据字段的长度为 96 位（或 3 个 32 位字）。由于头固定是 3 个字，因此头共有 6 个字。因此，这个字段值为 4
保留	16 位字段，保留供将来使用
安全参数索引	32 位字段，源地址和目的地地址与 IPSec 协议（AH 或 ESP）结合使用，唯一标识数据报所属流量的 SA
序列号	32 位字段，用于防止重放攻击，稍后讨论
认证数据	这是个变长字段，包含数据报的认证数据，称为完整性校验值（Integrity Check Value，ICV）。这个值是 MAC，用于认证和完整性。对于 IPv4 数据报，该字段的值必须是 32 的整数倍。对于 IPv6 数据报，该字段的值必须是 64 的整数倍。为此，可能需要额外的填充位。使用 HMAC 摘要算法计算 ICV，生成 MAC

图 9.40　AH 字段说明

9.3.3.2　处理重放攻击

下面研究 AH 如何处理和防止重放攻击。重申一下，在重放攻击中，攻击者获取经过认证的数据包副本，稍后再将该副本发送到预期目的地。由于两次接收到相同的数据包，目的地由此会面临一些问题，为了防止这种情况出现，AH 中包含一个名为**序列号**（sequence number）的字段。

最初，序列号字段值为 0。在同一个 SA 上，每次发送方发送一个数据包，序列号字段值就加 1。发送方不允许该值从 $2^{32}-1$ 循环回到 0。如果同一个 SA 上的数据包数量增加到 $2^{32}-1$，则发送方必须与接收方建立新的 SA。

在接收方，要进行的处理更多。接收方维护大小为 W 的滑动窗口，W 的默认值为 64。滑动窗口右边表示到目前为止接收到的有效数据包的最大序列号 N。为了简单起见，假设滑动窗口 W = 8，如图 9.41 所示。

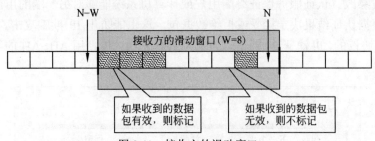

图 9.41　接收方的滑动窗口

下面了解一下接收方滑动窗口的意义，也分析一下接收方如何对其进行操作。

从图 9.41 可知，要使用如下的值。

- W：指定滑动窗口的大小。在上面的示例中，W 值为 8。
- N：指定迄今为止接收到的有效数据包的最大序列号。N 总是在滑动窗口的右边。

对于序列号在（N−W + 1）至 N 范围之内，且已正确接收的数据包（即认证成功），则标记窗口中对应的槽（如图 9.37 所示）。另外，对在这个范围之内，但未正确接收的数据包（即认证失败），则不标记滑动窗口中相应的槽（如图 9.37 所示）。

当接收方接收到一个数据包时，会根据数据包的序列号，执行如下操作，如图 9.42 所示。

> （1）如果接收数据包的序列号在滑动窗口之内，且数据包是新的，则检查 MAC。如果 MAC 验证成功，则会在滑动窗口中标记相应的槽，窗口本身不会右移。
>
> （2）如果接收数据包在滑动窗口右边（即数据包的序列号> N），且数据包是新的，则检查 MAC。如果数据包验证成功，则滑动窗口向右移，直到滑动窗口右边与该数据包的序列号匹配，才停止移动。也就是说，这个序列号成了新的 N。
>
> （3）如果接收数据包在滑动窗口的左边（数据包的序列号是<N - W），或者 MAC 检查失败，则数据包被拒绝，并触发可听警报事件。

图 9.42　接收方对每个传入数据包使用滑动窗口的逻辑

注意，第 3 个操作能阻止重放攻击，这是因为，如果接收方接收的数据包序列号小于（N−W），则可以断定有人冒充发送方，正在尝试重新发送发送方以前发送的数据包。

还必须注意，在极端条件下，这种技术可以让接收方相信传输出错，即使真实情况并非如此。例如，假设 W 的值是 64，N 值是 0100。假设发送方发送序列号为 101～500 的突发数据包。由于网络拥塞和其他问题，假设接收方先接收到的是序列号为 300 的数据包，它会立即将滑动窗口右边移动到 300（即 N= 300）。接下来，假设接收方接收到序列号为 102 的数据包，则 N−W = 300−64 = 236。因此，刚刚收到的数据包的序列号 102 小于（N−W= 236）。因此，触发了图 9.42 中的第 3 条件，接收方会拒绝这个有效数据包，并发出可听警报。

但是，这种情况非常罕见，只要优化 W 的值，就可以避免出现这种情况。

9.3.3.3 操作模式

众所周知，AH 和 ESP 的工作模式有两种：传输模式和隧道模式。下面分析 AH 的这两种工作模式。

（1）AH 传输模式：在传输模式下，AH 位于 IP 数据包的原始 IP 头和原始 TCP 头之间，如图 9.43 所示。

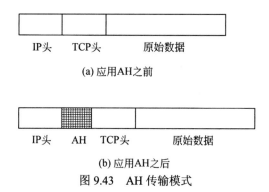

图 9.43 AH 传输模式

（2）AH 隧道模式：在隧道模式下，对整个原始 IP 包进行认证，AH 位于原始 IP 头和新的外部 IP 头之间。内部 IP 头（原始 IP 头）包含终端的源 IP 地址和目的地 IP 地址，而外部 IP 头包含不同的 IP 地址，如防火墙或其他安全网关的 IP 地址，如图 9.44 所示。

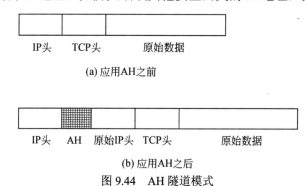

图 9.44 AH 隧道模式

9.3.4 封装安全载荷（ESP）

9.3.4.1 封装安全载荷格式

封装安全载荷（Encapsulating Security Payload，ESP）协议提供消息的机密性和完整性，ESP 基于对称密钥加密技术。ESP 可以单独使用，也可以与 AH 结合使用。

ESP 数据包包含 4 个固定长度的字段，3 个变长字段，图 9.45 给出了 ESP 格式。

下面讨论 ESP 的各个字段，如图 9.46 所示。

9.3.4.2 操作模式

ESP 与 AH 一样，可以在传输模式或隧道模式下运行，下面分别进行讨论。

图 9.45　封装安全载荷（ESP）格式

字段	说明
安全参数索引（SPI）	32 位字段，源地址和目的地地址与 IPSec 协议（AH 或 ESP）结合使用，唯一标识数据报所属流量的 SA
序列号	如前所述，这个 32 位字段用于防止重放攻击
载荷数据	这个可变长度字段包含传输层段（传输模式）或 IP 数据包（隧道模式），受加密保护
填充	这个字段包含填充位（如果有），用于加密算法，或用于对齐填充长度字段，在 4 字节字中，从第 3 个字节开始
填充长度	8 位字段，指定前一个字段中填充的字节数
下一个头	8 位字段，标识载荷中封装数据的类型。例如，这个字段的值为 6 表示载荷包含 TCP 数据
认证数据	这是个变长字段，包含数据报的认证数据，称为**完整性校验值**（Integrity Check Value, ICV），ICV 的计算是 ESP 数据包长度减去认证数据字段

图 9.46　ESP 的字段说明

1. ESP 传输模式

ESP 传输模式用于加密，还能可选地验证 IP 携带的数据，如 TCP 段。这里，ESP 头插入 IP 数据包的传输层头（即 TCP 或 UDP）之前，ESP 尾部（包含字段填充、填充长度和下一个头）添加在 IP 数据包之后。如果使用认证，则将 ESP 认证数据字段添加在 ESP 尾部之后，整个传输层段和 ESP 尾部是经过加密的，整个密文以及 ESP 头已通过认证，如图 9.47 所示。

下面总结一下 ESP 传输模式的操作。

（1）在发送方，加密由 ESP 尾部和整个传输层数据段组成的数据块，并用密文替换这个明文块，形成 IP 数据包，如果选择认证，则要附加认证数据，就此，这个数据包准备好了，可以传输了。

（2）数据包被路由到目的地。中间路由器需要查看 IP 头和任何 IP 扩展头，IP 头不在密文中。

（3）在接收方，检查 IP 头和任何明本 IP 扩展头，然后解密数据包的剩余部分以获得原始明文形式的传输层段。

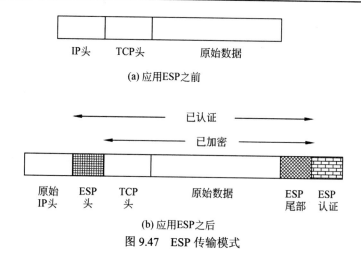

图 9.47   ESP 传输模式

2. ESP 隧道模式

ESP 隧道模式加密整个 IP 数据包。在数据包中，ESP 头是数据包的前缀，加密数据包和 ESP 尾部。我们知道，IP 头包含目的地址以及中间路由信息。因此，加密后的数据包就不能按原样发送了，因为无法传送这类数据包。因此，要添加包含足够路由信息的新 IP 头，如图 9.48 所示。

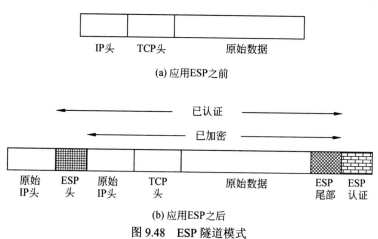

图 9.48   ESP 隧道模式

下面总结一下 ESP 隧道模式的操作。

（1）在发送方，准备内部 IP 数据包，将目的地址作为内部地址。ESP 头作为数据包的前缀，然后加密数据包和 ESP 尾部，可选地增加认证数据。新 IP 头加在数据块开始处，形成外部 IP 数据包。

（2）外部数据包路由到目的地防火墙。每个中间路由器都需要检查并处理外部 IP 头以及任何外部 IP 扩展头，而不必知道密文。

（3）在接收方，目的地防火墙处理外部 IP 头和任何 IP 扩展头，并将密文解密，得到明文，然后将数据包发送给实际目的地主机。

9.3.5　IPSec 密钥管理

9.3.5.1　简介

除了两个核心协议 AH 和 ESP 之外，IPSec 另一个非常重要的功能是密钥管理。如果没有正确的密钥管理设置，IPSec 就无法存在。IPSec 的密钥管理包括两个方面：密钥协议与分发。众所周知，同时使用 AH 和 ESP 时需要 4 个密钥：AH 用两个密钥，一个用于消息传输，另一个用于消息接收；ESP 也用两个密钥，一个用于消息传输，另一个用于消息接收。

在 IPSec 中，用于密钥管理的协议名为 ISAKMP/Oakley。Internet **安全关联和密钥管理协议**（Internet Security Association and Key Management Protocol，ISAKMP）是用于密钥管理的平台，定义协商、建立、修改和删除 SA 信息的过程和数据包格式。ISAKMP 消息可以通过传输协议 TCP 或 UDP 传输，TCP 和 UDP 端口号 500 是为 ISAKMP 保留的。

ISAKMP 的最初版本强制要求使用 Oakley 协议。Oakley 基于 Diffie-Hellman 密钥交换协议，但有一些改进。下面先来分析 Oakley，再讨论 ISAKMP。

9.3.5.2　Oakley 密钥确定协议

Oakley 协议是 Diffie-Hellman 密钥交换协议的改进版，前面已详细介绍过 Diffie-Hellman 协议，这里不再赘述。但要注意，Diffie-Hellman 提供的两个理想的特性。

（1）在需要时生成密钥。

（2）对现有的基础设施没有要求。

然而，Diffie-Hellman 密钥交换协议也存在如下的一些问题。

（1）没有认证对方的机制。

（2）易遭受中间人攻击。

（3）大量的数学计算处理。攻击者可以利用这一点，向主机发送大量恶意的 Diffie-Hellman 请求。主机要花费大量时间尝试计算密钥，而无法进行正常的工作，这就是**拥塞攻击**（congestion attack）或**阻塞攻击**（clogging attack）。

Oakley 协议旨在保留 Diffie-Hellman 的优点，剔除其缺点。Oakley 的特性如下。

（1）能抵抗重放攻击。

（2）实现了 Cookie 机制来抵御拥塞攻击。

（3）可以交换 Diffie-Hellman 公钥值。

（4）提供认证机制来防止中间人攻击。

前面已经非常详细讨论了 Diffie-Hellman 密钥交换协议，这里，只讨论 Oakley 为解决 Diffie-Hellman 的问题而采取的方法。

（1）**认证**：Oakley 支持 3 种认证机制，其中数字签名，即生成消息摘要，用发送方的私钥加密；公钥加密，即用接收方公钥加密信息，如发送方的用户 ID；密钥加密，即用一些带外的机制派生密钥。

（2）**处理拥塞攻击**：Oakley 使用 Cookie 来防止拥塞攻击。众所周知，在拥塞攻击中，攻击者伪造另一个合法用户的源地址，将公共 Diffie-Hellman 密钥发送给另一个合法用户。

接收方要执行模幂运算来计算密钥，快速多次执行这样的计算地会造成受害者计算机的拥塞或阻塞。为了解决这个问题，Oakley 的每一方在初始消息中，都必须发送一个名为 Cookie 的伪随机数，对方必须确认。这种确认必须在 Diffie-Hellman 密钥交换的第一条消息中重复进行。如果攻击者伪造源地址，则不能得到受害者的确认 Cookie，则攻击失败。注意，大多数攻击者能强制受害者生成并发送 Cookie，但不能执行实际的 Diffie-Hellman 计算。

Oakley 协议提供了多种消息类型。为简单起见，这里只考虑**主动密钥交换**（aggressive key exchange），在双方（如 X 和 Y）之间进行了 3 个消息的交换，下面分析这 3 个消息。

- **消息 1**：为了交换，X 先发送 Cookie 和 X 的公共 Diffie-Hellman 密钥，以及其他一些信息。X 用自己的私钥对这个块进行签名。
- **消息 2**：当 Y 收到消息 1 时，用 X 的公钥验证 X 的签名。当 Y 确认消息确实来自 X 时，要准备发给 X 的确认消息，其包含 X 发送的 Cookie。Y 还准备自己的 Cookie 和 Diffie-Hellman 公钥，以及其他一些信息，再用自己的私钥对整个数据包进行签名。
- **消息 3**：收到消息 2 后，X 用 Y 的公钥对 Y 进行验证，当 Y 通过验证，X 则会向 Y 发送一条消息，通知 Y 自己收到了 Y 的公钥。

9.3.5.3 ISAKMP

ISAKMP 协议定义了建立、维护和删除 SA 信息的过程和格式。ISAKMP 消息包含 ISAKMP 头和一个或多个载荷，整个块被封装在传输段内，如 TCP 段或 UDP 段。ISAKMP 消息的头格式如图 9.49 所示。

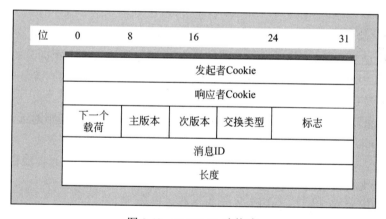

图 9.49　ISAKMP 头格式

下面讨论 ISAKMP 头中的各个字段，如图 9.50 所示。

下面简要介绍一下尚未解释的两个字段。

- **载荷类型**：ISAKMP 指定了不同的载荷类型。例如，SA 载荷（SA payload）用于启动建立 SA；**建议载荷**（proposal payload）包含建立 SA 所用的信息；**密钥交换载荷**（key exchange payload）表示密钥交换使用的机制，如 Oakley、Diffie-Hellman、RSA 等，还有许多其他类型的载荷。
- **交换类型**：ISAKMP 中定义了 5 种交换类型。**基本交换**（base exchange）用于传输密钥和认证材料；**身份保护交换**（identity protection exchange）扩展了基础交换，以保护用户身份；**仅用于认证的交换**（authentication only exchange）执行相互认证；**主动交换**（aggressive exchange）使交换次数最小化，但以隐藏用户身份为代价；**信息交换**（information exchange）用于 SA 管理信息的单向传输。

字段	说明
发起者 Cookie	64 位字段，包含发起实体的 Cookie，用于启动 SA 的建立或删除
响应者 Cookie	64 位字段，包含响应实体的 Cookie，最初，当发起者向响应者发送第一个 ISAKMP 消息时，此字段为 null
下一个载荷	8 位字段，表示消息的第一个载荷的类型（稍后讨论）
主版本	4 位字段，标识当前交换中所用的 ISAKMP 协议的主要版本
次版本	4 位字段，标识当前交换中所用的 ISAKMP 协议的次要版本
交换类型	8 位字段，表示交换的类型（稍后讨论）
标志	8 位字段，指示这个 ISAKMP 交换的特定选项集
消息 ID	32 位字段，标识这个消息的唯一 ID
长度	32 位字段，表示消息的总长度，包括头和所有载荷

图 9.50　ISAKMP 头说明

9.4　虚拟专用网（VPN）

9.4.1　简介

最近，公用网络和专用网络之间的界限非常清晰。公用网络（如公共电话系统和 Internet）通常是彼此无关的通信者的大集合。相比之下，专用网络由单个组织拥有的计算机组成、彼此共享信息。局域网（LAN）、城域网（MAN）和广域网（WAN）就是专用网的示例。通常用防火墙将专用网与公用网分开。

假设组织想要将自己的两个分支网络相互连接，但这两个分支相距遥远，一家在 Delhi，另一家在 Mumbai，下面两个解决方案似乎是合乎逻辑的。

- 使用个人网络连接两个分支机构，即在两个办公室之间铺设光缆或租用线路，得到两个分支机构之间的专线。
- 借助公用网络（如 Internet）连接两个分支机构。

与第二种解决方案相比，第一种解决方案更容易控制，且安全性更强，但也相当复杂。在两个城市之间铺设光缆并不容易，通常也是行不通的。第二种解决方案似乎更容易实现，对通信基础设施没有要求，但是，易受到各种各样的攻击。如果取两种解决方案之长，该是多么完美的解决方案啊！

虚拟专用网（Virtual Private Networks，VPN）就是这样的解决方案。VPN 采用加密、认证和完整性保护机制，使用 Internet 这样的公用网络就像使用专用网一样（如组织构建和控制的物理网络）。VPN 具有极高的安全性，且无须组织专门布线。因此，VPN 既有公用网络便宜且易用的优点，也具备专用网络安全可靠的优点。

VPN 可以连接组织的远程网络，出差员工也可以通过 Internet 安全、远程地访问专用网络，如组织的内网。

因此，VPN 是一种在公用网络（如 Internet）上模拟专用网络的机制。这里虚拟表示它依赖于虚拟连接的使用，这些连接都是临时的，且没有任何物理线路存在，只是由数据包组成。

9.4.2 VPN 架构

实际上，VPN 的概念很容易理解。假设组织有两个网络：网络 1 和网络 2。这两个网络相距遥远，彼此分开，现在需要用 VPN 将两个网络互联。在这种情况下，需要设置两个防火墙：防火墙 1 和防火墙 2。解密由防火墙执行。VPN 架构概览如图 9.51 所示。

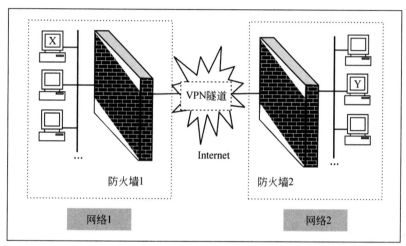

图 9.51 两个专用网络之间的 VPN

如图 9.51 所示，有两个网络分别是网络 1 和网络 2。网络 1 通过防火墙 1 连接到 Internet。同样，网络 2 使用自己的防火墙 2 连接到 Internet。不用关心防火墙的配置，这里假设组织对防火墙的配置很完美。关键点是这两个防火墙是通过 Internet 虚拟互联，即用 VPN 隧道实现两个防火墙的互联。

有了这个配置，就可以分析 VPN 如何保护两个不同网络上的任意两台主机之间的流量。为此，假设网络 1 上的主机 X 要向网络 2 上的主机 Y 发送数据包，数据包的传输过程如下。

（1）主机 X 生成数据包，插入自己的 IP 地址作为源地址，将主机 Y 的 IP 地址作为目的地地址，如图 9.52 所示。主机 X 使用相应的机制发送数据包。

图 9.52 原始数据包

（2）数据包到达防火墙 1。我们知道，现在，防火墙 1 要为数据包添加新头。在新头中，防火墙 1 将数据包的源 IP 地址从主机 X 的地址变成防火墙 1 的 IP 地址 F1，并把数据包的目的地地址从主机 Y 的地址变成防火墙 2 的 IP 地址 F2，如图 9.53 所示。防火墙 1 还会根据设置，执行数据包的加密和认证，并通过 Internet 发送修改后的数据包。

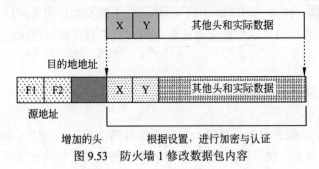

图 9.53 防火墙 1 修改数据包内容

（3）像往常一样，数据包通过 Internet 上的一个或多个路由器到达防火墙 2。防火墙 2 丢弃外部的头，根据需要执行相应的解密，得到第 1 步中主机 X 生成的原始数据包，如图 9.54 所示。然后查看数据包的明文内容，知道这个数据包是为主机 Y 准备的（因为数据包内的目的地地址指定是主机 Y）。因此，防火墙 2 将数据包发送给主机 Y。

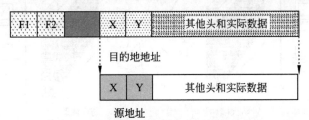

图 9.54 防火墙 2 得到原始数据包的内容

VPN 有 3 个主要协议，详细研究这些协议内容超出了本书范围，但为了完整，下面对这个 3 个协议进行简要介绍。

- **点对点隧道协议**（Point to Point Tunneling Protocol，PPTP），用于 Windows NT 系统，主要是支持单个用户与 LAN 之间的 VPN 连接，而不是两个 LAN 之间的连接。
- **第 2 层隧道协议**（Layer 2 Tunneling Protocol，L2TP），由 IETF 开发，是对 PPTP 的改进，L2TP 是 VPN 连接的安全开放标准。它适用于两种组合：用户到 LAN、LAN 到 LAN。L2TP 也可以包括 IPSec 功能。
- **IPSec 协议**。可以单独使用 IPSec，之前已经详细讨论过 IPSec。

9.5 入　侵

9.5.1 入侵者

无论系统构建的有多安全，都会有攻击者，会不断尝试找到系统的漏洞，我们将这些攻击者统称为**入侵者**（intruder），因为入侵者试图侵入网络的隐私。不管网络本身是私有的（如局域网）还是公用的（如 Internet）都无关紧要，重要的是攻击者的意图，要试图入侵。一般说，最广为人知的安全威胁是入侵者和病毒，这里将集中讨论入侵。

入侵者有如下 3 种类型。

（1）**伪装者**（Masquerader）：无权使用计算机的用户，但渗透到系统中，得到合法用户的账户，从而访问系统，这类用户纺称为伪装者，其通常是一个外部用户。

（2）**渎职者**（Misfeasor）：内部用户在如下两种情况下被称为渎职者。

● 是合法用户，但访问了其无权访问的应用程序、数据或资源。

● 是合法用户，有权限访问应用程序、数据或资源，但其滥用了这些权限。

（3）**地下用户**（Clandestine user）：是外部用户或内部用户，试图使用超级用户权限，以避免审计信息被捕获和记录，我们将这类用户称为地下用户。

入侵者如何进行攻击呢？下面分析一个简单的例子，攻击者试图获取合法用户的密码，以便进行冒充。下面是一些广为人知的密码猜测方法。

（1）尝试所有可能的短密码组合（2～3 个字符）。

（2）收集用户的全名、家庭成员姓名、兴趣爱好等信息。

（3）尝试软件产品供应商提供的默认密码（如 Oracle 使用 scott 作为用户名、tiger 作为密码）。

（4）尝试人们最常选择作为密码的单词。黑客公告板会维护这些列表。另外，尝试字典中的单词。

（5）尝试使用电话号码、出生日期、社会保险号码、银行账号等。

（6）窃听用户与主机网络之间的通信线路。

（7）使用特洛伊木马。

（8）试试车牌号。

无论入侵者如何进入系统，首要任务是尝试阻止攻击者；如果不能阻止，则至少要检测到入侵，并采取相应的措施。

9.5.2　审核记录

入侵检测中最重要的工具之一是使用**审计记录**（audit records），也称为**审计日志**（audit logs）。审计记录用于记录有关用户操作的信息。在审计记录中能找到非法用户操作痕迹，从而能检测入侵，从而采取相应的行动。

审计记录可以分为两类：**原生审计记录**（Native audit records）和**检测专用审计记录**（Detection-specific audit records），如图 9.55 所示。

图 9.55　审计记录分类

● **原生审计记录**（Native audit records）：所有的多用户操作系统均内置审计软件，用于记录所有用户的操作信息。

● **检测专用审计记录**（Detection-specific audit records）：这种类型的审计记录工具专门收集入侵检测的信息，信息更集中，但可能会存在重复信息。

无论审计记录的类型如何，每条此审计记录都包含如图 9.56 所示的信息。

字段	说明
主体	有关是谁执行这个操作的信息，如是终端用户或进程等
动作	主体对对象执行的操作，如登录、读取、写入、打印、I/O 等
对象	动作的接收者，如磁盘文件、应用程序、数据库记录等
异常条件	如果有异常，那也是由主体的操作引发的
资源使用	资源使用记录，如 CPU 时间、磁盘空间、写入的记录数、打印的文件数等
时间戳	尽可能详细的日期和时间信息

图 9.56　审计记录中的字段

例如，如果用户 Ram 尝试执行程序 payroll.exe，则会生成如下的审计记录，这里假设 Ram 没有执行这个程序的访问权限。

Ram	Execute	<SYSTEM CALL> EXECUTE	None	CPU = 0000001	24-10-2006 16:17:10::101
Ram	Execute	<SYSTEM CALL>EXECUTE	Access-violation	Records = 0	24-10-2006 16:17:10::102

从以上审计记录可知，Ram 试图执行自己无权访问的程序。

9.5.3　入侵检测

全时段的**入侵防御**（Intrusion prevention）几乎不可能实现。因此，只能专注于**入侵检测**（intrusion detection）。

如下因素推动着入侵检测的发展。

（1）越早发现入侵，就能越快地采取行动。从攻击中恢复和减少损失与检测出入侵的速度成正比。

（2）入侵检测可以帮助收集更多关于入侵的信息，基于这些信息能增强入侵预防方法。

（3）入侵检测系统可以对入侵者起到很好的威慑作用。

入侵检测机制也称为**入侵检测系统**（Intrusion Detection Systems，IDS），分为两大类：**统计异常的检测**（Statistical anomaly detection）和**基于规则的检测**（Rule-based detection），如图 9.57 所示。

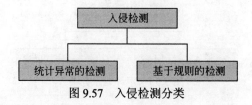

图 9.57　入侵检测分类

1. 统计异常的检测

在这种检测中，捕捉某段时间内用户的行为，作为统计数据并处理，再应用规则来测试用户行为是否合法。

测试用户行为是否合法可以通过如下两种方式完成。

- **阈值检测**：在这种检测中，为组中所有用户定义阈值，并根据这些阈值测算各种事件的频率。
- **基于配置文件的检测**：在这种检测中，生成单个用户的配置文件，并与收集到的统计数据进行匹配，以查看是否有不规则模式出现。

2. 基于规则的检测

应用一组规则来分析给定的行为，看其是否可归类为企图入侵。基于规则的检测还可分为如下两个子类型。

- **异常检测**：借助某些规则，收集一些使用模式，以分析与这些使用模式的偏差。
- **渗透识别**：是寻找非法行为的专家系统。

9.5.4 分布式入侵检测

入侵检测的重点已经从单一系统的入侵检测转移到分布式系统，如局域网或广域网。在**分布式入侵检测**（distributed intrusion detection）方案中，如下的因素非常重要。

- 分布式系统中的不同系统可能以不同的格式记录审计信息，需要统一处理这些审计信息。
- 通常，分布式系统上的一个或几个节点将用于收集和分析审计信息。因此，系统会采取措施，将这些审计信息安全地发送给相应主机。

9.5.5 蜜罐

现代入侵检测系统借鉴了一种新颖的思想，称为**蜜罐**（honeypots）。蜜罐是一种吸引潜在攻击者的陷阱。设计的蜜罐能执行如下操作。

- 转移潜在入侵者对重要系统的注意力。
- 收集入侵者行为的信息。
- 对入侵者提供鼓励，使其多停留一段时间，以便让管理员检测到这次入侵，并迅速采取行动。

蜜罐的设计考虑了如下两个重要目标。

（1）让蜜罐看起来像真实的系统，放置尽可能多的虚构的但看似真实的信息。

（2）不允许合法用户了解或访问蜜罐。

自然，任何试图访问蜜罐的人都是潜在的入侵者，蜜罐装备有传感器和记录器，任何用户进行操作时，蜜罐都会向管理员发出警报。

本 章 小 结

- 企业网络可能受到外部攻击，内部信息可能泄露。
- 加密无法阻止外部攻击者攻击网络。
- 防火墙应放置在公司网络和外部世界之间。
- 防火墙是一种特殊类型的路由器，应用规则决定流量是否能通过。

- 防火墙就像一个哨兵，守护着内部网络与外部 Internet 之间的大门。
- 防火墙可以作为应用程序网关或数据包过滤器。
- 包过滤器检查每个数据包，应用规则，决定是否允许流量通过。
- 在应用更具体或粒度规则时，包过滤非常有用。
- 动态包过滤（也称为状态包过滤）能适应不断变化的条件。
- 应用网关工作在应用层，决定是否允许某些应用程序（如 HTTP 或 FTP）的流量通过，它不像数据包过滤一样应用像"如果源 IP 地址是 x.x.x.x，则阻止数据包"这样的粒度规则。
- 电路网关在自己与远程主机之间生成一个新连接。
- 防火墙架构以某种方式组合各种类型的防火墙。
- 屏蔽子网防火墙是最强的防火墙架构。
- 网络地址转换（NAT）允许在世界范围内的多个网络之间共享一些 IP 地址，从而节省了 IP 地址空间。
- 如果没有 NAT，可用的 IP 地址范围早就用完了。
- NAT 把某些 IP 地址归类为内部地址，在这个网络之外无法识别其内部地址。
- 内部地址在网络中是唯一的，但在不同网络中是重复的。
- NAT 路由器执行内部地址和外部地址之间的转换工作。
- NAT 路由器必须维护一个转换表，并使用一些智能技巧来执行地址转换。
- IPSec 在传输层与 Internet 层之间提供安全性。
- IPSec 提供认证和保密服务。
- 非军事区（DMZ）防火墙既保护组织暴露在外的服务器，也保护组织内部网络。
- IPSec 协议保护网络层应用的安全。
- IPSec 不涉及更高的安全机制，如 SSL。IPSec 可以与这类协议一起实现。
- IPSec 可以在隧道模式或传输模式下实现。
- 在隧道模式下，整个 IP 数据报，包括其原始头，都由 IPSec 加密，并添加了新的 IP 头。
- 在传输模式下，IP 数据报除其头外，均由 IPSec 加密。
- 隧道模式是在两台正在通信的计算机（通常路由器）之间，创建一个虚拟隧道。
- IPSec 使用两种协议：认证头（AH）和封装安全载荷（ESP）。
- AH 协议提供认证、完整性和可选的防重放服务。
- ESP 协议提供数据机密性。
- Internet 密钥交换（IKE）协议用于协商 AH 和 ESP 要用的加密算法。
- IKE 的输出称为安全关联（SA）。
- 虚拟专用网络（VPN）既是虚拟的（因为在物理上不存在，也不是有线网络），也是专用的（因为提供专用网络的功能，虽然它运行在开放的 Internet 之上）。
- 对于出差的员工，VPN 是一个非常好的工具，能以廉价的方式，在不同城市/国家连接到自己的办公室或其他公司。
- VPN 在内部使用 IPSec。
- 在 Windows 中，使用点对点隧道协议（PPTP）实现 VPN，也可以将第 2 层隧道协议（L2TP）作为开放标准。

- 入侵几乎是不可能预防的，因此，需要入侵检测。
- 入侵者分为伪装者、渎职者和地下用户。
- 审计记录用于记录有关用户操作的信息。
- 审计记录可以分为原生审计记录和检测专用审计记录。
- 入侵检测系统（IDS）分为统计异常的检测和基于规则的检测。
- 在分布式入侵检测中，需要检测并记录网络中多台计算机上的入侵。
- 蜜罐是吸引潜在攻击者的陷阱。

重要术语与概念

- AH 传输模式
- AH 隧道模式
- 异常检测
- 应用网关
- 审计日志
- 审计记录
- 认证头（AH）
- 堡垒主机
- 电路网关
- 堵塞攻击
- 拥塞攻击
- 地下用户
- 非军事区（DMZ）
- 检测专用审计记录
- 分布式入侵检测
- 动态包过滤
- 封装安全载荷（ESP）
- ESP 传输模式
- ESP 隧道模式
- 扩展头
- 防火墙
- 蜜罐
- Internet 密钥交换（IKE）
- Internet 安全协会和密钥管理协议（ISAKMP）
- 入侵者
- 入侵
- 入侵检测

- 入侵防御
- IP 数据包欺骗
- IP 安全（IPSec）
- ISAKMP/Oakley
- 第 2 层隧道协议（L2TP）
- 伪装者
- 渎职者
- 本地审计记录
- 网络地址转换（NAT）
- 包过滤
- 渗透识别
- 点对点隧道协议（PPTP）
- 基于配置文件的检测
- 代理服务器
- 基于规则的检测
- 安全关联（SA）
- 安全关联数据库（SAD）
- 双宿主堡垒屏蔽主机防火墙
- 单宿主堡垒屏蔽主机防火墙
- 屏蔽子网防火墙
- 筛选路由器
- 源路由攻击
- 状态包过滤
- 统计异常的检测
- 阈值检测
- 极小数据段攻击
- 虚拟专用网（VPN）
- 周知端口

概 念 检 测

1. 列出优秀防火墙实现的特征。
2. 包过滤的 3 种主要操作是什么？
3. 电路网关与应用网关有何不同？
4. 什么时候需要非军事区（DMZ）？它是如何实现的？
5. 防火墙有什么限制？
6. 隧道模式的意义是什么？
7. 举例说明 NAT 是如何工作的。
8. 什么是 VPN？
9. 解释一下 AH 和 ESP 协议。
10. 什么是蜜罐？

设计与编程练习

1. 至少研究一种真实的防火墙产品，参考本章介绍的理论，研究该防火墙的特点。
2. 研究在现实生活中如何实现 VPN，它需要数字证书吗？为什么？
3. 研究真实的审计记录实例，它能提供足够多的入侵检测信息吗？
4. 你会考虑将 IPSec 作为 SSL 的替代品吗？为什么？
5. 你认为，与 VPN 相比，租用线路是更好的解决办法吗？为什么？

附录 A　数学背景知识

A.1　简　　介

有些读者想要了解各种密码技术的数学背景知识，为此，这里简要介绍一些相关的重要概念。但必须指出的是，这里并不强制读者深入学习研究这些数学知识，只是了解密码学是基于这些数学知识即可。

A.2　素　　数

A.2.1　因子分解

在密码学中，**素数**（Prime numbers）非常重要。素数是大于 1 的正整数，且只有 1 和它本身是它的因子。也就是说，素数只能被 1 和本身整除。很明显，2、3、5、7、11……是素数，而 4、6、8、10、12……不是。有无限多个素数。密码学大量使用素数，特别是公钥密码学起源于素数论。

图 A.1 给出了一个 Java 程序，用于确定给定的整数是否为素数。

```
// Java program to test whether a given number is prime
// Author: Atul Kahatepublic class PrimeTest{
public static void main (String\\ args){
    int numberToTest=101;
    int m=0;
    if ( numberToTest<=1) {
        System.out.printIn ("The number"+numberToTest+"is NOT prime");
        return;
    }
    for (int i-2; i<numberToTest-1; i++){
        m=numberToTest %i;
        if ( m--0){
            System.out.printIn ("The number"+numberToTest+"is NOT prime");
            return;
        }
    }
    System.out.printIn ("The number"+numberToTest+"IS prime");
    }
}
```

图 A.1　用于测试某个数是否为素数的 Java 程序

    鼓励读者修改上述程序，使修改后的程序能自动测试 2～1000 的数是否为素数。也就是说，程序应该运行一个循环，来测试 2～1000 的所有数是否是素数。

    当两个数除了 1 之外没有其他公因子时，则两个数是**互质**（relatively prime）的。如果 a 与 n 的**最大公因子**（Greatest Common Divisor，GCD）为 1，则写作 gcd（a, n）= 1。注意，21 与 44 互质，因为它们没有公因子；但 21 与 45 不是互质的，因为它们有公因子 3。

A.2.2 欧几里得算法

    使用**欧几里得算法**（Euclid's algorithm）可以计算两个数的最大公因子（GCD）。下面用 C 语言表示这个算法，如图 A.2 所示。

```
int gcd(int x,int y)
{
    int a;
    /* If the numbers are negative, make them positive*/
    if(x<0)
    x=-x;
    if(y<0)
    y=-y;
    /*No point going ahead if the sum of the numbers is 0*/
    if((x+y)==0
    {
        printf("The sum of %d and %d is 0. ERROR!",x,y);
        return -1
    }
    a=y
    while(x>0)
    {
        a=x;
        x=y%x;
        y=a;
    }
    return a;
}
```

图 A.2　用 C 语言表示欧几里得算法

下面用 x=21 和 y=45 来跟踪算法，结果如图 A.3 所示。

x	y	A
21	45	NA
3	21	21
0	3	3

图 A.3　跟踪欧几里得算法

由图 A.3 可知，gcd（21, 45）= 3。因此，根据之前的定义，21 和 45 不是互质的。

A.2.3　模运算与离散对数

模运算（Modular arithmetic）的原理很简单。模（Modulo）是整除后的余数。例如，23 mod 11 = 12，因为 23 除以 11 的余数是 12。模运算认为 23 与 11 是等价的。也就是说，$23 \equiv 11$（mod 12）。一般来说，对于某个整数 k，如果 a=b+kn，则 $a \circ b$（mod n）。如果 a > 0 且 0 < b < n，则 b 是法 a / n 的余数，也称为 b 的**余数**（residue）或 a 为**同余**（congruent）。$\equiv$等于（$\circ$），**表示同余**（congruence），密码学经常频繁计算 mod n。

模幂运算是密码学中使用的一种单向函数，很容易求解。例如，对于 ax（mod n），给定 a、x 和 n 的值，求解很简单。但是，模幂运算的逆问题是求一个数的离散对数，这是相当困难的。例如，求 x，其中 $ax \equiv b$（mod n）。例如，如果 $3^x \circ 15$（mod 17），则 x= 6。对于大数，这个方程求解是相当困难的。

A.2.4　素性测试

如果 p 是奇素数，则方程 $x^2 \equiv 1$（mod p）只有两个可能的解，$x \equiv 1$ 和 $x \equiv -1$，这里不讨论它的证明。

A.2.5　模素数平方根

如果 n 是两个素数的积，那么求 n 的模的平方根等价于求 n 的因子。也就是说，如果已知 n 的质因数，那么可以很容易地计算出数 mod n 的平方根。

A.2.6　平方剩余

如果 p 是素数，且 0 < a < p，则 a 是平方剩余 mod p，如果对于某些 x，

$x^2 \equiv a$（mod p）

例如，如果 p = 7，则平方剩余为 1、2 和 4，因为：

$1^2 = 1 \equiv 1$（mod 7）
$2^2 = 4 \equiv 4$（mod 7）
$3^2 = 9 \equiv 2$（mod 7）
$4^2 = 16 \equiv 2$（mod 7）
$5^2 = 25 \equiv 4$（mod 7）
$6^2 = 36 \equiv 1$（mod 7）

A.3　费马定理与欧拉定理

对公钥密码学而言，具有重要意义的两个定理是**费马定理**（Fermat's Theorem）和**欧拉定理**（Euler's Theorem）。

A.3.1 费马定理

费马定理的陈述如下。

如果 p 是素数，且 a 是一个不能被 p 整除的正整数，则有：

$$a^{p-1} \equiv 1 \pmod p$$

假设 a=3，p=5，根据上述定理，有：

$$3^{5-1} \equiv 3^4 = 81 \equiv 1 \pmod 5$$

因此，证明完毕。

这个定理的另一种形式是：如果 p 是素数且 a 是任意正整数，则如下等式成立。

$$a^p \equiv a \bmod p$$

下面分析几个示例。

（1）令 a=3，p=5，那么有：

（i）$a^p = 3^5 = 243$。如果计算 243 mod 5，则得到结果为 3。

（ii）a mod p = 3 mod 5 = 3。

因此，我们有：35 ∫ 3 mod 5。

（2）令 a=4，p=8，那么有：

（i）$a^p = 4^8 = 65536$。如果计算 65536 mod 8，得到的结果为 0。

（ii）$a^{mod} p = 4 \bmod 8 = 4$。

上述两步的结果不一致，这是因为 p 不是素数。

（3）设 a=4，p=7，那么有：

（i）$a^p = 4^7 = 16384$。如果计算 16384 mod 7，得到的结果为 4。

（ii）a mod p = 4 mod 7 = 4。

因此有：47≡4 mod 7。

A.3.2 欧拉定理

在讨论欧拉定理之前，需要先讨论一下 Euler-Toient 函数，这个函数写作为 j（n），其中 j（n）是小于 n 且与 n 互质的正整数。

例如，如果 n=6，则小于 n 的正整数是 1、2、3、4 和 5。其中只有 1 和 5 与 6 没有公因数。因此，j（n）= j（6）= 2。注意，6 不是素数。下面分析素数 n=7。7 之前的所有正整数（即 1 到 6）都与互质。一般来说，对于素数 n，j（n）=（n−1）。

此外，假设 p 和 q 均为素数，对于 n= pq，有

$$j（n）= j（pq）= j（p）× j（q）=（p-1）×（q-1）$$

设 p = 3，q = 7，则 n=p×q = 21。

因此，φ（n）= j（21）= φ（3）× φ（7）= 2×6 = 12，其中 12 个整数分别为 1、2、4、5、8、10、11、13、16、17、19、20。

基于此，欧拉定理指出，对于每个互质的 a 和 n，有：

$$Aj^{(n)} \equiv 1 \pmod n$$

设 a = 3，n = 10，则有：

j（n）= j（10）= 4，这 4 个数分别是 1、3、7 和 9。

所以，$aj^{(n)} = 3^4 = 81 \equiv 1$（mod 10）。

A.4　中国剩余定理

中国剩余定理（Chinese Remainder Theorem）使用数 n 的素数因子来求解方程组。一般来说，如果 n 的质因数是 $p_1 * p_2 * \cdots * p_t$，那么，方程组

$$x \bmod p_i = a_i$$

其中 i=1, 2, ⋯, t。

有一个唯一解 x，且 x < n。

也就是说，对于一个小于几个素数乘积的数，那么这个数可以唯一地用对这些素数取模的余数来表示。

例如，假设有两个素数 5 和 7。如果数为 16，则有：

$$16 \bmod 5 = 1$$
$$16 \bmod 7 = 2$$

这里只有一个余数 16 小于 35（5*7）。这两个余数可以用来唯一确定这个数，图 A.4 中给出 Java 程序可以证明。

```java
// Java program to test Chinese remainder theorem basics
// Author: Atul Kahate
public class PrimeTest {
    public static void main (String [] args) {
        int k1 = 5, k2 = 7;
        for (int i=2; i<35; i++) {
            int n1 = i % k1;
            int n2 = i % k2;
            System.out.println ("Number = "+i+"Residues = " + n1 + " and " + n2);
        }
    }
}
```

图 A.4　中国剩余定理测试

因此，中国剩余定理表明，对于任意的 a，它小于 p，且 b 小于 q（且 p 和 q 都是素数），一定有一个唯一的数 x，满足。

$$x < pq$$

且

$$x \equiv a \bmod p \ \text{且} \ x \equiv b \bmod q$$

A.5　拉格朗日符号

拉格朗日符号（Legendre symbol），写作 L（a, p），定义为：当 a 为任意整数且 p 是大于 2 的素数时，它等于 0、1 或 −1，如下所示。

$$L（a, p） = 0$$

如果 a 能被 p 整除，则

$$L（a, p） = 1$$

如果 a 是平方剩余 mod p，则

$$L（a, p） = -1$$

如果 a 不是平方剩余 mod p，则

A.6　Jacobi 符号

Jacobi 符号（Jacobi symbol）写作 J（a, n），是 Legendre 符号的一般形式，对于任意整数 a 和任意奇数 n，可以通过多种方式定义，例如。

（1）只有当 n 是奇数时，才能有 J（a, n）。

（2）J（0, n） = 0。

（3）J（a, n） = 0，如果 n 是素数且 n 能整除 a。

（4）J（a, n） = 1，如果 n 是素数且 a 是平方剩余 mod n。

（5）J（a, n） = −1，如果 n 是素数且 a 不是平方剩余 mod n。

A.7　Hasse's 定理

Hasse's 定理（Hasse's Theorem）指出，如果 N 是椭圆曲线上的点数，则有：

$$p + 1 - 2 * sqrt（p） < N < p + 1 + 2 * sqrt（p）$$

A.8　二次互反律

二次互反律（Quadratic Reciprocity Theorem）指出，如果 p 和 q 是不同的素数，则同余。

$$x^2 \equiv q（mod\ p）且$$
$$x^2 \equiv p（mod\ q）$$

都可解或都不可解，除非 p 和 q 除以 4 时余数为 3。

A.9 Massey-Omura 协议

Massey-Omura 协议是一个加密协议，其中各方共享椭圆曲线 E（A，B）的点 p，但无人透露密钥。重要的是，参与各方已知群 E（A,B）/GF（p）的阶数。令 Np 表示群的阶数。

Massey-Omura 加密系统基于 Shamir 的三次传递协议（Shamir's three-pass protocol）。这里，加密方法是这么用的，应用两次加密后，不需要完全按相反顺序删除前两次的加密，可以按任何顺序删除。因此，允许一方发送加密消息，接收方可以再次加密发回，然后第一方可以删除自己的加密，将其发送回接收方，就好像只有接收方加密一样。

为了描述这个系统，假设 Bob 和 Alice 使用 Massey-Omura 加密系统。

（1）Bob 和 Alice 分别秘密地选择密钥 k_B 和 k_A，满足 gcd（k_A，N_p）=1 且 gcd（k_B，N_p）= 1；

（2）Bob 和 Alice 分别秘密地计算 $j_B = 1/k_B \bmod N_p$ 且 $j_A = 1/k_A \bmod N_p$。

假设 Bob 要安全地把消息 M 发送给 Alice，可以通过如下方式进行两个回合。

首先，假设 Q_M 是与 M 相关的曲线上的点（使用 Koblitz 嵌入方法）。

第 1 回合

上：

Bob 在 E（A，B）/GF（p） 中计算 $Q_1 = k_B*Q_M$，并将 Q_1 发送给 Alice。

下：

Alice 在 E（A，B）/GF（p） 中计算 $Q_2 = k_A*Q_1$，并将 Q_2 发送给 Bob。

第 2 回合

上：

Bob 在 E（A,B）/GF（p） 中计算 $Q_3 = j_B*Q_2$ 并将 Q_3 发送给 Alice。

下：

Alice 在 E（A，B）/GF（p） 中计算 $Q_4 = j_A*Q_3$。

这样，$Q_4 = Q_M$，所以通过逆转 Koblitz 嵌入，Alice 就能恢复 M。

A.10 计算矩阵的倒数

如何计算矩阵的逆呢？这是一个三步过程。

（1）用矩阵中每个元素的共轭值来替换矩阵的原始元素。

（2）转置矩阵。

（3）将每个元素除以原始矩阵的行列式。

例如，考虑如下的矩阵。

$$
\begin{matrix}
17 & 17 & 5 \\
21 & 18 & 21 \\
2 & 2 & 19
\end{matrix}
$$

将上述步骤应用于上面这个示例。

（1）要计算元素的共轭值，要计算行列式。方阵的行列式是一个数值，通过计算组合矩阵的所有元素计算而得到。要计算行列式，则需要。

（a）删除元素所在的行和列。（这里是矩阵的第一行和第一列）。

（b）交叉相乘。（这里是 18×19，21×2）。

（c）乘积相减。（这里是 $18 \times 19 - 21 \times 2 = 300$）。

当计算完所有元素的共轭值时，共轭矩阵如下所示。

+300	−357	+6
−313	+313	+0
+267	−252	−51

（2）接下来需要对矩阵进行转置，即将列写成行。因此，矩阵第 1 列的值（即 +300、−313、+267）将成为第 1 行的值，以此类推。结果为：

+300	−313	+267
− 357	+313	−252
+6	+0	−51

（3）原矩阵的行列式是 939。在希尔密码中，需要对这个值 mod 26，即 −939 mod 26 = −3。但这里会忽略这种可能性。因此，矩阵的逆矩阵为：

300/−939	−313/−939	267/−939
−357/−939	313/−939	−252/−939
6/−939	0	−51/−939

举另外一个示例，考虑如下矩阵。

20	15	18
78	95	56
43	89	32

这个矩阵的共轭矩阵是

−1944	1122	−870
−88	−134	284
2857	−1135	730

矩阵的行列式值是：11226。

因此，矩阵的逆为：

−1944/11226	1122/11226	−870/11226
−88/11226	−134/11226	284/11226
2857/11226	−1135/11226	730/11226

A.11 加密操作模式后的数学知识（参考：第 3 章）

本节介绍一下本书第 3 章介绍的各种密码操作模式背后的数学知识。

密码块链接（cBc）模式

在密码块链接 （CBC）模式下，解密算法处理每个密文块，然后将结果与前一个密文块进行异或操作，以产生原始明文块。

从数学角度来分析一下，假设有：

$$C_j = E_k [C_{j-1} \text{ XOR } P_i]$$

根据上式有：

$$D_k [C_j] = D_k [E_k（C_{j-1} \text{ XOR } P_j）]$$
$$D_k [C_j] = C_{j-1} \text{ XOR } P_j$$
$$C_{j-1} \text{ XOR } D_k [C_j] = C_{j-1} \text{ XOR } C_{j-1} \text{ XOR } P_j = P_j$$

要生成第一个密文块，需要使用初始化向量（IV），也就是说，要将 IV 与第一个明文块进行 XOR 运算，得到的结果就是第一个密文块。因此，要进行解密，就需要将第一个密文块与 IV 进行 XOR 运算，以得到第一个明文本块。

附录 B　数　制

B.1　简　介

数制（number system）包含一组具有共同特征的数。下面讨论一下常用的十进制数制和计算机常用的二进制、八进制、十六进制数制。在任何数制中，三个方面决定了数中每个数码的值。

（1）数码本身。

（2）数码在该数中的位置，即数位。

（3）数制的基数。

数制的基数是指系统中使用的不同符号的个数。例如，十进制数制的基数是 10，可用的 10 个不同符号是从 0～9。

B.2　十进制数制

众所周知，十进制数制包含 10 个不同的符号是从 0～9，因此，它的基数是 10。实际上，在十进制数制中，是将数的每位数码乘以它的位权，然后再把所有积相加来表示该数。例如，在十进制数制中，4510 的值的计算过程如图 B.1 所示。

千位		百位		十位		个位			和
4×10^3	+	5×10^2	+	1×10^1	+	0×1^0			—
4×1000	+	5×100	+	1×10	+	0×1			—
4000	+	500	+	10	+	0		=	4510

图 B.1　十进制数的表示

B.3　二进制数制

二进制数制有两个不同符号：0 和 1，我们称之为二进制数码或位，它的基数为 2。我们用从右到左递增的 10 的幂来表示十进制数，同样，也可用从右到左递增的 2 的幂表示二进制数。将二进制数 1001 转换成十进制数 9 的过程如图 B.2 所示。

第 4 位		第 3 位		第 2 位		第 1 位			和
1×2^3	+	0×2^2	+	0×2^1	+	1×2^0			—
1×8	+	0×4	+	0×2	+	1×1			—
8	+	0	+	0	+	0		=	9

图 B.2　二进制数的表示

如何将十进制数转换为相应的二进制数呢？为此，要将十进制数连续除以 2，直到商为 0。在每次相除时，会得到一个余数 0 或 1。最后，倒序写出这些余数，就得到了相应的二进制数。这里要将十进制数 500 转换成相应的二进制数，过程如图 B.3 所示。

除数	商	余数
2	500	
2	250	0
2	125	0
2	62	1
2	31	0
2	15	1
2	7	1
2	3	1
2	1	1
	0	1

图 B.3　十进制转换成二进制

如图 B.3 所示，把 500 连续除以 2，每次记下余数 0 或 1。最后，当商为 0 时，停止相除过程，并倒序写出余数。因此，十进制数 500 的二进制表示为 111110100。

B.4　八进制数制

我们知道，十进制数制的基数是 10，而二进制数制的基数是 2。同样，八进制数制的基数是 8，有 8 个不同符号 0～7。同样，应用之前介绍的方法，能将八进制数转换为十进制数，或将十进制数转换成八进制数。唯一的变化是：乘数或除数变成了 8。这里将八进制数 432 转换成十进制数，过程如图 B.4 所示。

第 3 位		第 2 位		第 1 位		和
4×8^2	+	3×8^1	+	2×8^0		—
4×64	+	3×8	+	2×1		—
256	+	24	+	2	=	282

图 B.4　八进制转换成十进制

反过来，再将十进制数 282 转换成八进制，看看结果是否是原来的八进制数 432，过程如图 B.5 所示。注意，十进制数 282 连续除以 8，直到商为 0，在每次相除时，记下余数，最后，倒序写出所有余数，就得到了相应的八进制数。

除数	商	余数
8	282	
8	35	2
8	4	3
	0	4

图 B.5　十进制转换成八进制

如图 B.5 所示，十进制数 282 与八进制数 432 等价。

B.5　十六进制数制

实际上，十六进制数制是十进制数制的超集。我们知道，十进制数制有 10 个不同符号 0～9。十六进制数制则包含这 10 个符号 0～9 外加 6 个符号 A～F，因此，十六进制数制包含 16 个不同的符号，即 0～9，A～F。十六进制的符号 A 相当于十进制数 10，符号 B 相当于十进制数 11，以此类推，十六进制数的最后一个符号 F 相当于十进制数 15。

使用与二进制和八进制相同的转换逻辑，只是这里的基数是 16。下面将十六进制数 683C 转换成十进制数，过程如图 B.6 所示。

第 4 位		第 3 位		第 2 位		第 1 位		和
6×16^3	+	8×16^2	+	3×16^1	+	$C \times 16^0$		—
6×4096	+	8×256	+	3×16	+	12×1		—
24576	+	2048	+	48	+	12	=	26684

图 B.6　十六进制转换成十进制

与以前一样，再把这个十进制数 26684 转换成十六进制，看看结果是否是原来的十六进制数 683C。使用十进制转换成十六进制的方法，过程如图 B.7 所示。

除数	商	余数
16	26684	
16	1667	C
16	104	3
16	6	8
	0	6

图 B.7　十进制转换成十六进制

如图 B.7 可知，十六进制数 683C 等价于十进制数 26684。

B.6　二进制数的表示

从计算机和数据通信的背景来看，二进制数制是最重要的，因为计算机内部用二进制表示任何字母、数字或符号。因此，下面讨论一些与二进制数相关的知识。

1. 无符号二进制数

所有二进制数默认都是无符号的，都是正数，十进数也是如此。当我们写下十进制数 457 时，隐含的意思就是（+）457。下面看看，如何找出二进制数制可以表示的最大数。先分析十进制数表示的最大数，再推广到二进制数表示的最大数。

假设有一个单存储槽（1 位），要存入一位的十进制数，可以存储多少个不同的值呢？当然是可以存储 0～9 的某一个数，即可以存储 10 个不同的值。如果要存储二进制数，可以存储多少个不同的值呢？当然是 2 个不同的值，即 0 或 1，其中 1 是最大值。

假设有两个存储槽，要将两位的十进制数存入，则存入该存储槽的最小十进制数是 00，最大十进制数是 99。同样，存入的最小二进制数是 00，最大二进制数是 11。由于二进制数 11 的十进制表示为 3，所以可以存储的最大二进制数是 3（十进制）。

通过上述分析，可以发现一种模式，即新存储槽的个数就是指定数制的最大位数。因此，如果有 3 个存储槽，则最大十进制数是 999，最大二进制数为 111（十进制数为 7）。

一直增加存储槽个数，将所有二进制结果制成表格，如图 B.8 所示。观察分析最后一列，会得到一些共性，分析出规律。

存储槽数（位数）	最大二进制数	最大二进制数的十进制表示	等价于
1	1	1	2^1-1
2	11	3	2^2-1
3	111	7	2^3-1
4	1111	15	2^4-1
5	11111	31	2^5-1
6	111111	63	2^6-1
7	1111111	127	2^7-1
8	11111111	255	2^8-1

图 B.8 二进制数与对应的十进制数

图 B.8 中的最后一列表示在二进制数制中如何给存储分配最大的二进制数。最大二制数就是以 2 为底数，以位数为幂，再减 1。因此，当有 8 个存储槽或 8 位位置时，就能表示 256 个不同的值，即 0～255。由于计算机一个**字节**（byte）包含 8 位，因此一个字节可以表示 256 个不同的值，即 0～255。

这就是无符号二进制数的表示。

2．有符号的二进制数

当需要表示有符号的二进制数时，则需要一个额外的存储槽，这与十进制数制类似。假设要存储十进制数-89，则需要 3 个存储槽，两个是不够的。唯一的区别是，在二进制数制中，符号也用 0 和 1 表示，0 表示+号，1 表示-号。因此，最左边的位代表符号位。

因此，假设有一个数 110，已知它是一个有符号数，则最左边的位 1 是它的符号，也就是说，它是一个负数。因此，剩下的两位 10 是它的值，这样，带符号的二进制数 110 的十进制值是-2。这好像很容易引起混淆，我们如何知道 110 是有符号数还是无符号数呢？如果是无符号数，最左边的 1 是数据；如果是有符号数，则最左边的 1 是符号。但如何确定呢？当然，只能根据上下文获悉。除非我们清楚地知道是处理的是无符号二进制数还是有符号二进制数，否则，光看到一个二进制数，谁都无法判断它是有符号数还是无符号数！

附录 C 信 息 论

C.1 简 介

香农（Claude Shannon）于 1948 年首次提出现代信息论，这里只介绍一下信息论的几个重要概念。

C.2 熵与不确定性（等价性）

信息论的**信息量**（amount of information）定义为：假设消息所有可能含义的出现概率相同，将消息所有可能含义进行编码所需的最少位数。例如，要记录一年中的月份，需要用 4 位进行编码，如下所示。

```
0000   一月
0001   二月
0010   三月
0011   四月
0100   五月
0101   六月
0110   七月
0111   八月
1000   九月
1001   十月
1010   十一月
1011   十二月
```

这时，我们可以说，消息的**熵**（entropy）略小于 4。我们说，**略小于**（slightly less）是指未使用 1100、1101 和 1111。

C.3 完 善 保 密

在加密系统中，其密文绝对不提供有关明文的信息（除了其大小），则称为**完善保密**（perfect secrecy）。香农指出，只有可能的密钥数大于或等于可能的消息数时，才能获得完美保密。也就是说，密钥必须等于或长于消息本身，且不能重复使用任何密钥。因此，一次性密码才是完善保密的唯一候选者。

C.4 唯一解距离

唯一解距离（Unicity distance）是密文量的近似值，使得对应明文的实际信息熵与加密密钥的熵之和等于所用密文位数的渐近密文量。此外，长度大于这个距离的密文肯定只能解密为一个明文；而长度小于这个距离的密文通常有多个同样有效的解密结果。因此，唯一解距离越长，密码系统越安全，因为密码分析员必须选择正确的密码。

附录 D　ASN、BER、DER 简介

D.1　简　介

在许多方面，计算机和网络都存在很大差异，如体系结构、操作系统等，因此也出现了大量不兼容的现象，比如数字表示方式不同、各种数据类型的长度也不尽相同。例如，x86 Intel 芯片在表示字节的位时，是按从右到左的顺序，而 Motorola 刚好相反，是按从左到右的顺序。此外，许多计算机都使用 ASCII，但仍然有相当多的计算机（主要是 IBM 大型机）仍使用 EBCDIC 编码机制。因此，当应用程序需要与不同计算机或网络上的其他应用程序进行通信时，会因不兼容而产生混淆。**开放系统互连**（Open Systems Interconnection，OSI）模型解决了这个问题，用于管理计算机在相互通信时所用的协议。

计算机通信涉及密码学与安全。你可以想象一下，两台计算机之间的通信。假设发送方计算机加密了一些文本，并将密文发送给接收方计算机。接收方计算机要成功解密密文，不仅要知道发送方计算机所用的加密算法和密钥，还要知道密本的内部数据格式。例如，如果发送方计算机使用 ASCII，而接收方计算机使用 EBCDIC 呢？即使成功解密，接收方计算机也无法知道解密数据的含义。为了避免出现这类问题，发送方和接收方计算机必须为正要交换的数据使用统一的语言，这种语言就是 ASN.1。如果发送方和接收方计算机都使用 ASN.1，则不会产生混淆。

D.2　抽象语法表示 1 号（ASN.1）

抽象语法表示 1 号（Abstract Syntax Notation 1，ASN.1）用于描述在 OSI 模型中，应用层与表示层之间传输数据所用的高级格式或结构。因此，发送方计算机会将要发送的数据转换为 ASN.1 语法，再将其发送给目标计算机。接收到数据后，目标计算机将 ASN.1 语法数据转换成原生格式，以便在实际应用程序中使用，这个过程如图 D.1 所示。这里必须指出，在技术上，这样做并不能保证 100%正确，因为 ASN.1 数据不是按原样发送的，而是要先转换成二进制数据。但此时，这里忽略这个更精细的细节，只关心概念。

ASN.1 旨在提供一种机制，使用该机制，表示层可以使用单一标准编码机制与其他计算机系统交换任意数据结构，而应用层可以将此标准编码映射为适用于终端用户的表示类型或语言。ASN.1 不描述数据的内容、含义或数据结构，只描述规定和编码。

ASN.1 由 ISO/IEC 与 ITU 共同定义。ASN.1 定义了两个重要方面：**类型**（type）和**值**（value），类型可以是**原始的**（primitive）或**构造的**（constructed）。

基本数据类型，如字符串（实际关键字为 PrintableString）、时间（实际关键字为 Generalized-Time）是一些原始类型。

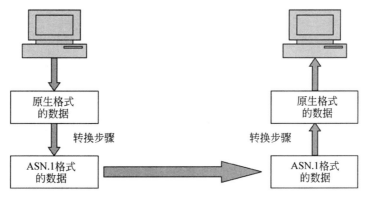

图 D.1　ASN.1 概念

其他一些原始数据类型的定义如图 D.2 所示。

数据类型	长　　度	说　　明
整数	4 字节	$0 \sim 2^{32}-1$ 的整数值
字符串	可变长度	0 或更多字符
IP 地址	4 字节	计算机的 32 位 IP 地址

图 D.2　一些 ASN.1 原始数据类型

构造类型是从原始类型或其他构造类型中创建的（类似于 C 中的结构或 COBOL 中的语言或记录类型）。构造类型的示例是 SET 和 SEQUENCE。

图 D.3 列出了一些构造的数据类型。

数据类型	描　　述
序列	相同或不同数据类型的组合，类似于 C 语言的结构，或其他任意编程语言的记录
列表	一种相同数据类型或有序数据类型的组合，类似于编程语言中的数组

图 D.3　列出了一些构造的数据类型

D.3　用 BER 和 DER 编码

编码规则定义了如何将 ASN.1 值编码为字节流，两个规则集，即**基本编码规则**（Basic Encoding Rules，BER）和**可分辨编码规则**（Distinguished Encoding Rules，DER）非常重要。BER 提供了一种或多种方法将每个 ASN.1 对象值表示为八位字节。DER 提供了独特方式进行编码，这也是 BER 与 DER 之间的主要区别，其工作过程如图 D.4 所示，它是 ASN.1 格式的逻辑扩展。

下面用一个例子来解释说明其思想。先考虑一个存储格式为 PKCS#7 的数字证书。如果证书采用人类可读的 ASN.1 格式或计算机可读的 BER 格式，证书会是什么样子呢？图 D.5 给出了 ASN.1 格式的数字证书；图 D.6 给出了 BER 格式的数字证书，为了简洁起见，这里仅显示了部分证书。

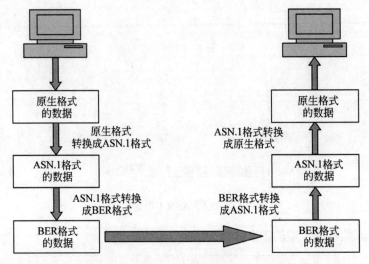

图 D.4　BER 概念

```
Object: SEQUENCE[C] = 6 elements
   Object: SET[C] = 1 elements
      Object: SEQUENCE[C] = 2 elements
         Object: OBJECT ID = countryName
         Object: PrintableString = "IN"
   Object: SET[C] = 1 elements
      Object: SEQUENCE[C] = 2 elements
         Object: OBJECT ID = organizationName
         Object: PrintableString = "Personal"
   Object: SET[C] = 1 elements
      Object: SEQUENCE[C] = 2 elements
         Object: OBJECT ID = organizationalUnitName
         Object: PrintableString = "security"
   Object: SET[C] = 1 elements
      Object: SEQUENCE[C] = 2 elements
         Object: OBJECT ID = userid
         Object: PrintableString = "Atul"
   Object: SET[C] = 1 elements
      Object: SEQUENCE[C] = 2 elements
         Object: OBJECT ID = commonName
         Object: PrintableString = "Atul Kahate"
   Object: SET[C] = 1 elements
      Object: SEQUENCE[C] = 2 elements
         Object: OBJECT ID = emailAddress
         Object: IA5String = "akahate@indiatimes.com"
```

图 D.5　以 ASN.1 格式存储的部分数字证书

　　如上所述，发送方计算机发送证书时，先将其转换为 ASN.1 格式，再以 BER 格式发送，因为计算机只能处理二进制文件。接收方计算机接收的是 BER 数据，将其转换成 ASN.1 格式的数据，再将其发送给应用程序。

E0NlcnRpZmljYXRlIE1hbmFnZXIwHhcNMDIwMjExMTIyNjM0WhcNMDMwMjExMTIy
NjM0WjB5MQswCQYDVQQGEwJJTjEOMAwGA1UEChMFaWZsZXgxDDAKBgNVBAsTA3Br
aTEWMBQGCgmSJomT8ixkAQETBnNlcnZlcjETMBEGA1UEAxMKZ2lyaVNlcnZlcjEf
MB0GCSqGSIb3DQEJARYQc2VydmVyQGlmbGV4LmNvbTCBnzANBgkqhkiG9w0BAQEF
AAOBjQAwgYkCgYEArisLROwlrlVxu/Mie8q0rUCQ5GtqMBWeJtuJM0vn2Qk5XaWc
8y1nJ/zc90v7qSx33X/sW5aRJph1ApOvPArQhK9PAyPhCcCIUEOvUYnxFmu8YE9U
Tz2p9wiUkgN+Uehlr2EMWDRaB7wctb4eyuNmyeUIrNy2d8ujDxP2Is1CzHkCAwEA
AaOBgzCBgDARBglghkgBhvhCAQEEBAMCBaAwDgYDVR0PAQH/BAQDAgXgMB0GA1Ud

图 D.6　以 BER 格式存储的部分数字证书

发送变量时，BER 标准指定变量的数据类型（二进制格式，与前面的讨论的数据类型相对应）、长度和值。也就是说，BER 标准指定要发送的每个数据项编码都要包含 3 个信息字段：标签、长度和值，如图 D.7 所示。

BER 字段	说　　　明
Tag（标志）	单字节字段，定义了数据的类型，它包含 3 个子字段，即类、格式和数量。前面已经讨论过，这只是数据类型的数字表示（编码）。例如，整数表示为 00000010，字符串表示为 00000100 等
Length（长度）	该字段指定二进制形式的数据项长度。因此，如果该字段是 11，则由标志字段定义的数据项长度为 3
Value（值）	该字段包含数据的实际值

图 D.7　BER 格式

重 要 术 语

1-factor authentication（单因子认证）：一种认证机制，只用一个因子对被认证方进行认证（例如，知道某个凭证）。

2-factor authentication（双因子认证）：一种认证机制，用两个因子对被认证方进行认证（例如，知道某个凭证和拥有某个凭证）。

3-D Secure（3D 安全）：Visa 为基于 Web 的交易开发的付款机制。

Active attack（主动攻击）：一种安全攻击形式，攻击者试图更改消息内容。

Algorithm mode（算法模式）：定义加密算法的细节。

Algorithm type（算法类型）：定义一次可加密的明文量或解密的密文量。

Application gateway（应用网关）：一种防火墙类型，在 TCP/IP 堆栈的应用层过滤数据包。同 Bastion host（堡垒主机）或 Proxy server（代理服务器）。

Asymmetric Key Cryptography（非对称密钥加密）：一种加密技术，用密钥对进行加密和解密操作。

Authentication（认证）：安全原则，用于识别可信任的用户或计算机系统。

Authentication token（认证令牌）：双因子认证机制中所使用的小硬件。

Authority Revocation List（ARL，授权吊销表）：被吊销证书机构（CA）的列表。

Avalanche effect（雪崩效应）：加密算法的一种原则，当明文发生最微小改变时，会导致密文发生的改变。

Availability（可用性）：保证授权用户能得到资源/计算机系统的安全原则。

Bastion host（堡垒主机）：在 TCP/IP 的应用层过滤数据包。同 Application gateway（应用网关）或 Proxy server（代理服务器）。

Behaviour-blocking software（行为阻止软件）：一种集成到计算机操作系统的软件，实时监控类似于病毒的行为。

Behavioural techniques（行为技术依赖技术）：一种依赖于人类行为特征的生物认证技术。

Bell-LaPadula model（Bell-LaPadula 模型）：一种高度可信的计算机系统，设计为对象和主体的集合。对象是数据被动存储库或目的地，如文件、磁盘、打印机等。主体是主动实体，例如用户、进程或代表这些用户运行的线程。

Biometric authentication（生物认证）：一种利用用户生物特征的认证机制。

Block cipher（分组密码）：一次加密或解密一组字符。

Bucket brigade attack（偷梁换柱攻击）：一种攻击形式，攻击者截获双方之间的通信，并欺骗这两方，使其相信双方正在相互通信，但实际上，这两方都在与攻击者通信。同 man-in-the-middle attack（中间人攻击）。

Book cipher（书加密法）：一种加密技术，从书中某一页中随机选择密钥。

Brute-force attack（暴力攻击）：一种攻击形式，攻击者尝试所有可能的密钥组合进行连续快速的攻击。

Caesar cipher（凯撒密码）：一种加密技术，如用字母表中相隔 3 个位置的字符替换明文。

Cardholder（持卡人）：在 Web 上在线购物的客户，并使用信用卡/借记卡进行支付。

Certificate directory（证书目录）：包含数字证书列表的预定区域。

Certificate Management Protocol（CMP，证书管理协议）：用于请求数字证书的协议。

Certificate Revocation List（CRL，证书撤销列表）：已撤销数字证书的列表。它是一种离线证书检验机制。

Certificate Signing Request（CSR，证书签名请求）：用户向 CA/RA 请求数字证书时使用的格式。

Certificate-based authentication（基于证书的身份认证）：一种认证机制，用户需要生成自己的数字证书并必须提供拥有该证书的证据。

Certification Authority（CA，认证机构）：进行相应身份认证检验后能给用户颁发数字证书的机构。

Certification Authority hierarchy（认证机构分层）：CA 分层允许多个 CA 同时运行，从而减轻了单个 CA 的工作量。

Chain of trust（信任链）：一种机制，是从当前 CA 到根 CA 之间建立的信任。

Chaining mode（链接模式）：一种增加密文复杂性的技术，其能使密文更难破解。

Challenge/response token（挑战/响应令牌）：一种认证令牌类型。

Chosen cipher text attack（选择密文攻击）：在这种攻击中，攻击者获取了要解密的密文、生成该密文的加密算法，以及相应的明文块。攻击者的任务是获取加密密钥。

Chosen-message attack（选择消息攻击）：一种让人产生错觉的攻击，攻击者让用户相信自己使用 RSA 对消息进行了签名，但实际上用户并没有对任何消息进行签名。

Chosen plain text attack（选择明文攻击）：在这种攻击中，攻击者选择一段明文块，并尝试在密文中寻找该段明文的密文。攻击者选择要加密的消息，然后基于明文，有意选取能产生密文的模式，从而获得更多关于密钥的信息。

Chosen text attack（选择文本攻击）：其本质上是选择明文攻击和选择密文攻击的组合。

Cipher Block Chaining（CBC，密文分组链接）：一种链接机制。

Cipher Feedback（CFB，密文反馈）：一种链接机制。

Cipher text（密文）：加密明文消息的结果。

Cipher text only attack（唯密文攻击）：在这种攻击中，攻击者没有明文的任何线索，只有部分或所有密文。

Circuit gateway（巡回网关）：一种应用网关，其建立自身和远程主机/服务器之间的连接。

Clear text（明文）：消息是不可理解或不可读的形式，同 Plain text（明文）。

Collision（冲突）：如果两条消息产生相同的消息摘要，则发生冲突。

Completeness effect（完整性效应）：一个安全原则，其要求每位密文要依赖多位明文。

Confidentiality（保密性）：一个安全原则，其确保只有消息发送方和接收方知道消息内容。

Confusion（混淆）：在加密期间执行替换。

Counter (mode)（计数器模式）：在这种算法模式下，对计数器和明文块一起加密，之后计数器递增。

Cross-certification（交叉证书）：一种认证技术，来自不同域/地点的 CA 相互为对方的证书签名，以简化操作。

Cryptanalysis（密码分析）：分析密文的过程。

Cryptanalyst（密码分析员）：执行密码分析的人。

Cryptographic toolkit（加密工具箱）：为应用提供密码算法的软件。

Cryptography（密码术）：对消息进行编码，使其变得不可读。

Cryptology（密码学）：密码术与密码分析的组合。

Cycling attack（循环攻击）：在这种攻击中，攻击者坚信是使用某种置换将明文转换为密文，通过分析密文可以获得原始明文。

Data Encryption Standard（DES，数据加密标准）：IBM 著名的对称密钥加密算法，其使用 56 位密钥，后来并未普及使用。

Decryption（解密）：将密文转换为明文的过程，与加密过程相反。

Demilitarized Zone（DMZ，非军事区）：一种防火墙配置，允许组织安全地托管其公共服务器，并同时保护其内部网络。

Denial of Service (DoS) attack（拒绝服务（DoS）攻击）：攻击者试图禁止授权用户访问资源或计算机系统。

Dictionary attack（字典攻击）：在这种攻击中，攻击者尝试用字典中所有可能的单词用为口令进行攻击。

Differential cryptanalysis（差分密码分析）：一种密码分析方法，其分析具有特定差异的明文密文对。

Diffusion（扩散）：在加密过程中执行变换。

Digital cash（数字现金）：计算机文件是真实现金的等价物。银行从用户的实际银行账户中借记、签发数字现金，同 electronic cash（电子现金）。

Digital certificate（数字证书）：类似于纸质护照的计算机文件，其将用户链接到特定的公钥，并提供有关用户的其他信息。

Digital envelope（数字信封）：一种技术，使用一次性会话密钥加密原始消息，其自身是用预期收件人的公钥加密的。

Digital Signature Algorithm（DSA，数字签名算法）：用于执行数字签名的非对称密钥算法。

Digital Signature Standard（DSS，数字签名标准）：指定如何完成数字签名的标准。

DNS spoofing（DNS 欺骗）：参见 Pharming（域欺骗）。

DomainKeys Identified Mail（DKIM，域密钥标识邮件）：一种 Internet 电子邮件方案，用户的电子邮件系统对电子邮件消息进行数字签名以确认其来源。

Double DES（双重 DES）：修改版的 DES，使用 128 位密钥。

Dual signature（双签名）：安全电子交易（SET）协议中使用的机制，商家不知道支付细节，而支付网关不知道购买详情。

Dynamic packet filter（动态数据包过滤）：包过滤的一种，其持续了解网络的当前状态。

ElGamal：一套加密与数字签名的方案。

Electronic Code Book（ECB，电子密码本）：一种链接机制。

Electronic money（电子货币）：参见 Electronic cash（电子现金）。

Encryption（加密）：将明文转换为密文的过程，与 Decryption（解密）相反。

Fabrication（假消息）：攻击者生成的虚假消息，以转移授权用户的注意力。

Factorization attack（因式分解攻击）：如果某个数太大，将其分解为两个素数是非常困难的。攻击者会尝试破解 RSA 算法，因为 RSA 算法是基于因式分解的。

Feistel Cipher（Feistel 密码）：一种交替使用替换和变换来生成密文的加密技术。

Firewall（防火墙）：一种特殊类型的路由器，可以执行安全检验并允许基于规则的过滤。

Hash（散列）：消息的指纹，能唯一标识消息，同 Message digest（消息摘要）。

Hill Cipher（希尔密码）：希尔密码同时作用于多个字母，是一种多图替换密码。

HMAC：类似于消息摘要，HMAC 也涉及加密。

Homophonic Substitution Cipher（同音替换密码）：一种加密技术，一次将一个明文字符替换为一个密文字符。密文字符不固定。

Integrity（完整性）：一种安全原则，它规定从发送方到接收方的消息内容不得改变。

Interception（拦截）：攻击者在消息传输时，在其到达预期接收方前截获消息。

International Data Encryption Algorithm（IDEA，国际数据加密算法）：一种对称密钥加密算法，开发于 20 世纪 90 年代。

Internet Security Association and Key Management Protocol（ISAKMP，Internet 安全关联和密钥管理协议）：IPSec 中用于密钥管理的协议，也称 Oakley。

Interruption（中断）：攻击者创造条件和环境，使系统处于不可用的危险之中，同 Masquerade（伪装）。

IP Security（IPSec，IP 安全）：在网络层加密消息的协议。

Issuer（颁发者）：银行或金融机构，帮助持卡人在 Internet 上进行信用卡支付。

Jamming attack（干扰攻击）：对使用不必要无线框架的无线网络进行的拒绝服务攻击。

Java Cryptography Architecture（JCA，Java 加密框架）：Java 的加密机制，是 API 的形式。

Java Cryptography Extensions（JCE，Java 加密扩展）：Java 的加密机制，是 API 的形式。

Kerberos：单点登录（Single Sign On，SSO）机制，用户只能使用一个用户 ID 和一个密码访问多个资源或系统。

Key（密钥）：加密操作中的秘密信息。

Key Distribution Center（KDC，密钥分发中心）：一个中心机构，负责处理计算机网络中单个计算机（节点）的密钥。

Key-only attack（唯密钥攻击）：攻击者只使用真的用户公钥进行攻击。

Key wrapping（密钥包封）：参见 Digital envelope（数字信封）。

Known plaintext attack（已知明文攻击）：在已知明文攻击中，攻击者知道一些明文和其对应的密文对。利用这些信息，攻击者尝试找到其他明文密文对，以此获取越来越多的信息。

Lightweight Directory Access Protocol（LDAP，轻量级目录访问协议）：允许在中心位置轻松存储和检索信息的协议。

Linear cryptanalysis（线性密码分析）：是基于线性近似的攻击。

Low decryption exponent attack（低解密指数攻击）：如果 RSA 所用的解密密钥值极小，则攻击者能很容易地猜到。

Lucifer（Lucifer 加密）：一种对称密钥加密算法。

Man-in-the-middle attack（中间人攻击）：一种攻击形式，攻击者拦截双方之间的通信，并欺骗这两方，让双方以为自己正在与对方通信，其实双方都在与攻击者通信，同 bucket brigade attack（偷梁换柱攻击）。

Masquerade（伪装）：攻击者创造条件和环境，使系统处于不可用的危险之中。同 Interruption（中断）。

MD5：消息摘要算法，目前极易受到攻击。

Message Authentication Code（MAC，消息验证码）：参见 HMAC。

Message digest（消息摘要）：消息的指纹，能唯一标识消息，同 Hash。

Microsoft Cryptography Application Programming Interface（MS-CAPI）：Microsoft 的加密机制，是 API 的形式。

Modification Attack（篡改攻击）：通过更改消息内容进行的攻击。

Mono-alphabetic Cipher（单字母加密）：一种加密技术，一次用一个密文字符替换一个明文字符。

Multi-factor authentication（多因子认证）：一种认证机制，要用多个因子（如知道某个凭证，成为某个凭证，拥有某个凭证）对被认证方进行认证。

Mutual authentication（双向认证）：在双向认证中，A 和 B 要互相认证。

Network level attack（网络级攻击）：在网络/硬件层进行的安全攻击。

Non-repudiation（不可抵赖性）：在发生争议的情况下，使消息发送方无法否认自己发送了消息。

One-Time Pad（一次一密）：一次性密钥非常安全，其密钥只使用一次，然后永远丢弃。

One-time password（一次性口令）：一种认证技术，口令动态生成、只使用一次、然后销毁。

One-way authentication（单向认证）：在单向认证方案中，如果有两个用户 A 和 B，则 B 对 A 可以进行认证，但 A 不能对 B 进行认证。

Online Certificate Status Protocol（OCSP，在线证书状态协议）：用于检查数字证书状态的在线协议。

Output Feedback（OFB，输出反馈）：一种链接模式。

Packet filter（包过滤）：根据规则过滤单独数据包的防火墙，工作于网络层。

Passive attack（被动攻击）：一种安全攻击形式，攻击者不更改消息的内容。

Password（口令）：一种认证机制，要求用户在接受挑战时输入的秘密信息（即口令）。

Password policy（口令策略）：概括地声明组织的密码结构、规则和机制。

Person-in-the-middle attack（中间人攻击）：一种无线攻击形式，攻击者扮演成与其真实身份完全不同的角色。

Pharming（域欺骗）：它修改域名系统（Domain Name System，DNS），将真 URL 定向到攻击者的假 IP 地址。

Phishing（钓鱼）：一种攻击者用来欺骗无辜用户的技术，其欺骗用户提供机密或个人信息。

Physiological techniques（生理技术）：一种依赖于人类物理特征的生物认证技术。

Plain text（明文）：可理解或可读的消息，同 Clear text（明文）。

Playfair Cipher（Playfair 密码）：一种加密技术，用于手动加密数据，在 1854 年由 Charles

Wheatstone 发明。

Polygram Substitution Cipher（多字母替换加密）：一种加密技术，一次用一组明文替换另一组明文。

Pretty Good Privacy（PGP）：由 Phil Zimmerman 开发的安全电子邮件通信协议。

Privacy Enhanced Mail（PEM，隐私增强邮件）：由 Internet 体系结构委员会（IAB）开发的安全电子邮件通信协议。

Proof Of Possession（POP，所有权证明）：证明用户拥有用户数字证书中指定的公钥和对应的私钥。

Proxy server（代理服务器）：一种防火墙，在 TCP/IP 栈的应用层过滤数据包，同 Application gateway（应用网关）或 Bastion host（堡垒主机）。

Pseudocollision（伪冲突）：MD5 算法中的冲突特例。

Psuedo-random number（伪随机数）：用计算机生成的随机数。

Public Key Cryptography Standards（PKCS，公钥加密标准）：RSA 安全公司开发的标准，用于公钥基础设施（PKI）技术。

Public Key Infrastructure（PKI，公钥基础设施）：借助消息摘要、数字签名、加密和数字证书实现非对称密钥加密的技术。

Public Key Infrastructure X.509（PKIX，公钥基础设施 X.509）：实现 PKI 的模型。

Rail Fence Technique（分栏技术）：一种变换技术。

RC5：一种对称密钥块加密算法，密钥长度可变。

Reference monitor（引用监控器）：中心实体，负责所有与计算机系统访问控制相关的决策。

Registration Authority（RA，注册机构）：一种机构，承担认证机构（CA）的某些职责，协助 CA 的工作。

Replay attack（重放攻击）：一种系统攻击，攻击者持有合法的消息，并试图重新发送它，让接收方不会将重发消息检测为发送了两次的消息。

Revealed decryption exponent attack（暴露解密指数攻击）：如果攻击者破解了 RSA 的解密密钥，则称为暴露解密指数攻击。

Roaming certificate（漫游证书）：一种数字证书，用户可以随身携带，能从一台计算机或位置移动到另一台计算机或位置。

RSA algorithm（RSA 算法）：一种非对称密钥算法，广泛应用于加密和数字签名。

Running Key Cipher（运行密钥加密）：一种将书中部分文本作为密钥的技术。

Secure Electronic Transaction（SET，安全电子交易）：由 MasterCard、Visa 等多个公司联合开发的协议，用于 Internet 上的安全信用卡支付。

Secure MIME （S/MIME，安全 MIME）：增加基本多用途 Internet 邮件扩展（MIME）协议的安全性。

Secure Socket Layer（SSL，安全套接层）：由 Netscape 通信公司开发的协议，用于 Web 浏览器与 Web 服务器在 Internet 上安全地交换信息。

Self-signed certificate（自签名证书）：一种数字证书，主体名和颁发者名相同，由颁发者（也是主体）签名。在通常情况下，只有 CA 证书是自签名证书。

SHA：消息摘要算法，目前是标准算法的首选算法。

Short message attack（短消息攻击）：假设攻击者知道小部分明文，攻击者将已知的小部分明文与少量密码进行比较，查找两者之间的关系。

Simple Certificate Validation protocol（SCVP，简单证书验证协议）：改进的基本在线证书状态协议（OCSP）。OCSP 只能检查证书的状态，改进的 OCSP 还能检验证书。

Simple Columnar Transposition Technique（简单分栏式变换技术）：是基本变换技术（如分栏技术）的变种。

Simple Columnar Transposition Technique with multiple rounds（多轮简单分栏式变换技术）：简单分栏式变换技术的变种。

Single Sign On（SSO，单点登录）：用户只能使用一个用户 ID 和一个密码访问多个资源或系统的技术。

Stream cipher（流密码）：一次加密一位的技术。

Substitution Cipher（替换密码）：一种加密技术，用其他字符替换明文字符。

Symmetric Key Cryptography（对称密钥加密）：一种加密技术，加密和解密操作使用相同的密钥。

Time Stamping Authority（TSA，时间戳授权机构）：与公证机构类似，证明数字文档在特定时刻的可用性/生成状态。

Time Stamping Protocol（TSP，时间戳协议）：TSP 使用的协议，证明数字文档在特定时刻的可用性/生成状态。

Time-based token（基于时间的令牌）：一种认证令牌。

Traffic analysis（流量分析）：一种攻击机制，攻击者分析经过网络的数据包，并用所获信息发起攻击。

Transport Layer Security（TLS，传输层安全）：一个协议，类似于 SSL。

Transposition Cipher（变换加密）：一种加密技术，以另一种形式重新排列明文字符。

Triple DES（三重 DES）：DES 的修改版，密钥为 128 位或 168。

Trojan horse（特洛伊木马）：一种小程序，不删除用户磁盘上的任何内容，而是在计算机中或网络上复制自身。

Trusted system（可信系统）：一种计算机系统，根据所实现的指定安全策略，在某种程度上是可信任的。

Unconcealed message attack（公开消息攻击）：在极少数的情况下，加密明文所得的密文与原始明文相同。由于无法隐藏明文，所以称为公开消息。

Vernam Cipher：参见一次一密。

Virtual Private Network（VPN，虚拟专用网络）：一种技术，利用加密技术将现有的 Internet 变成专用网络。

Virus（病毒）：一种小程序，伤害用户的计算机并进行破坏性活动。

Wireless Equivalent Privacy（WEP，无线等效隐私）：一种弱算法，用加密保证无线网络的安全性。

WiFi Protected Access（WPA，WiFi 保护访问）：一种无线安全方案，克服了 WEP 的缺点，提供供认证、加密和消息完整性。

Wireless Transport Layer Security（WTLS，无线传输安全层）：WAP 中的无线传输安全层，

　　保证客户端和服务器之间的安全通信。

Worm（蠕虫）：一种小程序，不会破坏计算机或网络，但能快速消耗资源。

WS-Security（WS-安全）：保护 Web 服务的标准集。

X.500：LDAP 技术的标准名称。

X.509：数字证书内容及结构的格式。

XML digital signatures（XML 数字签名）：一种技术，可以签名消息的特定部分。

参 考 文 献

Adams, Carlisle, Understanding public key infrastructure, New Riders publishing, 1999.

Ahuja, Vijay, Network and internet security, AP Professional, 1996.

Amor, Daniel, The E-business (r)evolution, Prentice Hall 2000.

Anderson, Ross Security Engineering, John Wiley and Sons. 2001.

Atkins, Derek et al., internet Security professional Reference (2nd Edition), Techmedia, 1997.

Black, Uyless, internet Security protocols, Pearson Education Asia, 2000.

Burnett, Steve and Paine, Steven, RSA security's official guide to cryptography, Tata McGraw-Hill, 2001.

Comer, Douglas., internetworking with TCP/IP, Volume 1, Prentice Hall, India, 1999.

Comer, Douglas, Computer Networks and internets, Prentice Hall, 2000.

Comer, Douglas, The internet book, Prentice Hall, India, 1999.

Davis, Carlton, IPSec-Securing VPNs, Tata McGraw-Hill, 2001.

Dennin, Dorothy, information warfare and Security, Pearson Education Asia, 1999.

Dournaee, Blake, XML Security, Tata McGraw-Hill, 2002.

Forouzan, Behrouz, Data Communications and Networking, Tata McGraw-Hill, 2002.

Forouzan, Behrouz, TCP/IP Tata McGraw-Hill, 2002.

Garfinkel, Simson and Spafford, Gene, web Security, Privacy and Commerce, O'Reilly, 2002.